图书在版编目（CIP）数据

华南区耕地/农业农村部耕地质量监测保护中心编
著．—北京：中国农业出版社，2020.10
ISBN 978-7-109-26545-5

Ⅰ．①华…　Ⅱ．①农…　Ⅲ．①耕地资源－资源评价－
华南地区　Ⅳ．①F323.211

中国版本图书馆 CIP 数据核字（2020）第 022182 号

中国农业出版社出版
地址：北京市朝阳区麦子店街 18 号楼
邮编：100125
责任编辑：贺志清　毛志强
版式设计：杜　然　责任校对：周丽芳
印刷：北京通州皇家印刷厂
版次：2020 年 10 月第 1 版
印次：2020 年 10 月北京第 1 次印刷
发行：新华书店北京发行所
开本：787mm×1092mm　1/16
印张：25.75
字数：620 千字
定价：150.00 元

ISBN 978-7-109-26545-5

编　委　会

前　言

按照耕地质量等级调查评价工作总体安排部署，为全面掌握华南区耕地质量状况，查清影响耕地生产的主要障碍因素，提出加强耕地质量保护与提升的对策措施与建议，2017—2019 年，农业农村部耕地质量监测保护中心（以下简称"耕地质量中心"）依据《耕地质量调查监测与评价办法》，首次应用《耕地质量等级》国家标准，组织福建、广东、广西、海南和云南 5 省（自治区）开展了华南区耕地质量区域评价工作。

为全面总结华南区耕地质量区域评价成果，推动评价成果为农业生产服务，耕地质量中心组织编写了《华南区耕地》一书，正式启动了耕地质量区域评价"耕地"系列论著的编撰工作。本书分为六章：第一章华南区概况。介绍了地理位置、区域范围、行政区划、种植特点等基本概况，气候条件、地形地貌、成土母质、植被分布、水文条件等自然环境概况，耕地利用情况、区域主要农作物种植情况、农作物施肥情况、农作物灌溉情况、农业机械化应用情况等农业生产概况，耕地主要土壤类型、分布与基本特性等耕地土壤资源概况，并对耕地质量保护与提升相关制度和基础性建设工作做了介绍。第二章耕地质量评价方法与步骤。系统地对耕地质量区域评价的每一个技术环节进行了详细介绍，具体包括资料收集与整理、评价指标体系建立、数据库建立、耕地质量评价方法、专题图件编制等。第三章耕地质量等级分析。详细阐述了华南区耕地质量等级面积与分布、耕地质量等级特征，并有针对性地提出了耕地质量提升措施。第四章耕地土壤有机质及主要营养元素。重点分析了土壤有机质、全氮、有效磷、速效钾、缓效钾、有效铁、有效锰、有效铜、有效锌、有效钼、有效硼、有效硅、有效硫 13 个耕地质量主要性状指标及变化趋势。第五章耕地其他指标。详细阐述了土壤 pH、排灌能力、耕层厚度、剖面质地构型、障碍因素等其他指标分布情况。第六章蔬菜地耕地质量主要性状专题分析。详细阐述了华南区蔬菜生产现状及存在问题、样点的遴选、土壤有机质及主要营养元素、其他指标及主要障碍因素与改良措施等。

本书编写过程中得到了农业农村部计划财务司、农田建设管理司、种植业管理司的大力支持。福建省农田建设与土壤肥料技术总站、广东省耕地肥料总站、广西壮族自治区土壤肥料工作站、海南省土壤肥料总站、云南省土壤肥料工作站参与了数据资料整理与分析工作，广东省生态环境技术研究所承担了数据汇总、专题图件制作工作，在此一并表示感谢！

由于编者水平有限，书中不足之处在所难免，敬请广大读者批评指正。

编　者

2020 年 2 月

目　　录

第一章 华南区概况

华南区位于福州—大浦—英德—百色—新平—盈江一线以南，是我国唯一适宜发展热带作物的地区。为掌握华南区耕地质量现状及变化趋势，查清影响耕地生产的主要障碍因素，有针对性提出加强耕地质量保护与提升的对策措施与建议，2017—2019年，农业农村部耕地质量监测保护中心组织福建、广东、广西、海南、云南5省（自治区），依据《耕地质量等级》（GB/T 33469—2016）国家标准，以耕地土壤图、土地利用现状图、行政区划图叠加形成的图斑为评价单元，从立地条件、剖面性状、耕层理化性状、养分状况、土壤健康状况和土壤管理6个方面综合评价了区域耕地质量，并对华南区耕地质量等级进行了划分。

第一节 地理位置与行政区划

一、地理位置

华南区位于中国南部，东与日本隔海相望；西南与越南、老挝、缅甸等国家接壤；南面与南海相连，与菲律宾、马来西亚、印度尼西亚、文莱等国相望；北面与长江中下游区、西南区相接。华南区地处东亚与东南亚的转折部位，有着绵长的海岸线和众多优良的港口，使得本区对外联系便捷，是祖国的南大门。

二、区域范围

按照中国农业综合区划和《耕地质量等级》（GB/T 33469—2016），华南区位于福州—大浦—英德—百色—新平—盈江一线以南，包括福建省东南部、广东省中部及南部、广西壮族自治区南部、云南省南部、海南省和台湾省，共划分为闽南粤中农林水产区、粤西桂南农林区、滇南农林区、琼雷及南海诸岛农林区、台湾农林区（台湾农林区未参与本次评价）5个二级农业区。本次调查包括4个二级农业区、5个省（自治区）、257个县（市、区），详见表1-1。

表1-1 华南区行政区划一览表

农业区划	县（市、区）名称
闽南粤中农林水产区（111个县、市、区）	长乐、平潭、城厢、涵江、荔城、秀屿、福清、仙游、安溪、丰泽、南安、惠安、晋江、鲤城、洛江、泉港、石狮、海沧、湖里、集美、思明、翔安、同安、华安、长泰、龙海、龙文、南靖、平和、漳浦、云霄、东山、诏安、饶平、湘桥、南澳、潮安、澄海、潮阳、潮南、濠江、金平、龙湖、丰顺、五华、普宁、惠来、揭东、揭西、榕城、陆丰、海丰、陆河、汕尾城区、东源、源城、紫金、惠东、博罗、惠城、惠阳、龙门、白云、越秀、荔湾、海珠、天河、黄埔、番禺、南沙、花都、增城、从化、宝安、福田、龙岗、罗湖、南山、盐田、新丰、禅城、南海、三水、顺德、高明、斗门、金湾、香洲、东莞、中山、江海、逢江、新会、鹤山、开平、台山、恩平、四会、鼎湖、端州、高要、德庆、云安、云城、新兴、罗定、郁南、清城、清新、英德、佛冈

（续）

农业区划	县（市、区）名称
粤西桂南农林区 （67个县、市、区）	江城、阳春、阳东、阳西、茂南、信宜、高州、电白、化州、廉江、吴川、苍梧、藤县、岑溪、桂平、玉州、北流、容县、陆川、博白、平南、宾阳、横县、邕宁、武鸣、隆安、天等、大新、扶绥、龙州、宁明、凭祥、灵山、浦北、合浦、防城、上思、平果、田东、田阳、德保、靖西、那坡、兴宁、江南、青秀、西乡塘、邕宁、良庆、万秀、长洲、龙圩、海城、银海、铁山港、东兴、港口、钦南、钦北、港南、港北、覃塘、兴业、福绵区、右江、江州
滇南农林区 （47个县、市、区）	昌宁、龙陵、隆阳、施甸、梁河、陇川、瑞丽、芒市、盈江、个旧、河口、红河、建水、金平、开远、绿春、蒙自、屏边、石屏、元阳、沧源、凤庆、耿马、临翔、双江、永德、云县、镇康、江城、景谷、澜沧、孟连、墨江、宁洱、思茅、西盟、镇沅、富宁、广南、麻栗坡、马关、西畴、景洪、勐海、勐腊、新平、元江
琼雷及南海诸岛农林区 （32个县、市、区）	赤坎、麻章、坡头、霞山、遂溪、雷州、徐闻、龙华、美兰、秀英、琼山、文昌、定安、澄迈、临高、琼海、屯昌、儋州、万宁、琼中、保亭、陵水、白沙、昌江、东方、乐东、崖州、海棠、天涯、吉阳、三沙、五指山

三、华南区种植特点

华南区四季常青，生物资源丰富，气候高温多雨，水资源居全国之冠。该区近90%的面积是丘陵山地，宜农的平原盆地有限，森林覆盖率在30%以上。根据发展种植业的自然条件和社会经济条件基本相似，农业结构、作物结构、布局和种植制度基本相似，农业发展方向和关键措施基本相似，保持行政区界线完整等原则，将华南区划分为闽南粤中农林水产区、粤西桂南农林区、滇南农林区、琼雷及南海诸岛农林区、台湾农林区5个二级区（台湾农林区未参与本次评价）。

各区种植特点如下：

闽南粤中农林水产区：主要种植水稻、甘薯、马铃薯、大豆等作物。种植制度：水田以水稻、蔬菜、玉米、马铃薯、绿肥等水旱轮作多熟制为主，旱地以甘薯、马铃薯、大豆、花生、蔬菜等间套接茬种植组成的多熟制为主。

粤西桂南农林区：主要种植水稻、玉米、甘蔗、木薯、桑叶和热带亚热带作物等。该区经济作物在全国具有举足轻重的地位，其中，糖料蔗总产量占全国60%以上，桑蚕产茧量占全国45%以上，木薯种植面积和产量均占全国70%以上，粤西桂南农林区也是全国最大的生物质能源（乙醇酒精）生产基地。

滇南农林区：主要种植水稻、小麦、玉米、大豆、油菜、马铃薯、蚕豆、甘蔗等作物。

琼雷及南海诸岛农林区：光热条件充足，农作物复种指数很高，种植作物以水稻为主，以瓜菜、热带经济作物、水果等作物为辅。

第二节　自然环境概况

一、气候条件

（一）热量丰富，夏长冬暖

华南区气候炎热，大部分地区年平均气温＞20℃，日平均气温≥10℃的天数在300d以上，居全国之冠。1月平均气温仍在10℃以上，台湾南部、琼雷、南海诸岛和云南的河口、西双版纳等地均超过 15℃。其中，海南省三亚市 20.8℃，西沙群岛的永兴岛 22.9℃，南沙群岛的太平岛 26.1℃，为我国冬季最暖的地方。

（二）雨量丰沛，降水强度大

华南区濒邻热带海洋，水汽来源充分，多数地区年降水量 1 400～2 000mm，是全国雨量最丰沛的区域。其中，有不少地方降水量超过 2 300mm，如云南省西盟佤族自治县 2 809.9mm，广东省恩平市 2 443.4mm，海南省琼中黎族苗族自治县 2 392.6mm。

区内降雨分布不均，南部高于北部，西部高于东部。平原少于山地，背风坡少于迎风坡，台风活动频繁的地方降水充沛。例如海南省东部迎风坡的琼中黎族苗族自治县，台风影响大，年降雨量近 2 400mm；而处于背风侧的东方县，年降雨量仅 964.7mm。沿海及其岛屿降水量较少，如福建的东山岛 1 032.3mm，但稍入内陆的云南则增加到 1 694.7mm。本区大部分地方 70%～80% 的降水量集中于夏季 5～10 月，季风气候特征明显。

（三）台风频繁

华南沿海受台风影响的时间较长，一般为 5～11 月。袭击我国的台风，80% 是在华南登陆。其中，在广东登陆的占 47%，海南占 30%，台湾占 23%。滇南虽然没有直接登陆的台风，但华南登陆的台风及孟加拉湾风暴仍对此地的降水有一定的影响。台风所带来的暴风骤雨是导致华南水灾、风灾较多的重要原因。

二、地形地貌

华南区位于我国大陆南部的向南倾斜面上，背接南岭、武夷山脉，东接闽浙丘陵，西邻云贵高原，包括广阔的热带海域。地势由北向南、东南或西南倾斜，境内丘陵、谷地、平原、河川纵横交叉，地形复杂。除此之外，华南区还发育有喀斯特地貌、丹霞地貌，海陆交界处岸线曲折，港湾很多。其中，山地丘陵主要有武夷山、鹫峰山、戴云山、莲花山、罗浮山、九连山、云开大山、十万大山、五指山、鹦哥岭、俄贤岭、猴弥岭、雅加大岭和吊罗山等。区内以低山丘陵为主，100m 以上的丘陵主要分布在闽西、粤北、桂西。受区域地质构造的控制，大部分山脉呈北东—南西走向，地势由西北向东南递降。盆地主要有桂中盆地、右江盆地、南宁盆地、郁江盆地等。平原主要有广东南部的珠江三角洲、韩江三角洲，福建的福州平原、漳州平原，广西的浔江平原、北部湾滨海平原等。

华南区内地形多种多样，为因地制宜发展多种经营提供了有利的条件。如平原地区，适宜发展种植业，对农业生产影响和限制较小，生产的规模也较大；丘陵地区，有一定的坡度，可因地制宜改造为梯田，对于易引起水土流失的地方，可考虑种植果树或茶叶，也可适当发展畜牧业；山地地形起伏较大，对农业限制较多，一般只能发展畜牧业和林业。高原地区，具有发展畜牧业的良好条件，也可以适当发展种植业；盆地内部地形较平坦，水热条件好，可种植粮食作物和果树等经济作物。

华南区地形地貌主要包括：

（一）破碎的地表

华南区东部闽粤桂一带大部分为海拔 500m 上下的丘陵地，平地狭小，只有在河道的两旁或河流入海的地方，有一些断断续续宽狭不等的河谷平原和面积不大的河口三角洲。著名的珠江三角洲，也只不过 1 万 km² 左右，韩江三角洲还不到 1 200km²。其他沿海地带的海岸平原，面积狭小，分布也很零散。区内各种类型的平原，虽然面积不大，但分布却很普遍，与丘陵互相穿插，形成丘陵与广谷交错的地貌特色。滇南大部分为海拔 1 000～1 500m 的切割高原，由多级的地形面和宽敞的河谷盆地相间组合，成为山间宽谷地貌。平原以河谷冲积成因类型为主，海拔高度在 500～1 000m（河口海拔 84m），与周围山地相对高差在 500m 以下。平原面积也不大，断续分布，面积较大的有蒙自（370km²）、盈江（340km²）、陇川（240km²）、孟遮和孟混（230km²）、瑞丽、芒市、孟罕等，其余多为 10km² 以内的小平原。平原内部有多级阶地。周围高原面上有多级夷平面，阶地和夷平面多被侵蚀成丘陵起伏的形态。这种平原中的丘陵性阶地和高原面上的丘陵性夷平面，相对高度多在 200m 以下，所以整个地面也显得起伏破碎。

以广西的左右江为界，华南西部山脉走向为西北—东南，东部为东北—西南。越向东西两侧，山的脉络越清楚、越高大。西部的大雪山、无量山、哀牢山，海拔高度在 3 000m 以上。东部的台湾山脉，走向北东—南西，海拔高度也在 3 000m 以上，其中玉山 3 997m，是华南最高的山峰。中部诸山，海拔多在 2 000m 以下。

华南区水系较多，河流密度大，河间分水岭交互错杂。自西而东，有属于伊洛瓦底江水系的大盈江、龙川江、芒市河；怒江水系的怒江、枯柯河、南定河；澜沧江水系的澜沧江、威远江、补远江、南腊河；元江水系的元江、把边江、阿墨江、河底河、盘龙江，以及珠江水系的西江、东江、北江。此外，沿海地带还有不少独流水系，如北仑河、钦江、南流江、九州江、鉴江、漠阳江、榕江、韩江、东溪、漳江、九龙江、晋江、木兰溪，以及台湾岛诸河、海南岛诸河等。这几十个独立水系之间，分水岭错杂，除东西两侧山地之外，多数分水岭脉络不清，显得十分零乱。

（二）曲折的海岸

华南区海岸线长达 1 万 km，曲折率约为 1∶4.33，其中福建海岸曲折率达 1∶62，居全国首位。曲折的海岸线，正是华南切割破碎的地表在海岸线形态上的反映。

从海岸形态来看，华南以山地海岸类型为主。大体上以鉴江为界，以东为山地海岸，以西为台地海岸。山地海岸和台地海岸中，在河流出口处都发育成不同规模的河口三角洲海岸，其中较大者有珠江三角洲和韩江三角洲海岸。

一般来说，山地港湾岸直接受东北—西南和西北—东南向的构造控制，深入内陆的港湾是两组断裂交叉的部位，岸线与东北向构造线平行。

河口三角洲平原海岸以珠江三角洲和韩江三角洲最为典型。珠江三角洲岸线为多岛屿的湾头三角洲堆积海岸。沿岸残山、岛屿罗列，岸线曲折，湾内沙质黏土和淤泥沉积旺盛，不断向海推进。据史志资料，珠江三角洲大部分平原是在 1000 多年以前才发展起来的。如唐元和八年（公元 813 年）间"大海在府城（指广州）正南七十里"，"州东八十里有村曰古井，自此出海，浩水无际"（见《元和郡县图志》）。而今日，广州距虎门的直线距离已超过 50km，距磨刀门更在 100km 上下，其间已堆积成三角洲平原。据南海海洋研究所资料，1935—1955 年的 20 年间，万顷沙和横门沙各伸展 4～6km，平均每年伸长超过 200m。现在珠江三角洲平原仍迅速向海推进。韩江三角洲岸线为扇形三角洲堆积海岸，前缘为多列平行于海岸的沙堤。堆积速度没有珠江三角洲迅速，如汕头小公园 1910 年还在海边，今天却距海 600m，平均每年向海伸展 10m。榕江河口湾深入内陆，表征三角洲尚未填满。

此外，在河口淤泥海滩上发育有红树林海滩，在水质澄清的南部岸段发育有珊瑚礁海岸。较典型的红树林海滩和珊瑚礁海岸集中分布在海南岛及南海诸岛等地。

（三）广阔的海域和众多的岛屿

华南区面向辽阔的南海海域，热带性特征明显。海域水温与盐度都比较高，年变化较小。这里热带气旋活动频繁。冬半年冷空气影响不大，其前缘锋面常在南海北部一带停滞，形成阴雨连绵天气。海洋中的岛屿类型众多，既有全国最大的台湾岛，又有仅露出海面的沙岛和小礁滩。不仅有构造复杂的大陆岛，而且还有许多构造单一的珊瑚岛、沙岛。

大陆岛数目不低于 2 000 座，其中除了台湾、海南及其周围的岛屿外，大陆沿海有平潭、南日、湄州、金门、厦门、东山、南澳、香港、大濠、万山群岛、三灶、高栏、上川、下川、海陵、南三、东海、硇洲、斜阳、涠洲等岛屿。这些岛屿的地质构造多数与闽粤大陆一致（台湾例外，其形成年代较新），特别是大陆沿海的岛屿，排列很有秩序，与大陆的北东向构造一致。在地形上，都属于低山丘陵性质的山岛，平原很少，且多数山岛是由花岗岩组成，球状风化和石蛋地形甚为常见。岛屿周围港湾水深，有不少天然良港。

海洋岛主要是指南海诸岛，包括东沙、西沙、中沙和南沙四组群岛，由 200 多座岛屿、沙洲、沙滩、礁滩组成。这些岛屿，绝大部分呈圆形、椭圆形，面积都不大。其中大于 1km² 的为数甚少。南沙群岛露出海面的岛礁总面积不超过 2km²。岛上的岩石，主要是第四纪珊瑚、贝壳碎屑灰岩和近期海浪作用堆积起来的珊瑚、贝壳碎屑沙。岛的周围，环绕有 50～100m 左右的沙堤。岛的中部，为封闭式潟湖，岛的水下基础部分，多数有一个庞大的礁盘。

珊瑚岛的形成，固然与珊瑚水螅体的生长发育有关，但从地壳运动的角度来看，它又与近期的升降运动有关。南海诸岛的地壳，是大陆型的地壳。西沙群岛的永兴岛在地表以下 1 000 多米处，有一层相当于老第三纪的红色风化壳，厚度为 28m，风化壳下部为花岗片麻岩。说明老第三纪前此地为一陆地，后来才下沉。在逐渐下沉过程中，珊瑚水螅体不断生长造礁，构成今日珊瑚岛的基础。

三、成土母质

华南区土壤成土母质主要包括江海相沉积物、湖相沉积物、第四纪红土、残坡积物、洪冲积物、河流冲积物、火山堆积物等类型。土壤的形成和性质深受母岩（母质）的影响。

（一）江海相沉积物

江海相沉积物是由于流水侵蚀作用发生的泥沙迁移过程，在有利的沉积环境条件下堆积而成。由于各地物质来源、沉积条件和沉积方式不同，沉积物的类型和理化性状有较大的差异。该类型成土母质形成的土壤土层深厚，水热条件较好，绝大多数被开发利用，辟为农耕地或园地，是重要的农业生产基地。

（二）湖相沉积物

湖相沉积物是在湖泊环境下形成的沉积物。湖相沉积是指沉积物在湖泊中进行的沉积，包括机械的、有机的和化学的沉积。机械沉积的物质来源于河流以及击岸浪破坏湖岸的产物，主要有襟石、砂、淤泥等。有机沉积有贝壳的堆积、有机淤泥、腐殖质和泥炭等。

（三）第四纪红土

母质为第四纪沉积的红黏土层，广泛分布于区内河流二、三级阶地、岩溶平原地区，少数古老夷面上也有残存红土，一般将 Q_3 以前的红土称为老红土或网纹红土，Q_3 时期的称为新红土。老红土成层分布，时有成铁磐、蠕虫状的红白相间网纹层发育，是第四纪红土的典型特征。网纹层主要成分有 Fe_2O_3、MnO、Al_2O_3 和 SiO_2 等，含量因地而异，石灰岩地区 SiO_2 和 MnO 相对高些，赤红壤地区 SiO_2 较低，而 Fe_2O_3 含量较高。由第四纪红土母质发育而成的土壤，土层深厚，质地黏重，多为黏壤和黏土，盐基被淋失较多，铁铝富集，矿质养分含量较低，具有红、酸、黏、瘦等特点。

（四）残坡积物、洪冲积物

残坡积物指母岩风化物就地堆积或经短距离搬运再堆积的产物。广泛分布于丘陵山区及滨海的海蚀台地，典型残积物主要分布在丘陵山地顶部以及侵蚀严重的陡地地段。其剖面分异明显，一般自上而下依次可见红壤化层、高岭土层及碎石角砾层，反映了 3 个不同的风化程度。而坡积物则是残积物经短距离搬运再堆积的产物，一般分选性差，磨圆不好，常夹带角砾。残坡积物的共同特点是其矿物组成和性状在较大程度上受母岩造岩矿物的特性所控制。洪冲积物广泛分布于山区各中、小河流出谷口地带，其组成物质分选较差，多黏质砂土、砂、砾石混杂，目前大多辟为梯田或果园，为淹育水稻土、渗育水稻土、漂洗水稻土、赤土（砖红壤、赤红壤）、红土（红壤）的主要成土母质。

（五）河流冲积物

河流冲积物为河水携带的碎屑物（砂、泥、砾）在沿河地带沉积下来的沉积物，多分布于江河两边沿岸地带。本类母质均为全新世沉积，还包括散堆积、崩积、沼泽性堆积等。河流冲积物可分一级河流阶地堆积物和近代河床和河漫滩堆积物，阶地二元结构完整，上部为悬浮质堆积的沙土、黏土层或沼泽性的泥炭层，厚度变化较大，从几米到几十米不等，因此，本类的母质下部的砾石层不出露，其颜色多为棕色或灰黄色，无明显的红土化，常有富钙的层次存在，时有石灰质或锰质结核，一般不接受新的沉积物覆盖。河流冲积物物质来源复杂，土层深厚，质地适中，养分较全，加上靠近河道，生产用水有保障。

（六）火山堆积物

火山堆积物是由火山喷发物所形成的堆积物。包括熔岩和火山弹、火山砾、火山灰等火山碎屑物质。火山爆发时所产生的大量碎屑物被抛上高空后降落，形成自下而上和自近及远的由粗变细的沉积或横向变化，胶结后分别形成火山集块岩、火山角砾岩、凝灰岩等。

四、植被分布

华南地区的植物资源丰富，南部为热带雨林与南部热带季雨林，北部属于中亚热带常绿阔叶林。常见的植物乔木有松树、榕树、榄仁、紫荆、芒果、南洋楹、白兰、龙眼、荔枝、椰子、橡胶、木棉、风铃木、杨梅、李、桃等；灌木有大叶伞、小叶紫薇、木芙蓉、菜豆、红檵木、春羽、荷兰铁、勒杜鹃、夹竹桃、南天竹、银叶金合欢等。植被终年常绿，四季有花。自然林中具有多层结构，使得生态系统具有较强稳定性，有较高的物种多样性。除地带性植被外，在山地和丘陵上还广泛分布着次生的草丛和灌草丛植被。本区植被资源种类丰富，并以亚热带科属为主。这一地区也是中国南药资源的重点分布地区，大量的热带、亚热带森林和灌草成为重要的中药资源。

五、水文条件

华南区地形多峰叠峦，河网稠密，纵横交错，流量丰富。由西江、北江和东江组成的珠江是区内最大的水系，水量丰富，年均径流量仅次于长江，雨季长，河流的汛期也长，同时流量季节变化大。其他在闽桂地区独立入海的河流，如九龙江、南流江等河流流域面积小，径流变化都有暴涨暴落的特点。本区年产水模数和人均水量、地均水量均居全国的前列，优势突出的水资源对华南地区的发展起到了重要的保障作用。

（一）伊洛瓦底江水系

伊洛瓦底江发源于西藏，自云南省贡山县进入境内，主要支流有大盈江、龙川江、芒市河等。河流全长 2 714km，流域面积 43 万 km²。

（二）澜沧江水系

澜沧江发源于青海省唐古拉山东北部，经西藏于德钦县布衣处入境，在中国境内长 2 179km，流经青海、西藏、云南 3 省（自治区），南流纵穿云南省 7 个地州 17 个县市，境内干流长 1 247km，流域面积 16.5 万 km²，占澜沧江—湄公河流域面积的 22.5%，支流众多，较大支流有沘江、漾濞江、威远江和补远江等。

（三）元江水系

元江水系位于云南省中部、东南部和广西壮族自治区西南部。北邻金沙江流域，西与澜沧江以无量山为分水岭，东接南盘江流域，南面与越南接壤。主要由干流（元江）和众多的支流组成，流域面积大于 100km² 的支流有 53 条，大于 1 000km² 的支流有 17 条，主要支流有李仙江、藤条江、盘龙河、普梅河（又名南利河）等，在我国境内均有分水岭相隔，自成独立水系。

（四）珠江水系

珠江水系是一个复合的流域，经云南、贵州、广西、广东、湖南、江西等省（自治区）及越南东北部，流域面积约 44 万 km²，年径流量 3 492 多亿 m³，由西江、北江、东江及珠江三角洲诸河 4 个水系组成。西、北两江在广东省佛山市三水区思贤窖。东江在广东省东莞市石龙镇汇入珠江三角洲，经虎门、蕉门、洪奇门、横门、磨刀门、鸡啼门、虎跳门及崖门等汇入中国南海。

（五）南渡江水系

南渡江又称南渡河，古称黎母水，是中国海南岛最大河流。发源于海南省白沙黎族自治县南开乡南部的南峰山，干流斜贯海南岛中北部，流经白沙、琼中、儋州、澄迈、屯昌、定安、琼山等市县，最后在海口市美兰区的三联社区流入琼州海峡。全长 333.8km，比降 0.72%，总落差 703m，流域面积 7 033km²。干流上游建有松涛水库，是海南省最大的人工湖，也是最大的水利枢纽工程。

（六）其他水系

华南区其他主要水系包括北仑河、钦江、南流江、九州江、鉴江、漠阳江、榕江、韩江、东溪、漳江、九龙江、晋江和木兰溪等。

第三节　农业生产概况

一、耕地利用情况

华南区耕地总面积为 8 498.88khm²，其中水田面积 3 786.89khm²，占全区耕地总面积的 44.56%；旱地面积 4 572.98khm²，占全区耕地总面积的 53.80%；水浇地面积 139.00khm²，占全区耕地总面积的 1.64%。

在 4 个二级区中，闽南粤中农林水产区耕地面积最大，达到 1 623.73hm²，占全区耕地总面积的 19.11%；琼雷及南海诸岛农林区最小，耕地面积只有 1 077.23hm²，占全区耕地总面积的 12.67%。区域内各二级区耕地利用类型分布情况见表 1-2。

表 1-2　华南区耕地利用类型分布情况（khm²）

农业区划	水田	旱地	水浇地	总计
闽南粤中农林水产区	1 137.22	369.85	116.66	1 623.73
粤西桂南农林区	1 457.53	1 565.41	3.20	3 026.14
滇南农林区	688.81	2 075.86	7.10	2 771.77
琼雷及南海诸岛农林区	503.33	561.86	12.04	1 077.23
总计	3 786.89	4 572.98	139.00	8 498.88

二、区域主要农作物种植情况

华南区自然条件优越，农作物种植以一年两熟或三熟为主，是我国重要的优质水稻、玉米、烤烟、蔬菜的主要产区和唯一的热带作物产地，也是甘蔗和亚热带水果主产区。该区农作物种类繁多，种植制度复杂多样，耕作技术和专业水平高。各主要农作物种植分布情况如下：

1. 水稻　华南区 4 个二级区均有分布，随着农业综合开发项目和水稻优质品种的示范推广，优质稻种植面积不断扩大，为华南区的粮食安全做出了巨大的贡献。

2. 玉米　产地主要分布在广西壮族自治区、福建省和云南省，其种植面积稳中有升，并继续向适宜区集中。

3. 烤烟　主要分布在云南省，属云南的传统优势农业，产量在全国长年居第一位，近年生产保持稳定增长，年均增长 3.50% 左右。

4. 糖料　糖料甘蔗总产量占全国 60.00% 以上，糖料生产优势突出，近年平均增长 4.20%，产量在全国居第二位。

三、农作物施肥情况

（一）化肥用量的趋势

随着农业种植业结构调整，粮食作物种植减少，蔬菜、水果等作物种植面积不断扩大，华南区化肥用量有扩大的趋势（表 1-3）。华南五省（自治区）化肥施用总量从 2010 年的 826.5 万 t，提高到 2017 年的 921.8 万 t，增幅达到 11.53%。其中，以云南增幅较大，达到 25.66%；福建省化肥用量基本稳定，略有降低，降幅为 3.90%。

表 1-3　2010—2017 年华南区各省（自治区）化肥施用量（万 t）

年份	海南省	福建省	云南省	广东省	广西壮族自治区	合计
2010	46.4	121.0	184.6	237.3	237.2	826.5
2011	47.7	120.9	200.5	241.3	242.7	853.1
2012	45.5	120.9	210.2	245.4	249.0	871.0
2013	47.6	120.6	219.0	243.9	255.7	886.8

（续）

年份	海南省	福建省	云南省	广东省	广西壮族自治区	合计
2014	49.5	122.6	226.9	249.6	258.7	907.2
2015	51.1	123.8	231.9	256.5	259.9	923.1
2016	50.6	123.8	235.6	261.0	262.1	933.2
2017	51.4	116.3	231.9	258.3	263.8	921.8

（二）主要作物施肥情况

俗话说"庄稼一枝花，全靠肥当家"。肥料是作物的粮食，施肥是获得作物高产的重要保障。当土壤里的营养不能提供植物生长发育所需时，适量施肥不仅可提高作物产量，也可提高农产品品质和经济效益。

根据广东省农户施肥量调查，不同种植作物施肥量差异较大（表1-4）。总体而言，粮食作物施肥量较低，果树施肥量较高。蔬菜虽然单季总施肥量不高，但是磷钾肥投入比例较高。由于华南地区蔬菜一年多熟，长期种植蔬菜的地块极易形成养分累积，造成土壤中某种养分含量偏高。

表1-4　广东省主要农作物施肥情况（kg/hm^2）

作物名称	产　量	氮用量 （N）	磷用量 （P$_2$O$_5$）	钾用量 （K$_2$O）	有机肥用量
水稻	6 329	181	73	111	2 598
番薯	22 442	174	93	126	6 735
蔬菜	26 140	217	155	188	6 456
甘蔗	94 943	563	420	462	1 334
香蕉	41 513	685	563	1 048	6 981
柑橘	25 082	435	307	364	7 088

华南区在耕地种植过程中有机肥施用的比例较低。施用的有机肥主要包括鸡粪、猪栏粪、牛栏粪、菜麸、绿肥、蚕粪、土杂肥、花生麸和人粪尿等。施用肥料存在配比不合理、偏施氮肥、过量施肥等问题。施肥的不合理，不仅降低了肥料资源的利用效率，增加了生产成本，也造成了耕地理化性状变劣、养分失衡及作物产量低而不稳，直接影响耕地综合生产能力的提高。

为改变这种不合理的施肥状况，全国各区开展了大规模的测土配方施肥项目，针对大部分农户偏施重施氮肥的现状，充分利用测土配方施肥的科技成果，按照土壤缺什么补什么的原则，大力推广配方肥施用，实行因土因作物氮、磷、钾平衡施肥。施用的氮肥以尿素、氯化铵、碳酸氢铵为主，磷肥主要以过磷酸钙、钙镁磷肥为主，钾肥主要以氯化钾、硫酸钾、硝酸钾为主。三元复合肥品种包括BB肥、水稻专用肥、烟草专用肥、蔬菜专用肥、水果专用肥、蚕桑专用肥等。农田施肥逐步趋向科学合理，取得了较好成效。

四、农作物灌溉情况

华南区降水充沛、水系发达、水资源丰富，农作物灌溉水源以地表水为主，广西、海南部分地区采用地下水灌溉，部分耕地为缺乏灌溉条件的望天田。从各省（自治区）调查结果来看，农田灌溉方式主要为沟灌、漫灌，部分旱地或水浇地采用喷灌和滴灌（表1-5）。

表1-5　华南区农田灌溉方式

项目	滴灌	喷灌	沟灌	漫灌	畦灌	无灌溉条件
调查点数（个）	20	86	15 381	2 815	1 026	3 232
比例（%）	0.09	0.38	68.18	12.48	4.55	14.33

近年来，华南区加强高标准基本农田建设，新修水利，完善农田基础设施建设，大大改善了排灌条件。从调查情况看，华南区总体灌溉能力较强，有近2/3的调查点灌溉能力和近八成的调查点排水能力达到充分满足或满足（表1-6）。根据《中国农村统计年鉴2017》的数据，在华南五省（自治区）中，耕地灌溉保证率最高的是福建省，达到79.00%；最低的是云南省，只有29.00%。

表1-6　华南区农田排灌条件

排灌条件	项目	充分满足	满足	基本满足	不满足
灌溉能力	调查点数（个）	4 209	10 101	3 266	4 984
	比例（%）	18.66	44.77	14.48	22.09
排水能力	调查点数（个）	6 706	11 278	3 802	774
	比例（%）	29.73	49.99	16.85	3.43

华南区季节性干旱严重，冬春缺水限制是华南区中低产耕地的主要限制类型，很大程度上对华南区粮食主产区的农业生产构成了威胁。

五、农业机械化应用情况

农业机械化是农业现代化的物质基础，也是衡量农业现代化水平的重要标志。受山多地少、土地分散等多种因素的影响，华南区农业机械化程度较低。2016年，华南区农机总动力为11 144.1万kW，占全国11.46%，机播面积、机收面积所占比例更低（表1-7）。

表1-7　华南区农业机械化应用情况（khm²）

区域	机耕面积	机播面积	机收面积
全国总计	121 017.7	87 917.8	91 722.4
福建	1 133.8	152.7	443.0
广东	3 969.2	315.8	1 773.3
广西	4 931.6	984.7	2 465.8
海南	501.0	8.2	255.0
云南	2 815.8	176.5	534.9
五省（自治区）合计	13 351.4	1 637.9	5 472.0
占全国比例（%）	11.03	1.86	5.97

第四节　耕地土壤资源

一、耕地主要土壤类型

华南区耕地土壤涉及 20 个土类、46 个亚类（表 1-8），其中水稻土、赤红壤、红壤、砖红壤、石灰（岩）土、紫色土、黄壤、黄棕壤、潮土、燥红土、粗骨土、风沙土、火山灰土、新积土、滨海盐土 15 个土类分布较广，面积均在 10 000hm² 以上；砂姜黑土、棕壤、石质土、磷质石灰土和酸性硫酸盐土 5 个土类有少量分布。

表 1-8　华南区土壤类型

土纲	亚纲	土类	亚类
铁铝土	湿热铁铝土	砖红壤	典型砖红壤
			黄色砖红壤
		赤红壤	典型赤红壤
			黄色赤红壤
			赤红壤性土
		红壤	典型红壤
			黄红壤
			山原红壤
			红壤性土
	湿暖铁铝土	黄壤	典型黄壤
			黄壤性土
淋溶土	湿暖淋溶土	黄棕壤	典型黄棕壤
			暗黄棕壤
	湿暖温淋溶土	棕壤	典型棕壤
半淋溶土	半湿热半淋溶土	燥红土	典型燥红土
			褐红土
初育土	土质初育土	新积土	典型新积土
			冲积土
		风沙土	滨海风沙土
	石质初育土	石灰（岩）土	红色石灰土
			黑色石灰土
			棕色石灰土
			黄色石灰土
		火山灰土	基性岩火山灰土
		紫色土	酸性紫色土
			中性紫色土
			石灰性紫色土
		磷质石灰土	典型磷质石灰土
		粗骨土	酸性粗骨土
			硅质岩粗骨土
		石质土	酸性石质土
			中性石质土
半水成土	淡半水成土	潮土	灰潮土
			湿潮土
		砂姜黑土	黑黏土
盐碱土	盐土	滨海盐土	典型滨海盐土
			滨海潮滩盐土
		酸性硫酸盐土	典型酸性硫酸盐土

（续）

土纲	亚纲	土类	亚类
人为土	人为水成土	水稻土	潴育水稻土
			淹育水稻土
			渗育水稻土
			潜育水稻土
			脱潜水稻土
			漂洗水稻土
			盐渍水稻土
			咸酸水稻土

二、主要土类分述

（一）砖红壤

1. 砖红壤的分布与基本特性　华南区砖红壤面积为 589 865.53hm²，占全区耕地面积的 6.94%，主要分布在琼雷及南海诸岛农林区，粤西桂南农林区、滇南农林区也有部分分布（表 1-9）。

表 1-9　砖红壤耕地面积统计

农业区划	面积（hm²）	百分比（%）
粤西桂南农林区	73 875.82	12.52
滇南农林区	62 151.02	10.54
琼雷及南海诸岛农林区	453 838.70	76.94
总计	589 865.53	100.00

2. 亚类分述　砖红壤包括典型砖红壤、黄色砖红壤 2 个亚类（表 1-10）。

表 1-10　砖红壤亚类耕地面积统计（hm²）

亚类	粤西桂南农林区	滇南农林区	琼雷及南海诸岛农林区	总计
典型砖红壤	72 371.33	35 587.32	425 578.19	533 536.84
黄色砖红壤	1 504.48	26 563.70	28 260.52	56 328.70
总计	73 875.82	62 151.02	453 838.70	589 865.53

（1）典型砖红壤　面积为 533 536.84hm²，主要分布在粤西桂南农林区、滇南农林区、琼雷及南海诸岛农林区。成土母质主要有玄武岩风化物、古浅海沉积物，以及花岗岩、砂页岩和凝灰岩等风化物。灌溉能力较差，排水能力较好，农田基础设施差；质地有黏壤和砂壤土等类型，以黏壤占的比例较大。种植作物主要为薯类和其他经济作物，生产条件差，抗自然灾害能力弱，综合肥力属较低水平。该亚类主要理化性状见表 1-11。

表 1-11　典型砖红壤主要理化性状（n=838）

主要指标	范围	平均值	标准差	变异系数
耕层容重（g/cm^3）	1.1～1.51	1.33	0.06	4.52
pH	3.8～8.3	5.14	0.65	12.60
有机质（g/kg）	4.8～77.7	21.6	10.47	48.40
有效磷（mg/kg）	2.6～221.5	31.70	36.07	113.77
速效钾（mg/kg）	8～403	73.56	64.16	87.21

（2）黄色砖红壤　面积为 56 328.70hm^2，主要分布在粤西桂南农林区、滇南农林区、琼雷及南海诸岛农林区。黄色砖红壤由浅海沉积物黄赤土发育而成，表土层石英砂粒含量高，底土层则多中壤或重壤，土层较实，呈红色或红棕色。表层质地较轻，容重大，毛管孔隙少，渗漏快，持水量少，土壤供水不良，常受干旱威胁。该亚类主要理化性状见表 1-12。

表 1-12　黄色砖红壤主要理化性状（n=838）

主要指标	范围	平均值	标准差	变异系数
耕层容重（g/cm^3）	1.1～1.47	1.35	0.09	6.41
pH	4～8.2	5.32	0.71	13.37
有机质（g/kg）	4.7～67.9	25.0	12.90	51.65
有效磷（mg/kg）	3.9～282.8	26.08	38.56	147.86
速效钾（mg/kg）	9～466	69.42	64.59	93.04

（二）赤红壤

1. 赤红壤的分布与基本特性　华南区赤红壤面积为 1 887 626.67hm^2，占全区耕地面积的 22.21%，闽南粤中农林水产区、粤西桂南农林区、滇南农林区、琼雷及南海诸岛农林区 4 个二级区均有分布（表 1-13）。

表 1-13　赤红壤耕地面积统计

农业区划	面积（hm^2）	百分比（%）
闽南粤中农林水产区	256 645.72	13.60
粤西桂南农林区	952 762.06	50.47
滇南农林区	666 394.64	35.30
琼雷及南海诸岛农林区	11 823.48	0.63
总计	1 887 625.90	100.00

2. 亚类分述　赤红壤土类包括典型赤红壤、黄色赤红壤和赤红壤性土 3 个亚类（表 1-14）。

表 1-14　赤红壤亚类耕地面积统计（hm^2）

亚类	闽南粤中农林水产区	粤西桂南农林区	滇南农林区	琼雷及南海诸岛农林区	总计
赤红壤性土			21 273.02	253.93	21 526.95
典型赤红壤	256 645.72	952 762.06	425 183.63	8 843.07	1 643 434.48

（续）

亚类	闽南粤中农林水产区	粤西桂南农林区	滇南农林区	琼雷及南海诸岛农林区	总计
黄色赤红壤			219 937.99	2 726.48	222 664.47
总计	256 645.72	952 762.06	666 394.64	11 823.48	1 887 625.90

（1）典型赤红壤　面积为 1 643 434.48hm^2，4 个二级区均有分布。区域内高温多湿，干湿季节明显，热湿同季，土壤脱硅富铝化作用较为强烈，硅铝酸盐矿物分解较为彻底，盐基淋溶强烈，铁铝氧化物明显富集。该亚类多发育于第四纪红色黏土或坡残积物，土层深厚，红色黏土层有铁结核，核块状结构，弱酸性，土体构型为 A-B-C 或 A-B，主要障碍是土壤有机质含量低，保水保肥性差，易旱，土壤肥力低。该亚类主要理化性状见表 1-15。

表 1-15　典型赤红壤主要理化性状（n＝2 620）

主要指标	范围	平均值	标准差	变异系数
耕层容重（g/cm^3）	0.98～1.51	1.31	0.12	9.11
pH	3.7～8.4	5.63	0.85	15.12
有机质（g/kg）	3.9～90	25.3	10.95	43.24
有效磷（mg/kg）	1.6～228.1	25.20	23.33	92.56
速效钾（mg/kg）	10～666	101.12	79.53	78.64

（2）黄色赤红壤　面积为 222 664.47hm^2，主要分布在滇南农林区、琼雷及南海诸岛农林区。黄色赤红壤又名黄色砖红壤性红壤，还有砖红壤性黄色土、砖红壤化黄色土等名称，植被多为山地雨林，次生植被有思茅松林、灌木、草地等。成土母质以泥质岩为主，其次为酸性岩类，再次为石英质岩、碳酸盐岩、紫色岩，另有基性与中性岩及老冲积物。该亚类主要理化性状见表 1-16。

表 1-16　黄色赤红壤主要理化性状（n＝629）

主要指标	范围	平均值	标准差	变异系数
耕层容重（g/cm^3）	1.1～1.51	1.35	0.15	11.14
pH	4～8.6	5.77	0.91	15.81
有机质（g/kg）	5.6～86.8	30.2	13.63	45.14
有效磷（mg/kg）	4.7～166.1	19.14	16.37	85.53
速效钾（mg/kg）	17～686	114.51	88.43	77.22

（3）赤红壤性土　面积为 21 526.95hm^2，主要分布在滇南农林区、琼雷及南海诸岛农林区。大多出现在陡坡山地，零散分布在东方市、陵水黎族自治县、普洱市、西双版纳、保山州市等。一般表层不厚，且多砾石，又称石子土、夹石土等，30～50cm 以下为多砾石半风化母质或母岩层。该亚类主要理化性状见表 1-17。

表 1-17　赤红壤性土主要理化性状（n＝60）

主要指标	范围	平均值	标准差	变异系数
耕层容重（g/cm³）	1.1～1.47	1.31	0.15	11.80
pH	4.4～8.08	5.67	0.90	15.89
有机质（g/kg）	6.3～77.5	30.1	15.65	52.05
有效磷（mg/kg）	5～118.3	17.58	17.62	100.17
速效钾（mg/kg）	16～537	154.11	111.84	72.57

（三）红壤

1. 红壤的分布与基本特性　华南区红壤面积为 840 799.99hm²，占全区耕地面积的 9.89％，主要分布于闽南粤中农林水产区、粤西桂南农林区、滇南农林区（表 1-18）。

表 1-18　红壤耕地面积统计

农业区划	面积（hm²）	百分比（%）
闽南粤中农林水产区	23 053.66	2.74
粤西桂南农林区	40 733.16	4.84
滇南农林区	777 013.17	92.41
总计	840 799.99	100.00

2. 亚类分述　红壤包括典型红壤、黄红壤、山原红壤、红壤性土 4 个亚类（表 1-19）。

表 1-19　红壤亚类耕地面积统计（hm²）

亚类	闽南粤中农林水产区	粤西桂南农林区	滇南农林区	总计
典型红壤	23 053.66	7 825.79	442 695.13	473 574.59
黄红壤		32 907.37	327 218.89	360 126.26
山原红壤			2 111.75	2 111.75
红壤性土			4 987.40	4 987.40
总计	23 053.66	40 733.16	777 013.17	840 799.99

（1）**典型红壤**　面积为 473 574.59hm²，主要分布在闽南粤中农林水产区、粤西桂南农林区和滇南农林区。该亚类是在亚热带常绿阔叶林生物气候条件下，经过脱硅富铝化过程而形成的红色富铝土，由于红壤的分布区较温暖潮湿，雨量充沛，相对湿度大，故其脱硅富铝化程度弱于赤红壤。该亚类主要分布于低山丘陵地带和河谷台地，由于海陆位置和山脉的走向不同，其在分布上有所差异，多由花岗岩、石英云母片岩、凝灰岩、凝灰熔岩、粉砂岩、页岩、砂岩等风化物发育而成，土体构型为 A-B-C 型，层次发育明显，部分地区因水土流失严重，只见 B-C 或 AB-C 的层次组合。该亚类主要理化性状见表 1-20。

表 1-20　典型红壤主要理化性状（n＝1 195）

主要指标	范围	平均值	标准差	变异系数
耕层容重（g/cm³）	1.06～1.51	1.21	0.14	11.73
pH	4～8.5	5.84	0.93	15.91

（续）

主要指标	范围	平均值	标准差	变异系数
有机质（g/kg）	5.5～89.22	30.5	13.59	44.51
有效磷（mg/kg）	2.5～155.6	22.92	19.50	85.08
速效钾（mg/kg）	5～746	141.87	104.53	73.68

（2）黄红壤　面积为 360 126.26hm²，主要分布在粤西桂南农林区和滇南农林区，地形部位主要集中于缓坡地和山坡地；灌溉能力为无灌溉条件和基本满足，无灌溉条件面积较大；排水能力集中于基本满足、满足和充分满足类型，以满足为主。质地主要集中于黏壤、砂壤和壤土，以黏壤和壤土面积较大。主要种植作物为甘蔗、玉米和其他经济作物，生产条件差，抗自然灾害能力弱，耕作层浅，综合肥力属中下水平。该亚类主要理化性状见表1-21。

表1-21　黄红壤主要理化性状（n＝878）

主要指标	范围	平均值	标准差	变异系数
耕层容重（g/cm³）	1.06～1.51	1.21	0.14	11.80
pH	4～8.4	5.80	0.89	15.32
有机质（g/kg）	5～86.5	31.0	13.24	42.64
有效磷（mg/kg）	2.6～128	20.00	15.89	79.41
速效钾（mg/kg）	11～715	122.16	95.73	78.36

（3）山原红壤　面积为 2 111.75hm²，主要分布在滇南农林区，集中分布在普洱市、玉溪市和红河哈尼族彝族自治州，是云南粮、烟、油的重要产区。属中亚热带高原季风气候类型，干湿分明，夏无酷暑，冬无严寒，四季如春。该亚类主要理化性状见表1-22。

表1-22　山原红壤主要理化性状（n＝7）

主要指标	范围	平均值	标准差	变异系数
耕层容重（g/cm³）	1.1～1.47	1.27	0.19	14.82
pH	4.7～7.4	5.84	0.91	15.65
有机质（g/kg）	14.1～32.1	21.7	6.98	32.18
有效磷（mg/kg）	6.4～28.1	17.50	7.62	43.52
速效钾（mg/kg）	53～203	115.43	53.64	46.47

（4）红壤性土　面积为 4 987.40hm²，主要分布在滇南农林区，呈斑块点分布于红壤带内地势陡峻、植被破坏或由其他因素造成的强流失地带，其中夹中量以上的砾石、粗砂或砾质土，底土显示红色特征或与其他杂色混杂。该亚类主要理化性状见表1-23。

表1-23　红壤性土主要理化性状（n＝25）

主要指标	范围	平均值	标准差	变异系数
耕层容重（g/cm³）	1.1～1.51	1.31	0.14	10.70
pH	4.2～8	5.73	1.09	19.06

（续）

主要指标	范围	平均值	标准差	变异系数
有机质（g/kg）	12.4～76.9	31.8	16.85	52.99
有效磷（mg/kg）	5.1～46.5	20.03	12.91	64.47
速效钾（mg/kg）	18～392	146.60	95.14	64.90

（四）黄壤

1. 黄壤的分布与基本特性 华南区黄壤面积为 247 078.82hm²，占全区耕地面积的 2.91%，主要分布在滇南农林区，在闽南粤中农林水产区、粤西桂南农林区、琼雷及南海诸岛农林区 3 个二级区仅有零星分布（表 1-24）。

表 1-24 黄壤耕地面积统计

农业区划	面积（hm²）	百分比（%）
闽南粤中农林水产区	624.17	0.25
粤西桂南农林区	7 508.60	3.04
滇南农林区	234 968.40	95.10
琼雷及南海诸岛农林区	3 977.65	1.61
总计	247 078.82	100.00

2. 亚类分述 黄壤包括典型黄壤、黄壤性土 2 个亚类（表 1-25）。

表 1-25 黄壤亚类耕地面积统计（hm²）

亚类	闽南粤中农林水产区	粤西桂南农林区	滇南农林区	琼雷及南海诸岛农林区	总计
典型黄壤	624.17	7 508.60	231 062.21	233.29	239 428.28
黄壤性土			3 906.18	3 744.36	7 650.55
总计	624.17	7 508.60	234 968.40	3 977.65	247 078.82

（1）典型黄壤 面积为 239 428.28hm²，集中分布于山麓的缓坡地和山坡地，无灌溉条件，排水能力集中于满足和基本满足两个类型。主要种植作物为玉米和其他经济作物。生产条件差，抗自然灾害能力弱，耕作层浅，综合肥力属较低水平。该亚类主要理化性状见表 1-26。

表 1-26 典型黄壤主要理化性状（n＝597）

主要指标	范围	平均值	标准差	变异系数
耕层容重（g/cm³）	1.06～1.51	1.30	0.12	9.22
pH	4.1～8.4	5.68	0.85	14.92
有机质（g/kg）	5.3～88.3	33.6	14.63	43.57
有效磷（mg/kg）	5～118.5	20.10	14.66	72.93
速效钾（mg/kg）	23～707	140.49	106.39	75.73

（2）黄壤性土　面积为 7 650.55hm²，主要分布在滇南农林区、琼雷及南海诸岛农林区，其形成与山地黄壤具有同样的生物气候条件。在黄壤区域内，黄壤性土由于江河切割深，岩石崩解，土表遭受严重侵蚀，使大多数土体均夹有鸡蛋或拳头大小不一的石块，严重影响耕作，作物产量低，土壤耐涝怕旱。该亚类主要理化性状见表 1-27。

表 1-27　黄壤性土主要理化性状（n=14）

主要指标	范围	平均值	标准差	变异系数
耕层容重（g/cm³）	1.1~1.47	1.23	0.13	10.88
pH	4.4~8.3	6.15	1.19	19.37
有机质（g/kg）	13.1~65.2	28.0	17.53	62.49
有效磷（mg/kg）	6.4~47.3	19.67	12.08	61.40
速效钾（mg/kg）	60~492	204.79	162.31	79.26

（五）黄棕壤

1. 黄棕壤的分布与基本特性　华南区黄棕壤面积为 125 137.23hm²，占全区耕地面积的 1.47%，仅分布于滇南农林区。

2. 亚类分述　黄棕壤包括典型黄棕壤、暗黄棕壤 2 个亚类。典型黄棕壤面积很小。暗黄棕壤仅分布在滇南农林区，主要在红河哈尼族彝族自治州海拔 2 300~2 600m 的地区，成土母质为古红土，自然植被为云南松、华山松林或针阔叶混交林。不少地区由于植被破坏，山坡陡峻，冲刷严重，阻止了土壤的正常发育过程。剖面通体仍然显示古红土残留的理化性质。该亚类主要理化性状见表 1-28。

表 1-28　暗黄棕壤主要理化性状（n=251）

主要指标	范围	平均值	标准差	变异系数
耕层容重（g/cm³）	1.1~1.51	1.38	0.16	11.53
pH	4.4~8.5	5.68	0.78	13.78
有机质（g/kg）	5.3~85.7	37.2	17.64	47.43
有效磷（mg/kg）	5.4~105.2	21.49	16.11	74.96
速效钾（mg/kg）	22~645	142.51	105.44	73.99

（六）燥红土

1. 燥红土的分布与基本特性　燥红土面积为 48 312.18hm²，占全区耕地面积的 0.57%，主要分布于滇南农林区、琼雷及南海诸岛农林区（表 1-29）。

表 1-29　燥红土耕地面积统计

农业区划	面积（hm²）	百分比（%）
滇南农林区	19 634.34	40.64
琼雷及南海诸岛农林区	28 677.84	59.36
总计	48 312.18	100.00

2. 亚类分述　燥红土包括典型燥红土、褐红土 2 个亚类（表 1-30）。

表 1-30　燥红土亚类耕地面积统计（hm²）

亚类	滇南农林区	琼雷及南海诸岛农林区	总计
典型燥红土		28 677.84	28 677.84
褐红土	19 634.34		19 634.34
总计	19 634.34	28 677.84	48 312.18

（1）典型燥红土　面积为 28 677.84hm²，分布在琼雷及南海诸岛农林区，其矿石风化程度较深，植被为热带稀树灌草山地，母岩为片麻岗。一般土层深厚，在解决干旱、发展灌溉的条件下，是十分宝贵的土地资源，也是发展粮经作物和热带水果、冬早蔬菜的极好地方，很有开发价值。该亚类主要理化性状见表 1-31。

表 1-31　典型燥红土主要理化性状（n＝20）

主要指标	范围	平均值	标准差	变异系数
耕层容重（g/cm³）	1.29～1.42	1.38	0.06	4.01
pH	4.2～6.76	5.16	0.65	12.53
有机质（g/kg）	7.8～54	22.6	11.58	51.29
有效磷（mg/kg）	4.1～140.4	21.61	35.40	163.83
速效钾（mg/kg）	10～181.3	54.11	40.96	75.70

（2）褐红土　面积为 19 634.34hm²，主要分布在滇南农林区。褐红土其土壤剖面形态、理化性质、黏土矿物类型以及土地利用方向均与典型燥红土有明显差异。褐红土的光热条件略低于典型燥红土，限制因素是干旱，目前各地主要开发种植冬早蔬菜（番茄、黄瓜、洋葱等）、早西瓜以及柑橘、甘蔗等多种热带经济作物，产量高、经济效益好。该亚类主要理化性状见表 1-32。

表 1-32　褐红土主要理化性状（n＝29）

主要指标	范围	平均值	标准差	变异系数
耕层容重（g/cm³）	1.1～1.47	1.36	0.12	8.76
pH	4.53～7.7	5.92	0.92	15.48
有机质（g/kg）	7.5～53.2	26.0	11.57	44.53
有效磷（mg/kg）	5～76	24.19	17.52	72.42
速效钾（mg/kg）	26～606	153.54	134.18	87.39

（七）新积土

1. 新积土的分布与基本特性　新积土面积为 11 300.43hm²，占全区耕地面积的 0.13%，主要分布于粤西桂南农林区、滇南农林区、琼雷及南海诸岛农林区（表 1-33）。

表 1-33　新积土耕地面积统计

农业区划	面积（hm²）	百分比（%）
粤西桂南农林区	2 338.27	20.69
滇南农林区	3 511.39	31.07

(续)

农业区划	面积（hm²）	百分比（%）
琼雷及南海诸岛农林区	5 450.78	48.24
总计	11 300.43	100.00

2. 亚类分述　新积土包括典型新积土、冲积土2个亚类（表1-34）。

表 1-34　新积土亚类耕地面积统计（hm²）

亚类	粤西桂南农林区	滇南农林区	琼雷及南海诸岛农林区	总计
典型新积土	2 338.27			2 338.27
冲积土		3 511.39	5 450.78	8 962.16
总计	2 338.27	3 511.39	5 450.78	11 300.43

（1）**典型新积土**　面积为 2 338.27hm²，分布在粤西桂南农林区。该亚类主要理化性状见表1-35。

表 1-35　典型新积土主要理化性状（n＝44）

主要指标	范围	平均值	标准差	变异系数
耕层容重（g/cm³）	1.02～1.35	1.23	0.09	7.16
pH	4.3～7.9	5.64	0.92	16.37
有机质（g/kg）	8～49.8	22.8	10.77	47.29
有效磷（mg/kg）	2.5～80	27.54	23.83	86.54
速效钾（mg/kg）	16～250	86.92	65.10	74.90

（2）**冲积土**　面积为 8 962.16hm²，分布在滇南农林区、琼雷及南海诸岛农林区。冲积土是流水作用的产物，其剖面特点具有成层性和层段间质地的差异性，以及上细下粗的堆积规律。由于母质来源复杂，新积土具有养分丰富、土质肥沃、质地适中、易耕作、宜耕期长、通透性好、回潮和宜种性广等特点。在水利条件好的地区，已大量辟为稻田。该亚类主要理化性状见表1-36。

表 1-36　冲积土主要理化性状（n＝43）

主要指标	范围	平均值	标准差	变异系数
耕层容重（g/cm³）	1.06～1.47	1.25	0.10	8.14
pH	4.3～8.1	5.58	0.88	15.86
有机质（g/kg）	6.3～56.9	24.8	14.08	56.85
有效磷（mg/kg）	5.6～112.5	19.66	22.33	113.57
速效钾（mg/kg）	10～346	66.02	73.40	111.19

（八）风沙土

1. 风沙土的分布与基本特性　华南区风沙土面积为 41 602.40hm²，占全区耕地面积的 0.49%，主要分布于闽南粤中农林水产区、粤西桂南农林区、琼雷及南海诸岛农林区（表 1-37）。

表 1-37　风沙土耕地面积统计

农业区划	面积（hm²）	百分比（%）
闽南粤中农林水产区	19 850.66	47.72
粤西桂南农林区	10 301.71	24.76
琼雷及南海诸岛农林区	11 450.03	27.52
总计	41 602.40	100.00

2. 亚类分述　风沙土包括滨海风沙土 1 个亚类。该亚类主要理化性状见表 1-38。

表 1-38　滨海风沙土主要理化性状（n＝111）

主要指标	范围	平均值	标准差	变异系数
耕层容重（g/cm³）	1.16～1.5	1.43	0.11	7.69
pH	4.2～8.5	5.58	0.81	14.43
有机质（g/kg）	3.6～45.2	16.1	8.59	53.44
有效磷（mg/kg）	3～123.5	28.15	25.06	89.02
速效钾（mg/kg）	13～479	71.38	69.84	97.84

（九）石灰（岩）土

1. 石灰（岩）土的分布与基本特性　华南区石灰（岩）土面积为 357 448.20hm²，占全区耕地面积的 4.21%，主要分布在粤西桂南农林区、滇南农林区，闽南粤中农林水产区、琼雷及南海诸岛农林区也有少量分布（表 1-39）。

表 1-39　石灰（岩）土耕地面积统计

农业区划	面积（hm²）	百分比（%）
闽南粤中农林水产区	18 352.79	5.13
粤西桂南农林区	239 778.97	67.08
滇南农林区	98 635.44	27.59
琼雷及南海诸岛农林区	681.00	0.19
总计	357 448.20	100.00

2. 亚类分述　石灰（岩）土包括红色石灰土、黑色石灰土、棕色石灰土和黄色石灰土 4 个亚类（表 1-40）。

表 1-40　石灰（岩）土亚类耕地面积统计（hm²）

亚类	闽南粤中农林水产区	粤西桂南农林区	滇南农林区	琼雷及南海诸岛农林区	总计
红色石灰土	13 574.03	15 246.81	17 125.72	681.00	46 627.56
黑色石灰土	4 778.75		21 372.25		26 151.00

（续）

亚类	闽南粤中农林水产区	粤西桂南农林区	滇南农林区	琼雷及南海诸岛农林区	总计
棕色石灰土		224 532.17			224 532.17
黄色石灰土			60 137.47		60 137.47
总计	18 352.79	239 778.97	98 635.44	681.00	357 448.20

（1）红色石灰土　面积为 46 627.56hm²，在 4 个二级区均有分布。红色石灰土由石灰岩直接成土的很少，绝大多数是古红土经过较长期的复盐基过程，逐步脱离了盐基不饱和以及酸性反应的特征，使土壤呈中性反应。红色石灰土常常与山原红壤相伴出现，由于湿度大，淋溶较强，在浅丘顶部，土壤往往呈微酸性反应，这类土壤又称为次生红色石灰土。该亚类主要理化性状见表 1-41。

表 1-41　红色石灰土主要理化性状（n＝73）

主要指标	范围	平均值	标准差	变异系数
耕层容重（g/cm³）	1～1.51	1.27	0.19	14.96
pH	4.2～8.2	6.17	0.98	15.91
有机质（g/kg）	8.1～62.2	26.6	11.49	43.15
有效磷（mg/kg）	3.5～97.3	19.31	17.13	88.74
速效钾（mg/kg）	25～428	153.56	96.23	62.67

（2）黑色石灰土　面积为 26 151hm²，主要分布在闽南粤中农林水产区和滇南农林区。该亚类是在较湿润的气候和茂密的植被条件下形成的，它常夹存于石芽缝隙中，由于植被较茂密，大量的枯枝落叶聚集，土壤中腐殖质的积累量高，与钙质凝聚，形成比较稳定的腐殖质酸钙。该亚类主要理化性状见表 1-42。

表 1-42　黑色石灰土主要理化性状（n＝109）

主要指标	范围	平均值	标准差	变异系数
耕层容重（g/cm³）	1.07～1.51	1.28	0.15	12.14
pH	3.9～8.4	6.11	1.13	18.44
有机质（g/kg）	7.9～75.4	30.4	12.80	42.11
有效磷（mg/kg）	2.5～128.1	24.91	20.87	83.76
速效钾（mg/kg）	21～492	99.04	70.30	70.98

（3）棕色石灰土　面积为 224 532.17hm²，仅分布于粤西桂南农林区。各地形部位均有分布，以缓坡地（石山坡麓）和谷地（峰丛谷地）面积较大。由于峰丛洼地的原因，造成排水不良。主要种植作物为玉米、甘蔗、桑树和其他经济作物，生产条件差，抗自然灾害能力弱，土壤酸化面积大，综合肥力属较低水平。该亚类主要理化性状见表 1-43。

表 1-43　棕色石灰土主要理化性状（n＝159）

主要指标	范围	平均值	标准差	变异系数
耕层容重（g/cm³）	1.03～1.34	1.21	0.07	6.07
pH	4.5～8.7	6.74	1.06	15.67
有机质（g/kg）	10.8～60	30.9	10.38	33.54
有效磷（mg/kg）	2.5～80	18.20	17.68	97.13
速效钾（mg/kg）	16～250	98.72	57.75	58.50

（4）黄色石灰土　面积为 60 137.47hm²，仅分布于滇南农林区。主要分布在普洱市、红河哈尼族彝族自治州等地部分县的石灰岩地区，常与黄壤、黄红壤、黄色赤红壤和黑色石灰土交错分布。黄色石灰土地处湿润多雨、温暖、冬季多云雾的地区，植被较好，地势稍平缓，裸岩较少，淋溶作用较强，土壤中的氧化铁基本水化，表土呈淡棕黄，心土以下呈黄色。其母质大多为含泥质较多的不纯灰岩或者灰岩中夹泥岩，故成土后质地较黏重。该亚类主要理化性状见表 1-44。

表 1-44　黄色石灰土主要理化性状（n＝203）

主要指标	范围	平均值	标准差	变异系数
耕层容重（g/cm³）	1.1～1.51	1.33	0.15	11.17
pH	4.2～7.9	6.06	0.91	15.02
有机质（g/kg）	5.3～86.8	31.3	12.91	41.29
有效磷（mg/kg）	5.1～119	23.41	19.57	83.60
速效钾（mg/kg）	11～509	113.22	87.63	77.40

（十）火山灰土

1. 火山灰土的分布与基本特性　华南区火山灰土面积为 24 239.39hm²，占全区耕地面积的 0.29%，主要分布于粤西桂南农林区、琼雷及南海诸岛农林区（表 1-45）。

表 1-45　火山灰土耕地面积统计

农业区划	面积（hm²）	百分比（%）
粤西桂南农林区	1 413.60	5.83
琼雷及南海诸岛农林区	22 825.79	94.17
总计	24 239.39	100.00

2. 亚类分述　火山灰土包括基性岩火山灰土 1 个亚类。该亚类主要理化性状见表 1-46。

表 1-46　基性岩火山灰土主要理化性状（n＝20）

主要指标	范围	平均值	标准差	变异系数
耕层容重（g/cm³）	1.27～1.27	1.27	0.00	0.00
pH	4.3～5.93	5.18	0.50	9.70
有机质（g/kg）	9.5～67.8	25.1	13.66	54.52

（续）

主要指标	范围	平均值	标准差	变异系数
有效磷（mg/kg）	4.1～39.6	10.79	8.90	82.47
速效钾（mg/kg）	12～177	44.06	36.07	81.87

（十一）紫色土

1. 紫色土的分布与基本特性　华南区紫色土面积为 276 800.32hm²，占全区耕地面积的 3.26%，主要分布在粤西桂南农林区、滇南农林区，在闽南粤中农林水产区、琼雷及南海诸岛农林区也有少量分布（表 1-47）。

表 1-47　紫色土耕地面积统计

农业区划	面积（hm²）	百分比（%）
闽南粤中农林水产区	15 288.74	5.52
粤西桂南农林区	158 912.35	57.41
滇南农林区	92 990.96	33.59
琼雷及南海诸岛农林区	9 608.27	3.47
总计	276 800.32	100.00

2. 亚类分述　紫色土包括酸性紫色土、中性紫色土、石灰性紫色土 3 个亚类（表 1-48）。

表 1-48　紫色土亚类耕地面积统计（hm²）

亚类	闽南粤中农林水产区	粤西桂南农林区	滇南农林区	琼雷及南海诸岛农林区	总计
酸性紫色土	15 288.74	145 850.47	79 968.54	9 608.27	250 716.03
中性紫色土		12 570.75	12 520.59		25 091.34
石灰性紫色土		491.13	501.82		992.95
总计	15 288.74	158 912.35	92 990.96	9 608.27	276 800.32

（1）酸性紫色土　面积为 250 716.03hm²，4 个二级区均有分布，以缓坡地（石山坡麓）和谷地（峰丛谷地）面积较大；灌溉能力差，由于峰丛洼地的原因，造成排水不良，农田基础设施差。主要种植制度为一年一熟或一年两熟，主要种植作物为玉米、甘蔗、桑树和其他经济作物，生产条件差，抗自然灾害能力弱，酸化土壤面积大，综合肥力属较低水平。该亚类主要理化性状见表 1-49。

表 1-49　酸性紫色土主要理化性状（n＝268）

主要指标	范围	平均值	标准差	变异系数
耕层容重（g/cm³）	1.09～1.51	1.28	0.12	9.34
pH	3.8～8.2	5.66	0.84	14.89
有机质（g/kg）	7.9～70.6	25.2	11.49	45.53

（续）

主要指标	范围	平均值	标准差	变异系数
有效磷（mg/kg）	2.5~231.9	21.42	21.72	101.43
速效钾（mg/kg）	12~552	108.79	83.83	77.06

（2）中性紫色土　面积为 25 091.34hm²，主要分布在粤西桂南农林区和滇南农林区，地形部位有缓坡地、山坡地和平地，以缓坡地面积较大，灌溉能力为无灌溉条件和基本满足两个类型，以无灌溉条件面积最大；排水能力好，均在满足以上等级，农田基础设施差。主要种植制度为一年一熟或一年二熟，主要种植作物为玉米和经济作物，生产条件差，抗自然灾害能力弱，综合肥力属中下水平。该亚类主要理化性状见表 1-50。

表 1-50　中性紫色土主要理化性状（n＝71）

主要指标	范围	平均值	标准差	变异系数
耕层容重（g/cm³）	1.1~1.51	1.28	0.12	9.45
pH	4.1~8.2	5.65	0.85	15.01
有机质（g/kg）	8.3~79.36	25.3	13.81	54.52
有效磷（mg/kg）	2.7~108.7	19.05	16.31	85.65
速效钾（mg/kg）	16~275	101.61	64.78	63.75

（3）石灰性紫色土　面积为 992.95hm²，分布在粤西桂南农林区和滇南农林区第三系及侏罗系中、上富含碳酸钙的紫色页岩地层和硝矿、盐层露头地区，是岩性或干热复钙返硝的原生或次生石灰性紫色土。该亚类主要理化性状见表 1-51。

表 1-51　石灰性紫色土主要理化性状（n＝16）

主要指标	范围	平均值	标准差	变异系数
耕层容重（g/cm³）	1.07~1.34	1.24	0.07	5.40
pH	4.1~8	5.59	1.19	21.36
有机质（g/kg）	8~28.8	17.6	5.94	33.77
有效磷（mg/kg）	2.5~63.4	15.07	16.16	107.21
速效钾（mg/kg）	33.5~152	82.69	35.91	43.42

（十二）粗骨土

1. 粗骨土的分布与基本特性　粗骨土面积为 43 708.58hm²，占全区耕地面积的 0.51%，主要分布于闽南粤中农林水产区、粤西桂南农林区、琼雷及南海诸岛农林区（表 1-52）。

表 1-52　粗骨土耕地面积统计

农业区划	面积（hm²）	百分比（%）
闽南粤中农林水产区	6 359.35	14.55
粤西桂南农林区	22 141.67	50.66

（续）

农业区划	面积（hm²）	百分比（%）
琼雷及南海诸岛农林区	15 207.56	34.79
总计	43 708.58	100.00

2. 亚类分述 粗骨土包括酸性粗骨土、硅质岩粗骨土 2 个亚类，硅质岩粗骨土面积很小。酸性粗骨土分布在闽南粤中农林水产区、粤西桂南农林区和琼雷及南海诸岛农林区。粗骨土是由各种岩石风化、半风化的坡积物、残积物发育而成的初育土，土体中具有富含石英粗砂砾和砾石、黏化系数较低、发育程度较差的特征，多分布在山地丘陵上部或滨海丘陵台地的局部地区。地表植被一般生长较差，土层厚度在 70cm 左右，表层厚度小于 10cm，土体多铁质，质地属石质性土壤。该亚类主要理化性状见表 1-53。

表 1-53 酸性粗骨土主要理化性状（n＝22）

主要指标	范围	平均值	标准差	变异系数
耕层容重（g/cm³）	1.11	1.11	—	—
pH	4.1～7.6	5.52	0.92	16.61
有机质（g/kg）	11.8～42.4	21.3	6.73	31.55
有效磷（mg/kg）	3.5～142.7	49.95	34.69	69.44
速效钾（mg/kg）	22～354	148.85	85.16	57.21

（十三）潮土

1. 潮土的分布与基本特性 华南区潮土面积为 107 480.53hm²，占全区耕地面积的 1.26%，主要分布于闽南粤中农林水产区、粤西桂南农林区（表 1-54）。

表 1-54 潮土耕地面积统计

农业区划	面积（hm²）	百分比（%）
闽南粤中农林水产区	56 933.68	52.97
粤西桂南农林区	50 546.85	47.03
总计	107 480.53	100.00

2. 亚类分述 潮土包括灰潮土和湿潮土 2 个亚类（表 1-55）。

表 1-55 潮土亚类耕地面积统计（hm²）

亚类	闽南粤中农林水产区	粤西桂南农林区	总计
灰潮土	56 832.08	50 546.85	107 378.93
湿潮土	101.60		101.6
总计	56 933.68	50 546.85	107 480.53

（1）灰潮土 灰潮土面积为 107 378.93hm²，分布在闽南粤中农林水产区和粤西桂南农林区，成土母质为近代河流冲积物。其物质组成除石英砂粒外，尚有部分长石、云母等原生矿物及黏土矿物，质地多为砂壤土或砂土，有机质矿化速度快，保肥性能差，潜在肥力低，

土壤呈酸性或微酸性反应。由于不同时期河水泛滥的水量及流速不同，所携带物质颗粒不一，沉积层理较为明显，通常可见砂、黏间层，剖面层次一般为 A-B-C 或 A-C，土层深厚，地下水位较高。该亚类主要理化性状见表 1-56。

表 1-56　灰潮土主要理化性状（n＝326）

主要指标	范围	平均值	标准差	变异系数
耕层容重（g/cm³）	1.01～1.35	1.27	0.06	4.76
pH	3.5～8.4	5.66	0.87	15.30
有机质（g/kg）	4.3～49.7	22.0	9.07	41.17
有效磷（mg/kg）	1.7～121.1	27.97	21.86	78.18
速效钾（mg/kg）	15～343	88.28	61.51	69.67

（2）湿潮土　湿潮土面积很小，只有 101.6hm²，分布在闽南粤中农林水产区，成土母质为近代河流冲积物。主要理化性状为：耕层容重 1.17g/cm³，pH 6.3，有机质 5.15g/kg，有效磷 80mg/kg，速效钾 173mg/kg。

（十四）滨海盐土

1. 滨海盐土的分布与基本特性　华南区滨海盐土面积为 10 246.13hm²，占全区耕地面积的 0.12％，主要分布在闽南粤中农林水产区、琼雷及南海诸岛农林区（表 1-57）。

表 1-57　滨海盐土耕地面积统计

农业区划	面积（hm²）	百分比（％）
闽南粤中农林水产区	8 406.48	82.05
琼雷及南海诸岛农林区	1 839.66	17.95
总计	10 246.13	100.00

2. 亚类分述　滨海盐土包括典型滨海盐土和滨海潮滩盐土 2 个亚类，其中，典型滨海盐土面积较小。滨海潮滩盐土多分布于高潮线以上，海拔高程一般 2～5m，常年已脱离潮水的直接浸渍，由于含盐母质和高矿化地下水的影响，季节性积盐和脱盐在成土过程中仍占主导地位，但已朝着脱盐和草甸化方向发展。土壤剖面分异较明显，表现为生草层形成、氧化层加厚和盐分剖面淋溶。滨海潮滩盐土亚类的表土层有机质含量高于心土层，心土层已有明显锈纹锈斑；盐分剖面分布多自上而下增多，表土层有不同程度的脱盐现象，土体构型为 A-BW-G 或 A-G。该亚类主要理化性状见表 1-58。

表 1-58　滨海潮滩盐土主要理化性状（n＝24）

主要指标	范围	平均值	标准差	变异系数
耕层容重（g/cm³）	1.23～1.36	1.29	0.03	2.69
pH	5.8～8.8	7.24	0.80	11.07
有机质（g/kg）	7.12～24.3	14.2	5.27	37.21
有效磷（mg/kg）	5～98	17.67	20.09	113.69
速效钾（mg/kg）	21～480	194.21	161.46	83.13

（十五）水稻土

1. 水稻土的分布与基本特性　华南区水稻土面积为 3 875 309.64hm²，占全区耕地面积的 45.60%，闽南粤中农林水产区、粤西桂南农林区、滇南农林区、琼雷及南海诸岛农林区 4 个二级区均有分布（表 1-59）。

表 1-59　水稻土耕地面积统计

农业区划	面积（hm²）	百分比（%）
闽南粤中农林水产区	1 218 218.91	31.44
粤西桂南农林区	1 458 585.99	37.64
滇南农林区	688 809.56	17.77
琼雷及南海诸岛农林区	509 695.19	13.15
总计	3 875 309.64	100.00

2. 亚类分述　水稻土包括潴育水稻土、淹育水稻土、渗育水稻土、潜育水稻土、脱潜水稻土、漂洗水稻土、盐渍水稻土和咸酸水稻土 8 个亚类，但脱潜水稻土面积较小（表 1-60）。

表 1-60　水稻土亚类耕地面积统计（hm²）

亚类	闽南粤中农林水产区	粤西桂南农林区	滇南农林区	琼雷及南海诸岛农林区	总计
潴育水稻土	625 526.67	1 195 226.67	587 360.00	228 473.33	2 636 586.66
淹育水稻土	20 360.00	76 686.67	72 993.33	75 266.67	245 306.67
渗育水稻土	404 620.00	123 420.00		132 446.67	660 486.67
潜育水稻土	62 386.67	29 800.00	28 460.00	28 426.67	149 073.33
漂洗水稻土	21 620.00	6 793.33		27 806.67	56 226.67
盐渍水稻土	64 220.00	4 893.33		14 553.33	83 666.67
咸酸水稻土	19 486.67	21 760.00		2 713.33	43 960.00
总计	1 218 218.91	1 458 585.99	688 809.56	509 695.19	3 875 306.67

（1）潴育水稻土　面积为 228 473.33hm²，4 个二级区均有分布。成土母质主要是河流冲积物构成的谷底冲积物、三角洲或滨海沉积物等，多位于河口三角洲平原、河流冲积平原、山间盆地（垌田）以及丘陵沟谷（坑田）中下部。其主要特点是地形分布位置适中，耕作利用年份久，灌溉水源充足，排灌方便，熟化程度高；多属壤土或砂壤土，地下水位一般 60cm 以下，具有较完整的剖面层次，其剖面构型多为 A-AP-W-G-C 型或 A-AP-W-（G）-C 型。主要理化性状见表 1-61。

表 1-61　潴育水稻土主要理化性状（n=7 821）

主要指标	范围	平均值	标准差	变异系数
耕层容重（g/cm³）	0.896～1.51	1.26	0.09	6.98
pH	3.5～8.7	5.57	0.81	14.54
有机质（g/kg）	2.9～85	26.3	11.25	42.77

（续）

主要指标	范围	平均值	标准差	变异系数
有效磷（mg/kg）	1.3～310.9	28.86	27.03	93.66
速效钾（mg/kg）	5～760	84.98	73.43	86.40

（2）淹育水稻土　面积为 245 306.67hm²，4 个二级区均有分布，成土母质类型多样，以砂页岩、花岗岩为主，还有紫色砂页岩、第四纪红土、石灰岩等。主要分布在丘陵高岗地带的梯田上部。其特点是成土时间较短，农田基础设施条件不够完善，多靠天雨或小型山塘、水库灌溉，水量不足。由于分布地形较高，一般无地下水，土壤受水分影响较弱，剖面层次发育明显，剖面构型多为 A-AP-C，除耕作层颜色较暗，物质组成有一定变化外，心土、底土层基本保持其母土的颜色、结构等特征，剖面中各土层的铁质移动不明显，特别是晶质铁与胶体铁之比变化甚小，心土底土黏化值与铁的淋溶淀积值的变化也与其底土类似，变化不明显，耕作层黏粒流失较大，土壤质地偏砂，底土肥力差，有机质分解快，土壤肥力后劲不足。这类水稻土多为望天田，属于低产的稻田。主要理化性状见表 1-62。

表 1-62　淹育水稻土主要理化性状（n＝1 930）

主要指标	范围	平均值	标准差	变异系数
耕层容重（g/cm³）	0.9～1.66	1.24	0.13	10.40
pH	3.5～8.5	5.47	0.77	14.14
有机质（g/kg）	3.1～86.8	24.2	11.53	47.62
有效磷（mg/kg）	2.5～221.5	23.54	26.92	114.35
速效钾（mg/kg）	8～522	73.23	69.10	94.36

（3）渗育水稻土　面积为 660 486.67hm²，主要分布在闽南粤中农林水产区、粤西桂南农林区、琼雷及南海诸岛农林区。成土母质主要是发育于各种母岩的红壤、黄壤、赤红壤等母土的坡积及残积物，部分发育于紫色土、石灰土和新积土等初育土。该亚类所处地势较高，地下水埋藏较深，土壤水分主要由降水和灌溉水补给，土壤水的运移是以下渗为主要形式，淋溶较为强烈，属地表水下渗型。渗育水稻土水耕历史较悠久，淹水时间较长，但渗透性强，土体干湿交替频繁，氧化还原作用活跃，因而剖面分化较为明显。剖面构型以 A-AP-P-C 为主，土壤利用时间较长，水耕熟化程度较高。主要理化性状见表 1-63。

表 1-63　渗育水稻土主要理化性状（n＝2 392）

主要指标	范围	平均值	标准差	变异系数
耕层容重（g/cm³）	1.05～1.4	1.18	0.10	8.30
pH	3.4～8	5.31	0.66	12.53
有机质（g/kg）	4.4～67.9	24.3	8.97	36.87
有效磷（mg/kg）	1.2～221.5	29.34	25.66	87.47
速效钾（mg/kg）	5～735	65.12	58.23	89.43

（4）潜育水稻土　面积为 149 073.33hm²，4 个二级区均有分布。由于地势低洼、排水

不畅，地下水位高，土体处于水饱和状态或常年受潜水浸渍，整个土壤还原作用占绝对优势，加上有机质的嫌气分解，导致大量还原性有毒物质积累，土壤氧化还原电位低，加剧了铁锰氧化物的还原淋溶，土体被还原铁染为灰色，全剖面呈青灰色，剖面构型为 Ag-G、A-G 或 A-（AP）-G。主要理化性状见表 1-64。

表 1-64　潜育水稻土主要理化性状（n＝1 048）

主要指标	范围	平均值	标准差	变异系数
耕层容重（g/cm³）	0.896～1.47	1.19	0.09	7.39
pH	3.5～8.6	5.37	0.75	14.03
有机质（g/kg）	3.2～79.8	26.4	10.65	40.29
有效磷（mg/kg）	1.9～255.8	25.86	27.58	106.64
速效钾（mg/kg）	10～532	71.36	56.63	79.35

（5）漂洗水稻土　面积为 56 226.67hm²，主要分布在闽南粤中农林水产区、粤西桂南农林区、琼雷及南海诸岛农林区。该亚类的主要特征是剖面出现白泥层，一般在地下 30～80cm 处，对水稻生长无直接影响。土壤质地黏重，多为重壤土，富含高岭土，土色灰白，肥力中等；剖面构型为 A-AP-E-C。主要理化性状见表 1-65。

表 1-65　漂洗水稻土主要理化性状（n＝250）

主要指标	范围	平均值	标准差	变异系数
耕层容重（g/cm³）	1.04～1.5	1.19	0.11	9.40
pH	3.8～8.4	5.50	0.69	12.58
有机质（g/kg）	3.6～56	23.1	9.24	40.02
有效磷（mg/kg）	2.5～148.8	27.76	25.46	91.72
速效钾（mg/kg）	10～286	68.55	50.92	74.28

（6）盐渍水稻土　面积为 83 666.67hm²，主要分布在闽南粤中农林水产区、粤西桂南农林区、琼雷及南海诸岛农林区。盐渍水稻土分布于滨海平原区，系滨海盐土经淹水改良种稻、脱盐熟化发育而成，其成土母质为含盐海积物或冲海积物。由于人工围垦、引淡洗盐、种稻改良，其成土过程发生了深刻的变化。水耕熟化伴随着脱盐过程成为盐渍水稻土的主要成土过程，表现为水耕离铁作用明显，随着地下水位的降低，土体干化，氧化还原层段逐步加厚，而还原层位明显下降，铁的剖面分异日趋明显，剖面分化逐渐向潴育水稻土发展。该亚类土体构型为 A-AP-W-Cs、A-AP-Ws-Cs，分布地形平坦，土层深厚，潜在的肥力较大，生产力高，有机质含量较高，矿质养分丰富，但土质黏重，耕作困难，容易受海潮或地下水盐分的影响而积盐或返盐，存在盐、碱、黏等主要障碍因素。主要理化性状见表 1-66。

表 1-66　盐渍水稻土主要理化性状（n＝221）

主要指标	范围	平均值	标准差	变异系数
耕层容重（g/cm³）	1.1～1.35	1.18	0.05	4.36
pH	4.07～8.7	5.73	0.96	16.72

（续）

主要指标	范围	平均值	标准差	变异系数
有机质（g/kg）	7～49.1	24.1	7.86	32.62
有效磷（mg/kg）	2～189.9	37.1	31.92	85.95
速效钾（mg/kg）	16～481	138.7	107.41	77.44

（7）咸酸水稻土 面积为 43 960.00hm²，主要分布在闽南粤中农林水产区、粤西桂南农林区、琼雷及南海诸岛农林区。咸酸水稻土属我国南方沿海省份特有的一个稻田土壤类型，系酸性硫酸盐土经人为耕种水稻发育而成，由于土体埋藏含硫量较高的红树残体，在海水浸渍条件下进行嫌气分解，产生大量硫化氢、硫化铁等还原物质，经人工围垦、排水落干后，土壤通气条件得到改善，还原态硫化物被氧化而形成游离态硫酸，致使土壤呈强酸性反应；由于母质含盐量高，水耕脱盐又不彻底，因而形成强酸性盐渍水稻土。咸酸水稻土质地剖面通常是上黏下轻，剖面分化不明显，全剖面有机质含量较高，土壤肥力较低，但是有效土层深厚，生产潜力大，由于游离硫酸的存在，土体呈强酸反应。主要理化性状见表1-67。

表1-67 咸酸水稻土主要理化性状（n=219）

主要指标	范围	平均值	标准差	变异系数
耕层容重（g/cm³）	0.95～1.34	1.21	0.05	4.12
pH	3.6～7.3	5.19	0.70	13.48
有机质（g/kg）	3.3～55.7	22.1	10.32	46.59
有效磷（mg/kg）	3.3～256.4	26.64	28.75	107.91
速效钾（mg/kg）	10.9～463	90.17	76.28	84.60

第五节 耕地质量保护与提升

一、耕地保护与质量提升制度建设

多年来为加强耕地保护与质量提升，促进农业可持续发展，华南5省（自治区）在制度建设方面进行了多方面探索，积累了一定的经验，形成了一系列制度成果。

（一）耕地质量定期调查评价制度

各省（自治区）根据农业农村部统一部署，制订了耕地质量评价方案。如广东省、广西壮族自治区专门制订了省级耕地质量汇总评价工作方案。粮食安全省长责任制实行后，云南省还印发了《关于做好耕地质量等级调查评价工作的通知》（云农办种植〔2017〕342号）和《云南省耕地质量等级调查评价工作指导意见》（云土肥〔2018〕2号）。各省（自治区）明确要求建立耕地质量等级调查评价制度和耕地质量等级信息发布制度，积极构建耕地质量数据平台，落实耕地质量保护责任。

（二）耕地质量长期定位监测制度

华南5省（自治区）开展耕地质量监测工作多年，建立了较为完善的工作制度和技术方案。如近年来，福建省加强了对耕地质量监测的制度建设，印发了《福建省耕地质量监测实施方案》《关于规范耕地质量监测点标识牌的通知》《福建省耕地质量监测运行管理办法》

（试行）等，对耕地质量监测点设置、标识牌建立、样品采集与化验、资料整理与分析、人员培训、经费来源与使用等进行了统一规范。广东省自 2007 年起，开始建立并逐步形成耕地质量监测年度报告制度。

（三）补充耕地质量评定制度

华南区以山地丘陵为主，人多地少，耕地资源十分宝贵。在国家实行非农建设占用耕地要实现补充耕地数量相等、质量相当的政策下，各省（自治区）制订了相关措施，以保证补充耕地质量。如广东省政府在 2008 年 11 月印发了《广东省土地开发整理补充耕地项目管理办法》，明确规定地级以上国土资源部门会同同级农业、林业部门负责对补充耕地进行验收。福建省人民政府办公厅下发了《关于进一步做好补充耕地工作实现耕地占补平衡的通知》（闽政办〔2010〕231 号），要求省国土资源厅和农业厅认真履行职责，密切配合，通力合作，切实加强全省补充耕地数量和质量的验收管理工作。广东、福建两省农业部门还制订了《补充耕地质量验收评定技术规范（试行）》，规定了补充耕地质量验收评定的技术内容、方法和程序，确保补充耕地质量的验收管理有据可依。

（四）高标准农田建设制度

华南 5 省（自治区）高度重视高标准农田建设，由省级政府制定并印发了高标准农田建设规划，如《海南省高标准农田建设规划》（琼府函〔2015〕216 号）、《福建省高标准农田建设规划（2016—2020 年）》等，云南省政府还出台了《关于进一步加快高标准农田建设的意见》（云政发〔2016〕67 号）。为完善高标准农田建设项目管理，海南省出台了《高标准农田建设项目管理暂行办法》（琼府办〔2017〕155 号），广东省印发了《高标准基本农田建设项目和资金管理暂行办法》（粤财农〔2012〕489 号），在依法依规前提下建立审批"绿色通道"，简化办事流程和报批材料。这些制度的制订与实施有效保证了高标准农田建设工作的顺利推进。

（五）耕地质量提升制度

根据《农业部关于印发〈耕地质量保护与提升行动方案〉的通知》（农农发〔2015〕5 号）要求，华南 5 省（自治区）根据当地实际，先后印发了省级耕地质量保护与提升行动方案，明确目标任务和工作重点，要求综合推广应用测土配方施肥、绿肥种植、增施有机肥、秸秆还田、中低产田改良、酸化土改良、水肥一体化等技术，扎实推进耕地质量建设。为构建耕地质量保护与提升长效机制，广东省还在制定耕地质量管理制度上进行了有益探索，多次组织相关专家到粤东、粤西、粤北开展立法调研，听取各方对加强耕地质量管理的意见建议，为制定出台《广东省耕地质量管理规定》打下坚实基础。

二、耕地质量监测评价基础性工作

（一）耕地质量评价

2005 年，中央财政设立测土配方施肥试点补贴资金项目，在全国选择 200 个县开展试点，至 2009 年，全国测土配方施肥工作基本实现了农业县全覆盖。通过资料收集、农户调查、取土化验和样品测试，为耕地质量评价工作积累了大量的基础数据。如广东省，通过该项目共采集土壤样品 41.59 万个，并开展了相关的耕地质量基础信息调查。

1. 县域耕地质量评价 2007 年农业部办公厅印发了《关于做好耕地地力评价工作的通知》（农办农〔2007〕66 号），要求各省（直辖市、自治区）严格按照《测土配方施肥技术规范（试行）修订稿》和《2007 年全国测土配方施肥工作方案》要求，扎实推进耕地地力调查与质量评价工作。华南 5 省（自治区）根据耕地质量评价工作任务和目标要求，分别成立了领导小组办公室，以教学科研单位为技术依托单位，全力推进耕地质量评价工作。至2012 年，华南 5 省（自治区）所有农业县（区、市）完成了县域耕地质量评价工作，应用县域耕地资源管理信息系统，编制了数字化的土壤养分分布图、耕地质量等级图、中低产田类型分布图等，在此基础上，编制了县域耕地质量评价工作报告、技术报告以及耕地改良利用、科学施肥等专题报告。通过开展耕地质量评价，各县（市、区）摸清了耕地资源状况和影响耕地生产的主要障碍因素，为有针对性开展耕地质量保护与提升提供了数据支撑。

2. 省级耕地质量汇总评价　　按照耕地质量调查评价总体安排部署，华南 5 省（自治区）均制订了省级耕地质量汇总评价工作方案，在收集图件及相关资料、分析县域农业基本信息的基础上，充分考虑评价样点的空间位置、土壤类型、耕作利用方式、属性的规范性、完整性等条件，遴选部分县域评价样点作为省级汇总评价样点。如广东省在全省 105 个县（市、区）41.59 万个样点中遴选了 10 280 个样点作为省级汇总评价样点；广西壮族自治区从 98个县（市、区）耕地质量评价采样点中筛选出 46 276 个样点。

通过建立空间和属性数据库，构建评价指标体系，确定等级划分标准，按照统一技术要求，将全省耕地质量划分为 10 个等级。同时，对耕地质量主要性状进行了调查，结果表明，改革开放 30 年来，随着农村经济迅速发展，种植业结构调整不断推进，耕地施肥总量逐步增加，特别是大量施用化肥，华南区耕地养分发生了较大变化。主要体现在土壤有机质、全氮、速效钾等含量稳中有升，土壤有效磷含量显著增加。各省（自治区）还建立了省级耕地资源管理信息系统，编制了耕地质量评价工作报告、技术报告、专题报告和相关成果图集。

（二）耕地质量监测

长期以来，华南 5 省（自治区）高度重视耕地质量监测工作。自第二次土壤普查野外作业完成后，即着手建立耕地质量监测网络。为了保证耕地质量监测工作的持续、稳定实施，各省（自治区）始终把耕地质量监测作为一项重要性、基础性工作来抓，坚持专人管理、专人负责、专项经费保障。如福建省农田建设和土壤肥料技术站在 2011 年增设了耕地质量监督管理科，负责全省耕地质量监测与保护、农田建设规划设计与实施、基本农田调整使用等，监测专项经费达到 150 万元。各省（自治区）积极开展耕地质量监测人员的技术培训，就耕地质量监测点的规范化建立、样品采集、野外调查、监测数据录入、监测报告撰写和信息发布等内容进行专题讲解，提高各级监测人员的专业技能。

在相关省、市、县三级农业部门的积极努力下，华南区建立健全了耕地质量监测网络，监测内容得到了充实完善。到 2016 年，耕地质量监测被列入粮食安全省长责任制考核内容之一，其重要性得到进一步提升，各省（自治区）耕地质量监测网络进一步扩展。至 2017年底，华南 5 省（自治区）共设立耕地质量监测点 1 180 个，覆盖 297 个县。其中，福建省耕地质量监测点 150 个，覆盖全省 68 个农业县；广东省耕地质量监测点 322 个，覆盖 93 个县（市、区），覆盖率近九成；广西壮族自治区设立耕地质量监测点 641 个，覆盖全区 100个县；海南省设立耕地质量监测点 47 个，覆盖 18 个县；云南省共建有国家级耕地质量监测点 20 个，分布在 11 个州、市 18 个县、区，基本涵盖了该省的主要土壤类型。

（三）补充耕地质量验收评定

根据《土地管理法》的占用耕地补偿制度，经批准后非农建设需要占用耕地的，必须补充与被占用耕地数量和质量相当的耕地。华南区各级政府高度重视补充耕地质量的管理工作，强化措施，加大占补平衡补充耕地质量建设和管理力度。各省（自治区）均制订了《补充耕地质量验收评定技术规范》，规定了补充耕地质量验收评定的技术内容、方法和程序，使补充耕地质量的验收管理有据可依。在补充耕地项目验收前，国土资源管理部门充分考虑先期开展耕地质量评定需要的时间，及时通知农业部门开展补充耕地质量的评定工作；农业部门根据项目验收要求，在规定时间内组织专家进行实地踏勘并采集土壤样品，将样品送到有资质的土壤肥料质量检测机构进行检测，并出具书面检验报告，开展补充耕地质量评定，形成评定意见，作为项目验收时形成综合意见的重要依据。国土资源和农业部门对补充耕地项目进行验收时，按照补充耕地项目管理和验收的有关规定，依据项目目标和任务、工程建设质量、补充耕地质量评定意见等，对补充耕地农业生产条件的符合性、耕地质量等级等进行综合评价。通过补充耕地质量验收评定工作规范的实施，福建、广东、海南等省已连续十多年实现了耕地占补平衡，保证了耕地数量和质量的基本稳定，为全面提高农产品，特别是粮食综合生产能力、促进农业和农村经济可持续发展奠定了坚实基础。

三、耕地质量建设

（一）高标准基本农田建设

华南5省（自治区）高度重视耕地保护与质量建设，不断加大投入力度，全力推进高标准基本农田建设工作。按照国务院批准的《全国土地整治规划（2011—2015年）》，建设灌溉与排水工程、田间道路工程、土地平整工程、农田防护与生态环境保持以及其他工程。一是加强组织领导。明确政府主要领导是第一责任人，分管国土资源、农业的领导是直接责任人。各级国土资源、农业、财政等部门按职责分工，认真做好高标准基本农田建设项目组织实施工作，加快工作进度，确保工程质量。其他部门按照部署要求，积极主动配合做好高标准基本农田建设相关工作。二是加强项目管理。严格落实《高标准基本农田建设项目和资金管理暂行办法》，在依法依规前提下建立审批"绿色通道"，简化办事流程和报批材料。加强规范管理，在项目选址、规划设计、工程施工、后期管护过程中积极争取农村集体经济组织和农民的参与和支持。三是加强资金保障。根据高标准基本农田建设相关标准要求，用足用好高标准基本农田建设省级补助资金。如广东省高标准基本农田建设省级补助资金标准达到 22 500 元/hm^2、示范县 24 000 元/hm^2。四是加强督促检查。省、市国土资源、农业、财政、监察等部门加强监督检查，督促各地按时保质保量完成高标准基本农田建设任务。"十二五"以来，5 省（自治区）共建高标准基本农田 316.07 万 hm^2，其中，福建省 21.67 万 hm^2、广东省 101.8 万 hm^2、广西壮族自治区 93.33 万 hm^2、海南省 15.27 万 hm^2、云南省 84 万 hm^2。

通过高标准基本农田建设，修建硬底化排灌渠道，修筑机耕路，安装农业设备，提高了田间设施配套水平，改善了农田生产条件，对治理灌溉改良型和渍潜稻田型两类中低产田效果显著。改造后，项目区灌溉水利用率普遍提高 0.2 以上，一般可达 0.6 以上，粮食单产一般增加 750kg/hm^2 以上。实践证明，通过开展高标准基本农田建设，改善了耕作条件，保护了农田生态，提高了农业生产能力，增强了抵御自然灾害的能力，促进了土地利用有序化和集约化，更好地发挥了耕地利用效益。

（二）耕地保护与质量提升

"十二五"期间，在农业农村部的大力支持下，华南5省（自治区）组织实施了国家耕地保护与质量提升项目，通过技术物资补贴等方式，鼓励和支持农民应用土壤改良、地力培肥技术，促进秸秆等有机肥资源转化利用，减少污染，改善农业生态环境，提升耕地质量。

根据当地主要土壤类型和耕地质量现状，结合农业生产特点，针对耕地质量突出问题，各地因地制宜地采取各种技术措施提升耕地质量：一是改良土壤。针对耕地土壤障碍因素，改良酸化、冷渍化土壤，改善土壤理化性状，改进耕作方式。二是培肥地力。通过增施有机肥，实施秸秆还田，开展测土配方施肥，提高土壤有机质含量、平衡土壤养分。通过冬种紫云英，固氮肥田，实现用地与养地相结合，持续提升土壤肥力。三是保水保肥。通过耕作层深松耕，加深耕作层，改善耕地理化性状，增强耕地保水保肥能力。"十二五"期间，广东省在积极利用中央投资2亿余元的同时，省级配套投入861万元，实施秸秆腐熟还田1 006.67km^2、种植绿肥73.33km^2、改良酸化土壤29.33km^2；广西壮族自治区通过抓示范促带动，全区累计完成种植绿肥1 241.4km^2、秸秆还田10 141.3km^2、中低产田改良1 000km^2；云南省自2010年来，实施耕地保护与质量提升项目面积达844.8km^2，其中秸秆还田672.2km^2、种植绿肥125.93km^2、增施有机肥6.8km^2、土壤改良培肥39.93km^2。

通过实施耕地保护与质量提升项目，秸秆还田率明显提高，项目区达到95%以上，田间地头焚烧秸秆现象基本杜绝；绿肥种植得到恢复，项目区绿肥鲜草压青还田量达到22.5t/hm^2以上，减少化肥施用量10%以上；土壤理化性状得到改善，严重酸化耕地面积减少。项目实施取得了明显的增产增收效果。据广东省的调查结果表明，实行秸秆腐熟还田，水稻平均产量比对照区增产495kg/hm^2，增产6.7%；种植绿肥并实行翻压还田，水稻平均产量比对照区增产690kg/hm^2，增产9.9%；改良酸化土壤，水稻平均产量比对照区增产540kg/hm^2，增产6.9%。

第二章　耕地质量评价方法与步骤

华南区耕地质量评价依据《耕地质量调查监测与评价办法》(农业部令 2016 第 2 号)和《农业部办公厅关于做好耕地质量等级调查评价工作的通知》(农办农〔2017〕18 号)等相关文件的要求,首次应用《耕地质量等级》(GB/T 33469—2016)国家标准,采用 N＋X 的方法确定评价指标,层次分析法确定各指标权重,特尔斐法确定各指标隶属度,建立耕地质量等级评价指标体系。运用地理信息系统技术构建评价数据库,计算耕地质量综合指数,评价耕地质量等级,并编制耕地质量等级、养分分级等相关图件。

评价工作严格按照耕地质量等级国家标准,组织专业技术人员,建立质量控制体系,并邀请专家指导,开展结果验证,保证了评价结果的准确性、科学性。

第一节　资料收集与整理

一、软硬件及资料准备

(一)硬件、软件

硬件:计算机、GPS、扫描仪、数字化仪、彩色喷墨绘图仪等。

软件:主要包括 WINDOWS 操作系统软件,ACCESS 数据库管理软件、SPSS 数据统计分析应用软件,ArcGIS、OFFICE 等专业技术软件。

(二)资料与工具准备

收集了与耕地质量评价有关的各类自然和社会经济因素资料,主要包括野外调查、分析化验、基础图件、统计数据及其他资料等。

1. 野外调查资料与工具　野外调查资料主要包括采样地块的地理位置、自然条件、生产条件、土壤情况的记录表等,具体内容见表 2-1。

调查采样工具有铁锹、铁铲、圆状取土钻、螺旋取土钻、竹片、GPS、照相机、卷尺、铝盒、样品袋、样品箱、样品标签、铅笔、资料夹等。

表 2-1　耕地质量等级评价野外调查

	统一编号	采样年份	—
地理位置	省(自治区、直辖市)名	地市名	县(区、市、农场)名
	乡镇名	村名	海拔高度(m)
	经度(°)	纬度(°)	—
自然条件	地貌类型	地形部位	田面坡度(°)
生产条件	水源类型	灌溉方式	灌溉能力
	排水能力	地下水埋深(m)	常年耕作制度
	熟制	生物多样性	农田林网化程度
	主栽作物名称	亩产(kg)	—

（续）

统一编号	采样年份	—
土壤情况 土类	亚类	土属
土种	成土母质	质地构型
耕层质地	障碍因素	障碍层类型
障碍层深度（cm）	障碍层厚度（cm）	耕层土壤容重（g/cm³）
有效土层厚度（cm）	耕层厚度（cm）	耕层土壤含盐量（%）
盐渍化程度	盐化类型	土壤 pH
有机质（g/kg）	全氮（g/kg）	有效磷（mg/kg）
速效钾（mg/kg）	缓效钾（mg/kg）	有效铜（mg/kg）
有效锌（mg/kg）	有效铁（mg/kg）	有效锰（mg/kg）
有效硼（mg/kg）	有效钼（mg/kg）	有效硫（mg/kg）
有效硅（mg/kg）	铬（mg/kg）	镉（mg/kg）
铅（mg/kg）	砷（mg/kg）	汞（mg/kg）

2. 分析化验耗材与设备 购买实验室分析测试需要的土壤标准物质，制备土壤参比样品，确定统一的分析方法。根据确定的分析测试项目，补充各类化学试剂、玻璃仪器等耗材。包括白色搪瓷盘及木盘、木锤、木滚、木棒、有机玻璃棒、有机玻璃板、硬质木板、无色聚乙烯薄膜、玛瑙研磨机（球磨机）或玛瑙研钵、白色瓷研钵、尼龙筛等。

3. 基础图件资料 基础图件资料主要包括省级土地利用现状图、土壤图、行政区划图、地形地貌图、地名注记图、交通线路图、河流水域图等。其中土壤图、土地利用现状图、行政区划图主要用于叠加生成评价单元图；地形地貌图主要用于判读评价单元的地形部位；地名注记图、交通线路图、河流水域图等辅助图层主要用于编制成果图件。

4. 统计资料 收集了华南各省（自治区）近 3 年的统计资料，包括人口、土地面积、耕地面积、主要农作物播种面积、粮食单产、总产、肥料投入等数据。

5. 其他资料 华南各省（自治区）第二次土壤普查相关资料，包括土壤志、土种志、土壤普查专题报告等；县域耕地地力调查与质量评价成果资料；近年来农田基础设施建设、水利区划相关资料；耕地质量监测点数据及历年相关试验点土壤检测结果；耕地质量保护与提升相关制度和建设规划文件资料；优势农产品布局、种植区划文本资料等。

二、评价样点的布设

在进行样点布设时，通过土壤图、土地利用现状图和行政区划图叠加形成评价单元，根据评价单元的数量、面积、土壤类型、种植制度、种植作物类型、产量水平，以及农业农村部耕地保护与质量提升任务清单下达给华南各省（自治区）采样点数量，同时充分考虑点位的均匀性，最终确定采样点的位置，并在图上标注，形成采样点位图。遵循以下几条原则：

①大致按照每 667hm² 布设 1 个样点的标准进行布点，结合不同地形条件可在此基础上进行适当加密。

②样点具有广泛的代表性，兼顾各种地类、各种土壤类型。

③兼顾均匀性，综合考虑样点的位置分布，覆盖所有县域范围。

④结合测土配方施肥样点、耕地质量长期定位监测点数据进行样点布设，保证数据的延续性、完整性。

⑤综合考虑各种因素，做到顶层设计，合理布设的样点一经确定后随即固定，不得随意更改。

华南区耕地面积 849.89 万 hm²，共布设了 22 774 个采样点，各二级农业区、评价区，以及各土类评价样点分布情况如表 2-2、表 2-3 所示。

表 2-2　二级农业区与评价区评价样点分布情况

	评价区域	耕地面积（hm²）	采样点（个）
二级农业区	闽南粤中农林水产区	1 623 734.1	6 072
	琼雷及南海诸岛农林区	1 077 228.4	3 451
	粤西桂南农林区	3 026 142.3	5 423
	滇南农林区	2 771 773.4	7 828
	小计	8 498 878.3	22 774
评价区	福建评价区	440 128.7	753
	广东评价区	2 027 048.1	7 611
	广西评价区	2 537 199.7	3 766
	海南评价区	722 728.3	2 816
	云南评价区	2 771 773.4	7 828
	小计	8 498 878.3	22 774

表 2-3　土类评价样点分布情况

土类名称	耕地面积（hm²）	采样点（个）
砖红壤	589 865.5	1 088
赤红壤	1 887 625.9	3 652
红壤	840 799.9	2 060
黄壤	247 078.8	620
黄棕壤	125 137.2	252
燥红土	48 312.2	81
新积土	11 300.4	39
风沙土	41 602.4	121
石灰（岩）土	357 448.2	641
火山灰土	24 239.4	57
紫色土	276 800.3	487
粗骨土	43 708.6	47
潮土	107 480.5	216
砂姜黑土	7 243.3	3
滨海盐土	10 246.1	29
水稻土	3 875 309.6	13 381
合计	8 494 198.6	22 774

注：棕壤、石质土、磷质石灰土和酸性硫酸盐土 4 个土类耕地面积较少，没有布设评价样点。

野外调查数据主要包括：统一编号、采样年份、省（自治区、直辖市）名称、地（市）名称、县（区）名称、乡（镇）名称、村组名称、海拔高度、经度、纬度、土类、亚类、土属、土种、成土母质、地貌类型、地形部位、田面坡度、有效土层厚度、耕层厚度、耕层质地、耕层土壤容重、质地构型、常年耕作制度、地下水埋深、熟制、生物多样性、农田林网化程度、酸碱度、障碍因素、障碍层类型、障碍层深度、障碍层厚度、耕层土壤含盐量、盐渍化程度、盐化类型、灌溉方式、灌溉能力、水源类型、排水能力、有机质、全氮、有效磷、速效钾、缓效钾、有效铁、有效锰、有效铜、有效锌、有效硼、有效钼、有效硅、有效硫、铬、镉、铅、砷、汞、主栽作物名称、年产量等。

野外调查时填写耕地质量等级评价野外调查表（表2-1），非数值型指标均按规范要求填写，不留空项（表2-4）。

表2-4　耕地质量调查指标属性划分

调查指标	属性划分
成土母质	湖相沉积物、江海相沉积物、第四纪红土、残坡积物、洪冲积物、河流冲积物、火山堆积物
地貌类型	平原、山地、丘陵、盆地
地形部位	平原低阶、平原中阶、平原高阶、宽谷盆地、山间盆地、丘陵下部、丘陵中部、丘陵上部、山地坡下、山地坡中、山地坡上
灌溉方式	沟灌、漫灌、喷灌、滴灌、无灌溉条件
水源类型	地表水、地下水
熟制	一年一熟、一年两熟、一年三熟、一年多熟、常年生
主栽作物	水稻、花生、甘蔗、玉米、小麦
有效土层厚度（cm）	≥100、60～100、<60
耕地质地	中壤、重壤、砂壤、轻壤、砂土、黏土
质地构型	上松下紧型、海绵型、松散型、紧实型、夹层型、上紧下松型、薄层型
生物多样性	丰富、一般、不丰富
清洁程度	清洁、尚清洁
障碍因素	侵蚀、砂化、酸化、瘠薄、潜育化、盐渍化、无障碍层次
灌溉能力	充分满足、满足、基本满足、不满足
排水能力	充分满足、满足、基本满足、不满足
农田林网化程度	高、中、低

统一编号：统一编号采用19位编码，由6位邮政编码、1位采样目的标识、8位采样时间、1位采样组以及3位顺序号组成。

省（自治区、直辖市）名称、地（市）名称、县（区）名称、乡（镇）名称、村组名称、采样年份等依据行政区划图以及实地采样调查时间、地点填写。

经度、纬度、海拔高度：通过实地GPS定位读取数据。

土类、亚类、土属、土种：依据《中国土壤分类与代码》国家标准填写。

成土母质：依据土壤类型及成土因素填写。按照成土母质来源、成土因素及过程不同，将华南区耕地成土母质归并为湖相沉积物、江海相沉积物、第四纪红土、残坡积物、洪冲积物、河流冲积物、火山堆积物七大类。

地貌类型：依据调查样点耕地所处的大地形地貌填写。分为平原、山地、丘陵、盆地 4 种类型。

地形部位：依据调查点耕地所处的地貌类型、等高线地形图、海拔高度，结合其位于地貌类型的部位进行判读。可归纳为平原低阶、平原中阶、平原高阶、宽谷盆地、山间盆地、丘陵下部、丘陵中部、丘陵上部、山地坡下、山地坡中、山地坡上 11 种类型。

灌溉方式、水源类型、常年耕作制度、熟制、主栽作物名称、年产量依据实地调查填写。灌溉方式分为沟灌、漫灌、喷灌、滴灌、无灌溉条件；水源类型包括地表水、地下水；熟制包括一年一熟、一年两熟、一年三熟、一年多熟、常年生；主栽作物主要有水稻、花生、甘蔗、玉米、小麦等。

土壤容重、酸碱度、有机质、全氮、有效磷、速效钾、缓效钾、有效铁、有效锰、有效铜、有效锌、有效硼、有效钼、有效硅、有效硫、铬、镉、铅、砷、汞等依据野外调查样品分析检测填写。

有效土层厚度、耕层质地、质地构型、生物多样性、清洁程度、障碍因素、灌溉能力、排水能力、农田林网化程度等依据《耕地质量等级》国家标准，结合实地调查情况填写。

三、土壤样品检测与质量控制

（一）样品检测项目与方法

根据《农业部办公厅关于做好耕地质量等级调查评价工作的通知》（农办农〔2017〕18号）中耕地质量等级调查内容的要求，土壤样品检测项目包括：土壤 pH、耕层土壤容重、有机质、全氮、有效磷、缓效钾、速效钾、有效态铜、锌、铁、锰、有效硼、有效钼、有效硫、有效硅以及重金属铬、镉、铅、汞、砷。土壤样品各个检测项目的分析方法具体见表 2-5。

表 2-5　土壤样品检测项目与方法

分析项目	检测方法	方法来源
土壤 pH	土壤检测　第 2 部分：土壤 pH 的测定	NY/T 1121.2
耕层土壤容重	土壤检测　第 4 部分：土壤容重的测定	NY/T 1121.4
有机质	土壤检测　第 6 部分：土壤有机质的测定	NY/T 1121.6
全氮	土壤全氮测定法（半微量开氏法）	NY/T 53
有效磷	土壤检测　第 7 部分：酸性土壤有效磷的测定 中性和石灰性土壤有效磷的测定	NY/T 1121.7 LY/T 1233
缓效钾、速效钾	土壤速效钾和缓效钾含量的测定	NY/T 889
有效铜、锌、铁、锰	二乙三胺五乙酸（DTPA）浸提法	NY/T 890
有效硼	土壤检测　第 8 部分：土壤有效硼的测定	NY/T 1121.8
有效钼	土壤检测　第 9 部分：土壤有效钼的测定	NY/T 1121.9
有效硫	土壤检测　第 14 部分：土壤有效硫的测定	NY/T 1121.14
有效硅	土壤检测　第 15 部分：土壤有效硅的测定	NY/T 1121.15

（续）

分析项目	检测方法	方法来源
铬	火焰原子吸收分光光度法	HJ 491
镉、铅	石墨炉原子吸收分光光度法	GB/T 17141
汞、砷	原子荧光法	GB/T 22105

注：方法来源中未注明日期的引用文件，均指其最新版本。

（二）样品检测质量控制

1. 实验室基本要求　在样品分析过程中，实验室用水采用电热蒸馏、石英蒸馏或离子交换等方法制备，符合 GB/T 6682 的规定。常规检验使用三级水，配制标准溶液用水、特定项目用水符合二级水的要求。

2. 样品检测过程质量控制

①人员：对检测技术人员制定教育、培训、技能目标，确保检测人员技能满足检测工作要求。

②设备：制定检定计划并及时送检，检定完成后对校准的器具进行复核，检查校准数据是否符合使用要求，以确保量值的准确溯源。

③材料：试剂的纯度，试剂、药品在贮存过程中是否受到污染，实验用水是否达到要求；样品的状态符合标准要求，试样的数量要满足检测需要。

④方法：样品严格按照标准方法进行检测。

⑤环境：化验室具备防尘、防火、防潮、防振、隔热、控温、光线充足等基本要求。保证土壤样品各项化验在适合的环境条件下进行，使各项化验结果尽量接近实际值。满足检测工作和检测人员健康安全的要求。

3. 样品检测误差控制　定期采用标准物质对实验室系统误差进行检查和控制，不定期对检验人员或新上岗人员进行分析质量考核检查。检验人员定期采用标准物质对计量检测仪器和标准溶液进行期间核查。抽取部分县级化验室，通过发放盲样进行考核，以保证检测数据的准确性。

4. 检测后的数据检查　加强数据校核、审核工作。为确保数据准确无误，化验室建立健全管理制度，制订数据校核、审核工作程序，明确检测人员、校核人员、审核人员的职责，各负其责、各司其职，凡未经校审人员校审的数据暂视为无效数据，不能采用和上报。

5. 完善实验室管理制度　为保证检测项目严格按照质量控制体系有关规定进行，化验室制定实验室安全卫生制度、试剂管理制度、实验室废弃物处理制度、样品管理制度、主要仪器操作规程等，并将各项规章管理制度以及主要仪器设备操作规程上墙公布明示，严格执行。

四、数据资料审核处理

华南区耕地质量等级评价数据资料来源广、数据量大、涉及调查人员多，数据的可靠性和有效性直接影响到耕地质量评价结果的合理性、科学性。数据资料的审核与质量把控显得尤为重要。

数据资料审核的方法包括人工检查和机器筛查，应用基本统计量、频数分布类型检验、异常值的判断与剔除等方法，审查数据资料的完整性、规范性、符合性、科学性、相关性等。通过纵向审查快速发现缺失、无效或不一致的数据，通过横向审查找出各相关数据项的逻辑错误，并进行修正，保证最后调查所得数据的完整性、一致性和有效性。

第二节 评价指标体系建立

一、指标选取的原则

评价指标是指参与评价耕地质量等级的一种可度量或可测定的属性。正确地选择评价指标是科学评价耕地质量的前提，直接影响耕地质量评价结果的科学性和准确性。华南区耕地质量评价指标的选取主要依据《耕地质量等级》国家标准，综合考虑评价指标的科学性、综合性、主导性、可比性、可操作性等原则。

科学性原则：指标体系能够客观地反映耕地综合质量的本质及其复杂性和系统性。选取评价指标应与评价尺度、区域特点等有密切的关系。因此，应选取与评价尺度相应、体现区域特点的关键因素参与评价。本次评价以华南区耕地为评价区域，既要考虑地形地貌、农田林网化程度等大尺度变异因素，又要选择与耕地质量相关的灌排条件、土壤养分、障碍因素等重要因子，从而保障评价的科学性。

综合性原则：指标体系要反映出各影响因素主要属性及相互关系。评价因素的选择和评价标准的确定，要考虑当地的自然地理特点和社会经济因素及其发展水平，既要反映当前的局部和单项的特征，又要反映长远的、全局的和综合的特征。本次评价选取了立地条件、土壤管理、养分状况、耕层理化性状、剖面性状、健康状况等方面的相关因素，形成了综合性的评价指标体系。

主导性原则：耕地系统是一个非常复杂的系统，要把握其基本特征，选出有代表性的起主导作用的指标。指标的概念应明确，简单易行。各指标之间涵义各异，没有重复。选取的因子应对耕地质量有比较大的影响，如地形部位、土壤养分、质地构型和排灌条件等。

可比性原则：由于耕地系统中的各个因素具有较强的时空差异，评价指标应尽量选择性质上较稳定，不易发生变化的因素，在时间序列上具有相对的稳定性。

可操作性原则：各评价指标数据应具有可获得性，易于调查、分析、查找或统计，有利于高效准确完成整个评价工作。

二、指标选取方法及原因

根据指标选取的原则，针对华南区耕地质量评价的要求和特点，采用《耕地质量等级》(GB/T 33469—2016) 国家标准中规定的 N+X 的方法确定华南区评价指标，由基础性指标和区域性补充指标组成，其中基础性指标（N）包括地形部位、有效土层厚度、有机质含量、耕层质地、土壤容重、质地构型、养分指标（有效磷、速效钾）、生物多样性、清洁程度、障碍因素、灌溉能力、排水能力、农田林网化程度等 14 个指标；区域补充性指标（X）为酸碱度，共计 15 个评价指标。

运用层次分析法建立目标层、准则层和指标层的三级层次结构，目标层即耕地质量等级，准则层包括立地条件、剖面性状、耕层理化性状、养分状况、健康状况和土壤管理 6 个部分。

立地条件：包括地形部位和农田林网化程度。华南区地形地貌复杂多样，地形部位的差异对耕地质量有重要的影响，不同地形部位的耕地坡度、坡向、光温水热条件、灌排能力差异明显，直接或间接地影响农作物的适种性和生长发育；农田林网能够很好地防御灾害性气候对农业生产的危害，保证农业的稳产、高产，同时还可以提高和改善农田生态系统的环境。

剖面性状：包括有效土层厚度、质地构型和障碍因素。有效土层厚度影响耕地土壤水分、养分库容量和作物根系生长；土壤剖面质地构型是土壤质量和土壤生产力的重要影响因子，不仅反映土壤形成的内部条件与外部环境，还体现出耕作土壤肥力状况和生产性能；障碍因素影响耕地土壤水分状况以及作物根系生长发育，对土壤保水和通气性以及作物水分和养分吸收、生长发育以及生物量等均具有显著影响。

耕层理化性状：包括耕层质地、土壤容重和酸碱度。耕层质地是土壤物理性质的综合指标，与作物生长发育所需要的水、肥、气、热关系十分密切，显著影响作物根系的生长发育、土壤水分和养分的保持与供给；容重是土壤最重要的物理性质之一，能反映土壤质量和土壤生产力水平；酸碱度是土壤的重要化学性质之一，作物正常生长发育、土壤微生物活动、矿质养分存在形态及其有效性、土壤保持养分的能力等都与酸碱度密切相关。

养分状况：包括有机质、有效磷和速效钾。有机质是微生物能量和植物矿质养分的重要来源，不仅可以提高土壤保水、保肥和缓冲性能，改善土壤结构性，而且可以促进土壤养分有效化，对土壤水、肥、气、热的协调及其供应起支配作用。土壤磷、钾是作物生长所需的大量元素，对作物生长发育以及产量等均有显著影响。

健康状况：包括清洁程度和生物多样性。清洁程度反映了土壤受重金属、农药和农膜残留等有毒有害物质影响的程度；生物多样性反映了土壤生命力丰富程度。

土壤管理：包括灌溉能力和排水能力。灌溉能力直接关系到耕地对作物生长所需水分的满足程度，进而显著制约着农作物生长发育和生物量；排水能力通过制约土壤水分状况而影响土壤水、肥、气、热的协调及作物根系生长和养分吸收利用等。

三、耕地质量主要性状分级标准确定

20 世纪 80 年代，全国第二次土壤普查工作开展时，对耕地土壤主要性状指标进行了分级，经过 30 多年的发展，耕地土壤理化性状发生了较大变化，有的分级标准与目前的土壤现状已不相符合。本次评价在全国第二次土壤普查耕地土壤主要性状指标分级的基础上进行了修改或重新制定。

（一）第二次土壤普查耕地土壤主要性状分级标准

全国第二次土壤普查时期，制定了土壤 pH、有机质、全氮、碱解氮、有效磷、速效钾、全磷、全钾、碳酸钙、有效硼、有效钼、有效锰、有效锌、有效铜、有效铁理化性状分级标准（表 2-6、表 2-7）。

表 2-6　第二次土壤普查耕地土壤主要性状分级标准

项目	一级	二级	三级	四级	五级	六级
有机质（g/kg）	≥40	30～40	20～30	10～20	6～10	<6
全氮（g/kg）	≥2.0	1.5～2.0	1.0～1.5	0.75～1.0	0.5～0.75	<0.5

（续）

项目	一级	二级	三级	四级	五级	六级
碱解氮（mg/kg）	≥150	120～150	90～120	60～90	30～60	<30
有效磷（mg/kg）	≥40	20～40	10～20	5～10	3～5	<3
速效钾（mg/kg）	≥200	150～200	100～150	50～100	30～50	<30
有效硼（mg/kg）	≥2.0	1.0～2.0	0.5～1.0	0.2～0.5	<0.2	—
有效钼（mg/kg）	≥0.3	0.2～0.3	0.15～0.2	0.1～0.15	<0.1	—
有效锰（mg/kg）	≥30	15～30	5～15	1～5	<1	—
有效锌（mg/kg）	≥3.0	1.0～3.0	0.5～1.0	0.3～0.5	<0.3	—
有效铜（mg/kg）	≥1.8	1.0～1.8	0.2～1.0	0.1～0.2	<0.1	—
有效铁（mg/kg）	≥20	10～20	4.5～10	2.5～4.5	<2.5	—

表 2-7　第二次土壤普查耕地土壤酸碱度分级标准

项目	碱性	微碱性	中性	微酸性	酸性	强酸性
pH	≥8.5	7.5～8.5	6.5～7.5	5.5～6.5	4.5～5.5	<4.5

（二）本次评价耕地土壤主要性状分级标准

依据华南区耕地质量评价 22 774 个调查采样点数据，对相关性状指标进行了数理统计，计算了各指标的平均值、中位数、众数、最大值、最小值、标准差和变异系数等统计参数（表 2-8）。经分析，当前耕地土壤相关性状指标的平均值、区间分布频率等较第二次土壤普查时期均发生了较大变化，原有的分级标准与目前的土壤现状已不相符合，在全国第二次土壤普查土壤理化性质分级标准的基础上，进行了修改或重新制定。制定过程与第二次土壤普查分级标准衔接，在保留全国分级标准级别值基础上，综合考虑作物需肥的关键值、养分丰缺指标等，再对原有的级别进行细分或归并，以便数据纵向、横向比较。

表 2-8　耕地质量主要性状描述性统计

项目	平均值	标准差	变异系数
pH	5.57	0.78	0.14
有机质（g/kg）	26.34	10.99	0.42
全氮（g/kg）	1.41	0.57	0.40
有效磷（mg/kg）	26.50	21.15	0.80
速效钾（mg/kg）	91.54	75.20	0.82
缓效钾（mg/kg）	234.97	240.37	1.02
有效铜（mg/kg）	3.85	3.52	0.92
有效锌（mg/kg）	1.71	1.60	0.94
有效铁（mg/kg）	84.98	56.42	0.66
有效锰（mg/kg）	34.16	33.10	0.97
有效硼（mg/kg）	0.32	0.23	0.70
有效钼（mg/kg）	0.43	0.49	1.13

（续）

项目	平均值	标准差	变异系数
有效硫（mg/kg）	54.10	67.46	1.25
有效硅（mg/kg）	113.46	92.94	0.82

以土壤有机质为例，本次评价仍分为 6 级。考虑到华南区耕地有机质含量大于 40g/kg 的样点只有 2 566 个，比例较小，而且土壤有机质含量大于 40g/kg 对华南区耕地质量提升意义不大，因此，将有机质≥30g/kg 列为一级；同时，考虑到土壤有机质含量在 10～20g/kg 的比例较高，占 27.07%，为了细分有机质含量对耕地质量等级的贡献，将 10～20g/kg 拆分为 15～20g/kg 和 10～15g/kg，分别作为三级、四级（表 2-9、表 2-10）。

表 2-9　耕地质量等级评价土壤主要性状分级标准

分级标准	一级	二级	三级	四级	五级	六级
有机质（g/kg）	≥30	20～30	15～20	10～15	6～10	<6
全氮（g/kg）	≥1.5	1.25～1.5	1.0～1.25	0.75～1.0	0.5～0.75	<0.5
有效磷（mg/kg）	≥40	30～40	20～30	10～20	5～10	<5
速效钾（mg/kg）	≥200	150～200	100～150	50～100	30～50	<30
缓效钾（mg/kg）	≥500	300～500	150～300	80～150	50～80	<50
有效铜（mg/kg）	≥1.8	1.5～1.8	1.0～1.5	0.5～1.0	0.2～0.5	<0.2
有效锌（mg/kg）	≥3.0	1.5～3.0	1.0～1.5	0.5～1.0	0.3～0.5	<0.3
有效铁（mg/kg）	≥20	15～20	10～15	4.5～10	2.5～4.5	<2.5
有效锰（mg/kg）	≥30	20～30	15～20	10～15	5～10	<5
有效硼（mg/kg）	≥2.0	1.5～2.0	1.0～1.5	0.5～1.0	0.2～0.5	<0.2
有效钼（mg/kg）	≥0.3	0.25～0.3	0.2～0.25	0.15～0.2	0.1～0.15	<0.1
有效硅（mg/kg）	≥200	100～200	50～100	25～50	12～25	<12
有效硫（mg/kg）	≥50	40～50	30～40	15～30	10～15	<10

表 2-10　耕地质量等级评价土壤酸碱度分级标准

分级标准	碱性	微碱性	中性	微酸性	酸性	强酸性
pH	≥8.5	7.5～8.5	6.5～7.5	5.5～6.5	4.5～5.5	<4.5

第三节　数据库建立

一、建库的内容与方法

（一）数据库建库的内容

数据库的建立主要包括空间数据库和属性数据库。

空间数据库包括道路、水系、采样点点位图、评价单元图、土壤图、行政区划图等。道路、水系通过土地利用现状图提取；土壤图通过扫描纸质土壤图件拼接校准后矢量化；评价单元图通过土地利用现状图、行政区划图、土壤图叠加形成；采样点点位图通过野外调查采样数据表中的经纬度坐标生成。

属性数据库包括土地利用现状属性数据表、土壤样品分析化验结果数据表、土壤属性数据表、行政编码表、交通道路属性数据表等。通过分类整理后，以编码的形式进行管理。

（二）数据库建库的方法

耕地质量等级评价系统采用不同的数据模型，分别对属性数据和空间数据进行存储管理，属性数据采用关系数据模型，空间数据采用网状数据模型。

空间数据图层标识码是要素属性表中的一个关键字段，空间数据与属性数据以此字段形成关联，完成对地图的模拟。这种关联使两种数据模型联成一体，可以方便地从空间数据检索属性数据或者从属性数据检索空间数据。在进行空间数据和属性数据连接时，在 Arc Map 环境下分别调入图层数据和属性数据表，利用关键字段将属性数据表链接到空间图层的属性表中，将属性数据表中的数据内容赋予图层数据表中。技术流程图详见图 2-1。

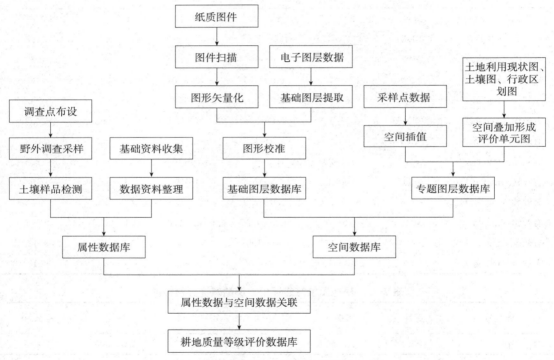

图 2-1　耕地质量等级评价数据库建立流程

二、建库的依据及平台

随着计算机的出现和发展，以计算机技术为核心的信息处理技术作为当代科技革命的主要标准之一，已广泛渗入到人类生产和生活的方方面面。地理信息系统（GIS）作为信息处理技术的一种，是以计算机技术为依托，以具有空间内涵的地理数据为处理对象，运用系统工程和信息科学的理论，采集、存储、显示、处理、分析、输出地理信息的计算机系统。其中最具有代表性的 GIS 平台是 ESRI 公司研发的 ArcGIS，本次耕地质量评价选择了 ArcGIS 软件平台。

三、建库的引用标准

华南区耕地质量等级评价数据库包括属性数据库和空间数据库，参照技术规范、标准和文件如下：

(1)《中华人民共和国行政区划代码》(GB/T 2260—2007)

(2)《耕地质量等级》(GB/T 33469—2016)

(3)《中国土壤分类与代码》(GB/T 17296—2009)

(4)《基础地理信息要素分类与代码》(GB/T 13923—2006)

(5)《县域耕地资源管理信息系统数据字典》

(6)《国家基本比例尺地形图分幅和编号》(GB/T 13989—2012)

(7)《第三次全国国土调查土地分类》

(8)《全球定位系统（GPS）测量规范》(GB/T 18314—2009)

(9)《国土资源信息核心元数据标准》(TD/T 1016—2003)

(10)《土地利用数据库标准》(TD/T 1016—2017)

四、建库资料核查

为了构建一个有质量，可持续应用的空间数据库，数据入库前应进行质量检查，确保数据的正确性和完整性。主要包括以下数据检查处理：

（一）数据的分层检查

根据《土地利用数据库标准》对所有空间数据进行分层检查，按照标准中规定的三大要素层进行分层，并保证层与层之间没有要素重叠。

（二）数学基础检查

按照《土地利用数据库标准》检查各图层数据的坐标系和投影是否符合建库标准，各层数学基础是否保持一致。

（三）图形数据检查

检查内容包括：点、线、面拓扑关系检查。对于点图层，检查点位是否重合，坐标位置是否准确，权属是否清晰；对于线图层，检查是否有自相交、多线相交是否有公共边重复、悬挂点或伪节点；对于多边形，检查是否闭合、标识码等属性是否唯一、图形中是否有需要合并碎小图斑等。

（四）属性数据检查

属性数据是数据库的重要部分，它是数据库和地图的重要标志。检查属性文件是否完整，命名是否规范，字段类型、长度、精度是否正确，有错漏的应及时补上，确保各要素层属性结构完全符合数据库建设标准要求。

五、空间数据库建立

地理信息系统（GIS）软件是建立空间数据库的基础。空间数据通过图件资料获取或其他成果数据提取。对于收集到的图形图件必须进行预处理，图件预处理是为简化数字化工作而按一定工作设计要求进行图层要素整理与筛选的过程，包括对图件的筛选、整理、命名、编码等。经过筛选、整理的图件，通过数字化仪、扫描仪等设备进行数字化，并建立相应的图层，再进行图件的编辑、坐标系转换、图幅拼接、地理统计、空间分析等处理。

（一）空间数据内容

耕地质量等级评价地理信息系统的空间数据库的内容由多个图层组成，包括交通道路、河流水库等基本地理信息图层；评价单元图层和各评价因子图层等，如河流水库图、土壤图、养分图等，具体内容及其资料来源见表 2-11。

表 2-11　空间数据库内容及资料来源

序号	图层名称	图层属性	资料来源
1	河流、水库	多边形	全国基础地理数据库
2	等高线	线	地形图
3	交通道路	线	全国基础地理数据库
4	行政界线	线	全国基础地理数据库
5	土地利用现状	多边形	土地利用现状图
6	土壤类型图	多边形	土壤普查资料
7	土壤养分图	多边形	采样点空间插值生成
8	土壤调查采样点位图	点	野外 GPS 人工定位
9	市、县、镇所在地	点	全国基础地理数据库
10	评价单元图	多边形	叠加生成
11	行政区划图	多边形	全国基础地理数据库

（二）数据格式标准要求

投影方式：高斯—克吕格投影，6 度分带。比例尺：1∶500 000。

坐标系：2000 国家大地坐标系，高程系统：1985 国家高程基准。

文件格式：矢量图形文件 Shape，栅格图形文件 Grid，图像文件 Jpg。

（三）基本图层的制作

基本图层包括水系图层、道路图层、行政界线图层、等高线图层、文字注记图层、土地利用图层、土壤类型图层、野外采样点图层等。数据来源可以通过收集图纸图件、电子版的矢量数据及通过 GPS 野外测量数据，根据不同形式的数据内容分别进行处理，最终形成坐标投影统一的 Shape file 格式图层文件。

1. 图件数字化　图纸图件可利用数字化仪进行人工手扶数字化或利用扫描仪和数字化软件进行数字化，数字化完成后再进行坐标转换、编辑修改、图幅拼接等处理。

土壤图制作过程：

①扫描土壤图，精度 300dpi，存为 Jpg 格式。

②以土地利用现状图为基准，将土壤图校准，尽可能与土地利用现状图重叠好。

③以评价单元图层为底图，对照土壤图进行土壤属性的判读，并对较大图斑依据土壤类型界线进行图斑分割。

2. 电子版矢量数据的特征提取　土地利用现状图是在 Arc/Info 下制作的电子版数据，其中包含的信息十分丰富，首先必须了解属性表中各属性代码所代表的具体含义，然后将所需要的专题信息逐一提取，得到相应的专题数据。项目中所需的基础数据层如河流水系图层、交通道路图层、耕地图层等，从土地利用现状图数据库中提取，最后生成 Shape file 格式文件。

3. GPS 的数据转换　野外采样点的位置通过 GPS 进行实地测定，将每次测定的数据保存下来，然后将这些数据传至电脑并按转换的格式要求保存为文本文件，利用 GIS 软件转换工具将其转换为 Shape file 格式文件。

4. 坐标转换　地理数据库内的所有地理数据必须建立在相同的坐标系基础上，把地球真实投影转换到平面坐标系上才能通过地图来表达地理位置信息。华南区耕地质量等级评价所有图层均采用 2000 国家大地坐标系，高斯—克吕格投影，6 度分带。

（四）评价因子图层制作

评价因子养分图包括酸碱度、有机质、有效磷、速效钾。利用 ArcGIS 地统计分析模块，通过空间插值方法，将采样点检测数据分别生成 4 个养分图层，并将其转换为栅格格式。

（五）评价单元图制作

将土地利用现状图、土壤图和行政区划图三者叠加，形成的图斑作为耕地质量等级评价底图，底图的每一个图斑即为一个评价单元。叠加后每块图斑都有地类名称、土壤类型、权属坐落名称等唯一的属性。

由土地利用现状图、土壤图、行政区划图叠加形成的评价单元图会产生众多破碎多边形、面积过小图斑。为了精简评价数据，更好地表达评价结果，需要对评价单元中的小图斑进行合并，最终形成华南区耕地质量评价单元图，图斑数为 96 293 个。在此基础上根据评价单元图数据结构添加内部标识码、单元编号等属性字段。

六、属性数据库建立

属性数据必须进行有机地归纳整理，并进行分类处理。数据通过分类整理后，必须按编码的方式进行系统化处理，以利于计算机快速查询统计，而数据的分类编码是对数据资料进行有效管理的重要手段。由此可建立数据字典，并由数据字典来统一规范数据，为数据的查询提供接口。

（一）属性数据的内容

根据耕地质量等级评价的需要，确定建立属性数据库的内容，包括土地利用现状、土壤类型及编码、行政区划、河流水库、交通道路以及野外调查土壤样品检测结果等属性数据。属性数据库的构建参照省级耕地资源管理信息系统数据字典和有关专业的属性代码标准。属性数据库的数据项包括字段代码、字段名称、字段短名、英文名称、数据类型、数据来源、量纲、数据长度、小数位、值域范围、备注等内容。

（二）数据分类与编码

数据的分类编码是对数据资料进行有效管理的重要依据。编码的主要目的是节省计算机内存空间，便于用户理解使用。地理属性进入数据库之前进行编码是必要的，只有进行了正确的编码，空间数据库才能与属性数据库实现正确连接。编码格式采用英文字母数字组合或采用数字表示的层次型分类编码体系，它能反映专题要素分类体系的基本特征。

（三）建立数据编码字典

数据字典是数据库应用设计的重要内容，是描述数据库中各类数据及其组合的数据集合，也称元数据。地理数据库的数据字典主要用于描述属性数据，它本身是一个特殊用途的文件，在数据库整个生命周期里都起着重要的作用。通过数据字典可避免重复数据项的出现，并提供了查询数据的唯一入口。

（四）数据表结构设计

属性数据库的建立与录入可独立于空间数据库和 GIS 系统，根据表的内容设计各表字段数量、字段类型、长度等，可以在 ACCESS、DBASE、FOXPRO 下建立，最终统一以 DBase 的 DBF 格式保存，后期通过外挂数据库的方法，在 ArcGIS 平台上与空间数据库进行链接。

华南区耕地质量等级评价建立的数据结构详见表 2-12 至表 2-17。

表 2-12　采样点点位图数据结构

字段名称	数据类型	字段长度	小数
序号	数值	6	
统一编号	文本	19	
采样日期	日期	10	
省（自治区、直辖市）名	文本	16	
地市名	文本	20	
县（区、市、农场）名	文本	30	
乡镇名	文本	30	
村名	文本	30	
经度	数值	9	5
纬度	数值	9	5
土类	文本	20	
亚类	文本	20	
土属	文本	20	
土种	文本	20	
成土母质	文本	30	
地貌类型	文本	18	
地形部位	文本	50	
有效土层厚度	数值	3	
耕层厚度	数值	2	
耕层质地	文本	6	
质地构型	文本	8	
耕层土壤容重	数值	4	2
常年耕作制度	文本	20	
熟制	文本	20	
生物多样性	文本	20	
农田林网化程度	文本	20	
酸碱度	数值	4	1
障碍因素	文本	16	

（续）

字段名称	数据类型	字段长度	小数
障碍层类型	文本	10	
障碍层深度	数值	3	
障碍层厚度	数值	3	
灌溉能力	文本	20	
灌溉方式	文本	8	
水源类型	文本	40	
排水能力	文本	20	
有机质	数值	5	1
全氮	数值	6	3
有效磷	数值	5	1
速效钾	数值	3	
缓效钾	数值	4	
有效铁	数值	6	1
有效锰	数值	5	1
有效铜	数值	5	2
有效锌	数值	5	2
有效硫	数值	5	1
有效硅	数值	6	2
有效硼	数值	4	2
有效钼	数值	4	2
铬	数值	4	
镉	数值	5	3
铅	数值	6	2
砷	数值	3	
汞	数值	4	2
主栽作物名称	文本	20	
年产量	数值	4	

表 2-13　评价单元图数据结构

字段名称	数据类型	字段长度	小数位
标识码	数值	6	
单元编号	文本	19	
省（自治区、直辖市）名	文本	16	
地市名	文本	20	
县（区、市、农场）名	文本	30	
乡镇名	文本	30	

（续）

字段名称	数据类型	字段长度	小数位
乡镇代码	数值	9	
地类代码	文本	4	
地类名称	文本	20	
计算面积	数值	12	2
平差面积	数值	12	2
土类	文本	20	
土类代码	数值	10	
亚类	文本	20	
亚类代码	数值	10	
土属	文本	20	
土属代码	数值	10	
土种	文本	20	
土种代码	数值	10	
地形部位	文本	50	
灌溉能力	文本	20	
排水能力	文本	20	
质地构型	文本	8	
耕层质地	文本	6	
有效土层厚度	数值	3	
农田林网化程度	文本	20	
障碍因素	文本	16	
生物多样性	文本	20	
清洁程度	文本	20	
土壤容重	数值	4	2
酸碱度	数值	4	1
有机质	数值	5	1
全氮	数值	6	3
有效磷	数值	5	1
速效钾	数值	3	
缓效钾	数值	4	
有效铜	数值	5	2
有效锌	数值	5	2
有效铁	数值	6	1
有效锰	数值	5	1
有效硼	数值	4	2
有效钼	数值	4	2
有效硫	数值	5	1
有效硅	数值	6	2

（续）

字段名称	数据类型	字段长度	小数位
F 地形部位	数值	6	4
F 灌溉能力	数值	6	4
F 排水能力	数值	6	4
F 质地构型	数值	6	4
F 耕层质地	数值	6	4
F 有效土层厚度	数值	6	4
F 农田林网化程度	数值	6	4
F 障碍因素	数值	6	4
F 生物多样性	数值	6	4
F 清洁程度	数值	6	4
F 土壤容重	数值	6	4
F 酸碱度	数值	6	4
F 有机质	数值	6	4
F 有效磷	数值	6	4
F 速效钾	数值	6	4
综合指数	数值	6	4
质量等级	数值	2	
酸碱度分级	文本	20	
有机质分级	数值	2	
全氮分级	数值	2	
有效磷分级	数值	2	
速效钾分级	数值	2	
缓效钾分级	数值	2	
有效铜分级	数值	2	
有效锌分级	数值	2	
有效铁分级	数值	2	
有效锰分级	数值	2	
有效硼分级	数值	2	
有效钼分级	数值	2	
有效硫分级	数值	2	
有效硅分级	数值	2	

表 2-14　土壤图数据结构

字段名称	数据类型	字段长度	小数位
标识码	数值	6	
省（自治区、直辖市）名	文本	16	
地市名	文本	20	
县（区、市、农场）名	文本	30	

（续）

字段名称	数据类型	字段长度	小数位
乡镇名	文本	30	
村名	文本	30	
地类代码	文本	4	
地类名称	文本	20	
土类	文本	20	
土类代码	数值	10	
亚类	文本	20	
亚类代码	数值	10	
土属	文本	20	
土属代码	数值	10	
土种	文本	20	
土种代码	数值	10	
省土类名	文本	20	
省土类代码	数值	10	
省亚类名	文本	20	
省亚类代码	数值	10	
省土属名	文本	20	
省土属代码	数值	10	
省土种名	文本	20	
省土种代码	数值	10	

表 2-15　土地利用现状图数据结构

字段名称	数据类型	字段长度	小数位
标识码	数值	6	
单元编号	文本	19	
省（自治区、直辖市）名	文本	16	
地市名	文本	20	
县（区、市、农场）名	文本	30	
乡镇名	文本	30	
乡镇代码	数值	9	
权属名称	文本	30	
权属代码	数值	12	
坐落名称	文本	30	
坐落代码	数值	12	
地类代码	文本	4	
地类名称	文本	20	
计算面积	数值	12	2
平差面积	数值	12	2

表 2-16　行政区划图数据结构

字段名称	数据类型	字段长度	小数位
标识码	数值	6	
省（自治区、直辖市）名	文本	16	
省（自治区、直辖市）行政代码	数值	2	
地市名	文本	20	
地市行政代码	数值	4	
县（区、市、农场）名	文本	30	
县（区、市、农场）代码	数值	6	
乡镇名	文本	30	
乡镇代码	数值	9	
村名称	文本	30	
村行政代码	数值	12	

表 2-17　行政区界线数据结构

字段名称	数据类型	字段长度	小数位
标识码	数值	6	
界线类型	文本	20	
界线代码	数值	10	
界线说明	文本	50	

（五）数据录入与审核

数据录入前应仔细审核，数值型资料应注意量纲、上下限，地名应注意汉字多音字、繁简体、简全称等问题，其他非数值型数据应注意填写的规范性，审核定稿后再录入。录入后还应仔细检查，有条件的可采取二次录入相互对照的方法，保证数据录入无误后，将数据库转为规定的格式，再根据数据字典中的文件名编码命名后，保存在规定的子目录下。

第四节　耕地质量评价方法

依据《耕地质量调查监测与评价办法》和《耕地质量等级》国家标准，开展华南区耕地质量等级评价。

一、评价的原理

耕地质量评价是从农业生产角度出发，通过综合指数法对耕地地力、土壤健康状况和田间基础设施构成的满足农产品持续产出和质量安全能力进行的评价。

目前，与耕地质量相关的评价方法主要包括经验判断指数法、层次分析法、模糊综合评价法、回归分析法、灰色关联度分析法等。华南区耕地质量等级评价依据《耕地质量等级》国家标准，在对耕地的立地条件、养分状况、耕层理化性状、剖面性状、健康状况、土壤管理等进行分析的基础上，充分利用地理信息系统（GIS）技术，通过空间分析、层次分析、模糊数学、综合指数等方法，对耕地质量综合指数进行划分，形成耕地质量等级。

二、评价的原则

在评价过程中遵循以下原则：

（一）综合研究与主导因素分析相结合原则

综合研究是对耕地地力、土壤健康状况和田间基础设施等因素进行全面的研究、解析，从而更好地评价耕地质量等级。主导因素指影响耕地质量相对重要的因素，如地形部位、灌溉能力、排水能力、有机质含量等，在建立评价指标体系过程中应赋予这些因素更大的权重。因此，只有运用合理的方法将综合因素和主导因素结合起来，才能更科学地评价耕地质量等级。

（二）定性评价与定量评价相结合原则

耕地质量等级评价中，尽可能地选择定量评价的方法。定量评价采用模糊数学的方法，对收集的资料进行系统的分析和研究，对评价对象做出定量化、标准化的判读。由于部分评价指标不能被定量地表达出来，如地形部位、耕层质地等，需要借助特尔斐法来进行定性评价。因此，耕地质量等级评价构建的是一种定性与定量相结合的评价方法。

（三）GIS 和 GPS 技术支持相结合原则

随着现代科学技术的发展与应用，GIS（地理信息系统）和 GPS（全球定位系统）技术已成为现代资源调查的有效手段，在耕地质量评价中得到广泛应用。华南区耕地质量等级评价利用 GPS 技术对采样点位置进行精确定位，利用 GIS 技术构建耕地质量评价信息系统，综合运用空间分析、层次分析、模糊数学和综合指数等方法，对耕地质量进行快速、准确的评价。

（四）共性评价与专题研究相结合原则

华南区耕地质量等级评价，既对华南区现有耕地的地力水平、土壤健康状况和田间基础设施构成的质量状况，进行科学系统的评价，又充分考虑华南区地形地貌、气候特点以及华南区农业资源优势，对有特色的农产品种植区开展专题质量评价。华南区位于热带和亚热带，光热条件充足，是我国冬季蔬菜的主产区。本次评价依据调查样点数据，对长年种植蔬菜的耕地进行点位评价。

三、评价的流程

①核定华南区的范围，在土地利用现状图上提取耕地作为评价对象，并通过收集的数据资料，布设调查样点，采样并检测，建立耕地质量等级评价属性数据库。

②通过土壤图、行政区划图和土地利用现状图叠加形成评价单元图。

③对评价单元属性赋值，建立耕地资源管理信息系统。

④通过收集的数据资料、土壤样品重金属检测结果，对耕地运用内梅罗综合指数法进行耕地清洁程度评价，判定耕地的清洁程度并提出耕地保护的方案及污染修复的建议。

⑤选取华南区耕地质量评价指标，通过层次分析法确定各评价指标权重，采用特尔斐法确定各指标隶属度，建立耕地质量评价指标体系。

⑥计算耕地质量综合指数，划分耕地质量等级。通过对耕地质量等级结果的分析、验证，结合点位调查数据、评价指标属性以及专家建议，分析制约农业生产的障碍因素，并提

出培肥改良的措施与建议（图 2-2）。

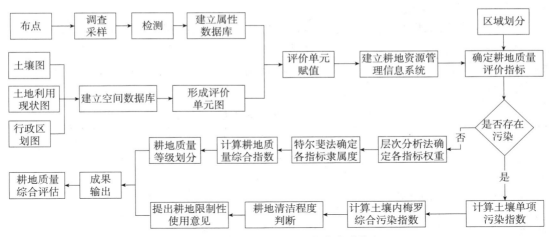

图 2-2　耕地质量等级评价技术路线

四、评价单元确定

（一）评价单元选取原则

评价单元是由影响耕地质量的诸要素组成一个空间实体，是评价的最小单元。评价单元内耕地的基本条件、个体属性基本一致，不同评价单元之间既有差异又存在可比性。所以，评价单元的确定合理与否直接关系到评价结果合理性以及评价工作量的大小。经过查阅相关资料可知，评价单元的划分方法有叠置法、网格法和地块法。

1. 叠置法　即多边形法，将影响耕地质量同比例尺的相关要素图层进行叠置分析，形成封闭图斑，即得到评价单元。

影响耕地质量的图层包括土地利用现状图、土壤图、行政区划图等，叠置法既能克服土地利用类型在性质上的不均一性，又能克服土壤类型在地域边界上的不一致性问题。但多图层叠置后会生成许多小多边形，需要对图层中小于上图面积的单元进行合并。

2. 网格法　采用一定大小的规则网格覆盖评价区域范围，并形成等分单元，网格大小由地域的分等因素差异性和单元划分者的经验确定。

网格法的优点在于划分方法简单易行，形成的评价单元规整，没有细碎图斑。但华南区地形地貌复杂，耕地分布没有明显规律，网格大小难以确定。此外，网格法会打破行政界线，不利于评价成果数据的应用管理。

3. 地块法　以底图上明显的地物界限或权属界线为基准，将耕地质量评价因素相对均一的地块划成封闭单元，即为耕地质量评价单元。

采用地块法划分评价单元，关键是底图的选择和对评价区域实际情况的了解，需深入实地，以镇、村为单位，在调查当地农业生产、耕地优劣状况的基础上，在底图上勾绘形成，适用于小尺度范围的质量等级评价，其实地调绘工作量非常大，专业知识要求高。

华南区耕地质量等级评价单元要综合地形地貌、土壤类型、土地利用现状等相关属性，同时为方便评价结果的统计分析及应用，本评价采用叠置法构建评价单元。

（二）评价单元形成

将土地利用现状图、土壤图和行政区划图三图叠加，形成的图斑作为耕地质量等级评价底图，底图的每一个图斑即为一个评价单元。叠加后每块图斑都有地类名称、土壤类型、权属坐落名称等唯一的属性。

由叠置法形成的评价底图会产生众多破碎的多边形。按照相关技术规范的要求，为了精简评价数据，更好地表达评价结果，需要对评价底图中的小图斑进行合并，最终确定华南区耕地质量评价单元为 96 293 个（表 2-18）。在此基础上根据评价单元图数据结构添加标识码、单元编号等字段。

表 2-18　华南区耕地质量评价单元数量

评价区	福建评价区	广东评价区	广西评价区	海南评价区	云南评价区	合计
评价单元（个）	13 891	18 137	5 401	41 689	17 175	96 293
二级农业区	滇南农林区	闽南粤中农林水产区	琼雷及南海诸岛农林区	粤西桂南农林区		合计
评价单元（个）	17 175	24 002	44 779	10 337		96 293

（三）评价单元赋值

华南区耕地质量等级评价单元图包含丰富的属性数据，包括现状地类、土壤类型、权属坐落以及评价指标、养分分级等，主要来源于点位数据、线状数据、矢量数据及外部数据表。

1. 点位数据　酸碱度、有机质、有效磷、速效钾等养分数据利用地统计学模型，分析数据的分布规律，选择不同的空间插值方法生成各指标空间分布栅格图，再与评价单元叠加分析，运用区域统计功能获取相关属性。

2. 线状数据　地形部位通过等高线地形图生成数字高程模型，同时参考华南区地貌图以及调查点位数据判断。

3. 矢量数据　灌溉能力、排水能力、质地构型、耕层质地等依据相关专题图件，通过空间位置获取。同时综合考虑调查点数据中的灌溉能力、排水能力、水源类型、灌溉方式、剖面构型、质地等属性进行赋值。

4. 外部数据表　行政区划名称及代码、土壤类型名称及代码、土地利用类型及代码等通过唯一字段关联行政区划图、土壤类型图、土地利用现状图数据表赋值。

五、评价指标权重确定

耕地质量等级评价中评价指标权重的确定对于整个评价过程起着重要作用，而权重系数的大小，反映了不同的指标与耕地质量间的作用关系，准确地计算各指标的权重系数，关乎到评价结果的可靠性与客观性。

确定评价指标权重的方法有专家打分法（特尔斐法）、层次分析法、多元回归法、模糊数学法、灰度理论法等。本次评价采用《耕地质量等级》（GB/T 33469—2016）中推荐的层次分析法，结合特尔菲法来确定各评价指标的权重。层次分析法就是把复杂的问题按照它们之间的隶属关系排成一定的层次，再对每一层次进行相对重要性比较，最后得出它们之间的一种关系，从而确定它们各自的权重。特尔斐法作为常用的预测方法，它能对大量非技术性的、无法定量分析的因素作出概率估算。

（1）首先是建立层次结构　对所分析的问题进行层层分解，根据它们之间的所属关系，建立一种多层次的架构，利于问题的分析和研究。

华南区耕地质量等级评价共选取了 15 个指标，依据指标的属性类型，建立了包括目标层、准则层、指标层的层次结构。目标层（A 层）即耕地质量，准则层（B 层）包括土壤管理、立地条件、养分状况、耕层理化性状、剖面性状、健康状况，指标层（C 层）即 15 个评价指标，详见表 2-19。

表 2-19　耕地质量等级评价层次结构

目标层	准则层		指标层	
	B1	土壤管理	C1	灌溉能力
			C2	排水能力
	B2	立地条件	C3	地形部位
			C4	农田林网化程度
	B3	养分状况	C5	有机质
			C6	速效钾
			C7	有效磷
A1　耕地质量	B4	耕层理化性状	C8	耕层质地
			C9	土壤容重
			C10	酸碱度
			C11	有效土层厚度
	B5	剖面性状	C12	质地构型
			C13	障碍因素
	B6	健康状况	C14	生物多样性
			C15	清洁程度

（2）其次是构造判断矩阵　用三层结构来分析，采用特尔菲法，由华南 5 省（自治区）土壤肥料、生态环境、地理信息、植物营养、作物栽培、农业经济等相关领域的 13 位专家组成员分别就土壤管理（B1）、立地条件（B2）、养分状况（B3）、耕层理化性状（B4）、剖面性状（B5）和健康状况（B6）构成要素对耕地质量（A）的重要性做出判断，然后将各专家的经验赋值取平均值，从而获得准则层（B）对于目标层（A）的判断矩阵。在进行构成要素对耕地质量的重要性两两比较时，遵循以下原则：最重要的要素给 10 分，相对次要的要素分数相对减少，最不重要的要素给 1 分。同理，通过专家对评价指标之间相对准则层重要性的两两比较进行经验赋值，将各专家的经验赋值取平均值，即可分别获得指标层（C）对于准则层（B）的判断矩阵。

确定华南区耕地质量等级评价指标权重，构造判断矩阵时，收集了地形地貌图、行政区划图、土壤图、土壤养分状况、耕地排灌条件等相关资料，在充分分析了华南区 4 个二级农业区地形地貌、养分丰缺状况、排灌条件等特点的基础上，所有专家对准则层各构成要素以及指标层内各评价指标的重要性形成了一个基本共识，再进行经验赋值。以闽南粤中农林水产区为例，该二级农业区地形以平原、丘陵为主，土壤养分状况普遍较好，土壤管理是制约农业生产的重要因素。所以在经验赋值时，土壤管理的分值应该较大，而土壤养分状况的分值应相对较小。华南区 4 个二级农业区判断矩阵如表 2-20 至表 2-47。

表 2-20　闽南粤中农林水产区准则层判断矩阵

耕地质量（A）	土壤管理 （B1）	立地条件 （B2）	养分状况 （B3）	耕层理化性状 （B4）	剖面性状 （B5）	健康状况 （B6）	权重 W_i
土壤管理（B1）	1.000 0	1.314 6	1.017 4	1.103 8	1.103 8	2.853 7	0.203 8
立地条件（B2）	0.760 7	1.000 0	0.773 9	0.839 6	0.839 6	2.170 7	0.155 1
养分状况（B3）	0.982 9	1.292 1	1.000 0	1.084 9	1.084 9	2.804 9	0.200 3
耕层理化性状（B4）	0.906 0	1.191 0	0.921 7	1.000 0	1.000 0	2.585 4	0.184 7
剖面性状（B5）	0.906 0	1.191 0	0.921 7	1.000 0	1.000 0	2.585 4	0.184 7
健康状况（B6）	0.350 4	0.460 7	0.356 5	0.386 8	0.386 8	1.000 0	0.071 4

表 2-21　闽南粤中农林水产区土壤管理层判断矩阵

土壤管理（B1）	灌溉能力（C1）	排水能力（C2）	权重 W_i
灌溉能力（C1）	1.000 0	1.185 2	0.542 4
排水能力（C2）	0.843 8	1.000 0	0.457 6

表 2-22　闽南粤中农林水产区立地条件层判断矩阵

立地条件（B2）	地形部位（C3）	农田林网化程度（C4）	权重 W_i
地形部位（C3）	1.000 0	2.407 4	0.706 5
农田林网化程度（C4）	0.415 4	1.000 0	0.293 5

表 2-23　闽南粤中农林水产区养分状况层判断矩阵

养分状况（B3）	有机质（C5）	速效钾（C6）	有效磷（C7）	权重 W_i
有机质（C5）	1.000 0	1.300 0	1.666 7	0.422 1
速效钾（C6）	0.769 2	1.000 0	1.282 1	0.324 7
有效磷（C7）	0.600 0	0.780 0	1.000 0	0.253 2

表 2-24　闽南粤中农林水产区耕层理化性状层判断矩阵

耕层理化性状（B4）	耕层质地（C8）	土壤容重（C9）	酸碱度（C10）	权重 W_i
耕层质地（C8）	1.000 0	1.388 9	1.237 6	0.395 6
土壤容重（C9）	0.720 0	1.000 0	0.891 1	0.284 8
酸碱度（C10）	0.808 0	1.122 2	1.000 0	0.319 6

表 2-25　闽南粤中农林水产区剖面性状层判断矩阵

剖面性状（B5）	有效土层厚度（C11）	质地构型（C12）	障碍因素（C13）	权重 W_i
有效土层厚度（C11）	1.000 0	0.905 2	1.220 9	0.342 0
质地构型（C12）	1.104 8	1.000 0	1.348 8	0.377 9
障碍因素（C13）	0.819 0	0.741 4	1.000 0	0.280 1

表 2-26　闽南粤中农林水产区健康状况层判断矩阵

健康状况（B6）	生物多样性（C14）	清洁程度（C15）	权重 W_i
生物多样性（C14）	1.000 0	1.154 6	0.535 9
清洁程度（C15）	0.866 1	1.000 0	0.464 1

表 2-27　粤西桂南农林区准则层判断矩阵

耕地质量（A）	土壤管理（B1）	立地条件（B2）	养分状况（B3）	耕层理化性状（B4）	剖面性状（B5）	健康状况（B6）	权重 W_i
土壤管理（B1）	1.00 00	1.237 5	0.868 4	0.970 6	1.112 4	2.357 1	0.188 2
立地条件（B2）	0.808 1	1.000 0	0.701 1	0.784 3	0.898 9	1.904 8	0.152 1
养分状况（B3）	1.151 5	1.425 0	1.000 0	1.117 6	1.280 9	2.714 3	0.216 7
耕层理化性状（B4）	1.030 3	1.275 0	0.894 7	1.000 0	1.146 1	2.428 6	0.193 9
剖面性状（B5）	0.899 0	1.112 5	0.780 7	0.872 5	1.000 0	2.119 0	0.169 2
健康状况（B6）	0.424 2	0.525 0	0.368 4	0.411 8	0.471 9	1.000 0	0.079 8

表 2-28　粤西桂南农林区土壤管理层判断矩阵

土壤管理（B1）	灌溉能力（C1）	排水能力（C2）	权重 W_i
灌溉能力（C1）	1.000 0	1.388 2	0.581 3
排水能力（C2）	0.720 3	1.000 0	0.418 7

表 2-29　粤西桂南农林区立地条件层判断矩阵

立地条件（B2）	地形部位（C3）	农田林网化程度（C4）	权重 W_i
地形部位（C3）	1.000 0	2.449 0	0.710 1
农田林网化程度（C4）	0.408 3	1.000 0	0.289 9

表 2-30　粤西桂南农林区养分状况层判断矩阵

养分状况（B3）	有机质（C5）	速效钾（C6）	有效磷（C7）	权重 W_i
有机质（C5）	1.000 0	1.263 2	1.463 4	0.404 0
速效钾（C6）	0.791 7	1.000 0	1.158 5	0.319 9
有效磷（C7）	0.683 3	0.863 2	1.000 0	0.276 1

表 2-31　粤西桂南农林区耕层理化性状层判断矩阵

耕层理化性状（B4）	耕层质地（C8）	土壤容重（C9）	酸碱度（C10）	权重 W_i
耕层质地（C8）	1.000 0	1.413 3	0.990 7	0.368 1
土壤容重（C9）	0.707 5	1.000 0	0.700 9	0.260 4
酸碱度（C10）	1.009 4	1.426 7	1.000 0	0.371 5

表 2-32　粤西桂南农林区剖面性状层判断矩阵

剖面性状（B5）	有效土层厚度（C11）	质地构型（C12）	障碍因素（C13）	权重 W_i
有效土层厚度（C11）	1.000 0	0.819 0	1.023 8	0.312 7
质地构型（C12）	1.220 9	1.000 0	1.250 0	0.381 8
障碍因素（C13）	0.976 7	0.800 0	1.000 0	0.305 5

表 2-33　粤西桂南农林区健康状况层判断矩阵

健康状况（B6）	生物多样性（C14）	清洁程度（C15）	权重 W_i
生物多样性（C14）	1.000 0	1.231 7	0.551 9
清洁程度（C15）	0.811 9	1.000 0	0.448 1

表 2-34　滇南农林区准则层判断矩阵

耕地质量（A）	土壤管理（B1）	立地条件（B2）	养分状况（B3）	耕层理化性状（B4）	剖面性状（B5）	健康状况（B6）	权重 W_i
土壤管理（B1）	1.000 0	1.333 3	0.800 0	1.000 0	1.333 3	4.000 0	0.200 0
立地条件（B2）	0.750 0	1.000 0	0.600 0	0.750 0	1.000 0	3.000 0	0.150 0
养分状况（B3）	1.250 0	1.666 7	1.000 0	1.250 0	1.666 7	5.000 0	0.250 0
耕层理化性状（B4）	1.000 0	1.333 3	0.800 0	1.000 0	1.333 3	4.000 0	0.200 0
剖面性状（B5）	0.750 0	1.000 0	0.600 0	0.750 0	1.000 0	3.000 0	0.150 0
健康状况（B6）	0.250 0	0.333 3	0.200 0	0.250 0	0.333 3	1.000 0	0.050 0

表 2-35　滇南农林区土壤管理层判断矩阵

土壤管理（B1）	灌溉能力（C1）	排水能力（C2）	权重 W_i
灌溉能力（C1）	1.000 0	0.900 0	0.473 7
排水能力（C2）	1.111 1	1.000 0	0.526 3

表 2-36　滇南农林区立地条件层判断矩阵

立地条件（B2）	地形部位（C3）	农田林网化程度（C4）	权重 W_i
地形部位（C3）	1.000 0	3.333 3	0.769 2
农田林网化程度（C4）	0.300 0	1.000 0	0.230 8

表 2-37　滇南农林区养分状况层判断矩阵

养分状况（B3）	有机质（C5）	速效钾（C6）	有效磷（C7）	权重 W_i
有机质（C5）	1.000 0	1.250 0	1.250 0	0.384 6
速效钾（C6）	0.800 0	1.000 0	1.000 0	0.307 7
有效磷（C7）	0.800 0	1.000 0	1.000 0	0.307 7

表 2-38 滇南农林区耕层理化性状层判断矩阵

耕层理化性状（B4）	耕层质地（C8）	土壤容重（C9）	酸碱度（C10）	权重 W_i
耕层质地（C8）	1.000 0	1.333 3	0.800 0	0.333 3
土壤容重（C9）	0.750 0	1.000 0	0.600 0	0.250 0
酸碱度（C10）	1.250 0	1.666 7	1.000 0	0.416 7

表 2-39 滇南农林区剖面性状层判断矩阵

剖面性状（B5）	有效土层厚度（C11）	质地构型（C12）	障碍因素（C13）	权重 W_i
有效土层厚度（C11）	1.000 0	0.600 0	1.000 0	0.272 7
质地构型（C12）	1.666 7	1.000 0	1.666 7	0.454 5
障碍因素（C13）	1.000 0	0.600 0	1.000 0	0.272 7

表 2-40 滇南农林区健康状况层判断矩阵

健康状况（B6）	生物多样性（C14）	清洁程度（C15）	权重 W_i
生物多样性（C14）	1.000 0	1.250 0	0.555 6
清洁程度（C15）	0.800 0	1.000 0	0.444 4

表 2-41 琼雷及南海诸岛农林区准则层判断矩阵

耕地质量（A）	土壤管理（B1）	立地条件（B2）	养分状况（B3）	耕层理化性状（B4）	剖面性状（B5）	健康状况（B6）	权重 W_i
土壤管理（B1）	1.000 0	1.519 0	1.000 0	1.090 9	1.263 2	2.857 1	0.212 0
立地条件（B2）	0.658 3	1.000 0	0.658 3	0.718 2	0.831 6	1.881 0	0.139 6
养分状况（B3）	1.000 0	1.519 0	1.000 0	1.090 9	1.263 2	2.857 1	0.212 0
耕层理化性状（B4）	0.916 7	1.392 4	0.916 7	1.000 0	1.157 9	2.619 0	0.194 3
剖面性状（B5）	0.791 7	1.202 5	0.791 7	0.863 6	1.000 0	2.261 9	0.167 8
健康状况（B6）	0.350 0	0.531 6	0.350 0	0.381 8	0.442 1	1.000 0	0.074 2

表 2-42 琼雷及南海诸岛农林区土壤管理层判断矩阵

土壤管理（B1）	灌溉能力（C1）	排水能力（C2）	权重 W_i
灌溉能力（C1）	1.000 0	1.097 3	0.523 2
排水能力（C2）	0.911 3	1.000 0	0.476 8

表 2-43 琼雷及南海诸岛农林区立地条件层判断矩阵

立地条件（B2）	地形部位（C3）	农田林网化程度（C4）	权重 W_i
地形部位（C3）	1.000 0	1.805 6	0.643 6
农田林网化程度（C4）	0.553 8	1.000 0	0.356 4

表 2-44 琼雷及南海诸岛农林区养分状况层判断矩阵

养分状况（B3）	有机质（C5）	速效钾（C6）	有效磷（C7）	权重 W_i
有机质（C5）	1.000 0	1.340 2	1.710 5	0.429 0
速效钾（C6）	0.746 2	1.000 0	1.276 3	0.320 1
有效磷（C7）	0.584 6	0.783 5	1.000 0	0.250 8

表 2-45　琼雷及南海诸岛农林区耕层理化性状层判断矩阵

耕层理化性状（B4）	耕层质地（C8）	土壤容重（C9）	酸碱度（C10）	权重 W_i
耕层质地（C8）	1.000 0	1.268 8	1.017 2	0.360 9
土壤容重（C9）	0.788 1	1.000 0	0.801 7	0.284 4
酸碱度（C10）	0.983 1	1.247 3	1.000 0	0.354 7

表 2-46　琼雷及南海诸岛农林区剖面性状层判断矩阵

剖面性状（B5）	有效土层厚度（C11）	质地构型（C12）	障碍因素（C13）	权重 W_i
有效土层厚度（C11）	1.000 0	0.741 9	1.210 5	0.315 1
质地构型（C12）	1.347 8	1.000 0	1.631 6	0.424 7
障碍因素（C13）	0.826 1	0.612 9	1.000 0	0.260 3

表 2-47　琼雷及南海诸岛农林区健康状况层判断矩阵

健康状况（B6）	生物多样性（C14）	清洁程度（C15）	权重 W_i
生物多样性（C14）	1.000 0	1.225 8	0.550 7
清洁程度（C15）	0.815 8	1.000 0	0.449 3

（3）再次是计算权重值　通过目标层与准则层、准则层与指标层的判断矩阵，计算得到各准则层、指标层的权重，并对层次单排序、总排序进行一致性检验。华南区 4 个二级农业区耕地质量等级评价指标权重详见表 2-48。

①根据判断矩阵计算矩阵的最大特征根与特征向量。当 P 的阶数大时，可按如下"和法"近似地求出特征向量：

$$W_i = \frac{\sum\limits_{j} P_{ij}}{\sum\limits_{i,j} P_{ij}}$$

式中：P_{ij} 为矩阵 P 的第 i 行第 j 列的元素。

即先对矩阵进行正规化，再将正规化后的矩阵按行相加，再将向量正规化，即可求得特征向量 W_i 的值。而最大特征根可用下式求算：

$$\lambda_{\max} = \frac{1}{n} \sum_{i=1}^{n} \frac{(PW)_i}{(W)_i}$$

式中：$(W)_i$ 表示 W 的第 i 个向量。

②一致性检验。根据公式：

$$CI = \frac{\lambda_{\max} - n}{n - 1} \text{ 和 } CR = CI/RI,$$

式中：CI 为一致性指标；CR 为判断矩阵的随机一致性；RI 为平均随机一致性指标。若 $CR < 0.1$，则说明该判断矩阵具有满意的一致性，否则应作进一步的调整。

③层次总排序一致性检验。根据以上求得各层次间的特征向量值（权重），求算总的 CI 值，再对 CR 做出判断。

表 2-48 华南区二级农业区耕地质量等级评价指标权重

闽南粤中农林水产区		粤西桂南农林区		滇南农林区		琼雷及南海诸岛农林区	
评价指标	权重	评价指标	权重	评价指标	权重	评价指标	权重
灌溉能力	0.110 6	灌溉能力	0.109 4	地形部位	0.115 4	灌溉能力	0.110 9
地形部位	0.109 5	地形部位	0.108 0	排水能力	0.105 3	排水能力	0.101 1
排水能力	0.093 3	有机质	0.087 6	有机质	0.096 2	有机质	0.091 0
有机质	0.084 6	排水能力	0.078 8	灌溉能力	0.094 7	地形部位	0.089 8
耕层质地	0.073 0	酸碱度	0.072 0	酸碱度	0.083 3	质地构型	0.071 3
质地构型	0.069 8	耕层质地	0.071 4	速效钾	0.076 9	耕层质地	0.070 1
速效钾	0.065 0	速效钾	0.069 3	有效磷	0.076 9	酸碱度	0.068 9
有效土层厚度	0.063 2	质地构型	0.064 6	质地构型	0.068 2	速效钾	0.067 9
有效磷	0.059 0	有效磷	0.059 8	耕层质地	0.066 7	土壤容重	0.055 3
酸碱度	0.052 6	有效土层厚度	0.052 9	土壤容重	0.050 0	有效磷	0.053 2
土壤容重	0.051 7	障碍因素	0.051 7	障碍因素	0.040 9	有效土层厚度	0.052 9
障碍因素	0.050 7	土壤容重	0.050 5	有效土层厚度	0.040 9	农田林网化程度	0.049 7
农田林网化程度	0.045 5	农田林网化程度	0.044 1	农田林网化程度	0.034 6	障碍因素	0.043 7
生物多样性	0.038 3	生物多样性	0.044 1	生物多样性	0.027 8	生物多样性	0.040 9
清洁程度	0.033 2	清洁程度	0.035 8	清洁程度	0.022 2	清洁程度	0.033 3

六、评价指标隶属度确定

（一）隶属函数建立的方法

模糊数学提出模糊子集、隶属函数和隶属度的概念。任何一个模糊性的概念就是一个模糊子集。在一个模糊子集中取值范围在 0～1 之间，隶属度是在模糊子集概念中的隶属程度，即作用大小的反映，一般用隶属度值来表示。隶属函数是解释模糊子集即元素与隶属度之间的函数关系，隶属度可用隶属函数来表达，采取特尔斐法和隶属函数法确定各评价指标的隶属函数，主要有以下几种隶属函数：

1. 戒上型函数模型　适合这种函数模型的评价因子，其数值越大，相应的耕地质量水平越高，但到了某一临界值后，其对耕地质量的正贡献效果也趋于恒定。

$$y_i = \begin{cases} 0 & u_i \leqslant u_t \\ 1/[1 + a_i(u_i - c_i)^2], & u_t < u_i < c_i \\ 1 & c_i \leqslant u_i \end{cases}$$

式中：y_i 为第 i 个因子的隶属度；u_i 为样品的实测值；c_i 为标准指标；a_i 为系数；u_t 为指标下限值。

2. 戒下型函数模型　适合这种函数模型的评价因子，其数值越大，相应的耕地质量水平越低，但到了某一临界值后，其对耕地质量的负贡献效果也趋于恒定。

$$y_i = \begin{cases} 0 & u_t \leqslant u_i \\ 1/[1 + a_i(u_i - c_i)^2], & c_i < u_i < u_t \\ 1 & u_i \leqslant c_i \end{cases}$$

式中：u_t 为指标上限值。

3. 峰型函数模型　适合这种函数模型的评价因子，其数值离一特定的范围距离越近，相应的耕地质量水平越高。

$$y_i = \begin{cases} 0 & u_i \leqslant u_{t1} \text{ 或 } u \leqslant u_{t2} \\ 1/[1 + a_i(u_i - c_i)^2], & u_{t1} < u_i < u_{t2} \\ 1 & u_i = c_i \end{cases}$$

式中：u_{t1}、u_{t2} 分别为指标上、下限值。

4. 直线型函数模型　适合这种函数模型的评价因子，其数值的大小与耕地质量水平呈直线关系。

$$y_i = a_i u_i + b$$

式中：a_i 为系数；b 为截距。

5. 概念型指标　这类指标其性状是定性的、非数值性的，与耕地质量之间是一种非线性的关系。这类评价指标不需要建立隶属函数模型，用特尔菲法直接给出隶属度。

（二）概念型指标隶属度的确定

根据模糊数学的理论，将选定的评价指标与耕地质量之间的关系分为戒上型函数、峰型函数模型以及概念型指标 3 种类型。其中地形部位、灌溉能力、排水能力、耕层质地、质地构型、障碍因素、农田林网化程度、生物多样性、清洁程度 9 个定性指标为概念型指标，采用特尔斐法直接给出隶属度。

为了尽量减少人为因素的干扰以及易于数据的处理，需要对定性指标进行定量化处理，根据各评价指标对耕地质量影响的程度赋予相应的隶属度。确定华南区耕地质量等级评价指标隶属度时，对各评价指标类型进行归并、补充后，通过特尔菲法对每个评价指标类型进行专家打分，其平均值作为评价指标类型的隶属度。以"地形部位"为例，华南区地形地貌复杂多样，耕地所处的地形部位种类繁多，包括河口三角洲平原、峰林平原、河流冲积平原、滨海平原、宽谷冲积平原、宽谷阶地、平坝、丘陵缓坡、低丘坡麓、山间峡谷、丘间谷地、河坝地、滨海砂地、峰林谷地、沟谷地、山地坡下部、山地坡中部等。经分析，专家们一致认为，华南区地形部位可归纳为平原、盆地、丘陵和山地。其中平原可分为平原低阶、平原中阶和平原高阶；盆地分为宽谷盆地和山间盆地；丘陵分为丘陵下部、丘陵中部和丘陵上部；山地分为山地坡下、山地坡中和山地坡上共计 11 个指标类型。整体而言，平原的地形部位最优，盆地次之，丘陵和山地较差。在此基础上，专家们依据经验给各评价指标类型进行打分，其平均值即为各类型的最终隶属度。评价指标及其类型的隶属度如表 2-49 至表 2-56 所示。

表 2-49　地形部位专家打分

地形部位	平原低阶	平原中阶	平原高阶	宽谷盆地	山间盆地	丘陵下部	丘陵中部	丘陵上部	山地坡下	山地坡中	山地坡上
分值	1	0.9	0.8	0.9	0.7	0.6	0.5	0.4	0.5	0.3	0.2

表 2-50　灌溉能力和排水能力专家打分

灌溉能力、排水能力	充分满足	满足	基本满足	不满足
分值	1	0.8	0.6	0.3

表 2-51　质地构型专家打分

质地构型	上松下紧型	海绵型	夹层型	紧实型	上紧下松型	薄层型	松散型
分值	1	0.8	0.7	0.5	0.4	0.3	0.2

表 2-52　耕层质地专家打分

耕层质地	中壤	轻壤	重壤	砂壤	黏土	砂土
分值	1	0.9	0.8	0.7	0.6	0.4

表 2-53　障碍因素专家打分

障碍因素	盐碱	瘠薄	酸化	渍潜	障碍层次	无
分值	0.5	0.5	0.5	0.4	0.6	1

表 2-54　农田林网化程度专家打分

农田林网化程度	高	中	低
分值	1	0.85	0.75

表 2-55　生物多样性专家打分

生物多样性	丰富	一般	不丰富
分值	1	0.85	0.75

表 2-56　清洁程度专家打分

清洁程度	清洁
分值	1

（三）函数型指标经验分值的确定

函数型指标需要建立隶属函数模型确定其隶属度。酸碱度、土壤容重两个指标构建峰型隶属函数；有效土层厚度、有机质、有效磷、速效钾 4 个指标构建戒上型隶属函数。建立隶属函数模型前，需要对指标值域范围内某些特定值进行专家经验赋值，函数型指标及其类型的专家打分详见表 2-57 至表 2-62。

表 2-57　酸碱度专家打分

酸碱度	3	3.5	4	4.5	5	5.5	6	6.5	6.8	7	7.5	8	8.5	9
分值	0.1	0.2	0.4	0.5	0.6	0.75	0.85	0.95	1	0.95	0.85	0.8	0.6	0.3

表 2-58　土壤容重专家打分

土壤容重	1	1.1	1.2	1.3	1.4	1.5	1.6	1.8	2
分值	0.7	0.85	0.9	1	0.9	0.85	0.8	0.7	0.5

表 2-59　有效土层厚度专家打分

有效土壤厚度	10	20	30	40	50	60	70	80	90	100	110	120
分值	0.1	0.2	0.4	0.55	0.7	0.8	0.85	0.9	0.95	1	1	1

表 2-60　有机质专家打分

有机质	6	10	15	20	25	30	35	40	45
分值	0.1	0.3	0.5	0.7	0.8	0.9	0.95	1	1

表 2-61　有效磷专家打分

有效磷	5	10	15	20	25	30	35	40	60	100
分值	0.1	0.3	0.5	0.6	0.7	0.8	0.9	1	1	1

表 2-62　速效钾专家打分

速效钾	30	40	50	60	80	120	150	180	200	220
分值	0.1	0.3	0.4	0.5	0.6	0.7	0.8	0.9	1	1

（四）隶属函数拟合

函数型指标在确定其评价指标值域范围内某些特定值的隶属度后，需要进行隶属函数拟合，运用耕地资源管理信息系统中的拟合函数工具进行拟合。

以酸碱度为例，在系统中选择工具中的函数拟合，在数据预览中输入酸碱度及其对应的隶属度值，函数类型选择峰型，选择默认的初始值，再点击运行中的数据分析，得到拟合结果及拟合图形（图 2-3），求出隶属函数系数、标准指标值，并通过特尔菲法确定酸碱度的上下限值，得到最终的拟合函数。同理，拟合得到土壤容重、有机质、有效磷、速效钾、有效土层厚度的隶属函数（表2-63）。

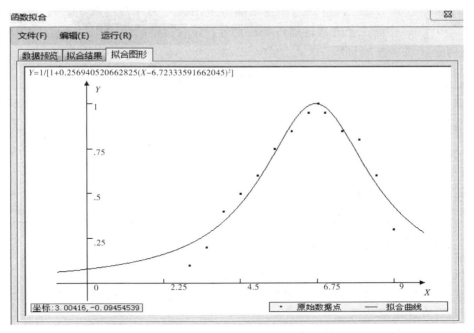

图 2-3 酸碱度隶属度拟合图形

表 2-63 耕地质量等级评价函数型指标及其隶属函数

评价指标	隶属函数	函数类型	标准指标值	指标上下限值
酸碱度	$Y=1/[1+0.256\ 941\ (U-c)^2]$	峰型	$c=6.7$	$U_{t1}=4$，$U_{t2}=9.5$
土壤容重（g/cm³）	$Y=1/[1+2.786\ 523\ (U-c)^2]$	峰型	$c=1.35$	$U_{t1}=0.9$，$U_{t2}=2.1$
有机质（g/kg）	$Y=1/[1+0.002\ 163\ (U-c)^2]$	戒上型	$c=38$	$U_t=6$
速效钾（mg/kg）	$Y=1/[1+0.000\ 068\ 57\ (U-c)^2]$	戒上型	$c=205$	$U_t=30$
有效土层厚度（cm）	$Y=1/[1+0.000\ 230\ (U-c)^2]$	戒上型	$c=100$	$U_t=20$
有效磷（mg/kg）	$Y=1/[1+0.003\ 8\ (U-c)^2]$	戒上型	$c=40$	$U_t=5$

七、耕地质量等级确定

（一）计算耕地质量综合指数

根据《耕地质量等级》（GB/T 33469—2016），采用累加法计算耕地质量综合指数。

$$P=\sum(F_i\times C_i)$$

式中：P 为耕地质量综合指数（Integrated Fertility Index）；

F_i 为第 i 个评价指标的隶属度；

C_i 为第 i 个评价指标的组合权重。

（二）划分耕地质量等级

《耕地质量等级》（GB/T 33469—2016）将耕地质量划分为 10 个等级。一等地耕地质量最高，十等地耕地质量最低。华南区在耕地质量等级划分时，制作了评价单元综合指数频率分布图和综合指数分布曲线图，分析了综合指数频率骤降点及曲线斜率突变点，结合 4 个二级农业区综合指数分布情况，将耕地质量最高等范围确定为综合指数≥0.885 0，最低等综合指数<0.700 2，中间二至九等地通过等距划分，综合指数间距为 0.023 1，最终确定耕地质量等级划分方案（表 2-64）。

表 2-64　耕地质量等级划分方案

耕地质量等级	综合指数	耕地质量等级	综合指数
一等地	≥0.885 0	六等地	0.769 5～0.792 6
二等地	0.861 9～0.885 0	七等地	0.746 4～0.769 5
三等地	0.838 8～0.861 9	八等地	0.723 3～0.746 4
四等地	0.815 7～0.838 8	九等地	0.700 2～0.723 3
五等地	0.792 6～0.815 7	十等地	<0.700 2

八、耕地质量等级图编制

按照制图规范编制华南区耕地质量等级分布图，主要包括以下几个步骤：

①收集整理相关资料，包括行政界线、河流水系、等高线等地理基础要素以及评价单元图、土壤图等专题要素数据。

②对所有空间数据按照标准的数据格式要求进行坐标投影转换，并完善相关图层属性数据。

③按照规范对图层数据进行符号样式、注记方式、图幅要素设置，点、线、面数据由上往下依次叠加，符号样式大小依据比例尺大小相应地修改，注记标注之间相互覆盖、重叠的情况需要合理的调整。

④根据要求设置图件的大小，添加图名、图廓、图例、比例尺、指北针、地理位置示意图等图幅辅助要素，输出成果图件。

九、评价结果验证

为了保证评价结果的科学性、合理性与准确性，在耕地质量等级评价初步结果的基础上开展评价结果验证工作。具体采用了以下方法进行耕地质量评价结果的验证。

（一）合理性验证

对评价结果进行合规性自查，一般需满足以下规则：各耕地质量等级的面积比例总体呈正态分布；不同土壤类型的耕地质量等级具有一定的差异，但遵循一定的规律，如河流冲积砂泥田土层深厚，具有较高的自然肥力基础，耕地质量等级相对较高。白鳝泥田等因耕作层以下常受地下水的侧渗或下渗淋溶漂洗作用，土壤养分流失，肥力较低，耕地质量等级相对较低。

（二）产量验证

作物产量是耕地质量的直观体现。通常情况下，质量等级高的耕地其作物产量水平也较高；质量等级低的耕地则受到相关限制因素的影响，作物产量水平也较低。因此，可将评价结果中各等级耕地质量对应的农作物调查产量进行对比统计，分析不同质量等级耕地的产量水平，通过产量的差异来判断评价结果是否科学合理。

华南区产量验证通过主栽作物为水稻的调查点进行验证。提取调查点数据中主栽作物为水稻的12 944个点作为一个单独图层，通过空间分析关联其对应的评价单元属性。经统计，一等地水稻点1 373个，年平均产量为15 767kg/hm²；二等地1 676个，年平均产量为15 259kg/hm²；三等地1 945个，年平均产量为14 448kg/hm²；四等地1 912个，年平均产量为13 301kg/hm²；五等地1 674个，年平均产量为12 872kg/hm²；六等地1 636个，年平均产量为11 147kg/hm²；七等地1 124个，年平均产量为9 743kg/hm²；八等地730个，年平均产量为7 594kg/hm²；九等地424个，年平均产量为6 489kg/hm²；十等地450个，年平均产量为5 530kg/hm²。可见，华南区耕地质量等级评价结果较准确，能够反映耕地综合生产能力（表2-65）。

表 2-65　不同耕地质量等级水稻调查点及年平均产量

耕地质量等级	水稻调查点（个）	年平均产量（kg/hm²）
一等地	1 373	15 767
二等地	1 676	15 259
三等地	1 945	14 448
四等地	1 912	13 301
五等地	1 674	12 872
六等地	1 636	11 147
七等地	1 124	9 743
八等地	730	7 594
九等地	424	6 489
十等地	450	5 530
合计	12 944	—

（三）对比验证

不同的耕地质量等级应与其相应的评价指标值相对应。高等级的耕地质量应体现较为优良的耕地理化性状，而低等级的耕地质量则对应较劣的耕地理化性状。因此可分析评价结果中不同耕地质量等级对应的评价指标值，通过比较不同等级的指标差异，分析耕地质量评价结果的合理性。

选取影响华南区耕地质量较大的灌溉能力为例。一等地、二等地、三等地的灌溉能力以"充分满足"为主；七等地、八等地、九等地和十等地以"不满足"为主。灌溉能力为"满足"和"基本满足"的耕地面积较少，"满足"的耕地质量等级主要集中在三等地至六等地，"基本满足"的主要集中在五等地至七等地。可见，评价结果与灌溉能力指标有较好的对应关系，说明评价结果较为合理（表2-66）。

表 2-66　耕地质量等级对应的灌溉能力占比情况（万 hm²，%）

灌溉能力		一等地	二等地	三等地	四等地	五等地	六等地	七等地	八等地	九等地	十等地
充分满足	面积	56.41	73.19	70.63	50.40	31.91	11.23	4.58	3.05	1.28	0.61
	比例	99.85	96.55	88.52	54.87	27.51	8.85	3.76	3.42	2.66	1.39

（续）

灌溉能力		一等地	二等地	三等地	四等地	五等地	六等地	七等地	八等地	九等地	十等地
满足	面积	0.08	1.64	5.25	15.94	8.39	5.44	3.10	1.81	1.75	1.46
	比例	0.13	2.17	6.58	17.35	7.23	4.29	2.54	2.03	3.63	3.33
基本满足	面积	0.01	0.23	0.41	2.75	9.26	16.13	10.12	3.09	1.29	1.37
	比例	0.01	0.30	0.51	3.00	7.98	12.71	8.30	3.46	2.69	3.13
不满足	面积	0.00	0.75	3.50	22.75	66.45	94.10	104.06	81.21	43.84	40.43
	比例	0.00	0.99	4.39	24.77	57.28	74.15	85.39	91.08	91.03	92.15
合计	面积	56.49	75.81	79.79	91.85	116.00	126.90	121.86	89.16	48.16	43.87
	比例	100.00	100.00	100.00	100.00	100.00	100.00	100.00	100.00	100.00	100.00

（四）专家验证

召开华南区耕地质量等级评价结果验证会，邀请华南各省（自治区）熟悉本省耕地质量状况的专家以及各省（自治区）土肥站的技术骨干对评价指标权重、隶属函数建立、评价过程属性赋值、评价结果计算等进行系统验证。由相关技术人员现场操作，对华南各省（自治区）耕地质量等级评价结果逐一进行专家验证，从宏观上把握耕地质量分布的规律性是否吻合。当发现评价等级结果与当地实际有出入的地方，查看评价相关属性，进行综合分析，找出原因，通过反复细致的验证与修正，使评价结果更加科学合理。

（五）实地验证

华南区耕地质量等级评价成果实地验证共抽取了514个评价单元，涉及各评价区、质量等级、地类、主要土壤类型等。其中，旱地图斑205个，水浇地10个，水田299个。从行政区域看，福建评价区91个，广东评价区120个，广西评价区101个，海南评价区91个，云南评价区111个。从耕地质量等级看，一等地至十等地图斑数量分别为54个、64个、58个、56个、60个、52个、47个、48个、39个和36个。从土壤类型看，水稻土301个，赤红壤70个，砖红壤45个，红壤30个，紫色土13个。

经统计，耕地质量等级为一等地的54个抽样图斑中，平原占32个，盆地占22个；二等地中平原占31个，盆地占32个，丘陵占1个。整体而言，高等地的地形部位以平原、盆地为主；中等地以盆地、丘陵为主；低等地以丘陵、山地为主。可见，抽样图斑耕地质量高低与地形优劣吻合度较高，说明验证区域的耕地质量等级评价结果较准确（表2-67）。

表2-67 抽样图斑耕地质量等级对应的地形占比情况（个）

地形	一等地	二等地	三等地	四等地	五等地	六等地	七等地	八等地	九等地	十等地
平原	32	31	26	23	24	10	13	8	10	12
盆地	22	32	29	22	22	17	13	7	2	3
丘陵	0	1	2	7	11	10	10	18	12	9
山地	0	0	1	4	3	15	11	15	15	12
合计	54	64	58	56	60	52	47	48	39	36

第五节　耕地土壤养分等专题图件编制方法

一、图件编制步骤

为了更好地表达评价成果，直观地分析耕地土壤养分含量的分布情况，需要编制土壤养分专题图件。

耕地土壤养分数据主要来源于野外调查采样点，依据土壤调查采样点中的经纬度坐标信息，生成采样点点位图，设置坐标投影，与评价单元图空间位置上保持一致。核实点位数据的准确性，再通过空间插值的方法生成养分数据栅格图。依据栅格图与评价单元图的空间位置关系，计算各评价单元的土壤养分值，按照确定的养分分级标准划分等级，并用 ArcGIS 编图工具绘制土壤养分含量分布图。

二、图件插值处理

利用地统计学模型，通过空间插值的方法生成各养分空间分布栅格图。空间插值前先利用 ArcGIS 工具对数据进行正态分布分析，剔除异常值后选择合适的空间插值方法。空间插值利用反距离权重法（Inverse Distance Weighting）、克里金法（Kriging）两种方法，选择最优的模型进行插值，依据评价单元图与养分栅格图的空间对应关系，通过空间分析模块相关工具进行空间叠加分析，将栅格数据中的养分值赋给评价单元。

三、图件清绘整饰

对专题图件进行整饰，可以使图件布局更加合理、美观。首先将空间数据图层按照点、线、面由上往下依次叠加放置，确定图件纸张大小，设定图件输出比例尺，设置各个图层的符合样式，包括点位的大小、线条的粗细、养分含量等级的颜色等。根据规范标注相关图层的注记，包括地名注记点、道路名称、养分等级等。最后再根据要求添加图名、图廓、图例、比例尺、指北针、地理位置示意图、坐标投影、编制单位、编制日期等图幅辅助要素，输出成果图件。

第三章　耕地质量等级分析

第一节　耕地质量等级面积与分布

一、耕地质量等级

依据《耕地质量等级》标准，采用累加法计算耕地质量综合指数，通过计算各评价单元的综合指数，形成耕地质量综合指数分布曲线，根据曲线斜率的突变点确定最高等、最低等综合指数的临界点，再采用等距法将华南区耕地按质量等级由高到低依次划分为一等至十等，各等级面积分布及比例如表 3-1 所示。

华南区耕地面积 849.89 万 hm²，其中，一等地面积为 56.49 万 hm²，占华南区耕地面积的比例是 6.65%；二等地面积为 75.81 万 hm²，占 8.92%；三等地面积为 79.79 万 hm²，占 9.39%；四等地面积为 91.85 万 hm²，占 10.81%；五等地面积为 116.00 万 hm²，占 13.65%；六等地面积为 126.90 万 hm²，占 14.93%；七等地面积为 121.86 万 hm²，占 14.34%；八等地面积为 89.16 万 hm²，占 10.49%；九等地面积为 48.16 万 hm²，占 5.67%；十等地面积为 43.87 万 hm²，占 5.16%。耕地质量加权平均等为 5.41 等，华南区耕地质量整体属于中等水平。

表 3-1　华南区耕地质量等级面积与比例

耕地质量等级	综合指数	面积（万 hm²）	比例（%）
一等地	≥0.885 0	56.49	6.65
二等地	0.861 9～0.885 0	75.81	8.92
三等地	0.838 8～0.861 9	79.79	9.39
四等地	0.815 7～0.838 8	91.85	10.81
五等地	0.792 6～0.815 7	116.00	13.65
六等地	0.769 5～0.792 6	126.90	14.93
七等地	0.746 4～0.769 5	121.86	14.34
八等地	0.723 3～0.746 4	89.16	10.49
九等地	0.700 2～0.723 3	48.16	5.67
十等地	<0.700 2	43.87	5.16
总计		849.89	100.00

华南区高等地（一等地至三等地）面积 212.08 万 hm²，占华南区耕地面积的 24.95%。主要分布在河口三角洲平原、河流冲积平原、宽谷冲积平原区、宽谷盆地、河流沿岸低阶地或丘陵的下部，以性状良好的潴育水稻土和土体深厚的砖红壤、赤红壤为主。这部分耕地基

础地力较好，产量高，没有明显障碍因素。

中等地（四等地至六等地）面积 334.75 万 hm²，占华南区耕地面积的 39.39%。主要分布在宽谷平原的中上部、山间谷地、低山丘陵中下部、山地的坡下部和河流两岸冲积坝地，以潴育水稻土、渗育水稻土、典型赤红壤、典型砖红壤为主。这部分耕地土壤熟化度低，供肥性能较差，基础地力中等水平，是粮食增产潜力较大的区域。

低等地（七等地至十等地）面积 303.05 万 hm²，占华南区耕地面积的 35.66%。主要分布在丘陵山地区的中上部、山间盆地的中上部、河流高阶地、丘陵台地区以及滨海围垦区等，以典型赤红壤、典型砖红壤、典型红壤、黄红壤、棕色石灰土、酸性紫色土为主。这部分耕地基础地力相对差，土壤存在"黏、酸、瘦、薄"等障碍因素。

评价区域的地貌类型主要归纳为平原、盆地、丘陵和山地 4 种类型。其中平原区耕地面积为 253.16 万 hm²，占华南区耕地面积的 29.79%；盆地区耕地面积为 260.89 万 hm²，占 30.70%；山地区耕地面积为 199.74 万 hm²，占 23.50%；丘陵区耕地面积为 136.09 万 hm²，占 16.01%。区域内共有 20 个土类，分别是水稻土、赤红壤、红壤、砖红壤、石灰（岩）土、紫色土、黄壤、黄棕壤、潮土、燥红土、粗骨土、风沙土、火山灰土、新积土、滨海盐土、砂姜黑土、棕壤、石质土、磷质石灰土、酸性硫酸盐土。其中水稻土、赤红壤、红壤、砖红壤占的比例较大，分别占华南区耕地总面积的 45.60%、22.21%、9.89%、6.94%。

二、耕地质量等级在不同农业区划中的分布

华南区划分为闽南粤中农林水产区、粤西桂南农林区、滇南农林区、琼雷及南海诸岛农林区 4 个二级农业区，各农业区耕地质量等级情况见表 3-2。

表 3-2 华南区耕地质量等级面积与比例（按二级农业区划）

耕地质量等级		闽南粤中农林水产区	粤西桂南农林区	滇南农林区	琼雷及南海诸岛农林区	小计
一等地	面积（万 hm²）	24.28	19.28	11.66	1.27	56.49
	所占比例（%）	14.96	6.37	4.21	1.18	6.65
二等地	面积（万 hm²）	17.59	29.08	21.89	7.24	75.81
	所占比例（%）	10.83	9.61	7.90	6.72	8.92
三等地	面积（万 hm²）	15.40	28.11	25.46	10.81	79.79
	所占比例（%）	9.49	9.29	9.19	10.04	9.39
四等地	面积（万 hm²）	21.96	46.35	11.85	11.68	91.85
	所占比例（%）	13.53	15.32	4.28	10.84	10.81
五等地	面积（万 hm²）	22.22	57.20	22.67	13.92	116.00
	所占比例（%）	13.68	18.90	8.18	12.92	13.65
六等地	面积（万 hm²）	21.48	54.37	30.89	20.16	126.90
	所占比例（%）	13.23	17.97	11.15	18.72	14.93

（续）

耕地质量等级		闽南粤中农林水产区	粤西桂南农林区	滇南农林区	琼雷及南海诸岛农林区	小计
七等地	面积（万 hm²）	17.58	39.38	51.09	13.81	121.86
	所占比例（%）	10.83	13.01	18.43	12.82	14.34
八等地	面积（万 hm²）	10.03	15.53	49.65	13.95	89.16
	所占比例（%）	6.18	5.13	17.91	12.95	10.49
九等地	面积（万 hm²）	6.37	8.88	23.10	9.80	48.16
	所占比例（%）	3.92	2.94	8.33	9.10	5.67
十等地	面积（万 hm²）	5.46	4.42	28.90	5.08	43.87
	所占比例（%）	3.37	1.46	10.43	4.72	5.16
总计	面积（万 hm²）	162.37	302.61	277.18	107.72	849.89
		19.11	35.61	32.61	12.67	100.00

（一）闽南粤中农林水产区耕地质量等级

闽南粤中农林水产区耕地面积 162.37 万 hm²，占华南区耕地总面积的 19.11%。其中，一等地面积为 24.28 万 hm²，占闽南粤中农林水产区耕地面积的 14.96%；二等地面积为 17.59 万 hm²，占 10.83%；三等地面积为 15.4 万 hm²，占 9.49%；四等地面积为 21.96 万 hm²，占 13.53%；五等地面积为 22.22 万 hm²，占 13.68%；六等地面积为 21.48 万 hm²，占 13.23%；七等地面积为 17.58 万 hm²，占 10.83%；八等地面积为 10.03 万 hm²，占 6.18%；九等地面积为 6.37 万 hm²，占 3.92%；十等地面积为 5.46 万 hm²，占 3.37%。

（二）粤西桂南农林区耕地质量等级

粤西桂南农林区耕地面积 302.61 万 hm²，占华南区耕地总面积的 35.61%。其中，一等地面积为 19.28 万 hm²，占粤西桂南农林区耕地面积的 6.37%；二等地面积为 29.08 万 hm²，占 9.61%；三等地面积为 28.11 万 hm²，占 9.29%；四等地面积为 46.35 万 hm²，占 15.32%；五等地面积为 57.2 万 hm²，占 18.90%；六等地面积为 54.37 万 hm²，占 17.97%；七等地面积为 39.38 万 hm²，占 13.01%；八等地面积为 15.53 万 hm²，占 5.13%；九等地面积为 8.88 万 hm²，占 2.94%；十等地面积为 4.42 万 hm²，占 1.46%。

（三）滇南农林区耕地质量等级

滇南农林区耕地面积 277.18 万 hm²，占华南区耕地总面积的 32.61%。其中，一等地面积为 11.66 万 hm²，占滇南农林区耕地面积的 4.21%；二等地面积为 21.89 万 hm²，占 7.90%；三等地面积为 25.46 万 hm²，占 9.19%；四等地面积为 11.85 万 hm²，占 4.28%；五等地面积为 22.67 万 hm²，占 8.18%；六等地面积为 30.89 万 hm²，占 11.15%；七等地面积为 51.09 万 hm²，占 18.43%；八等地面积为 49.65 万 hm²，占 17.91%；九等地面积为 23.10 万 hm²，占 8.33%；十等地面积为 28.90 万 hm²，占 10.43%。

（四）琼雷及南海诸岛农林区耕地质量等级

琼雷及南海诸岛农林区耕地面积 107.72 万 hm²，占华南区耕地总面积的 12.67%。其中，一等地面积为 1.27 万 hm²，占琼雷及南海诸岛农林区耕地面积的 1.18%；二等地面积为 7.24 万 hm²，占 6.72%；三等地面积为 10.81 万 hm²，占 10.04%；四等地面积为 11.68 万 hm²，占 10.84%；五等地面积为 13.92 万 hm²，占 12.92%；六等地面积为 20.16 万 hm²，占 18.72%；七等地面积为 13.81 万 hm²，占 12.82%；八等地面积为 13.95 万 hm²，占 12.95%；九等地面积为 9.8 万 hm²，占 9.10%；十等地面积为 5.08 万 hm²，占 4.72%。

三、耕地质量等级在不同评价区中的分布

华南区从行政区划上划分为福建评价区、广东评价区、广西评价区、海南评价区、云南评价区 5 个评价区，各评价区耕地质量等级情况见表 3-3。

表 3-3 华南区耕地质量等级面积与比例（按行政区划）

耕地质量等级		福建评价区	广东评价区	广西评价区	海南评价区	云南评价区	小计
一等地	面积（万 hm²）	4.03	27.74	12.97	0.09	11.66	56.49
	所占比例（%）	9.16	13.69	5.11	0.12	4.21	6.65
二等地	面积（万 hm²）	4.07	21.75	24.35	3.74	21.89	75.81
	所占比例（%）	9.25	10.73	9.60	5.17	7.90	8.92
三等地	面积（万 hm²）	2.67	21.81	20.83	9.01	25.46	79.79
	所占比例（%）	6.07	10.76	8.21	12.46	9.19	9.39
四等地	面积（万 hm²）	3.94	25.23	40.26	10.57	11.85	91.85
	所占比例（%）	8.95	12.45	15.87	14.62	4.28	10.81
五等地	面积（万 hm²）	4.91	25.17	52.27	10.98	22.67	116.00
	所占比例（%）	11.16	12.42	20.60	15.19	8.18	13.65
六等地	面积（万 hm²）	5.99	31.74	46.33	11.96	30.89	126.90
	所占比例（%）	13.61	15.66	18.26	16.54	11.15	14.93
七等地	面积（万 hm²）	7.97	22.61	34.01	6.18	51.09	121.86
	所占比例（%）	18.10	11.15	13.40	8.55	18.43	14.34
八等地	面积（万 hm²）	3.99	15.54	12.92	7.06	49.65	89.16
	所占比例（%）	9.07	7.66	5.09	9.77	17.91	10.49
九等地	面积（万 hm²）	2.98	6.91	7.22	7.95	23.10	48.16
	所占比例（%）	6.77	3.41	2.85	11.00	8.33	5.67
十等地	面积（万 hm²）	3.46	4.21	2.56	4.74	28.90	43.87
	所占比例（%）	7.86	2.08	1.01	6.56	10.43	5.16
总计	面积（万 hm²）	44.01	202.70	253.72	72.27	277.18	849.89
		5.18	23.85	29.85	8.50	32.61	100.00

（一）福建评价区耕地质量等级

福建评价区主要包括福州市、莆田市、泉州市、厦门市、漳州市 5 个地级市和平潭综合实验区（表 3-4），耕地面积合计 44.01 万 hm²，耕地质量等级在一等地至十等地上均有分布，其中高等地（一等至三等）面积 10.78 万 hm²，占 24.48%；中等地（四等至六等）面积 14.84 万 hm²，占 33.72%；低等地（七等至十）面积 18.40 万 hm²，占 41.80%。加权平均等是 5.58 等，耕地质量等级属于中等水平。

高等地主要分布在漳州市、泉州市、莆田市、福州市。其中漳州市高等地面积最大，比例最高，有 6.18 万 hm²，占全市耕地面积的 34.50%；泉州市、莆田市、福州市分别为 1.95 万 hm²、1.26 万 hm²、1.18 万 hm²，占耕地面积的比例分别为 17.69%、17.01%、23.39%。

中等地分布情况与高等地类似，漳州市、泉州市、莆田市、福州市中等地面积分别为 5.95 万 hm²、3.12 万 hm²、2.64 万 hm²、2.42 万 hm²，占耕地面积的比例分别为 33.21%、28.38%、35.77%、47.87%。

低等地在 5 个地市均有分布，其中平潭综合实验区耕地质量等级均属于低等地。泉州市、厦门市、莆田市、漳州市、福州市低等地占耕地面积的比例分别是 53.99%、50.72%、47.21%、32.29%、28.73%。

（二）广东评价区耕地质量等级

广东评价区有耕地 202.70 万 hm²，包括潮州市、东莞市、佛山市、广州市、河源市、惠州市、江门市、揭阳市、茂名市、梅州市、清远市、汕头市、汕尾市、韶关市、深圳市、阳江市、云浮市、湛江市、肇庆市、中山市、珠海市 21 个地级市（表 3-5）。

耕地质量等级在一等地至十等地上均有分布，其中高等地面积 71.31 万 hm²，占 35.18%；中等地面积 82.14 万 hm²，占 40.52%；低等地面积 49.26 万 hm²，占 24.30%。加权平均等是 4.64 等，质量等级属于中等偏上水平。

高等地主要分布在湛江市、茂名市、阳江市、江门市、惠州市、清远市、汕尾市、揭阳市、广州市，其中占当地耕地面积比例在 60% 以上的有中山市、深圳市、汕头市、佛山市、东莞市。

中等地主要分布在湛江市、茂名市、清远市、江门市、阳江市、云浮市。其中湛江市中等地面积 16.22 万 hm²，占全市耕地面积的 34.74%；清远市中等地面积 8.09 万 hm²，占全市耕地面积的 48.86%；茂名市中等地面积 8.82 万 hm²，占全市耕地面积的 38.84%；江门市中等地面积 6.72 万 hm²，占全市耕地面积的 43.03%；阳江市中等地面积 6.28 万 hm²，占全市耕地面积的 42.02%；云浮市中等地面积 5.44 万 hm²，占全市耕地面积的 53.11%。

低等地的分布情况与中等地的分布情况类似，不同之处在于东莞市、中山市没有低等地。湛江市低等地面积 20.79 万 hm²，占全市耕地面积的 44.53%；茂名市低等地面积 5.21 万 hm²，占全市耕地面积的 22.93%；清远市低等地面积 3.23 万 hm²，占全市耕地面积的 19.53%；河源市、惠州市、江门市、阳江市、云浮市低等地面积分别为 2.09 万 hm²、2.34 万 hm²、2.31 万 hm²、2.22 万 hm²、2.96 万 hm²，占全市耕地面积的比例分别为 34.17%、16.75%、14.81%、14.84%、28.92%。

（三）广西评价区耕地质量等级

广西评价区有耕地 253.72 万 hm²，主要包括百色市、北海市、崇左市、防城港市、贵港市、南宁市、钦州市、梧州市、玉林市 9 个地级市（表 3-6）。

耕地质量等级在一等地至十等地上均有分布，其中高等地面积 58.15 万 hm²，占 22.92%；中等地面积 138.85 万 hm²，占 54.73%；低等地面积 56.71 万 hm²，占 22.35%。加权平均等是 4.95 等，耕地质量等级属于中等偏上水平。

高等地主要分布在南宁市、贵港市、玉林市。其中南宁市高等地面积 15.40 万 hm²，占全市耕地面积的 26.17%；贵港市高等地面积 11.10 万 hm²，占全市耕地面积的 34.56%；玉林市高等地面积 11.14 万 hm²，占全市耕地面积的 46.25%。

中等地主要分布在南宁市、崇左市、贵港市。其中南宁市中等地面积合计 35.91 万 hm²，占全市耕地面积的 61.01%；崇左市中等地面积 33.91 万 hm²，占全市耕地面积的 65.22%；贵港市中等地面积 18.61 万 hm²，占全市耕地面积的 57.96%。此外，百色市、玉林市、钦州市、梧州市、防城港市、北海市中等地面积分别为 13.68 万 hm²、11.81 万 hm²、10.85 万 hm²、7.45 万 hm²、3.65 万 hm²、2.97 万 hm²，占全市耕地面积的比例分别为 43.72%、49.06%、51.07%、59.30%、39.92%、23.93%。

低等地主要分布在崇左市、百色市、南宁市、北海市、钦州市、防城港市，面积分别为 13.26 万 hm²、11.89 万 hm²、7.55 万 hm²、7.05 万 hm²、6.60 万 hm²、5.12 万 hm²，占全市耕地面积的比例分别为 25.51%、37.99%、12.82%、56.76%、31.07%、55.97%。贵港市、梧州市、玉林市低等地面积较小，占全市耕地面积的比例分别为 7.47%、13.59%、4.68%。

（四）海南评价区耕地质量等级

海南评价区耕地面积为 72.27 万 hm²，主要分布在儋州市、三亚市、海口市 3 个地级市，琼海市、东方市、万宁市、文昌市、五指山市 5 个县级市和白沙黎族自治县、保亭黎族苗族自治县、昌江黎族自治县、澄迈县、定安县、乐东黎族自治县、临高县、陵水黎族自治县、琼中黎族苗族自治县、屯昌县 10 个县（表 3-7）。

耕地质量等级在一等地至十等地上均有分布，其中高等地面积 12.83 万 hm²，占 17.75%；中等地面积 33.51 万 hm²，占 46.36%；低等地面积 25.94 万 hm²，占 35.89%。加权平均等是 5.84 等，耕地质量等级属中等偏下水平。

高等地主要分布在海口市、琼海市、万宁市、文昌市、澄迈县、定安县。一等地只有在万宁市有少量分布，二等地主要分布在澄迈县、海口市、万宁市、琼海市。其中，澄迈县高等地面积 1.03 万 hm²，占全市耕地面积的 15.71%；定安县高等地面积 1.46 万 hm²，占全市耕地面积的 28.59%；海口市高等地面积 1.90 万 hm²，占全市耕地面积的 27.69%；琼海市高等地面积 1.29 万 hm²，占全市耕地面积的 34.14%；万宁市高等地面积 1.35 万 hm²，占全市耕地面积的 46.10%；文昌市高等地面积 1.93 万 hm²，占全市耕地面积的 34.77%。保亭黎族苗族自治县、琼中黎族苗族自治县、五指山市没有高等地。

中等地在各市县均有分布，主要分布在儋州市、澄迈县、临高县、文昌市等。其中儋州市、临高县、昌江黎族自治县、澄迈县、定安县、海口市、乐东黎族自治县、屯昌县、文昌市中等地面积分别为 5.83 万 hm²、3.18 万 hm²、2.22 万 hm²、2.92 万 hm²、2.35 万 hm²、2.16 万 hm²、2.08 万 hm²、2.00 万 hm²、2.91 万 hm²，占全市耕地面积的比例分别为 55.47%、67.24%、59.63%、44.33%、46.12%、31.47%、43.62%、60.03%、52.47%。此外，保亭黎族苗族自治县、琼中黎族苗族自治县、三亚市中等地面积占全市耕地面积的比例较高，均超过 50%。

低等地在各市县均有广泛分布，其中白沙黎族自治县、昌江黎族自治县、澄迈县、儋州市、定安县、东方市、海口市、乐东黎族自治县、临高县、琼海市、屯昌县低等地均超过 1.00 万 hm²，占全市耕地面积的比例分别为 72.80%、27.13%、39.95%、36.46%、25.29%、60.95%、40.84%、39.05%、23.92%、33.46%、37.09%。

（五）云南评价区耕地质量等级

云南评价区主要包括保山市、德宏傣族景颇族自治州、红河哈尼族彝族自治州、临沧市、普洱市、文山壮族苗族自治州、西双版纳傣族自治州、玉溪市 8 个地级市（表 3-8），耕地面积合计 277.18 万 hm²，耕地质量等级在一等地至十等地上均有分布，其中高等地面积 59.01 万 hm²，占 21.29%；中等地面积 65.42 万 hm²，占 23.60%；低等地面积 152.75 万 hm²，占 55.11%。加权平均等是 6.24 等，质量等级属于中等偏下水平。

高等地主要分布在保山市、德宏傣族景颇族自治州、红河哈尼族彝族自治州、临沧市、普洱市、西双版纳傣族自治州。其中，红河哈尼族彝族自治州高等地面积 13.46 万 hm²，占全州耕地面积的 27.84%；临沧市高等地面积 9.01 万 hm²，占全市耕地面积的 16.60%；德宏傣族景颇族自治州高等地面积 7.71 万 hm²，占全州耕地面积的 39.46%；保山市高等地面积 7.02 万 hm²，占全市耕地面积的 27.50%；普洱市高等地面积 7.38 万 hm²，占全市耕地面积的 11.07%；西双版纳傣族自治州高等地面积 6.33 万 hm²，占全州耕地面积的 34.63%。

中等地主要分布在红河哈尼族彝族自治州、临沧市、普洱市和文山市。其中红河哈尼族彝族自治州四等地面积 2.61 万 hm²，五等地面积 7.35 万 hm²，六等地面积 7.36 万 hm²，中等地面积 17.33 万 hm²，占全州耕地面积的 35.85%；文山市中等地面积 12.20 万 hm²，占全市耕地面积的 34.02%；临沧市中等地面积 11.46 万 hm²，占全市耕地面积的 21.12%；普洱市中等地面积 10.33 万 hm²，占全市耕地面积的 15.48%。

低等地在 8 个地市均有广泛分布，特别是普洱市、临沧市、玉溪市、西双版纳傣族自治州，低等地面积占全市耕地面积的 50% 以上。其中普洱市低等地面积 49.01 万 hm²，占全市耕地面积的 73.46%；临沧市低等地面积 33.80 万 hm²，占全市耕地面积的 62.29%；文山市低等地面积 17.88 万 hm²，占全市耕地面积的 49.89%；红河哈尼族彝族自治州低等地面积 17.56 万 hm²，占全州耕地面积的 36.32%；保山市低等地面积 11.58 万 hm²，占全市耕地面积的 45.39%；西双版纳傣族自治州低等地面积 10.50 万 hm²，占全州耕地面积的 57.44%；德宏傣族景颇族自治州低等地面积 7.24 万 hm²，占全州耕地面积的 37.08%；玉溪市等地面积 5.17 万 hm²，占全市耕地面积的 59.58%。

四、主要土壤类型的耕地质量状况

华南区耕地共有 20 个土类，其中水稻土、赤红壤、红壤、砖红壤、石灰（岩）土、紫色土、黄壤 7 个土类面积较大，分别为 387.53 万 hm²、188.76 万 hm²、84.08 万 hm²、58.99 万 hm²、35.74 万 hm²、27.68 万 hm²、24.71 万 hm²，分别占耕地总面积的比例为 45.60%、22.21%、9.89%、6.94%、4.21%、3.26%、2.91%（表 3-9）。这 7 个土类耕地质量状况如下：

（一）水稻土

水稻土面积 387.53 万 hm²，占华南区耕地面积的 45.60%。其中潴育水稻土面积 262.58 万 hm²，占水稻土面积的 67.76%；渗育水稻土面积 66.05 万 hm²，占 17.04%；淹

表 3-4 福建评价区耕地质量等级面积与比例

地级市	一等地 面积(万hm²)	比例(%)	二等地 面积(万hm²)	比例(%)	三等地 面积(万hm²)	比例(%)	四等地 面积(万hm²)	比例(%)	五等地 面积(万hm²)	比例(%)	六等地 面积(万hm²)	比例(%)	七等地 面积(万hm²)	比例(%)	八等地 面积(万hm²)	比例(%)	九等地 面积(万hm²)	比例(%)	十等地 面积(万hm²)	比例(%)	合计(万hm²)
福州市	0.46	9.07	0.17	3.42	0.55	10.90	0.95	18.73	1.03	20.38	0.44	8.75	0.82	16.10	0.14	2.72	0.39	7.78	0.11	2.13	5.06
平潭综合实验区	0.00	0.00	0.00	0.00	0.00	0.00	0.00	0.00	0.00	0.00	0.00	0.00	0.14	17.39	0.09	11.89	0.13	16.70	0.43	54.02	0.79
莆田市	0.34	4.59	0.40	5.45	0.51	6.97	0.48	6.47	0.80	10.77	1.37	18.54	1.02	13.83	1.13	15.27	0.77	10.47	0.56	7.65	7.39
泉州市	0.46	4.15	0.76	6.94	0.73	6.60	1.09	9.94	0.73	6.64	1.29	11.75	1.98	17.97	1.41	12.77	1.18	10.68	1.38	12.56	11.00
厦门市	0.08	4.13	0.07	3.59	0.06	3.37	0.02	1.23	0.28	14.93	0.41	22.03	0.69	37.45	0.14	7.47	0.09	5.03	0.01	0.76	1.85
漳州市	2.70	15.07	2.67	14.87	0.82	4.56	1.40	7.79	2.08	11.59	2.48	13.83	3.32	18.55	1.09	6.07	0.41	2.30	0.96	5.37	17.92

表 3-5 广东评价区耕地质量等级面积与比例

地级市	一等地 面积(万hm²)	比例(%)	二等地 面积(万hm²)	比例(%)	三等地 面积(万hm²)	比例(%)	四等地 面积(万hm²)	比例(%)	五等地 面积(万hm²)	比例(%)	六等地 面积(万hm²)	比例(%)	七等地 面积(万hm²)	比例(%)	八等地 面积(万hm²)	比例(%)	九等地 面积(万hm²)	比例(%)	十等地 面积(万hm²)	比例(%)	合计(万hm²)
潮州市	0.14	4.08	0.81	22.87	0.60	17.03	0.28	7.88	0.45	12.77	0.54	15.17	0.31	8.80	0.19	5.43	0.19	5.37	0.02	0.62	3.54
东莞市	0.61	46.28	0.04	3.14	0.17	13.02	0.23	17.37	0.21	15.90	0.06	4.29	0.00	0.00	0.00	0.00	0.00	0.00	0.00	0.00	1.31
佛山市	2.20	59.92	0.14	3.82	0.16	4.31	0.28	7.65	0.36	9.74	0.38	10.34	0.07	1.87	0.02	0.43	0.07	1.92	0.00	0.00	3.67
广州市	3.12	38.52	0.48	5.87	0.72	8.85	1.51	18.65	1.47	18.13	0.44	5.49	0.21	2.55	0.13	1.66	0.02	0.27	0.00	0.00	8.10
河源市	0.19	3.12	0.10	1.72	0.21	3.45	0.94	15.35	1.07	17.44	1.51	24.76	1.00	16.33	0.79	12.98	0.18	2.98	0.11	1.87	6.12
惠州市	2.77	19.87	2.02	14.46	1.63	11.67	1.68	12.04	1.62	11.58	1.90	13.63	1.09	7.79	0.85	6.09	0.33	2.37	0.07	0.50	13.96
江门市	1.94	12.43	2.39	15.28	2.26	14.45	2.99	19.12	2.66	17.05	1.07	6.86	1.42	9.12	0.63	4.01	0.22	1.40	0.04	0.29	15.63
揭阳市	2.45	28.14	1.26	14.43	0.91	10.47	1.30	14.88	0.51	5.81	0.75	8.60	0.72	8.22	0.39	4.51	0.19	2.14	0.24	2.81	8.71
茂名市	4.19	18.46	2.10	9.23	2.39	10.54	2.83	12.46	2.35	10.34	3.64	16.04	2.58	11.34	1.40	6.15	0.96	4.24	0.27	1.19	22.71
梅州市	0.49	7.70	0.27	4.26	0.47	7.45	1.26	19.96	1.73	27.30	1.14	18.08	0.21	3.35	0.15	2.38	0.05	0.72	0.56	8.81	6.33
清远市	1.52	9.20	2.18	13.15	1.53	9.26	2.65	15.98	3.15	19.04	2.29	13.83	1.65	9.95	0.73	4.40	0.79	4.75	0.07	0.42	16.56
汕头市	1.61	43.27	0.36	9.60	0.42	11.25	0.40	10.74	0.27	7.20	0.24	6.38	0.15	4.13	0.06	1.57	0.11	2.89	0.11	2.97	3.72
汕尾市	0.73	7.56	1.82	18.77	2.00	20.58	1.36	14.01	0.86	8.82	1.72	17.76	0.35	3.58	0.32	3.28	0.31	3.22	0.24	2.42	9.71

（续）

地级市	一等地 面积（万hm²）	比例（%）	二等地 面积（万hm²）	比例（%）	三等地 面积（万hm²）	比例（%）	四等地 面积（万hm²）	比例（%）	五等地 面积（万hm²）	比例（%）	六等地 面积（万hm²）	比例（%）	七等地 面积（万hm²）	比例（%）	八等地 面积（万hm²）	比例（%）	九等地 面积（万hm²）	比例（%）	十等地 面积（万hm²）	比例（%）	合计（万hm²）
韶关市	0.00	0.00	0.03	1.82	0.00	0.00	0.10	6.27	0.10	6.34	0.54	33.61	0.19	11.90	0.56	34.32	0.00	0.00	0.09	5.75	1.62
深圳市	0.19	48.90	0.07	18.37	0.05	11.93	0.06	16.86	0.01	2.37	0.00	1.03	0.00	0.49	0.00	0.00	0.00	0.04	0.00	0.00	0.38
阳江市	2.10	14.06	1.39	9.28	2.96	19.80	1.30	8.69	1.54	10.28	3.44	23.04	1.36	9.09	0.32	2.14	0.28	1.86	0.26	1.75	14.94
云浮市	0.34	3.35	0.72	6.99	0.78	7.64	1.47	14.31	1.97	19.28	2.00	19.52	1.28	12.53	0.85	8.34	0.67	6.52	0.16	1.54	10.24
湛江市	1.20	2.57	4.75	10.16	3.73	8.00	3.08	6.59	3.98	8.53	9.16	19.62	9.06	19.41	7.78	16.66	2.28	4.87	1.67	3.58	46.70
肇庆市	0.68	11.70	0.74	12.81	0.38	6.54	0.84	14.52	0.63	10.87	0.82	14.09	0.79	13.60	0.37	6.30	0.27	4.64	0.29	4.94	5.80
中山市	0.89	75.60	0.02	1.63	0.03	2.61	0.19	15.79	0.05	4.38	0.00	0.00	0.00	0.00	0.00	0.00	0.00	0.00	0.00	0.00	1.18
珠海市	0.37	20.66	0.08	4.38	0.41	23.05	0.49	27.83	0.19	10.77	0.07	3.85	0.17	9.47	0.00	0.00	0.00	0.00	0.00	0.00	1.78

表3-6 广西评价区耕地质量等级面积与比例

地级市	一等地 面积（万hm²）	比例（%）	二等地 面积（万hm²）	比例（%）	三等地 面积（万hm²）	比例（%）	四等地 面积（万hm²）	比例（%）	五等地 面积（万hm²）	比例（%）	六等地 面积（万hm²）	比例（%）	七等地 面积（万hm²）	比例（%）	八等地 面积（万hm²）	比例（%）	九等地 面积（万hm²）	比例（%）	十等地 面积（万hm²）	比例（%）	合计（万hm²）
百色市	1.45	4.64	2.29	7.33	1.98	6.32	3.34	10.68	6.66	21.29	3.67	11.75	7.97	25.48	3.39	10.84	0.52	1.66	0.00	0.00	31.29
北海市	0.20	1.60	1.25	10.10	0.95	7.62	1.35	10.89	1.11	8.90	0.52	4.14	1.00	8.04	1.36	10.90	2.72	21.86	1.98	15.96	12.43
崇左市	0.91	1.76	2.18	4.19	1.73	3.32	6.18	11.88	12.31	23.68	15.42	29.66	8.89	17.11	2.81	5.40	1.50	2.88	0.06	0.12	51.99
防城港市	0.00	0.00	0.01	0.12	0.36	3.98	1.54	16.78	1.16	12.64	0.96	10.50	2.86	31.25	1.28	13.94	0.82	8.97	0.17	1.81	9.15
贵港市	1.65	5.12	5.31	16.53	4.14	12.90	5.45	16.96	4.80	14.94	8.37	26.06	1.19	3.71	0.97	3.01	0.20	0.63	0.04	0.12	32.11
南宁市	5.50	9.35	5.91	10.04	3.99	6.78	10.93	18.57	15.84	26.92	9.14	15.53	6.26	10.63	0.66	1.11	0.50	0.86	0.13	0.22	58.86
钦州市	0.10	0.49	1.77	8.33	1.92	9.04	4.61	21.72	2.73	12.84	3.51	16.51	4.46	20.98	1.27	5.98	0.70	3.28	0.18	0.84	21.25
梧州市	0.42	3.35	1.10	8.74	1.89	15.02	2.18	17.36	3.28	26.11	1.99	15.84	1.01	8.07	0.43	3.42	0.26	2.10	0.00	0.00	12.57
玉林市	2.74	11.37	4.53	18.81	3.87	16.08	4.68	19.43	4.38	18.19	2.75	11.44	0.36	1.50	0.77	3.18	0.00	0.00	0.00	0.00	24.08

表3-7 海南评价区耕地质量等级面积与比例

地级市	一等地 面积(万hm²)	比例(%)	二等地 面积(万hm²)	比例(%)	三等地 面积(万hm²)	比例(%)	四等地 面积(万hm²)	比例(%)	五等地 面积(万hm²)	比例(%)	六等地 面积(万hm²)	比例(%)	七等地 面积(万hm²)	比例(%)	八等地 面积(万hm²)	比例(%)	九等地 面积(万hm²)	比例(%)	十等地 面积(万hm²)	比例(%)	合计(万hm²)
白沙黎族自治县	0.00	0.00	0.00	0.00	0.10	4.13	0.22	9.14	0.17	7.19	0.16	6.74	0.65	26.87	0.57	23.69	0.43	17.68	0.11	4.55	2.43
保亭黎族苗族自治县	0.00	0.00	0.00	0.00	0.00	0.00	0.02	2.44	0.25	30.74	0.30	36.74	0.10	12.24	0.07	8.87	0.05	5.85	0.03	3.12	0.83
昌江黎族自治县	0.00	0.00	0.00	0.01	0.49	13.24	0.35	9.48	0.39	10.39	1.48	39.76	0.34	9.19	0.29	7.77	0.24	6.52	0.14	3.64	3.73
澄迈县	0.00	0.00	0.69	10.51	0.34	5.20	0.81	12.33	0.66	10.04	1.45	21.96	0.44	6.62	0.95	14.38	0.97	14.69	0.28	4.27	6.59
儋州市	0.00	0.00	0.02	0.19	0.83	7.89	2.05	19.50	1.97	18.72	1.81	17.25	0.39	3.73	1.45	13.76	1.00	9.53	0.99	9.44	10.50
定安县	0.00	0.01	0.37	7.35	1.08	21.23	0.29	5.79	0.48	9.33	1.58	30.99	0.08	1.55	0.26	5.15	0.85	16.69	0.10	1.90	5.09
东方市	0.00	0.00	0.05	1.11	0.12	2.56	0.33	6.86	1.18	24.87	0.17	3.65	0.57	11.99	0.47	9.85	1.41	29.72	0.45	9.39	4.75
海口市	0.00	0.00	0.85	12.36	1.05	15.33	0.75	10.88	0.70	10.21	0.71	10.37	0.65	9.48	0.52	7.64	0.65	9.43	0.98	14.29	6.85
乐东黎族自治县	0.00	0.00	0.12	2.54	0.71	14.79	0.80	16.72	0.85	17.81	0.43	9.09	0.27	5.67	0.75	15.59	0.64	13.34	0.21	4.45	4.78
临高县	0.00	0.00	0.00	0.00	0.42	8.85	1.07	22.70	0.69	14.64	1.42	29.90	0.35	7.49	0.29	6.11	0.15	3.17	0.34	7.15	4.73
陵水黎族自治县	0.00	0.00	0.31	12.19	0.48	18.89	0.22	8.65	0.47	18.54	0.33	13.13	0.28	11.14	0.18	7.24	0.18	7.06	0.08	3.14	2.52
琼海市	0.00	0.00	0.55	14.58	0.74	19.56	0.50	13.18	0.38	10.17	0.34	9.05	0.52	13.91	0.34	9.04	0.17	4.60	0.22	5.90	3.77
琼中黎族苗族自治县	0.00	0.00	0.00	0.00	0.00	0.00	0.03	2.70	0.36	31.80	0.18	16.03	0.14	12.83	0.24	21.83	0.13	11.67	0.04	3.15	1.12
三亚市	0.00	0.00	0.00	0.00	0.13	5.57	0.73	31.35	0.42	18.18	0.12	5.34	0.23	9.74	0.17	7.30	0.31	13.31	0.21	9.21	2.33
屯昌县	0.00	0.00	0.00	0.00	0.10	2.88	0.80	24.12	0.51	15.30	0.69	20.61	0.52	15.69	0.25	7.58	0.33	9.94	0.13	3.89	3.33
万宁市	0.09	2.92	0.74	25.31	0.53	17.88	0.17	5.83	0.31	10.51	0.36	12.18	0.32	10.95	0.04	1.31	0.23	7.89	0.15	5.24	2.94
文昌市	0.00	0.00	0.03	0.58	1.90	34.19	1.38	24.81	1.16	20.93	0.37	6.73	0.27	4.80	0.16	2.82	0.12	2.09	0.17	3.06	5.55
五指山市	0.00	0.00	0.00	0.00	0.00	0.00	0.04	10.31	0.03	5.98	0.04	9.49	0.05	11.15	0.06	13.75	0.09	21.03	0.12	28.29	0.43

表 3-8　云南评价区耕地质量等级面积与比例

地级市	一等地 面积 (万hm²)	一等地 比例 (%)	二等地 面积 (万hm²)	二等地 比例 (%)	三等地 面积 (万hm²)	三等地 比例 (%)	四等地 面积 (万hm²)	四等地 比例 (%)	五等地 面积 (万hm²)	五等地 比例 (%)	六等地 面积 (万hm²)	六等地 比例 (%)	七等地 面积 (万hm²)	七等地 比例 (%)	八等地 面积 (万hm²)	八等地 比例 (%)	九等地 面积 (万hm²)	九等地 比例 (%)	十等地 面积 (万hm²)	十等地 比例 (%)	合计 (万hm²)
保山市	4.57	17.92	1.38	5.42	1.06	4.17	1.04	4.07	1.66	6.50	4.22	16.54	4.96	19.46	3.58	14.03	1.00	3.93	2.03	7.97	25.51
德宏傣族景颇族自治州	0.77	3.94	3.51	17.97	3.43	17.55	1.81	9.27	1.65	8.43	1.12	5.76	1.65	8.46	2.69	13.78	1.55	7.94	1.35	6.90	19.53
红河哈尼族彝族自治州	2.33	4.81	4.81	9.94	6.32	13.08	2.61	5.41	7.35	15.21	7.36	15.23	7.54	15.60	5.80	11.99	2.15	4.44	2.07	4.28	48.34
临沧市	2.10	3.88	2.73	5.02	4.18	7.70	2.31	4.26	3.54	6.53	5.60	10.33	11.58	21.34	11.40	21.00	4.02	7.40	6.81	12.55	54.26
普洱市	0.24	0.36	1.78	2.67	5.36	8.03	2.07	3.11	2.94	4.40	5.31	7.97	12.81	19.19	15.58	23.35	8.00	11.99	12.63	18.92	66.73
文山壮族苗族自治州	0.44	1.24	3.41	9.52	1.91	5.32	1.04	2.89	4.92	13.74	6.23	17.39	9.38	26.17	5.42	15.13	1.59	4.44	1.49	4.15	35.84
西双版纳傣族自治州	0.38	2.07	3.55	19.42	2.40	13.14	0.70	3.82	0.33	1.83	0.42	2.28	2.01	11.00	3.63	19.87	3.34	18.29	1.52	8.29	18.28
玉溪市	0.82	9.45	0.73	8.37	0.80	9.23	0.26	3.03	0.28	3.23	0.62	7.11	1.16	13.35	1.55	17.87	1.45	16.73	1.01	11.62	8.68

表 3-9　华南区土壤类型耕地质量等级面积与比例

土类	一等地 面积(万hm²)	一等地 比例(%)	二等地 面积(万hm²)	二等地 比例(%)	三等地 面积(万hm²)	三等地 比例(%)	四等地 面积(万hm²)	四等地 比例(%)	五等地 面积(万hm²)	五等地 比例(%)	六等地 面积(万hm²)	六等地 比例(%)	七等地 面积(万hm²)	七等地 比例(%)	八等地 面积(万hm²)	八等地 比例(%)	九等地 面积(万hm²)	九等地 比例(%)	十等地 面积(万hm²)	十等地 比例(%)	合计 (万hm²)
砖红壤	0	0	0	0	0.23	0.40	1.42	2.40	3.47	5.88	16.59	28.13	14.56	24.68	12.56	21.29	6.96	11.81	3.20	5.42	58.99
赤红壤	0.01	0.004	0.50	0.27	3.41	1.81	16.86	8.93	36.19	19.17	38.21	20.24	35.42	18.76	30.99	16.42	13.93	7.38	13.23	7.01	188.76
红壤	0	0	0.13	0.15	0.36	0.43	2.05	2.44	9.78	11.63	14.04	16.70	20.80	24.74	16.94	20.14	8.33	9.91	11.66	13.87	84.08
黄壤	0	0	0	0	0.01	0.03	0.89	3.62	3.01	12.17	3.57	14.46	5.57	22.55	4.90	19.85	2.63	10.63	4.12	16.69	24.71
黄棕壤	0	0	0	0	0	0	0.66	5.30	1.24	9.88	2.11	16.90	2.19	17.53	2.83	22.58	1.83	14.66	1.64	13.14	12.51
棕壤	0	0	0	0	0	0	0	0	0	0	0	0	0.02	8.35	0.10	38.79	0.08	32.77	0.05	20.10	0.25
燥红土	0	0	0.01	0.15	0.02	0.45	0.17	3.62	0.14	2.94	0.57	11.74	0.83	17.16	1.22	25.25	1.54	31.91	0.33	6.77	4.83
新积土	0	0	0	0	0	0	0.13	11.07	0.13	11.30	0.18	15.88	0.14	12.48	0.19	17.10	0.05	4.86	0.31	27.17	1.13
风沙土	0	0	0	0	0	0	0	0	0	0	0.03	0.63	0.42	9.98	0.53	12.79	1.08	25.89	2.11	50.70	4.16
石灰(岩)土	0	0	0.39	1.09	0.20	0.57	1.94	5.44	8.95	25.03	7.18	20.09	11.94	33.40	2.96	8.28	1.29	3.60	0.90	2.51	35.74
火山灰土	0	0	0	0	0	0	0	0	0	0	0	0	0.16	6.80	0.02	0.75	1.29	53.17	0.95	39.27	2.42
紫色土	0	0	0	0	0.01	0.04	0.55	1.98	1.70	6.13	7.57	27.34	8.43	30.44	5.56	20.08	3.07	11.10	0.80	2.89	27.68
磷质石灰土	0	0	0	0	0	0	0	0	0	0	0	0	0.01	23.01	0.02	76.99	0	0	0	0	0.03
粗骨土	0	0	0	0	0	0	0	0	0.02	0.56	0.61	13.85	1.87	42.85	1.22	27.82	0.65	14.92	0	0	4.37
石质土	0	0	0	0	0	0	0	0	0	0	0	0	0	0	0	0	0	0	0.17	100.00	0.17
潮土	0	0	0	0	0.20	1.82	0.78	7.26	1.69	15.71	4.18	38.86	2.00	18.65	1.05	9.80	0.68	6.32	0.17	1.58	10.75
砂姜黑土	0	0	0	0	0	0	0	0	0.72	100.00	0	0	0	0	0	0	0	0	0	0	0.72
滨海盐土	0	0	0	0	0	0	0	0	0	0	0.02	1.66	0.09	8.49	0.09	8.59	0.39	38.24	0.44	43.02	1.02
酸性硫酸盐土	0	0	0	0	0	0	0	0	0	0	0	0	0	0	0	0	0	0	0.02	100.00	0.02
水稻土	56.48	14.58	74.78	19.30	75.34	19.44	66.38	17.13	48.98	12.64	32.06	8.27	17.41	4.49	7.99	2.06	4.34	1.12	3.77	0.97	387.53

育水稻土面积 24.53 万 hm²，占 6.33%；潜育水稻土面积 14.91 万 hm²，占 3.85%；漂洗水稻土、脱潜水稻土、咸酸水稻土、盐渍水稻土面积分别为 5.62 万 hm²、1.08 万 hm²、4.40 万 hm²、8.37 万 hm²，分别占 1.45%、0.28%、1.13% 和 2.16%（表 3-10）。

在华南区水稻土中，一等地的面积为 56.48 万 hm²，占 14.58%；二等地的面积为 74.78 万 hm²，占 19.30%；三等地的面积为 75.34 万 hm²，占 19.44%；四等地的面积为 66.38 万 hm²，占 17.13%；五等地的面积为 48.98 万 hm²，占 12.64%；六等地的面积为 32.06 万 hm²，占 8.27%；七等地的面积为 17.41 万 hm²，占 4.49%；八等地的面积为 7.99 万 hm²，占 2.06%；九等地的面积为 4.34 万 hm²，占 1.12%；十等地的面积为 3.77 万 hm²，占 0.97%。

表 3-10　华南区水稻土面积与比例

土类名称	亚类名称	面积（万 hm²）	比例（%）
水稻土	潴育水稻土	262.58	67.76
	淹育水稻土	24.53	6.33
	渗育水稻土	66.05	17.04
	潜育水稻土	14.91	3.85
	脱潜水稻土	1.08	0.28
	漂洗水稻土	5.62	1.45
	盐渍水稻土	8.37	2.16
	咸酸水稻土	4.40	1.13
合计		387.53	100.00

（二）赤红壤

赤红壤面积 188.76 万 hm²，占华南区耕地面积的 22.21%。其中典型赤红壤面积 164.34 万 hm²，占赤红壤面积的 87.06%；黄色赤红壤面积 22.27 万 hm²，占 11.80%；赤红壤性土面积 2.15 万 hm²，占 1.14%（表 3-11）。

在华南区赤红壤中，一等地的面积为 0.01 万 hm²，占 0.004%；二等地的面积为 0.50 万 hm²，占 0.27%；三等地的面积为 3.41 万 hm²，占 1.81%；四等地的面积为 16.86 万 hm²，占 8.93%；五等地的面积为 36.19 万 hm²，占 19.17%；六等地的面积为 38.21 万 hm²，占 20.24%；七等地的面积为 35.42 万 hm²，占 18.76%；八等地的面积为 30.99 万 hm²，占 16.42%；九等地的面积为 13.93 万 hm²，占 7.38%；十等地的面积为 13.23 万 hm²，占 7.01%。

表 3-11　华南区赤红壤面积与比例

土类名称	亚类名称	面积（万 hm²）	比例（%）
赤红壤	典型赤红壤	164.34	87.06
	黄色赤红壤	22.27	11.80
	赤红壤性土	2.15	1.14
合计		188.76	100.00

（三）红壤

红壤面积 84.08 万 hm²，占华南区耕地面积的 9.89%。其中典型红壤面积 47.36 万 hm²，占红壤面积的 56.32%；黄红壤面积 36.01 万 hm²，占 42.83%；红壤性土面积 0.50 万 hm²，占 0.59%；山原红壤面积 0.21 万 hm²，占 0.25%（表 3-12）。

红壤没有一等地；二等地的面积为 0.13 万 hm²，占红壤面积的 0.15%；三等地的面积为 0.36 万 hm²，占 0.43%；四等地的面积为 2.05 万 hm²，占 2.44%；五等地的面积为 9.78 万 hm²，占 11.63%；六等地的面积为 14.04 万 hm²，占 16.70%；七等地的面积为 20.80 万 hm²，占 24.74%；八等地的面积为 16.94 万 hm²，占 20.14%；九等地的面积为 8.33 万 hm²，占 9.91%；十等地的面积为 11.66 万 hm²，占 13.87%。

表 3-12　华南区红壤面积与比例

土类名称	亚类名称	面积（万 hm²）	比例（%）
红壤	典型红壤	47.36	56.32
	黄红壤	36.01	42.83
	山原红壤	0.21	0.25
	红壤性土	0.50	0.59
合计		84.08	100.00

（四）砖红壤

砖红壤面积 58.99 万 hm²，占华南区耕地面积的 6.94%。其中典型砖红壤面积 53.35 万 hm²，占砖红壤面积的 90.45%；黄色砖红壤面积 5.63 万 hm²，占 9.55%（表 3-13）。

砖红壤没有一等地、二等地；三等地的面积为 0.23 万 hm²，占砖红壤面积的 0.40%；四等地的面积为 1.42 万 hm²，占 2.40%；五等地的面积为 3.47 万 hm²，占 5.88%；六等地的面积为 16.59 万 hm²，占 28.13%；七等地的面积为 14.56 万 hm²，占 24.68%；八等地的面积为 12.56 万 hm²，占 21.29%；九等地的面积为 6.96 万 hm²，占 11.81%；十等地的面积为 3.20 万 hm²，占 5.42%。

表 3-13　华南区砖红壤面积与比例

土类名称	亚类名称	面积（万 hm²）	比例（%）
砖红壤	典型砖红壤	53.35	90.45
	黄色砖红壤	5.63	9.55
合计		58.99	100.00

（五）石灰（岩）土

石灰（岩）土面积 35.74 万 hm²，占华南区耕地面积的 4.21%。其中棕色石灰土面积 22.45 万 hm²，占石灰（岩）土面积的 62.82%；黄色石灰土面积 6.01 万 hm²，占 16.82%；红色石灰土面积 4.66 万 hm²，占 13.04%；黑色石灰土面积 2.62 万 hm²，占 7.32%（表 3-14）。

石灰（岩）土没有一等地；二等地的面积为 0.39 万 hm²，占石灰（岩）土面积的 1.09%；三等地的面积为 0.20 万 hm²，占 0.57%；四等地的面积为 1.94 万 hm²，占 5.44%；五等地的面积为 8.95 万 hm²，占 25.03%；六等地的面积为 7.18 万 hm²，占 20.09%；七等地的面积为 11.94 万 hm²，占 33.40%；八等地的面积为 2.96 万 hm²，占 8.28%；九等地的面积为 1.29 万 hm²，占 3.60%；十等地的面积为 0.90 万 hm²，占 2.51%。

表 3-14　华南区石灰（岩）土面积与比例

土类名称	亚类名称	面积（万 hm²）	比例（%）
石灰（岩）土	红色石灰土	4.66	13.04
	黑色石灰土	2.62	7.32
	棕色石灰土	22.45	62.82
	黄色石灰土	6.01	16.82
合计		35.74	100.00

（六）紫色土

紫色土面积 27.68 万 hm²，占华南区耕地面积的 3.26%。其中酸性紫色土面积 25.07 万 hm²，占紫色土面积的 90.58%；中性紫色土面积 2.51 万 hm²，占 9.06%；石灰性紫色土面积 0.10 万 hm²，占 0.36%（表 3-15）。

紫色土没有一等地、二等地；三等地的面积为 0.01 万 hm²，占紫色土面积的 0.04%；四等地的面积为 0.55 万 hm²，占 1.98%；五等地的面积为 1.70 万 hm²，占 6.13%；六等地的面积为 7.57 万 hm²，占 27.34%；七等地的面积为 8.43 万 hm²，占 30.44%；八等地的面积为 5.56 万 hm²，占 20.08%；九等地的面积为 3.07 万 hm²，占 11.10%；十等地的面积为 0.80 万 hm²，占 2.89%。

表 3-15　华南区紫色土面积与比例

土类名称	亚类名称	面积（万 hm²）	比例（%）
紫色土	酸性紫色土	25.07	90.58
	中性紫色土	2.51	9.06
	石灰性紫色土	0.10	0.36
合计		27.68	100.00

（七）黄壤

黄壤面积 24.71 万 hm²，占华南区耕地面积的 2.91%。其中典型黄壤面积 23.94 万 hm²，占黄壤面积的 96.90%；黄壤性土面积 0.77 万 hm²，占 3.10%（表 3-16）。

黄壤没有一等地、二等地；三等地的面积为 0.01 万 hm²，占黄壤面积的 0.03%；四等地的面积为 0.89 万 hm²，占 3.62%；五等地的面积为 3.01 万 hm²，占 12.17%；六等地的面积为 3.57 万 hm²，占 14.46%；七等地的面积为 5.57 万 hm²，占 22.55%；八等地的面积为 4.90 万 hm²，占 19.85％；九等地的面积为 2.63 万 hm²，占 10.63％；十等地的面积为 4.12 万 hm²，占 16.69％。

表 3-16　华南区黄壤面积与比例

土类名称	亚类名称	面积（万 hm²）	比例（％）
黄壤	典型黄壤	23.94	96.90
	黄壤性土	0.77	3.10
合计		24.71	100.00

第二节　一等地耕地质量等级特征

一、一等地分布特征

（一）区域分布

一等地面积为 56.49 万 hm²，占华南区耕地面积的比例是 6.65％。主要分布在闽南粤中农林水产区，面积为 24.28 万 hm²，占一等地面积的 42.98％；其次是粤西桂南农林区，面积 19.28 万 hm²，占 34.14％；滇南农林区，面积 11.66 万 hm²，占 20.63％；琼雷及南海诸岛农林区一等地最少，面积 1.27 万 hm²，仅占 2.25％（表 3-17）。

表 3-17　华南区一等地面积与比例（按二级农业区划）

二级农业区	面积（万 hm²）	比例（％）
闽南粤中农林水产区	24.28	42.98
粤西桂南农林区	19.28	34.14
滇南农林区	11.66	20.63
琼雷及南海诸岛农林区	1.27	2.25
总计	56.49	100.00

从行政区划看，一等地较多分布在广东评价区，面积为 27.74 万 hm²，占一等地面积的 49.11％；其次是广西评价区，面积为 12.97 万 hm²，占 22.96％；云南评价区一等地面积为 11.66 万 hm²，占 20.63％；福建评价区一等地面积为 4.03 万 hm²，占 7.14％；海南评价区一等地最少，只有 0.09 hm²，仅占 0.15％。

一等地在市域分布上差异较大，福建评价区主要分布在漳州市，面积为 2.70 万 hm²，占该评价区一等地面积的 66.98％，其次是福州市和泉州市，比例分别为 11.40％和 11.32％；广东评价区面积比例超过 10.00％的地市有茂名市、广州市、惠州市，比例分别为 15.11％、11.24％和 10.00％；广西评价区主要分布在南宁市、玉林市、贵港市和百色市，比例分别为 42.41％、21.10％、12.68％和 11.19％；海南评价区主要分布在万宁市，比例为 99.30％；云南评价区主要分布在保山市、红河哈尼族彝族自治州和临沧市，比例分别为 39.21％、19.95％和 18.05％（表 3-18）。

表 3-18 华南区一等地面积与比例（按行政区划）

评价区	市名称	面积（万 hm²）	比例（%）
福建评价区	福州市	0.46	11.40
	莆田市	0.34	8.41
	泉州市	0.46	11.32
	厦门市	0.08	1.89
	漳州市	2.70	66.98
小计		4.03	100.00
广东评价区	潮州市	0.14	0.52
	东莞市	0.61	2.19
	佛山市	2.20	7.92
	广州市	3.12	11.24
	河源市	0.19	0.69
	惠州市	2.77	10.00
	江门市	1.94	7.00
	揭阳市	2.45	8.84
	茂名市	4.19	15.11
	梅州市	0.49	1.76
	清远市	1.52	5.49
	汕头市	1.61	5.81
	汕尾市	0.73	2.65
	深圳市	0.19	0.68
	阳江市	2.10	7.57
	云浮市	0.34	1.24
	湛江市	1.20	4.33
	肇庆市	0.68	2.44
	中山市	0.89	3.21
	珠海市	0.37	1.32
小计		27.74	100.00
广西评价区	百色市	1.45	11.19
	北海市	0.20	1.53
	崇左市	0.91	7.04
	贵港市	1.65	12.68
	南宁市	5.50	42.41
	钦州市	0.10	0.81
	梧州市	0.42	3.24
	玉林市	2.74	21.10
小计		12.97	100.00

（续）

评价区	市名称	面积（万 hm²）	比例（%）
海南评价区	定安县	0.00	0.70
	万宁市	0.09	99.30
小计		0.09	100.00
云南评价区	保山市	4.57	39.21
	德宏傣族景颇族自治州	0.77	6.60
	红河哈尼族彝族自治州	2.33	19.95
	临沧市	2.10	18.05
	普洱市	0.24	2.09
	文山壮族苗族自治州	0.44	3.82
	西双版纳傣族自治州	0.38	3.25
	玉溪市	0.82	7.04
小计		11.66	100.00

（二）土壤类型

从土壤类型上看，华南区一等地的耕地土壤类型分为水稻土和赤红壤 2 个土类，其中水稻土面积 56.48 万 hm²，赤红壤面积 0.01 万 hm²。在水稻土 4 个亚类中，潴育水稻土的面积占比最大，占一等地水稻土面积的比例为 88.71%；其次是淹育水稻土，占 7.85%；其他亚类的比例较小，均在 3.00% 以下（表 3-19）。

表 3-19 各土类、亚类一等地面积与比例

土类	亚类	面积（万 hm²）	比例（%）
赤红壤	典型赤红壤	0.01	100.00
水稻土	潴育水稻土	50.11	88.71
	淹育水稻土	4.43	7.85
	渗育水稻土	1.61	2.85
	潜育水稻土	0.33	0.59
小计		56.48	100.00

二、一等地属性特征

（一）地形部位

华南区一等地分布在 6 种地形部位，其中平原中阶和平原低阶面积较大，分别为 17.94 万 hm² 和 18.15 万 hm²，各占一等地面积的 31.76% 和 32.13%；宽谷盆地面积为 12.55 万 hm²，占 22.21%；山间盆地面积为 6.21 万 hm²，占 10.99%；平原高阶面积为 0.98 万 hm²，占 1.73%；丘陵下部面积较少，仅为 0.66 万 hm²，占 1.17%（表 3-20）。

表 3-20　一等地各地形部位面积与比例

地形部位	面积（万 hm²）	比例（%）
宽谷盆地	12.55	22.21
平原低阶	17.94	31.76
平原高阶	0.98	1.73
平原中阶	18.15	32.13
丘陵下部	0.66	1.17
山间盆地	6.21	10.99
总计	56.49	100.00

（二）质地构型和耕层质地

华南区一等地的质地构型分为海绵型、上松下紧型 2 种类型，其中上松下紧型面积为 53.64 万 hm²，占一等地面积的 94.95%；海绵型面积为 2.85 万 hm²，占 5.05%。耕层质地分为黏土、轻壤、砂壤、中壤、重壤 5 种类型，其中中壤和轻壤面积较大，分别为 28.87 万 hm² 和 20.76 万 hm²，分别占 51.11% 和 36.75%；其次是砂壤和重壤，面积分别为 3.19 万 hm² 和 3.28 万 hm²，分别占 5.64% 和 5.81%；黏土面积最少，仅占 0.69%（表 3-21）。

表 3-21　一等地质地构型和耕层质地的面积与比例

项目		面积（万 hm²）	比例（%）
质地构型	海绵型	2.85	5.05
	上松下紧型	53.64	94.95
总计		56.49	100.00
耕层质地	黏土	0.39	0.69
	轻壤	20.76	36.75
	砂壤	3.19	5.64
	中壤	28.87	51.11
	重壤	3.28	5.81
总计		56.49	100.00

（三）灌溉能力和排水能力

华南区一等地的灌溉能力分为充分满足、基本满足、满足 3 种类型，其中充分满足面积为 56.41 万 hm²，占一等地面积的 99.85%；满足和基本满足面积分别为 0.08 万 hm² 和 0.01 万 hm²，分别占 0.13% 和 0.01%。排水能力分为充分满足、满足 2 种类型，其中充分满足面积为 53.32 万 hm²，占一等地面积的 94.39%；满足面积为 3.17 万 hm²，占 5.61%（表 3-22）。

表 3-22　一等地各灌溉能力和排水能力面积与比例

项目		面积（万 hm²）	比例（%）
灌溉能力	充分满足	56.41	99.85
	满足	0.08	0.13
	基本满足	0.01	0.01
总计		56.49	100.00
排水能力	充分满足	53.32	94.39
	满足	3.17	5.61
总计		56.49	100.00

（四）有效土层厚度

华南区一等地的有效土层厚度的平均值为 99.61cm，最大值为 100.00cm，最小值为 63.00cm，标准差为 3.63（表 3-23）。

表 3-23　一等地有效土层厚度

项目	平均值（cm）	最大值（cm）	最小值（cm）	标准差
有效土层厚度	99.61	100.00	63.00	3.63

（五）障碍因素

华南区一等地无障碍层次面积为 56.16 万 hm²，占一等地面积的 99.41%。小部分耕地障碍因素为潜育化，面积为 0.33 万 hm²，占 0.59%（表 3-24）。

表 3-24　一等地障碍因素的面积与比例

障碍因素	面积（万 hm²）	比例（%）
无障碍层次	56.16	99.41
潜育化	0.33	0.59
总计	56.49	100.00

（六）土壤容重

华南区一等地的土壤容重分为 6 个等级，其中 1.3～1.4g/cm³ 面积为 43.59 万 hm²，占一等地面积的 77.16%；1.2～1.3g/cm³ 面积为 11.91 万 hm²，占 21.08%；1.0～1.1g/cm³、1.1～1.2g/cm³ 和 1.5～1.6g/cm³ 面积分别为 0.41 万 hm²、0.36 万 hm² 和 0.21 万 hm²，分别占 0.73%、0.64% 和 0.38%；1.6～1.7g/cm³ 面积最少，仅占 0.02%（表 3-25）。

表 3-25　一等地土壤容重的面积与比例

土壤容重（g/cm³）	面积（万 hm²）	比例（%）
1.0～1.1	0.41	0.73
1.1～1.2	0.36	0.64
1.2～1.3	11.91	21.08
1.3～1.4	43.59	77.16

（续）

土壤容重（g/cm³）	面积（万 hm²）	比例（%）
1.5～1.6	0.21	0.38
1.6～1.7	0.01	0.02
总计	56.49	100.00

（七）农田林网化程度、生物多样性和清洁程度

在华南区，农田林网化除体现在防风林外，还与农田基础设施高度相关。华南区一等地的农田林网化程度分高、中、低为3个等级，其中高（农田基础设施完善）的面积为54.85万 hm²，占一等地面积的97.09%；中（农田基础设施条件一般）的面积为1.54万 hm²，占2.73%；低（没有防风林，农田基础设施条件较差）的面积为0.10万 hm²，占0.18%。生物多样性分为不丰富、丰富、一般3个等级，其中丰富的面积为36.78万 hm²，占一等地面积的65.10%；一般的面积为19.71万 hm²，占34.88%；不丰富的面积为0.01万 hm²，占0.02%。一等地的清洁程度均为清洁（表3-26）。

表 3-26　一等地农田林网化程度和生物多样性的面积与比例

项目		面积（万 hm²）	比例（%）
农田林网化程度	高	54.85	97.09
	中	1.54	2.73
	低	0.10	0.18
总计		56.49	100.00
生物多样性	丰富	36.78	65.10
	一般	19.71	34.88
	不丰富	0.01	0.02
总计		56.49	100.00

（八）酸碱度与土壤养分含量

表3-27列出了一等地土壤酸碱度及土壤有机质、有效磷、速效钾含量的平均值。土壤酸碱度平均值为5.69，土壤有机质平均含量为25.64g/kg，有效磷为40.57mg/kg，速效钾为109.03mg/kg。

综合来看，滇南农林区一等地的有机质、速效钾含量较高；闽南粤中农林水产区土壤有效磷、速效钾含量较高，有机质含量适中；粤西桂南农林区土壤养分含量尚可；琼雷及南海诸岛农林区土壤养分含量偏低（表3-27）。

表 3-27　一等地土壤酸碱度与土壤养分含量平均值

主要养分指标	闽南粤中农林水产区	粤西桂南农林区	滇南农林区	琼雷及南海诸岛农林区	平均值
酸碱度	5.62	5.65	6.08	5.20	5.69
有机质（g/kg）	23.71	27.14	32.19	23.89	25.64
有效磷（mg/kg）	44.12	39.77	27.33	39.05	40.57
速效钾（mg/kg）	107.90	73.63	150.21	72.69	109.03

三、一等地产量水平

在耕作利用方式上，一等地主要以种植水稻、蔬菜为主。依据2 086个调查点数据统计，其中主栽作物为水稻的调查点1 373个，占一等地调查点的比例为65.82%，年平均产量为15 767kg/hm²；蔬菜281个，占比13.47%，年平均产量为25 568kg/hm²（表3-28）。

表3-28　一等地主栽作物调查点及产量

主栽作物	调查点（个）	比例（%）	年平均产量（kg/hm²）
水稻	1 373	65.82	15 767
蔬菜	281	13.47	25 568

第三节　二等地耕地质量等级特征

一、二等地分布特征

（一）区域分布

二等地面积为75.81万 hm²，占华南区耕地面积的比例是8.92%。主要分布在粤西桂南农林区，面积为29.08万 hm²，占二等地面积的38.36%；其次是滇南农林区，面积21.89万 hm²，占28.88%；闽南粤中农林水产区，面积17.59万 hm²，占23.20%；琼雷及南海诸岛农林区面积7.24万 hm²，占9.55%（表3-29）。

表3-29　华南区二等地面积与比例（按二级农业区划）

二级农业区	面积（万 hm²）	比例（%）
闽南粤中农林水产区	17.59	23.20
粤西桂南农林区	29.08	38.36
滇南农林区	21.89	28.88
琼雷及南海诸岛农林区	7.24	9.55
总计	75.81	100.00

从行政区划看，二等地分布较多的是广西评价区、云南评价区和广东评价区，都达到了20万 hm²，面积分别为24.35万 hm²、21.89万 hm²和21.75万 hm²，分别占二等地面积的32.12%、28.88%和28.69%；福建评价区、海南评价区二等地较少，面积为4.07万 hm²和3.74万 hm²，分别占7.14%和4.93%。

二等地在市域分布上差异较大，福建评价区主要分布在漳州市和泉州市，占该评价区二等地面积的比例分别为65.47%和18.75%；广东评价区主要分布在江门市、清远市和湛江市，比例分别为10.98%、10.01%和21.82%；广西评价区主要分布在贵港市、南宁市和玉林市，比例分别为21.80%、24.28%和18.59%；海南评价区主要分布在澄迈县、海口市、琼海市和万宁市，比例分别为18.51%、22.64%、14.71%和19.88%；云南评价区主要分布在德宏傣族景颇族自治州、红河哈尼族彝族自治州、文山壮族苗族自治州和西双版纳傣族自治州，比例分别为16.03%、21.96%、15.59%和16.21%（表3-30）。

表 3-30 华南区二等地面积与比例（按行政区划）

评价区	市名称	面积（万 hm²）	比例（%）
福建评价区	福州市	0.17	4.25
	莆田市	0.40	9.89
	泉州市	0.76	18.75
	厦门市	0.07	1.63
	漳州市	2.67	65.47
小计		4.07	100.00
广东评价区	潮州市	0.81	3.72
	东莞市	0.04	0.19
	佛山市	0.14	0.65
	广州市	0.48	2.19
	河源市	0.10	0.48
	惠州市	2.02	9.28
	江门市	2.39	10.98
	揭阳市	1.26	5.78
	茂名市	2.10	9.64
	梅州市	0.27	1.24
	清远市	2.18	10.01
	汕头市	0.36	1.64
	汕尾市	1.82	8.38
	韶关市	0.03	0.14
	深圳市	0.07	0.32
	阳江市	1.39	6.38
	云浮市	0.72	3.29
	湛江市	4.75	21.82
	肇庆市	0.74	3.42
	中山市	0.02	0.09
	珠海市	0.08	0.36
小计		21.75	100.00
广西评价区	百色市	2.29	9.42
	北海市	1.25	5.15
	崇左市	2.18	8.94
	防城港市	0.01	0.05
	贵港市	5.31	21.80
	南宁市	5.91	24.28
	钦州市	1.77	7.27
	梧州市	1.10	4.51
	玉林市	4.53	18.59
小计		24.35	100.00

（续）

评价区	市名称	面积（万 hm²）	比例（%）
海南评价区	昌江黎族自治县	0.00	0.01
	澄迈县	0.69	18.51
	儋州市	0.02	0.52
	定安县	0.37	10.00
	东方市	0.05	1.41
	海口市	0.85	22.64
	乐东黎族自治县	0.12	3.24
	陵水黎族自治县	0.31	8.22
	琼海市	0.55	14.71
	万宁市	0.74	19.88
	文昌市	0.03	0.86
小计		3.74	100.00
云南评价区	保山市	1.38	6.31
	德宏傣族景颇族自治州	3.51	16.03
	红河哈尼族彝族自治州	4.81	21.96
	临沧市	2.73	12.45
	普洱市	1.78	8.13
	文山壮族苗族自治州	3.41	15.59
	西双版纳傣族自治州	3.55	16.21
	玉溪市	0.73	3.32
小计		21.89	100.00

（二）土壤类型

从土壤类型看，华南区二等地的耕地土壤类型分为赤红壤、红壤、石灰（岩）土、燥红土和水稻土 5 大土类 12 个亚类。其中水稻土面积 74.78 万 hm²，其他土类面积均在 1.00 万 hm² 以下。在水稻土 7 个亚类中，潴育水稻土的面积占比最大，占二等地水稻土面积的 86.59%；其次是淹育水稻土和渗育水稻土，分别占 7.29% 和 5.25%；其他亚类的比例均在 1.00% 以下（表 3-31）。

表 3-31　各土类、亚类二等地面积与比例

土类	亚类	面积（万 hm²）	比例（%）
赤红壤	典型赤红壤	0.50	100.00
红壤	典型红壤	0.11	83.84
	黄红壤	0.02	16.16
小计		0.13	100.00
燥红土	褐红土	0.01	100.00
石灰（岩）土	棕色石灰土	0.39	100.00

（续）

土类	亚类	面积（万 hm²）	比例（%）
水稻土	潴育水稻土	64.75	86.59
	淹育水稻土	5.45	7.29
	渗育水稻土	3.93	5.25
	潜育水稻土	0.08	0.10
	漂洗水稻土	0.03	0.04
	盐渍水稻土	0.36	0.49
	咸酸水稻土	0.18	0.24
小计		74.78	100.00

二、二等地属性特征

（一）地形部位

华南区二等地的地形部位分为 6 种类型，其中平原中阶、宽谷盆地面积较大，分别为 22.72 万 hm² 和 20.03 万 hm²，分别占二等地面积的 29.98% 和 26.43%；其次是平原低阶和山间盆地，面积分别为 16.40 万 hm² 和 14.54 万 hm²，分别占 21.63% 和 19.18%；平原高阶面积为 0.97 万 hm²，占 1.28%；丘陵下部面积为 1.14 万 hm²，占 1.50%（表 3-32）。

表 3-32　二等地各地形部位面积与比例

地形部位	面积（万 hm²）	比例（%）
宽谷盆地	20.03	26.43
平原低阶	16.40	21.63
平原高阶	0.97	1.28
平原中阶	22.72	29.98
丘陵下部	1.14	1.50
山间盆地	14.54	19.18
总计	75.81	100.00

（二）质地构型和耕层质地

华南区二等地的质地构型分为海绵型、上松下紧型 2 种类型，其中上松下紧型面积为 67.11 万 hm²，占二等地面积的 88.53%；海绵型面积为 8.70 万 hm²，占 11.47%。耕层质地分为黏土、轻壤、砂壤、中壤、重壤 5 种类型，其中中壤面积为 45.27 万 hm²，占 59.72%；轻壤面积为 15.36 万 hm²，占 20.26%；砂壤面积为 9.12 万 hm²，占 12.02%；重壤面积为 5.67 万 hm²，占 7.47%；黏土面积最少，为 0.39 万 hm²，占 0.52%（表 3-33）。

表 3-33　二等地质地构型和耕层质地的面积与比例

项目		面积（万 hm²）	比例（%）
质地构型	海绵型	8.70	11.47
	上松下紧型	67.11	88.53
总计		75.81	100.00

（续）

项目		面积（万 hm²）	比例（%）
耕层质地	黏土	0.39	0.52
	轻壤	15.36	20.26
	砂壤	9.12	12.02
	中壤	45.27	59.72
	重壤	5.67	7.47
总计		75.81	100.00

（三）灌溉能力和排水能力

华南区二等地的灌溉能力分为 3 种类型，其中充分满足面积为 73.19 万 hm²，占二等地面积的 96.55%；满足面积为 1.64 万 hm²，占 2.17%；基本满足面积为 0.98 万 hm²，占 1.29%。排水能力分为 2 种类型，其中充分满足面积为 64.74 万 hm²，占二等地面积的 85.40%；满足面积为 11.07 万 hm²，占 14.60%（表 3-34）。

表 3-34　二等地灌溉能力和排水能力的面积与比例

项目		面积（万 hm²）	比例（%）
灌溉能力	充分满足	73.19	96.55
	满足	1.64	2.17
	基本满足	0.98	1.29
总计		75.81	100.00
排水能力	充分满足	64.74	85.40
	满足	11.07	14.60
总计		75.81	100.00

（四）有效土层厚度

华南区二等地有效土层厚度的平均值为 99.69cm，最大值为 100.00cm，最小值为 63.00cm，标准差为 3.15（表 3-35）。

表 3-35　二等地有效土层厚度

项目	平均值（cm）	最大值（cm）	最小值（cm）	标准差
有效土层厚度	99.69	100.00	63.00	3.15

（五）障碍因素

华南区二等地无障碍层次面积为 75.37 万 hm²，占二等地面积的 99.42%。障碍因素分为 2 种类型：潜育化和盐渍化，面积分别为 0.08 万 hm² 和 0.36 万 hm²，分别占 0.10% 和 0.47%（表 3-36）。

表 3-36 二等地障碍因素的面积与比例

障碍因素	面积（万 hm²）	比例（%）
无障碍层次	75.37	99.42
潜育化	0.08	0.10
盐渍化	0.36	0.47
总计	75.81	100.00

（六）土壤容重

华南区二等地土壤容重 1.3～1.4g/cm³ 的面积最多，为 52.99 万 hm²，占二等地面积的 69.90%；其次是 1.2～1.3g/cm³，面积为 18.86 万 hm²，占 24.87%；1.5～1.6g/cm³ 面积为 1.58 万 hm²，占 2.08%；1.1～1.2g/cm³ 面积为 1.37 万 hm²，占 1.81%；1.0～1.1 g/cm³ 面积为 1.01 万 hm²，占 1.33%；1.4～1.5g/cm³ 面积最少，为 0.01 万 hm²，仅占 0.01%（表 3-37）。

表 3-37 二等地土壤容重的面积与比例

土壤容重（g/cm³）	面积（万 hm²）	比例（%）
1.0～1.1	1.01	1.33
1.1～1.2	1.37	1.81
1.2～1.3	18.86	24.87
1.3～1.4	52.99	69.90
1.4～1.5	0.01	0.01
1.5～1.6	1.58	2.08
总计	75.81	100.00

（七）农田林网化程度、生物多样性和清洁程度

华南区二等地农田林网化程度高的面积为 73.70 万 hm²，占二等地面积的 97.22%；中的面积为 1.97 万 hm²，占 2.60%；低的面积为 0.14 万 hm²，占 0.18%。生物多样性分丰富、一般、不丰富 3 个等级，其中丰富的面积为 48.06 万 hm²，占二等地面积的 63.40%；一般的面积为 27.31 万 hm²，占 36.02%；不丰富的面积为 0.44 万 hm²，占 0.58%。清洁程度均为清洁（表 3-38）。

表 3-38 二等地农田林网化程度和生物多样性的面积与比例

项目		面积（万 hm²）	比例（%）
农田林网化程度	高	73.70	97.22
	中	1.97	2.60
	低	0.14	0.18
总计		75.81	100.00

（续）

项目		面积（万 hm²）	比例（％）
生物多样性	丰富	48.06	63.40
	一般	27.31	36.02
	不丰富	0.44	0.58
总计		75.81	100.00

（八）酸碱度与土壤养分含量

表 3-39 列出了二等地土壤酸碱度及土壤有机质、有效磷、速效钾含量的平均值。土壤酸碱度平均值为 5.54，土壤有机质平均含量为 25.23g/kg、有效磷 27.34mg/kg、速效钾 79.48mg/kg。

综合来看，滇南农林区二等地的土壤养分含量较高，但其有效磷含量偏低；闽南粤中农林水产区和粤西桂南农林区土壤养分含量一般；琼雷及南海诸岛农林区的土壤养分含量较低。

表 3-39　二等地土壤酸碱度与土壤养分含量平均值

主要养分指标	闽南粤中农林水产区	粤西桂南农林区	滇南农林区	琼雷及南海诸岛农林区	平均值
酸碱度	5.50	5.55	5.84	5.31	5.54
有机质（g/kg）	22.61	27.01	29.87	23.67	25.23
有效磷（mg/kg）	33.90	29.90	21.48	21.09	27.34
速效钾（mg/kg）	79.18	68.43	118.61	52.70	79.48

三、二等地产量水平

在耕作利用方式上，二等地主要以种植水稻、蔬菜和甘蔗为主。依据 2 304 个调查点数据统计，其中主栽作物为水稻的调查点 1 676 个，占二等地调查点的 72.74％，年平均产量为 15 259kg/hm²；蔬菜 126 个，占比 5.47％，年平均产量为 24 676kg/hm²；甘蔗 91 个，占比 3.95％，年平均产量为 92 223kg/hm²（表 3-40）。

表 3-40　二等地主栽作物调查点及产量

主栽作物	调查点（个）	比例（％）	年平均产量（kg/hm²）
水稻	1 676	72.74	15 259
蔬菜	126	5.47	24 676
甘蔗	91	3.95	92 223

第四节　三等地耕地质量等级特征

一、三等地分布特征

（一）区域分布

三等地面积为 79.79 万 hm²，占华南区耕地面积的比例是 9.39％。主要分布在粤西桂南农林区和滇南农林区，面积分别为 28.11 万 hm² 和 25.46 万 hm²，占三等地面积的比例分别为 35.23% 和 31.91%；其次是闽南粤中农林水产区，面积 15.40 万 hm²，占 19.31%；琼雷及南海诸岛农林区面积 10.81 万 hm²，占 13.55%（表 3-41）。

表 3-41　华南区三等地面积与比例（按二级农业区划）

二级农业区	面积（万 hm²）	比例（%）
闽南粤中农林水产区	15.40	19.31
粤西桂南农林区	28.11	35.23
滇南农林区	25.46	31.91
琼雷及南海诸岛农林区	10.81	13.55
总计	79.79	100.00

从行政区域看，三等地分布最多的是云南评价区，面积为 25.46 万 hm²，占三等地面积的 31.91%；其次是广东评价区和广西评价区，面积分别为 21.81 万 hm² 和 20.83 万 hm²，占三等地面积的比例分别为 27.34% 和 26.11%；海南评价区和福建评价区三等地都较少，面积分别为 9.01 万 hm² 和 2.67 万 hm²，占比 11.29% 和 3.35%。

三等地在市域分布上差异较大，福建评价区主要分布在漳州市、泉州市和福州市，占该评价区三等地面积的比例分别为 30.58%、27.18% 和 20.66%，厦门市的占比仅为 2.33%；广东评价区主要分布在江门市、茂名市、阳江市和湛江市，比例分别为 10.35%、10.97%、13.56% 和 17.12%；广西评价区主要分布在贵港市、南宁市和玉林市，比例分别为 19.89%、19.16% 和 18.58%；海南评价区主要分布在安定县、海口市和文昌市，比例分别为 12.00%、11.67% 和 21.07%；云南评价区主要分布在红河哈尼族彝族自治州、临沧市和普洱市，比例分别为 24.84%、16.40% 和 21.05%（表 3-42）。

表 3-42　华南区三等地面积与比例（按行政区划）

评价区	市名称	面积（万 hm²）	比例（%）
福建评价区	福州市	0.55	20.66
	莆田市	0.51	19.26
	泉州市	0.73	27.18
	厦门市	0.06	2.33
	漳州市	0.82	30.58
小计		2.67	100.00
广东评价区	潮州市	0.60	2.76
	东莞市	0.17	0.78
	佛山市	0.16	0.73
	广州市	0.72	3.29
	河源市	0.21	0.97
	惠州市	1.63	7.47
	江门市	2.26	10.35

（续）

评价区	市名称	面积（万 hm²）	比例（%）
广东评价区	揭阳市	0.91	4.18
	茂名市	2.39	10.97
	梅州市	0.47	2.16
	清远市	1.53	7.03
	汕头市	0.42	1.92
	汕尾市	2.00	9.16
	深圳市	0.05	0.21
	阳江市	2.96	13.56
	云浮市	0.78	3.59
	湛江市	3.73	17.12
	肇庆市	0.38	1.74
	中山市	0.03	0.14
	珠海市	0.41	1.88
小计		21.81	100.00
广西评价区	百色市	1.98	9.49
	北海市	0.95	4.55
	崇左市	1.73	8.29
	防城港市	0.36	1.75
	贵港市	4.14	19.89
	南宁市	3.99	19.16
	钦州市	1.92	9.22
	梧州市	1.89	9.06
	玉林市	3.87	18.58
小计		20.83	100.00
海南评价区	白沙黎族自治县	0.10	1.11
	昌江黎族自治县	0.49	5.48
	澄迈县	0.34	3.80
	儋州市	0.83	9.20
	定安县	1.08	12.00
	东方市	0.12	1.35
	海口市	1.05	11.67
	乐东黎族自治县	0.71	7.85
	临高县	0.42	4.65
	陵水黎族自治县	0.48	5.29
	琼海市	0.74	8.20
	三亚市	0.13	1.44

（续）

评价区	市名称	面积（万 hm²）	比例（%）
海南评价区	屯昌县	0.10	1.07
	万宁市	0.53	5.83
	文昌市	1.90	21.07
小计		9.01	100.00
云南评价区	保山市	1.06	4.18
	德宏傣族景颇族自治州	3.43	13.46
	红河哈尼族彝族自治州	6.32	24.84
	临沧市	4.18	16.40
	普洱市	5.36	21.05
	文山壮族苗族自治州	1.91	7.50
	西双版纳傣族自治州	2.40	9.43
	玉溪市	0.80	3.15
小计		25.46	100.00

（二）土壤类型

从土壤类型看，华南区三等地的耕地土壤类型分为潮土、赤红壤、红壤、黄壤、石灰（岩）土、水稻土、新积土、燥红土、砖红壤和紫色土 10 大土类和 25 个亚类。

在三等地上分布的 10 大土类中，水稻土面积最大，为 75.34 万 hm²，占三等地面积的 94.43%；其次是赤红壤，占 4.27%。在水稻土的 8 个亚类中，潴育水稻土的面积占比最大，占三等地水稻土面积的 74.50%；其次是淹育水稻土和渗育水稻土，分别占 5.50% 和 16.04%。在赤红壤的两个亚类中，典型赤红壤的面积较大，占三等地赤红壤面积的 97.71%，黄色赤红壤仅占 2.29%（表 3-43）。

表 3-43 各土类、亚类三等地面积与比例

土类	亚类	面积（万 hm²）	比例（%）
砖红壤	典型砖红壤	0.21	91.86
	黄色砖红壤	0.02	8.14
小计		0.23	100.00
赤红壤	典型赤红壤	3.33	97.71
	黄色赤红壤	0.08	2.29
小计		3.41	100.00
红壤	典型红壤	0.35	98.22
	黄红壤	0.01	1.78
小计		0.36	100.00
黄壤	典型黄壤	0.01	100.00
燥红土	典型燥红土	0.01	64.54
	褐红土	0.01	35.46
小计		0.02	100.00

（续）

土类	亚类	面积（万 hm^2）	比例（%）
新积土	冲积土	0.002	100.00
石灰（岩）土	红色石灰土	0.01	2.75
	黑色石灰土	0.11	55.11
	棕色石灰土	0.05	22.24
	黄色石灰土	0.04	19.89
小计		0.20	100.00
紫色土	酸性紫色土	0.01	100.00
潮土	灰潮土	0.19	99.54
	湿潮土	0.00	0.46
小计		0.20	100.00
水稻土	潴育水稻土	56.13	74.50
	淹育水稻土	4.15	5.50
	渗育水稻土	12.09	16.04
	潜育水稻土	0.99	1.31
	脱潜水稻土	0.01	0.01
	漂洗水稻土	0.16	0.21
	盐渍水稻土	1.17	1.55
	咸酸水稻土	0.65	0.86
小计		75.34	100.00

二、三等地属性特征

（一）地形部位

华南区三等地的地形部位分为 7 种类型，其中山间盆地面积最大，为 23.90 万 hm^2，占三等地面积的 29.95%；其次是平原低阶和宽谷盆地，面积分别为 19.10 万 hm^2 和 19.01 万 hm^2，分别占 23.93% 和 23.83%；平原中阶面积 12.59 万 hm^2，占 15.78%；丘陵下部面积为 2.86 万 hm^2，占 3.58%；平原高阶面积为 1.00 万 hm^2，占 1.25%；丘陵中部面积很少，为 1.34 万 hm^2，占 1.68%（表 3-44）。

表 3-44　三等地各地形部位面积与比例

地形部位	面积（万 hm^2）	比例（%）
宽谷盆地	19.01	23.83
平原低阶	19.10	23.93
平原中阶	12.59	15.78
平原高阶	1.00	1.25
丘陵下部	2.86	3.58
丘陵中部	1.34	1.68
山间盆地	23.90	29.95
总计	79.79	100.00

（二）质地构型和耕层质地

华南区三等地的质地构型分为海绵型、紧实型、上紧下松型、上松下紧型 4 种类型，其中上松下紧型面积为 65.77 万 hm²，占三等地面积的 82.44%；海绵型面积为 8.99 万 hm²，占 11.27%；上紧下松型面积为 2.52 万 hm²，占 3.16%；紧实型面积为 2.50 万 hm²，占 3.13%。耕层质地分为 6 种类型，其中，中壤所占的面积最大，为 47.92 万 hm²，占 60.06%；轻壤和砂壤次之，面积分别为 13.44 万 hm² 和 12.68 万 hm²，分别占 16.84% 和 15.90%；重壤、黏土和砂土较少，面积分别为 5.30 万 hm²、0.45 万 hm² 和 0.000 3 万 hm²，分别占 6.64%、0.57% 和 0.000 4%（表 3-45）。

表 3-45　三等地各质地构型和耕层质地面积与比例

项目		面积（万 hm²）	比例（%）
质地构型	海绵型	8.99	11.27
	紧实型	2.50	3.13
	上紧下松型	2.52	3.16
	上松下紧型	65.77	82.44
总计		79.79	100.00
耕层质地	黏土	0.45	0.57
	轻壤	13.44	16.84
	砂壤	12.68	15.90
	砂土	0.000 3	0.000 4
	中壤	47.92	60.06
	重壤	5.30	6.64
总计		79.79	100.00

（三）灌溉能力和排水能力

华南区三等地灌溉能力充分满足的面积为 70.63 万 hm²，占三等地面积的 88.52%；满足面积为 5.25 万 hm²，占 6.58%；基本满足面积为 3.91 万 hm²，占 4.90%。排水能力充分满足面积为 68.36 万 hm²，占 85.68%；满足面积为 11.22 万 hm²，占 14.06%；基本满足面积为 0.21 万 hm²，占 0.26%（表 3-46）。

表 3-46　三等地各灌溉能力和排水能力面积与比例

项目		面积（万 hm²）	比例（%）
灌溉能力	充分满足	70.63	88.52
	满足	5.25	6.58
	基本满足	3.91	4.90
总计		79.79	100.00
排水能力	充分满足	68.36	85.68
	满足	11.22	14.06
	基本满足	0.21	0.26
总计		79.79	100.00

（四）有效土层厚度

华南区三等地有效土层厚度的平均值为 99.11cm，最大值为 100.00cm，最小值为 30.00cm，标准差为 4.72（表 3-47）。

表 3-47　三等地有效土层厚度

项目	平均值（cm）	最大值（cm）	最小值（cm）	标准差
有效土层厚度	99.11	100.00	30.00	4.72

（五）障碍因素

华南区三等地无障碍层次占的面积最多，为 77.58 万 hm^2，占三等地面积的 97.24%；部分耕地存在潜育化、酸化、盐渍化、障碍层次等，其中盐渍化和潜育化面积分别为 1.17 万 hm^2 和 0.99 万 hm^2，分别占 1.47% 和 1.25%；酸化和障碍层次较少，面积分别为 0.03 万 hm^2 和 0.01 万 hm^2，分别占 0.04% 和 0.01%（表 3-48）。

表 3-48　三等地障碍因素的面积与比例

障碍因素	面积（万 hm^2）	比例（%）
无障碍层次	77.58	97.24
潜育化	0.99	1.25
酸化	0.03	0.04
盐渍化	1.17	1.47
障碍层次	0.01	0.01
总计	79.79	100.00

（六）土壤容重

华南区三等地土壤容重 1.3～1.4g/cm^3 的面积为 51.00 万 hm^2，占三等地面积的 63.93%；1.2～1.3g/cm^3 面积为 16.88 万 hm^2，占 21.16%；1.1～1.2g/cm^3 面积为 7.83 万 hm^2，占 9.81%；1.0～1.1g/cm^3 面积为 2.43 万 hm^2，占 3.04%；1.5～1.6g/cm^3 面积为 1.38 万 hm^2，占 1.73%；1.6～1.7g/cm^3 面积 0.14 万 hm^2，占 0.17%；1.4～1.5g/cm^3 面积为 0.13 万 hm^2，占 0.16%（表 3-49）。

表 3-49　三等地土壤容重的面积与比例

土壤容重（g/cm^3）	面积（万 hm^2）	比例（%）
1.0～1.1	2.43	3.04
1.1～1.2	7.83	9.81
1.2～1.3	16.88	21.16
1.3～1.4	51.00	63.93
1.4～1.5	0.13	0.16
1.5～1.6	1.38	1.73
1.6～1.7	0.14	0.17
总计	79.79	100.00

（七）农田林网化程度、生物多样性和清洁程度

华南区三等地农田林网化程度高的面积为 74.59 万 hm²，占三等地面积的 97.22%；中的面积为 4.12 万 hm²，占 2.60%；低的面积为 1.07 万 hm²，占 0.18%。生物多样性丰富的面积为 41.86 万 hm²，占三等地面积的 52.47%；一般的面积为 37.10 万 hm²，占 46.50%；不丰富的面积为 0.82 万 hm²，占 1.03%。三等地的清洁程度均为清洁（表 3-50）。

表 3-50　三等地农田林网化程度和生物多样性的面积与比例

项目		面积（万 hm²）	比例（%）
农田林网化程度	高	74.59	97.22
	中	4.12	2.60
	低	1.07	0.18
总计		79.79	100.00
生物多样性	丰富	41.86	52.47
	一般	37.10	46.50
	不丰富	0.82	1.03
总计		79.79	100.00

（八）酸碱度与土壤养分含量

表 3-51 列出了三等地土壤酸碱度及土壤有机质、有效磷、速效钾含量的平均值。土壤酸碱度平均值为 5.41，土壤有机质平均含量为 23.04g/kg、有效磷 22.31mg/kg、速效钾 69.25mg/kg。

综合来看，滇南农林区和闽南粤中农林水产区三等地的土壤养分含量较高；粤西桂南农林区的土壤养分含量居中；琼雷及南海诸岛农林区的土壤养分含量较低。

表 3-51　三等地土壤酸碱度与土壤养分含量平均值

主要养分指标	闽南粤中农林水产区	粤西桂南农林区	滇南农林区	琼雷及南海诸岛农林区	平均值
酸碱度	5.68	5.35	5.57	5.25	5.41
有机质（g/kg）	21.67	25.69	28.52	21.05	23.04
有效磷（mg/kg）	32.31	26.87	19.79	17.38	22.31
速效钾（mg/kg）	100.47	63.16	108.95	43.28	69.25

三、三等地产量水平

在耕作利用方式上，三等地主要以种植水稻、蔬菜和甘蔗为主。依据 2 627 个调查点数据统计，其中主栽作物为水稻的调查点 1 945 个，占三等地调查点的比例为 74.04%，年平均产量为 14 448kg/hm²；蔬菜 94 个，占比 3.58%，年平均产量为 21 677kg/hm²；甘蔗 72 个，占比 2.74%，年平均产量为 86 079kg/hm²（表 3-52）。

表 3-52　三等地主栽作物调查点及产量

主栽作物	调查点（个）	比例（%）	年平均产量（kg/hm²）
水稻	1 945	74.04	14 448
蔬菜	94	3.58	21 677
甘蔗	72	2.74	86 079

第五节　四等地耕地质量等级特征

一、四等地分布特征

（一）区域分布

四等地面积为 91.85 万 hm²，占华南区耕地面积的比例是 10.81%。主要分布在粤西桂南农林区，面积为 46.35 万 hm²，占四等地面积的 50.47%；其次是闽南粤中农林水产区，面积为 21.96 万 hm²，占 23.91%；滇南农林区、琼雷及南海诸岛农林区四等地较少，面积分别为 11.85 万 hm² 和 11.68 万 hm²，占比分别为 12.90% 和 12.72%（表 3-53）。

表 3-53　华南区四等地面积与比例（按二级农业区划）

二级农业区	面积（万 hm²）	比例（%）
闽南粤中农林水产区	21.96	23.91
粤西桂南农林区	46.35	50.47
滇南农林区	11.85	12.90
琼雷及南海诸岛农林区	11.68	12.72
总计	91.85	100.00

从行政区划看，四等地分布较多的是广西评价区，面积达到了 40 万 hm² 以上，为 40.26 万 hm²，占四等地面积的 43.83%；广东评价区四等地面积也达到了 20 万 hm² 以上，为 25.23 万 hm²，占比 27.47%；云南评价区和海南评价区次之，面积分别为 11.85 万 hm² 和 10.57 万 hm²，分别占 12.90% 和 11.51%；福建评价区四等地最少，面积为 3.94 万 hm²，占 4.29%。

四等地在市域分布上差异较大，福建评价区主要分布在漳州市、泉州市和福州市，占该评价区四等地面积的比例分别为 35.45%、27.76% 和 24.09%；广东评价区主要分布在江门市、茂名市、清远市和湛江市，比例分别为 11.84%、11.21%、10.49% 和 12.20%；广西评价区主要分布在崇左市、贵港市和南宁市，比例分别为 15.34%、13.53% 和 27.15%；海南评价区主要分布在儋州市、临高县和文昌市，比例分别为 19.38%、10.17% 和 13.03%；云南评价区主要分布在德宏傣族景颇族自治州、红河哈尼族彝族自治州、临沧市和普洱市，比例分别为 15.27%、22.07%、19.52% 和 17.51%（表 3-54）。

表 3-54　华南区四等地面积与比例（按行政区划）

评价区	市名称	面积（万 hm²）	比例（%）
福建评价区	福州市	0.95	24.09
	莆田市	0.48	12.12
	泉州市	1.09	27.76
	厦门市	0.02	0.58
	漳州市	1.40	35.45
小计		3.94	100.00
广东评价区	潮州市	0.28	1.10
	东莞市	0.23	0.91
	佛山市	0.28	1.11
	广州市	1.51	5.98
	河源市	0.94	3.72
	惠州市	1.68	6.66
	江门市	2.99	11.84
	揭阳市	1.30	5.14
	茂名市	2.83	11.21
	梅州市	1.26	5.01
	清远市	2.65	10.49
	汕头市	0.40	1.58
	汕尾市	1.36	5.39
	韶关市	0.10	0.40
	深圳市	0.06	0.26
	阳江市	1.30	5.15
	云浮市	1.47	5.81
	湛江市	3.08	12.20
	肇庆市	0.84	3.34
	中山市	0.19	0.74
	珠海市	0.49	1.96
小计		25.23	100.00
广西评价区	百色市	3.34	8.30
	北海市	1.35	3.36
	崇左市	6.18	15.34
	防城港市	1.54	3.82
	贵港市	5.45	13.53
	南宁市	10.93	27.15
	钦州市	4.61	11.46
	梧州市	2.18	5.42
	玉林市	4.68	11.62
小计		40.26	100.00

（续）

评价区	市名称	面积（万 hm²）	比例（%）
海南评价区	白沙黎族自治县	0.22	2.10
	保亭黎族苗族自治县	0.02	0.19
	昌江黎族自治县	0.35	3.34
	澄迈县	0.81	7.69
	儋州市	2.05	19.38
	定安县	0.29	2.79
	东方市	0.33	3.09
	海口市	0.75	7.06
	乐东黎族自治县	0.80	7.56
	临高县	1.07	10.17
	陵水黎族自治县	0.22	2.06
	琼海市	0.50	4.71
	琼中黎族苗族自治县	0.03	0.29
	三亚市	0.73	6.92
	屯昌县	0.80	7.60
	万宁市	0.17	1.62
	文昌市	1.38	13.03
	五指山市	0.04	0.42
小计		10.57	100.00
云南评价区	保山市	1.04	8.76
	德宏傣族景颇族自治州	1.81	15.27
	红河哈尼族彝族自治州	2.61	22.07
	临沧市	2.31	19.52
	普洱市	2.07	17.51
	文山壮族苗族自治州	1.04	8.75
	西双版纳傣族自治州	0.70	5.90
	玉溪市	0.26	2.22
小计		11.85	100.00

（二）土壤类型

从土壤类型看，华南区四等地的耕地土壤类型分为潮土、赤红壤、红壤、黄壤、黄棕壤、石灰（岩）土、水稻土、新积土、燥红土、砖红壤和紫色土 11 大土类和 24 个亚类。

在四等地上分布的 11 大土类中，水稻土面积最大，为 66.38 万 hm²，占四等地面积的 72.28%；其次是赤红壤，占 18.36%。在水稻土的 8 个亚类中，潴育水稻土的面积占比最大，占四等地水稻土面积的 63.05%；其次是渗育水稻土和淹育水稻土，分别占 18.57% 和 7.83%。在赤红壤的两个亚类中，典型赤红壤的面积较大，占赤红壤面积的 99.49%，黄色赤红壤仅占 0.51%（表 3-55）。

表 3-55　各土类、亚类四等地面积与比例

土类	亚类	面积（万 hm²）	比例（%）
砖红壤	典型砖红壤	1.42	99.99
	黄色砖红壤	0.000 1	0.01
小计		1.42	100.00
赤红壤	典型赤红壤	16.78	99.49
	黄色赤红壤	0.09	0.51
小计		16.86	100.00
红壤	典型红壤	1.56	75.91
	黄红壤	0.49	24.09
小计		2.05	100.00
黄壤	典型黄壤	0.89	100.00
黄棕壤	典型黄棕壤	0.66	100.00
燥红土	褐红土	0.17	100.00
新积土	典型新积土	0.13	100.00
石灰（岩）土	红色石灰土	0.15	7.67
	黑色石灰土	0.10	5.34
	棕色石灰土	1.53	78.87
	黄色石灰土	0.16	8.13
小计		1.94	100.00
紫色土	酸性紫色土	0.55	100.00
潮土	灰潮土	0.78	100.00
水稻土	潴育水稻土	41.86	63.05
	淹育水稻土	5.20	7.83
	渗育水稻土	12.33	18.57
	潜育水稻土	2.79	4.21
	脱潜水稻土	0.14	0.21
	漂洗水稻土	0.91	1.38
	盐渍水稻土	1.83	2.76
	咸酸水稻土	1.32	1.99
小计		66.38	100.00

二、四等地属性特征

（一）地形部位

华南区四等地的地形部位分为 9 种类型，其中宽谷盆地面积最大，为 23.59 万 hm²，占四等地面积的 25.68%；其次是平原低阶、平原中阶和山间盆地，面积分别为 16.42 万 hm²、16.41 万 hm² 和 15.64 万 hm²，分别占 17.88%、17.87% 和 17.03%；丘陵下部面积为 11.24 万 hm²，占 12.24%；山地坡下面积为 4.90 万 hm²，占 5.33%；丘陵中部面积为

1.88万 hm²，占 2.05%；丘陵上部面积为 1.10 万 hm²，占 1.20%；平原高阶面积为 0.65 万 hm²，占 0.71%（表 3-56）。

表 3-56 四等地各地形部位面积与比例

地形部位	面积（万 hm²）	比例（%）
宽谷盆地	23.59	25.68
平原低阶	16.42	17.88
平原高阶	0.65	0.71
平原中阶	16.41	17.87
丘陵上部	1.10	1.20
丘陵下部	11.24	12.24
丘陵中部	1.88	2.05
山地坡下	4.90	5.33
山间盆地	15.64	17.03
总计	91.85	100.00

（二）质地构型和耕层质地

华南区四等地的质地构型分为 7 种类型，其中上松下紧型面积为 71.99 万 hm²，占四等地面积的 78.38%；紧实型、海绵型面积分别为 8.17 万 hm²、7.62 万 hm²，分别占 8.90%、8.30%；上紧下松型面积为 3.65 万 hm²，占 3.98%；夹层型面积为 0.39 万 hm²，占 0.43%；薄层型和松散型面积很少，均为 0.01 万 hm²，仅占 0.01%。耕层质地分为 6 种类型，其中中壤所占的面积最大，为 47.47 万 hm²，占 51.69%；砂壤次之，面积为 23.47 万 hm²，占 25.56%；轻壤面积 12.58 万 hm²，占 13.70%；重壤面积 7.19 万 hm²，占 7.83%；黏土和砂土较少，面积分别为 1.13 万 hm² 和 0.004 万 hm²，分别占 1.23% 和 0.005%（表 3-57）。

表 3-57 四等地各质地构型和耕层质地面积与比例

项目		面积（万 hm²）	比例（%）
质地构型	薄层型	0.01	0.01
	海绵型	7.62	8.30
	夹层型	0.39	0.43
	紧实型	8.17	8.90
	上紧下松型	3.65	3.98
	上松下紧型	71.99	78.38
	松散型	0.01	0.01
总计		91.85	100.00
耕层质地	黏土	1.13	1.23
	轻壤	12.58	13.70
	砂壤	23.47	25.56

（续）

项目		面积（万 hm²）	比例（%）
耕层质地	砂土	0.004	0.005
	中壤	47.47	51.69
	重壤	7.19	7.83
总计		91.85	100.00

（三）灌溉能力和排水能力

华南区四等地的灌溉能力分为 4 种类型，其中充分满足面积为 50.40 万 hm²，占四等地面积的 54.87%；不满足面积为 22.75 万 hm²，占 24.77%；满足面积为 15.94 万 hm²，占 17.35%；基本满足面积为 2.75 万 hm²，占 3.00%。排水能力分为 3 种类型，其中充分满足面积为 77.28 万 hm²，占 84.15%；满足面积为 14.10 万 hm²，占 15.35%；基本满足面积为 0.46 万 hm²，占 0.50%（表 3-58）。

表 3-58　四等地各灌溉能力和排水能力面积与比例

项目		面积（万 hm²）	比例（%）
灌溉能力	充分满足	50.40	54.87
	满足	15.94	17.35
	基本满足	2.75	3.00
	不满足	22.75	24.77
总计		91.85	100.00
排水能力	充分满足	77.28	84.15
	满足	14.10	15.35
	基本满足	0.46	0.50
总计		91.85	100.00

（四）有效土层厚度

华南区四等地有效土层厚度的平均值为 97.45cm，最大值为 100.00cm，最小值为 22.00cm，标准差为 11.08（表 3-59）。

表 3-59　四等地有效土层厚度

项目	平均值（cm）	最大值（cm）	最小值（cm）	标准差
有效土层厚度	97.45	100.00	22.00	11.08

（五）障碍因素

华南区四等地无障碍层次面积最多，为 86.40 万 hm²，占四等地面积的 94.07%。部分耕地障碍因素为潜育化、盐渍化、障碍层次 3 种类型，其中潜育化和盐渍化面积分别为 2.93 万 hm² 和 1.83 万 hm²，分别占 3.20%、1.99%；障碍层次面积较少，为 0.68 万 hm²，占 0.74%（表 3-60）。

表 3-60　四等地障碍因素的面积与比例

障碍因素	面积（万 hm²）	比例（%）
无障碍层次	86.40	94.07
潜育化	2.93	3.20
盐渍化	1.83	1.99
障碍层次	0.68	0.74
总计	91.84	100.00

（六）土壤容重

华南区四等地土壤容重分为 7 个等级，其中 1.3～1.4g/cm³ 面积最多，为 36.88 万 hm²，占四等地面积的 40.16%；其次是 1.2～1.3g/cm³，面积为 32.80 万 hm²，占 35.72%；1.1～1.2g/cm³ 面积 14.46 万 hm²，占 15.75%；1.0～1.1g/cm³ 面积为 4.32 万 hm²，占 4.71%；1.4～1.5g/cm³ 面积为 1.70 万 hm²，占 1.85%；1.5～1.6g/cm³ 面积为 1.55 万 hm²，占 1.69%；1.6～1.7g/cm³ 面积最少，为 0.12 万 hm²，仅占 0.13%（表 3-61）。

表 3-61　四等地土壤容重的面积与比例

土壤容重（g/cm³）	面积（万 hm²）	比例（%）
1.0～1.1	4.32	4.71
1.1～1.2	14.46	15.75
1.2～1.3	32.80	35.72
1.3～1.4	36.88	40.16
1.4～1.5	1.70	1.85
1.5～1.6	1.55	1.69
1.6～1.7	0.12	0.13
总计	91.85	100.00

（七）农田林网化程度、生物多样性和清洁程度

华南区四等地农田林网化程度分为 3 个等级，其中高的面积为 72.07 万 hm²，占四等地面积的 78.47%；中的面积为 13.78 万 hm²，占 15.00%；低的面积为 6.00 万 hm²，占 6.53%。生物多样性分为 3 个等级，其中一般的面积为 45.47 万 hm²，占 49.51%；丰富的面积为 44.62 万 hm²，占 48.59%；不丰富的面积为 1.75 万 hm²，占 1.91%。四等地的清洁程度均为清洁（表 3-62）。

表 3-62　四等地农田林网化程度和生物多样性的面积与比例

项目		面积（万 hm²）	比例（%）
农田林网化程度	高	72.07	78.47
	中	13.78	15.00
	低	6.00	6.53
总计		91.85	100.00

（续）

项目		面积（万 hm²）	比例（%）
生物多样性	丰富	44.62	48.59
	一般	45.47	49.51
	不丰富	1.75	1.91
总计		91.85	100.00

（八）酸碱度与土壤养分含量

表 3-63 列出了四等地土壤酸碱度及土壤有机质、有效磷、速效钾含量的平均值。土壤酸碱度平均值为 5.39，土壤有机质平均含量为 22.56g/kg、有效磷 23.43mg/kg、速效钾 65.14mg/kg。

综合来看，闽南粤中农林水产区和滇南农林区四等地的土壤养分含量较高；粤西桂南农林区土壤养分含量尚可；琼雷及南海诸岛农林区土壤养分含量较低。

表 3-63　四等地土壤酸碱度与土壤养分含量平均值

主要养分指标	闽南粤中农林水产区	粤西桂南农林区	滇南农林区	琼雷及南海诸岛农林区	平均值
酸碱度	5.61	5.35	5.72	5.24	5.39
有机质（g/kg）	22.90	27.09	28.11	20.11	22.56
有效磷（mg/kg）	34.87	27.21	21.22	16.63	23.43
速效钾（mg/kg）	97.62	67.32	113.37	40.76	65.14

三、四等地产量水平

在耕作利用方式上，四等地主要以种植水稻、蔬菜、甘蔗、玉米和花生为主。依据 2 687 个调查点数据统计，其中主栽作物为水稻的调查点 1 912 个，占四等地调查点的比例为 71.16%，年平均产量为 13 301kg/hm²；蔬菜 115 个，占比 4.28%，年平均产量为 19 650kg/hm²；甘蔗 144 个，占比 5.36%，年平均产量为 81 011kg/hm²；玉米 167 个，占比 6.22%，年平均产量为 13 575kg/hm²；花生 103 个，占比 3.83%，年平均产量为 11 080 kg/hm²（表 3-64）。

表 3-64　四等地主栽作物调查点及产量

主栽作物	调查点（个）	比例（%）	年平均产量（kg/hm²）
水稻	1 912	71.16	13 301
蔬菜	115	4.28	19 650
甘蔗	144	5.36	8 1011
玉米	167	6.22	1 3575
花生	103	3.83	1 1080

第六节 五等地耕地质量等级特征

一、五等地分布特征

（一）区域分布

五等地面积为 116.00 万 hm²，占华南区耕地面积的比例是 13.65%。主要分布在粤西桂南农林区，面积为 57.20 万 hm²，占五等地面积的 49.31%；其次是滇南农林区和闽南粤中农林水产区，面积分别为 22.67 万 hm² 和 22.22 万 hm²，分别占 19.55% 和 19.15%；琼雷及南海诸岛农林区五等地较少，面积 13.92 万 hm²，占 12.00%（表 3-65）。

表 3-65 华南区五等地面积与比例（按二级农业区划）

二级农业区	面积（万 hm²）	比例（%）
闽南粤中农林水产区	22.22	19.15
粤西桂南农林区	57.20	49.31
滇南农林区	22.67	19.55
琼雷及南海诸岛农林区	13.92	12.00
总计	116.00	100.00

从行政区划看，五等地分布较多的是广西评价区，达到了 50 万 hm² 以上，为 52.27 万 hm²，占五等地面积的 45.06%；广东评价区和云南评价区五等地面积也达到了 20 万 hm² 以上，分别为 25.17 万 hm² 和 22.67 万 hm²，占 21.70% 和 19.55%；海南评价区较少，为 10.98 万 hm²，占 9.47%；福建评价区五等地最少，面积为 4.91 万 hm²，占 4.23%。

五等地在市域分布上差异较大，福建评价区主要分布在漳州市和福州市，占该评价区五等地面积的比例分别为 42.30% 和 21.02%；广东评价区主要分布在江门市、清远市和湛江市，比例分别为 10.59%、12.53% 和 15.82%；广西评价区主要分布在百色市、崇左市和南宁市，比例分别为 12.74%、23.56% 和 30.31%；海南评价区主要分布在儋州市、东方市和文昌市，比例分别为 17.91%、10.77% 和 10.58%；云南评价区主要分布在红河哈尼族彝族自治州、临沧市和文山壮族苗族自治州，比例分别为 32.43%、15.62% 和 21.72%（表 3-66）。

表 3-66 华南区五等地面积与比例（按行政区划）

评价区	市名称	面积（万 hm²）	比例（%）
福建评价区	福州市	1.03	21.02
	莆田市	0.80	16.19
	泉州市	0.73	14.88
	厦门市	0.28	5.61
	漳州市	2.08	42.30
小计		4.91	100.00
广东评价区	潮州市	0.45	1.80
	东莞市	0.21	0.83

（续）

评价区	市名称	面积（万 hm²）	比例（%）
广东评价区	佛山市	0.36	1.42
	广州市	1.47	5.83
	河源市	1.07	4.24
	惠州市	1.62	6.42
	江门市	2.66	10.59
	揭阳市	0.51	2.01
	茂名市	2.35	9.33
	梅州市	1.73	6.86
	清远市	3.15	12.53
	汕头市	0.27	1.06
	汕尾市	0.86	3.40
	韶关市	0.10	0.41
	深圳市	0.01	0.04
	阳江市	1.54	6.10
	云浮市	1.97	7.85
	湛江市	3.98	15.82
	肇庆市	0.63	2.50
	中山市	0.05	0.20
	珠海市	0.19	0.76
小计		25.17	100.00
广西评价区	百色市	6.66	12.74
	北海市	1.11	2.12
	崇左市	12.31	23.56
	防城港市	1.16	2.21
	贵港市	4.80	9.18
	南宁市	15.84	30.31
	钦州市	2.73	5.22
	梧州市	3.28	6.28
	玉林市	4.38	8.38
小计		52.27	100.00
海南评价区	白沙黎族自治县	0.17	1.59
	保亭黎族苗族自治县	0.25	2.32
	昌江黎族自治县	0.39	3.53
	澄迈县	0.66	6.02
	儋州市	1.97	17.91
	定安县	0.48	4.33

（续）

评价区	市名称	面积（万 hm²）	比例（%）
海南评价区	东方市	1.18	10.77
	海口市	0.70	6.37
	乐东黎族自治县	0.85	7.75
	临高县	0.69	6.31
	陵水黎族自治县	0.47	4.26
	琼海市	0.38	3.49
	琼中黎族苗族自治县	0.36	3.24
	三亚市	0.42	3.86
	屯昌县	0.51	4.64
	万宁市	0.31	2.81
	文昌市	1.16	10.58
	五指山市	0.03	0.23
小计		10.98	100.00
云南评价区	保山市	1.66	7.31
	德宏傣族景颇族自治州	1.65	7.26
	红河哈尼族彝族自治州	7.35	32.43
	临沧市	3.54	15.62
	普洱市	2.94	12.96
	文山壮族苗族自治州	4.92	21.72
	西双版纳傣族自治州	0.33	1.47
	玉溪市	0.28	1.24
小计		22.67	100.00

（二）土壤类型

从土壤类型看，华南区五等地的耕地土壤类型分为潮土、赤红壤、粗骨土、红壤、黄壤、黄棕壤、砂姜黑土、石灰（岩）土、水稻土、新积土、燥红土、砖红壤和紫色土13大土类31个亚类。

在五等地上分布的13大土类中，水稻土面积最大，为48.98万 hm²，占五等地面积的42.22%；其次是赤红壤，占31.20%；红壤和石灰（岩）土分别占8.43%和7.71%。在水稻土的8个亚类中，潴育水稻土的面积较大，占五等地水稻土面积的54.85%；其次是渗育水稻土，占20.59%。赤红壤中典型赤红壤的面积较大，占98.16%。红壤土类中典型红壤和黄红壤的比例较大，分别为59.81%和39.19%，红壤性土、山原红壤的比例均在1.00%以下。石灰（岩）土中棕色石灰土的比例较大，占67.32%；其次是红色石灰土、黄色石灰土，分别占15.82%和14.86%（表3-67）。

表 3-67 各土类、亚类五等地面积与比例

土类	亚类	面积（万 hm²）	比例（%）
砖红壤	典型砖红壤	3.26	93.95
	黄色砖红壤	0.21	6.05
小计		3.47	100.00
赤红壤	典型赤红壤	35.53	98.16
	黄色赤红壤	0.66	1.84
小计		36.19	100.00
红壤	典型红壤	5.85	59.81
	黄红壤	3.83	39.19
	山原红壤	0.06	0.58
	红壤性土	0.04	0.43
小计		9.78	100.00
黄壤	典型黄壤	3.01	100.00
黄棕壤	典型黄棕壤	1.00	80.95
	暗黄棕壤	0.24	19.05
小计		1.24	100.00
燥红土	褐红土	0.14	100.00
新积土	冲积土	0.13	100.00
石灰（岩）土	红色石灰土	1.42	15.82
	黑色石灰土	0.18	2.00
	棕色石灰土	6.02	67.32
	黄色石灰土	1.33	14.86
小计		9.67	100.00
紫色土	酸性紫色土	1.69	99.43
	中性紫色土	0.01	0.57
小计		1.70	100.00
粗骨土	酸性粗骨土	0.02	100.00
潮土	灰潮土	1.68	99.76
	湿潮土	0.00	0.24
小计		1.69	100.00
砂姜黑土	黑黏土	0.72	100
水稻土	潴育水稻土	26.86	54.85
	淹育水稻土	1.99	4.06
	渗育水稻土	10.08	20.59
	潜育水稻土	2.97	6.05
	脱潜水稻土	0.60	1.23
	漂洗水稻土	1.92	3.91

（续）

土类	亚类	面积（万 hm²）	比例（%）
水稻土	盐渍水稻土	2.97	6.07
	咸酸水稻土	1.58	3.23
小计		48.98	100.00

二、五等地属性特征

（一）地形部位

华南区五等地的地形部位分为 11 种类型，宽谷盆地面积最大，为 28.58 万 hm²，占五等地的 24.64%；其次是山间盆地，面积为 21.17 万 hm²，占 18.25%；平原中阶、丘陵下部和平原低阶面积分别为 16.88 万 hm²、16.22 万 hm² 和 15.81 万 hm²，分别占 14.55%、13.98% 和 13.63%；山地坡下面积为 7.63 万 hm²，占 6.57%；丘陵中部面积为 3.17 万 hm²，占 2.73%；平原高阶面积为 2.84 万 hm²，占 2.45%；丘陵上部面积为 2.02 万 hm²，占 1.74%；山地坡中面积为 1.41 万 hm²，占 1.21%；山地坡上面积为 0.27 万 hm²，占 0.23%（表 3-68）。

表 3-68　五等地各地形部位面积与比例

地形部位	面积（万 hm²）	比例（%）
宽谷盆地	28.58	24.64
平原低阶	15.81	13.63
平原高阶	2.84	2.45
平原中阶	16.88	14.55
丘陵上部	2.02	1.74
丘陵下部	16.22	13.98
丘陵中部	3.17	2.73
山地坡上	0.27	0.23
山地坡下	7.63	6.57
山地坡中	1.41	1.21
山间盆地	21.17	18.25
总计	116.00	100.00

（二）质地构型和耕层质地

华南区五等地的质地构型分为 7 种类型，其中上松下紧型面积为 98.61 万 hm²，占五等地面积的 85.00%；紧实型和海绵型面积分别为 6.92 万 hm²、5.51 万 hm²，分别占 5.96%、4.75%；夹层型面积为 2.59 万 hm²，占 2.23%；上紧下松型面积为 2.35 万 hm²，占 2.03%；松散型和薄层型面积很少，分别为 0.02 万 hm² 和 0.01 万 hm²，分别占 0.02% 和 0.01%。耕层质地分为 6 种类型，其中中壤所占的面积最大，为 66.60 万 hm²，占 57.41%；砂壤次之，面积为 23.79 万 hm²，占 20.51%；轻壤面积为 13.40 万 hm²，占 11.55%；重壤面积为 8.61 万 hm²，占 7.42%；黏土面积为 3.40 万 hm²，占 2.93%；砂土面积为 0.20 万 hm²，占 0.18%（表 3-69）。

表 3-69　等地各质地构型和耕层质地面积与比例

项目		面积（万 hm²）	比例（%）
质地构型	薄层型	0.01	0.01
	海绵型	5.51	4.75
	夹层型	2.59	2.23
	紧实型	6.92	5.96
	上紧下松型	2.35	2.03
	上松下紧型	98.61	85.00
	松散型	0.02	0.02
总计		116.00	100.00
耕层质地	黏土	3.40	2.93
	轻壤	13.40	11.55
	砂壤	23.79	20.51
	砂土	0.20	0.18
	中壤	66.60	57.41
	重壤	8.61	7.42
总计		116.00	100.00

（三）灌溉能力和排水能力

华南区五等地的灌溉能力分为 4 种类型，其中不满足面积为 66.45 万 hm²，占五等地面积的 57.28%；充分满足面积为 31.91 万 hm²，占 27.51%；基本满足面积为 9.26 万 hm²，占 7.98%；满足面积为 8.39 万 hm²，占 7.23%。排水能力分为 4 种类型，其中充分满足面积为 106.67 万 hm²，占 91.95%；满足面积为 7.41 万 hm²，占 6.39%；基本满足和不满足面积较少，分别为 1.87 万 hm² 和 0.07 万 hm²，分别占 1.61% 和 0.05%（表 3-70）。

表 3-70　五等地各灌溉能力和排水能力面积与比例

项目		面积（万 hm²）	比例（%）
灌溉能力	充分满足	31.91	27.51
	满足	8.39	7.23
	基本满足	9.26	7.98
	不满足	66.45	57.28
总计		116.00	100.00
排水能力	充分满足	106.67	91.95
	满足	7.41	6.39
	基本满足	1.87	1.61
	不满足	0.07	0.05
总计		116.00	100.00

（四）有效土层厚度

华南区五等地有效土层厚度的平均值为 97.25cm，最大值为 100.00cm，最小值为 22.00cm，标准差为 10.90（表 3-71）。

表 3-71　五等地有效土层厚

项目	平均值（cm）	最大值（cm）	最小值（cm）	标准差
有效土层厚度	97.25	100.00	22.00	10.90

（五）障碍因素

华南区五等地无障碍层次面积为 108.33 万 hm²，占五等地面积的 93.38％。部分耕地的障碍因素为盐渍化、潜育化、障碍层次和酸化，面积分别为 2.97 万 hm²、3.57 万 hm²、1.13 万 hm² 和 0.01 万 hm²，分别占 2.56％、3.08％、0.97％和 0.01％（表 3-72）。

表 3-72　五等地障碍因素的面积与比例

障碍因素	面积（万 hm²）	比例（％）
无障碍层次	108.33	93.38
盐渍化	2.97	2.56
潜育化	3.57	3.08
障碍层次	1.13	0.97
酸化	0.01	0.01
总计	116.00	100.00

（六）土壤容重

华南区五等地土壤容重分为 7 个等级，其中 1.2～1.3g/cm³ 面积最多，为 43.75 万 hm²，占五等地面积的 37.71％；其次是 1.3～1.4g/cm³ 和 1.1～1.2g/cm³，面积分别为 31.09 万 hm² 和 28.86 万 hm²，分别占 26.80％和 24.88％；1.4～1.5g/cm³ 面积为 5.93 万 hm²，占 5.11％；1.0～1.1g/cm³ 面积为 4.17 万 hm²，占 3.59％；1.5～1.6g/cm³ 面积为 2.07 万 hm²，占 1.78％；1.6～1.7g/cm³ 面积为 0.15 万 hm²，占 0.13％（表 3-73）。

表 3-73　五等地土壤容重的面积与比例

土壤容重（g/cm³）	面积（万 hm²）	比例（％）
1.0～1.1	4.17	3.59
1.1～1.2	28.86	24.88
1.2～1.3	43.75	37.71
1.3～1.4	31.09	26.80
1.4～1.5	5.93	5.11
1.5～1.6	2.07	1.78
1.6～1.7	0.15	0.13
总计	116.00	100.00

（七）农田林网化程度、生物多样性和清洁程度

华南区五等地农田林网化程度分为 3 个等级，其中高的面积为 82.45 万 hm²，占五等地

面积的 71.07%；中的面积为 22.23 万 hm²，占 19.16%；低的面积为 11.33 万 hm²，占 9.76%。生物多样性分为 3 个等级，其中一般的面积为 71.25 万 hm²，占 61.42%；丰富的面积为 41.86 万 hm²，占 36.08%；不丰富的面积为 2.89 万 hm²，占 2.49%。五等地的清洁程度均为清洁（表 3-74）。

表 3-74　五等地农田林网化程度和生物多样性的面积与比例

项目		面积（万 hm²）	比例（%）
农田林网化程度	高	82.45	71.07
	中	22.23	19.16
	低	11.33	9.76
总计		116.00	100.00
生物多样性	丰富	41.86	36.08
	一般	71.25	61.42
	不丰富	2.89	2.49
总计		116.00	100.00

（八）酸碱度与土壤养分含量

表 3-75 列出了五等地土壤酸碱度及土壤有机质、有效磷、速效钾含量的平均值。土壤酸碱度平均值为 5.45，土壤有机质平均含量为 22.72g/kg、有效磷 22.80mg/kg、速效钾 67.27mg/kg。

综合来看，闽南粤中农林水产区和滇南农林区土壤养分含量较高；粤西桂南农林区土壤养分含量居中；琼雷及南海诸岛农林区土壤养分含量较低。

表 3-75　五等地土壤酸碱度与土壤养分含量平均值

主要养分指标	闽南粤中农林水产区	粤西桂南农林区	滇南农林区	琼雷及南海诸岛农林区	平均值
酸碱度	5.66	5.42	5.98	5.26	5.45
有机质（g/kg）	22.55	27.15	29.27	20.36	22.72
有效磷（mg/kg）	33.50	25.37	21.61	17.03	22.80
速效钾（mg/kg）	93.05	67.25	124.20	43.39	67.27

三、五等地产量水平

在耕作利用方式上，五等地主要以种植水稻、蔬菜、甘蔗、玉米和花生为主。依据 3 024 个调查点数据统计，其中主栽作物为水稻的调查点 1 674 个，占五等地调查点的比例为 55.36%，年平均产量为 12 872kg/hm²；蔬菜 113 个，占比 3.74%，年平均产量为 18 343 kg/hm²；甘蔗 311 个，占比 10.28%，年平均产量为 75 328kg/hm²；玉米 379 个，占比 12.53%，年平均产量为 13 180kg/hm²；花生 173 个，占比 5.72%，年平均产量为 10 359 kg/hm²（表 3-76）。

表 3-76　五等地主栽作物调查点及产量

主栽作物	调查点（个）	比例（%）	年平均产量（kg/hm²）
水稻	1 674	55.36	12 872
蔬菜	113	3.74	18 343
甘蔗	311	10.28	75 328
玉米	379	12.53	13 180
花生	173	5.72	10 359

第七节　六等地耕地质量等级特征

一、六等地分布特征

（一）区域分布

六等地面积为 126.90 万 hm²，占华南区耕地面积的比例是 14.93%。主要分布在粤西桂南农林区，面积为 54.37 万 hm²，占六等地面积的 42.84%；其次是滇南农林区，面积 30.89 万 hm²，占 24.34%；闽南粤中农林水产区和琼雷及南海诸岛农林区六等地面积分别为 21.48 万 hm² 和 20.16 万 hm²，占比分别为 16.92% 和 15.89%（表 3-77）。

表 3-77　华南区六等地面积与比例（按二级农业区划）

二级农业区	面积（万 hm²）	比例（%）
闽南粤中农林水产区	21.48	16.92
粤西桂南农林区	54.37	42.84
滇南农林区	30.89	24.34
琼雷及南海诸岛农林区	20.16	15.89
总计	126.90	100.00

从行政区划看，六等地分布最多的是广西评价区，面积为 46.33 万 hm²，占六等地面积的 36.51%；广东评价区和云南评价区六等地面积也达到了 30 万 hm² 以上，分别为 31.74 万 hm² 和 30.89 万 hm²，占 25.01% 和 24.34%；海南评价区面积为 11.96 万 hm²，占 9.42%；福建评价区六等地最少，面积为 5.99 万 hm²，占 4.72%。

六等地在市域分布上差异较大，福建评价区主要分布在莆田市、泉州市和漳州市，占该评价区六等地面积的比例分别为 22.86%、21.57% 和 41.38%；广东评价区主要分布在茂名市、阳江市和湛江市，比例分别为 11.48%、10.85% 和 28.87%；广西评价区主要分布在崇左市、贵港市和南宁市，比例分别为 33.28%、18.06% 和 19.73%；海南评价区主要分布在昌江黎族自治县、澄迈县、儋州市、定安县和临高县，比例分别为 12.40%、12.10%、15.16%、13.20% 和 11.84%；云南评价区主要分布在保山市、红河哈尼族彝族自治州、临沧市、普洱市和文山壮族苗族自治州，比例分别为 13.66%、23.83%、18.14%、17.20% 和 20.18%（表 3-78）。

表 3-78　华南区六等地面积与比例（按行政区划）

评价区	市名称	面积（万 hm²）	比例（%）
福建评价区	福州市	0.44	7.40
	莆田市	1.37	22.86
	泉州市	1.29	21.57
	厦门市	0.41	6.79
	漳州市	2.48	41.38
小计		5.99	100.00
广东评价区	潮州市	0.54	1.69
	东莞市	0.06	0.18
	佛山市	0.38	1.20
	广州市	0.44	1.40
	河源市	1.51	4.77
	惠州市	1.90	6.00
	江门市	1.07	3.38
	揭阳市	0.75	2.36
	茂名市	3.64	11.48
	梅州市	1.14	3.60
	清远市	2.29	7.22
	汕头市	0.24	0.75
	汕尾市	1.72	5.43
	韶关市	0.54	1.72
	深圳市	0.00	0.01
	阳江市	3.44	10.85
	云浮市	2.00	6.30
	湛江市	9.16	28.87
	肇庆市	0.82	2.57
	珠海市	0.07	0.22
小计		31.74	100.00
广西评价区	百色市	3.67	7.93
	北海市	0.52	1.11
	崇左市	15.42	33.28
	防城港市	0.96	2.07
	贵港市	8.37	18.06
	南宁市	9.14	19.73
	钦州市	3.51	7.57
	梧州市	1.99	4.30
	玉林市	2.75	5.94
小计		46.33	100.00

（续）

评价区	市名称	面积（万 hm²）	比例（%）
海南评价区	白沙黎族自治县	0.16	1.37
	保亭黎族苗族自治县	0.30	2.54
	昌江黎族自治县	1.48	12.40
	澄迈县	1.45	12.10
	儋州市	1.81	15.16
	定安县	1.58	13.20
	东方市	0.17	1.45
	海口市	0.71	5.95
	乐东黎族自治县	0.43	3.63
	临高县	1.42	11.84
	陵水黎族自治县	0.33	2.77
	琼海市	0.34	2.85
	琼中黎族苗族自治县	0.18	1.50
	三亚市	0.12	1.04
	屯昌县	0.69	5.75
	万宁市	0.36	2.99
	文昌市	0.37	3.13
	五指山市	0.04	0.34
小计		11.96	100.00
云南评价区	保山市	4.22	13.66
	德宏傣族景颇族自治州	1.12	3.64
	红河哈尼族彝族自治州	7.36	23.83
	临沧市	5.60	18.14
	普洱市	5.31	17.20
	文山壮族苗族自治州	6.23	20.18
	西双版纳傣族自治州	0.42	1.35
	玉溪市	0.62	2.00
小计		30.89	100.00

（二）土壤类型

从土壤类型看，华南区六等地的耕地土壤类型分为滨海盐土、潮土、赤红壤、粗骨土、风沙土、红壤、黄壤、黄棕壤、石灰（岩）土、水稻土、新积土、燥红土、砖红壤和紫色土14 大土类 35 个亚类。

在六等地上分布的 14 大土类中，赤红壤面积最大，为 38.21 万 hm²，占六等地面积的 30.11%；其次是水稻土，占 25.26%；砖红壤和红壤分别占 13.08% 和 11.06%。在赤红壤的 3 个亚类中，典型赤红壤的面积较大，占六等地赤红壤面积的 93.97%。水稻土中潴育水稻土的面积较大，占 53.73%；其次是渗育水稻土，占 30.64%。砖红壤中典型砖红壤的比例为 93.40%，黄色砖红壤的比例很少。红壤中典型红壤和黄红壤的比例较大，分别为

65.52％和 33.75％，红壤性土的比例仅占 0.73％（表 3-79）。

表 3-79　各土类、亚类六等地面积与比例

土类	亚类	面积（万 hm²）	比例（%）
砖红壤	典型砖红壤	15.50	93.40
	黄色砖红壤	1.09	6.60
小计		16.59	100.00
赤红壤	典型赤红壤	35.90	93.97
	黄色赤红壤	2.20	5.76
	赤红壤性土	0.10	0.26
小计		38.21	100.00
红壤	典型红壤	9.20	65.52
	黄红壤	4.74	33.75
	红壤性土	0.10	0.73
小计		14.04	100.00
黄壤	典型黄壤	3.57	100.00
黄棕壤	典型黄棕壤	1.92	90.90
	暗黄棕壤	0.19	9.10
小计		2.11	100.00
燥红土	典型燥红土	0.001	0.18
	褐红土	0.57	99.82
小计		0.57	100.00
新积土	典型新积土	0.03	17.13
	冲积土	0.15	82.87
小计		0.18	100.00
风沙土	滨海风沙土	0.03	100.00
石灰（岩）土	红色石灰土	1.02	14.27
	黑色石灰土	0.80	11.13
	棕色石灰土	3.57	49.74
	黄色石灰土	1.79	24.87
小计		7.18	100.00
紫色土	酸性紫色土	6.30	83.26
	中性紫色土	1.27	16.74
小计		7.57	100.00
粗骨土	酸性粗骨土	0.27	44.80
	硅质岩粗骨土	0.33	55.20
小计		0.61	100.00

（续）

土类	亚类	面积（万 hm²）	比例（%）
潮土	灰潮土	4.17	99.88
	湿潮土	0.01	0.12
小计		4.18	100.00
滨海盐土	滨海潮滩盐土	0.02	100.00
水稻土	潴育水稻土	17.22	53.73
	淹育水稻土	1.00	3.12
	渗育水稻土	9.82	30.64
	潜育水稻土	1.68	5.24
	脱潜水稻土	0.12	0.36
	漂洗水稻土	1.08	3.37
	盐渍水稻土	0.93	2.89
	咸酸水稻土	0.21	0.65
小计		32.06	100.00

二、六等地属性特征

（一）地形部位

华南区六等地的地形部位分为 11 种类型，其中宽谷盆地面积最大，为 26.56 万 hm²，占六等地面积的 20.93%；其次是山地坡下和丘陵下部，面积分别为 20.53 万 hm² 和 19.55 万 hm²，分别占 16.18% 和 15.41%；平原中阶和平原低阶面积分别为 15.27 万 hm² 和 16.27 万 hm²，分别占 12.04% 和 12.82%；山间盆地面积为 11.64 万 hm²，占 9.17%；丘陵中部面积为 5.42 万 hm²，占 4.27%；山地坡中面积为 3.90 万 hm²，占 3.07%；平原高阶面积为 3.71 万 hm²，占 2.93%；丘陵上部面积为 2.36 万 hm²，占 1.86%；山地坡上面积为 1.67 万 hm²，占 1.32%（表 3-80）。

表 3-80　六等地各地形部位面积与比例

地形部位	面积（万 hm²）	比例（%）
宽谷盆地	26.56	20.93
平原低阶	16.27	12.82
平原高阶	3.71	2.93
平原中阶	15.27	12.04
丘陵上部	2.36	1.86
丘陵下部	19.55	15.41
丘陵中部	5.42	4.27
山地坡上	1.67	1.32
山地坡下	20.53	16.18
山地坡中	3.90	3.07

（续）

地形部位	面积（万 hm²）	比例（%）
山间盆地	11.64	9.17
总计	126.90	100.00

（二）质地构型和耕层质地

华南区六等地的质地构型分为 6 种类型，其中上松下紧型面积为 109.58 万 hm²，占六等地面积的 86.35%；海绵型、薄层型、夹层型、紧实型和上紧下松型面积较少，分别为 5.44 万 hm²、4.98 万 hm²、4.50 万 hm²、2.20 万 hm² 和 0.21 万 hm²，分别占 4.29%、3.92%、3.54%、1.73% 和 0.16%。耕层质地分为 6 种类型，其中中壤所占的面积最大，为 68.88 万 hm²，占 54.27%；其次是砂壤和轻壤，面积分别为 21.46 万 hm² 和 15.25 万 hm²，分别占 16.91% 和 12.02%；重壤、黏土和砂土面积较少，分别为 10.76 万 hm²、7.69 万 hm² 和 2.87hm²，分别占 8.48%、6.06% 和 2.26%（表 3-81）。

表 3-81　六等地各质地构型和耕层质地面积与比例

项目		面积（万 hm²）	比例（%）
质地构型	薄层型	4.98	3.92
	海绵型	5.44	4.29
	夹层型	4.50	3.54
	紧实型	2.20	1.73
	上松下紧型	109.58	86.35
	上紧下松型	0.21	0.16
总计		126.90	100.00
耕层质地	黏土	7.69	6.06
	轻壤	15.25	12.02
	砂壤	21.46	16.91
	砂土	2.87	2.26
	中壤	68.88	54.27
	重壤	10.76	8.48
总计		126.90	100.00

（三）灌溉能力和排水能力

华南区六等地的灌溉能力分为 4 种类型，其中不满足面积为 94.10 万 hm²，占六等地面积的 74.15%；基本满足面积为 16.13 万 hm²，占 12.71%；充分满足面积为 11.23 万 hm²，占 8.85%；满足面积为 5.44 万 hm²，占 4.29%。

排水能力分为 4 种类型，其中充分满足面积为 123.40 万 hm²，占 97.24%；满足、基本满足和不满足的比较很少，分别为 2.41 万 hm²、0.92 万 hm² 和 0.18 万 hm²，分别占 1.90%、0.72% 和 0.14%（表 3-82）。

表 3-82　六等地各灌溉能力和排水能力面积与比例

项目		面积（万 hm²）	比例（%）
灌溉能力	充分满足	11.23	8.85
	满足	5.44	4.29
	基本满足	16.13	12.71
	不满足	94.10	74.15
总计		126.90	100.00
排水能力	充分满足	123.40	97.24
	满足	2.41	1.90
	基本满足	0.92	0.72
	不满足	0.18	0.14
总计		126.90	100.00

（四）有效土层厚度

华南区六等地有效土层厚度的平均值为 96.87cm，最大值为 100.00cm，最小值为 22.00cm，标准差为 11.56（表 3-83）。

表 3-83　六等地有效土层厚度

项目	平均值（cm）	最大值（cm）	最小值（cm）	标准差
有效土层厚度	96.87	100.00	22.00	11.56

（五）障碍因素

华南区六等地无障碍层次面积为 122.37 万 hm²，占六等地面积的 96.42%。部分耕地的障碍因素为潜育化、障碍层次、盐渍化、酸化和瘠薄，面积分别为 1.81 万 hm²、1.61 万 hm²、0.93 万 hm²、0.11 万 hm² 和 0.08 万 hm²，分别占 1.43%、1.27%、0.73%、0.08% 和 0.06%（表 3-84）。

表 3-84　六等地障碍因素的面积与比例

障碍因素	面积（万 hm²）	比例（%）
无障碍层次	122.37	96.42
潜育化	1.81	1.43
障碍层次	1.61	1.27
盐渍化	0.93	0.73
酸化	0.11	0.08
瘠薄	0.08	0.06
总计	126.90	100.00

（六）土壤容重

华南区六等地土壤容重分为 7 个等级，其中 1.3～1.4g/cm³、1.1～1.2g/cm³ 和 1.2～1.3g/cm³ 面积最多，分别为 37.80 万 hm²、37.40 万 hm² 和 32.90 万 hm²，分别占六等地面

积的 29.79％、29.47％和 25.92％；1.4～1.5g/cm³ 面积为 7.50 万 hm²，占 5.91％；1.0～1.1g/cm³ 面积为 6.34 万 hm²，占 4.99％；1.5～1.6g/cm³ 面积为 4.86 万 hm²，占 3.83％；1.6～1.7g/cm³ 面积最少，仅占 0.09％（表 3-85）。

表 3-85　六等地土壤容重的面积与比例

土壤容重（g/cm³）	面积（万 hm²）	比例（%）
1.0～1.1	6.34	4.99
1.1～1.2	37.40	29.47
1.2～1.3	32.90	25.92
1.3～1.4	37.80	29.79
1.4～1.5	7.50	5.91
1.5～1.6	4.86	3.83
1.6～1.7	0.12	0.09
总计	126.90	100.00

（七）农田林网化程度、生物多样性和清洁程度

华南区六等地农田林网化程度分为 3 个等级，其中高的面积为 69.75 万 hm²，占六等地面积的 54.96％；中和低的面积分别为 28.69 万 hm² 和 28.47 万 hm²，分别占 22.60％和占 22.43％。生物多样性分为 3 个等级，其中一般的面积为 79.66 万 hm²，占 62.77％；丰富的面积为 40.38 万 hm²，占 31.82％；不丰富的面积为 6.86 万 hm²，占 5.41％。六等地的清洁程度均为清洁（表 3-86）。

表 3-86　六等地农田林网化程度和生物多样性的面积与比例

项目		面积（万 hm²）	比例（%）
农田林网化程度	高	69.75	54.96
	中	28.69	22.60
	低	28.47	22.43
总计		126.90	100.00
生物多样性	丰富	40.38	31.82
	一般	79.66	62.77
	不丰富	6.86	5.41
总计		126.90	100.00

（八）酸碱度与土壤养分含量

表 3-87 列出了六等地土壤酸碱度及土壤有机质、有效磷、速效钾含量的平均值。土壤酸碱度平均值为 5.42，土壤有机质平均含量为 23.70g/kg、有效磷 23.55mg/kg、速效钾 66.70mg/kg。

综合来看，滇南农林区和闽南粤中农林水产区土壤养分含量较高；粤西桂南农林区的土壤养分含量尚可；琼雷及南海诸岛农林区的土壤养分含量较低。

表 3-87　六等地土壤酸碱度与土壤养分含量平均值

主要养分指标	闽南粤中农林水产区	粤西桂南农林区	滇南农林区	琼雷及南海诸岛农林区	平均值
酸碱度	5.44	5.41	5.98	5.26	5.42
有机质（g/kg）	24.12	26.36	29.98	21.30	23.70
有效磷（mg/kg）	30.93	27.60	21.68	19.16	23.55
速效钾（mg/kg）	74.02	67.35	124.77	48.21	66.70

三、六等地产量水平

在耕作利用方式上，六等地主要以种植水稻、蔬菜、甘蔗、玉米和花生为主。依据 3 142 个调查点数据统计，其中主栽作物为水稻的调查点 1 636 个，占六等地调查点的比例为 52.07%，年平均产量为 11 147 kg/hm²；蔬菜 123 个，占比 3.91%，年平均产量为 17 232 kg/hm²；甘蔗 287 个，占比 9.13%，年平均产量为 71 151 kg/hm²；玉米 422 个，占比 13.43%，年平均产量为 12 361 kg/hm²；花生 276 个，占比 8.78%，年平均产量为 9 819 kg/hm²（表 3-88）。

表 3-88　六等地主栽作物调查点及产量

主栽作物	调查点（个）	比例（%）	年平均产量（kg/hm²）
水稻	1 636	52.07	11 147
蔬菜	123	3.91	17 232
甘蔗	287	9.13	71 151
玉米	422	13.43	12 361
花生	276	8.78	9 819

第八节　七等地耕地质量等级特征

一、七等地分布特征

（一）区域分布

七等地面积为 121.86 万 hm²，占华南区耕地面积的比例是 14.34%。主要分布在滇南农林区，面积为 51.09 万 hm²，占七等地面积的 41.93%；其次是粤西桂南农林区，面积 39.38 万 hm²，占 32.32%；闽南粤中农林水产区和琼雷及南海诸岛农林区面积分别为 17.58 万 hm² 和 13.81 万 hm²，分别占 14.42% 和 11.33%（表 3-89）。

表 3-89　南区七等地面积与比例（按二级农业区划）

二级农业区	面积（万 hm²）	比例（%）
闽南粤中农林水产区	17.58	14.42
粤西桂南农林区	39.38	32.32
滇南农林区	51.09	41.93

（续）

二级农业区	面积（万 hm²）	比例（%）
琼雷及南海诸岛农林区	13.81	11.33
总计	121.86	100.00

从行政区划看，七等地分布最多的是云南评价区，面积为 51.09 万 hm²，占七等地面积的 41.93%；其次是广东评价区和广西评价区，面积分别为 22.61 万 hm² 和 34.01 万 hm²，分别占 18.55% 和 27.91%；福建评价区七等地较少，面积为 7.97 万 hm²，占 6.54%；海南评价区最少，为 6.18 万 hm²，占 5.07%。

七等地在市域分布上差异较大，福建评价区主要分布在泉州市和漳州市，占该评价区七等地面积的比例分别为 24.82% 和 41.73%；广东评价区主要分布在茂名市和湛江市，比例分别为 11.39% 和 40.10%；广西评价区主要分布在百色市、崇左市、南宁市和钦州市，比例分别为 23.44%、26.15%、18.40% 和 13.11%；海南评价区主要分布在白沙黎族自治县和海口市，比例分别为 10.54% 和 10.51%；云南评价区主要分布在临沧市、普洱市和文山壮族苗族自治州，比例分别为 22.66%、25.06% 和 18.36%（表 3-90）。

表 3-90　华南区七等地面积与比例（按行政区划）

评价区	市名称	面积（万 hm²）	比例（%）
福建评价区	福州市	0.82	10.23
	平潭综合实验区	0.14	1.73
	莆田市	1.02	12.82
	泉州市	1.98	24.82
	厦门市	0.69	8.68
	漳州市	3.32	41.73
小计		7.97	100.00
广东评价区	潮州市	0.31	1.38
	佛山市	0.07	0.30
	广州市	0.21	0.91
	河源市	1.00	4.42
	惠州市	1.09	4.81
	江门市	1.42	6.30
	揭阳市	0.72	3.17
	茂名市	2.58	11.39
	梅州市	0.21	0.94
	清远市	1.65	7.29
	汕头市	0.15	0.68
	汕尾市	0.35	1.54
	韶关市	0.19	0.85

（续）

评价区	市名称	面积（万 hm²）	比例（%）
广东评价区	深圳市	0.00	0.01
	阳江市	1.36	6.00
	云浮市	1.28	5.68
	湛江市	9.06	40.10
	肇庆市	0.79	3.49
	珠海市	0.17	0.74
小计		22.61	100.00
广西评价区	百色市	7.97	23.44
	北海市	1.00	2.94
	崇左市	8.89	26.15
	防城港市	2.86	8.41
	贵港市	1.19	3.51
	南宁市	6.26	18.40
	钦州市	4.46	13.11
	梧州市	1.01	2.98
	玉林市	0.36	1.06
小计		34.01	100.00
海南评价区	白沙黎族自治县	0.65	10.54
	保亭黎族苗族自治县	0.10	1.64
	昌江黎族自治县	0.34	5.54
	澄迈县	0.44	7.05
	儋州市	0.39	6.33
	定安县	0.08	1.28
	东方市	0.57	9.22
	海口市	0.65	10.51
	乐东黎族自治县	0.27	4.38
	临高县	0.35	5.74
	陵水黎族自治县	0.28	4.55
	琼海市	0.52	8.49
	琼中黎族苗族自治县	0.14	2.32
	三亚市	0.23	3.67
	屯昌县	0.52	8.46
	万宁市	0.32	5.20
	文昌市	0.27	4.31
	五指山市	0.05	0.77
小计		6.18	100.00

（续）

评价区	市名称	面积（万 hm²）	比例（%）
云南评价区	保山市	4.96	9.71
	德宏傣族景颇族自治州	1.65	3.23
	红河哈尼族彝族自治州	7.54	14.76
	临沧市	11.58	22.66
	普洱市	12.81	25.06
	文山壮族苗族自治州	9.38	18.36
	西双版纳傣族自治州	2.01	3.94
	玉溪市	1.16	2.27
小计		51.09	100.00

（二）土壤类型

从土壤类型看，华南区七等地的耕地土壤类型分为滨海盐土、潮土、赤红壤、粗骨土、风沙土、红壤、黄壤、黄棕壤、火山灰土、磷质石灰土、石灰（岩）土、水稻土、新积土、燥红土、砖红壤、紫色土和棕壤 17 大土类 37 个亚类。

在七等地上分布的 17 大土类中，赤红壤面积较大，为 35.42 万 hm²，占七等地面积的 29.07%；其次是红壤，占 17.07%；水稻土和砖红壤分别占 14.28% 和 11.94%。在赤红壤的 3 个亚类中，典型赤红壤的面积较大，占七等地赤红壤面积的 83.48%；其次是黄色赤红壤，占 16.47%。红壤中典型红壤和黄红壤占的比例较大，分别为 53.69% 和 45.98%。水稻土中渗育水稻土的面积较大，占 48.79%；其次是潴育水稻土，占 26.01%。砖红壤中典型砖红壤占的比例为 89.58%，黄色砖红壤占 10.42%（表 3-91）。

表 3-91　各土类、亚类七等地面积与比例

土类	亚类	面积（万 hm²）	比例（%）
砖红壤	典型砖红壤	13.04	89.58
	黄色砖红壤	1.52	10.42
小计		14.56	100.00
赤红壤	典型赤红壤	29.57	83.48
	黄色赤红壤	5.83	16.47
	赤红壤性土	0.02	0.05
小计		35.42	100.00
红壤	典型红壤	11.17	53.69
	黄红壤	9.57	45.98
	红壤性土	0.07	0.32
小计		20.80	100.00
黄壤	典型黄壤	5.57	100.00
黄棕壤	典型黄棕壤	2.16	98.53
	暗黄棕壤	0.03	1.47
小计		2.19	100.00

（续）

土类	亚类	面积（万 hm²）	比例（％）
棕壤	典型棕壤	0.02	100.00
燥红土	典型燥红土	0.10	12.21
	褐红土	0.73	87.79
小计		0.83	100.00
新积土	冲积土	0.14	100.00
风沙土	滨海风沙土	0.42	100.00
石灰（岩）土	红色石灰土	0.59	4.95
	黑色石灰土	0.59	4.94
	棕色石灰土	9.23	77.35
	黄色石灰土	1.52	12.75
小计		11.94	100.00
火山灰土	基性岩火山灰土	0.16	100.00
紫色土	酸性紫色土	8.01	95.04
	中性紫色土	0.37	4.38
	石灰性紫色土	0.05	0.58
小计		8.43	100.00
磷质石灰土	典型磷质石灰土	0.01	100.00
粗骨土	酸性粗骨土	1.55	82.83
	硅质岩粗骨土	0.32	17.17
小计		1.87	100.00
滨海盐土	滨海潮滩盐土	0.09	100.00
潮土	灰潮土	2.00	100.00
水稻土	潴育水稻土	4.53	26.01
	淹育水稻土	1.06	6.11
	渗育水稻土	8.49	48.79
	潜育水稻土	2.04	11.71
	脱潜水稻土	0.01	0.06
	漂洗水稻土	0.67	3.86
	盐渍水稻土	0.49	2.83
	咸酸水稻土	0.11	0.64
小计		17.41	100.00

二、七等地属性特征

（一）地形部位

华南区七等地的地形部位分为 11 种类型，山地坡下面积最大，为 28.61 万 hm²，占七等地的 23.47％；其次是丘陵下部、山地坡中和宽谷盆地，面积分别为 19.79 万 hm²、

17.61 万 hm^2 和 16.17 万 hm^2，分别占 16.24%、14.45% 和 13.27%；再次是山间盆地和平原低阶，面积分别为 8.46 万 hm^2 和 8.16 万 hm^2，分别占 6.94% 和 6.70%；丘陵中部面积为 6.98 万 hm^2，占 5.73%；平原高阶面积为 5.43 万 hm^2，占 4.46%；平原中阶面积为 4.80 万 hm^2，占 3.94%；山地坡上面积为 4.03 万 hm^2，占 3.31%；丘陵上部面积为 1.81 万 hm^2，占 1.49%（表 3-92）。

表 3-92　七等地各地形部位面积与比例

地形部位	面积（万 hm^2）	比例（%）
宽谷盆地	16.17	13.27
平原低阶	8.16	6.70
平原高阶	5.43	4.46
平原中阶	4.80	3.94
丘陵上部	1.81	1.49
丘陵下部	19.79	16.24
丘陵中部	6.98	5.73
山地坡上	4.03	3.31
山地坡下	28.61	23.47
山地坡中	17.61	14.45
山间盆地	8.46	6.94
总计	121.86	100.00

（二）质地构型和耕层质地

华南区七等地的质地构型分为 7 种类型，其中上松下紧型面积为 106.32 万 hm^2，占七等地面积的 87.25%；紧实型、夹层型、海绵型、上紧下松型、松散型和薄层型面积较少，分别为 5.96 万 hm^2、3.71 万 hm^2、3.45 万 hm^2、2.00 万 hm^2、0.25 万 hm^2 和 0.17 万 hm^2，分别占 4.89%、3.04%、2.83%、1.64%、0.21% 和 0.14%。耕层质地分为 6 种类型，其中中壤所占的面积较大，为 70.41 万 hm^2，占 57.78%；砂壤、黏土和轻壤次之，面积分别为 17.54 万 hm^2、12.00 万 hm^2 和 11.72 万 hm^2，分别占 14.39%、9.85% 和 9.62%；重壤面积为 7.03 万 hm^2，占 5.77%；砂土面积最少，占 2.59%（表 3-93）。

表 3-93　七等地各质地构型和耕层质地面积与比例

项目		面积（万 hm^2）	比例（%）
质地构型	薄层型	0.17	0.14
	海绵型	3.45	2.83
	夹层型	3.71	3.04
	紧实型	5.96	4.89
	上紧下松型	2.00	1.64
	上松下紧型	106.32	87.25
	松散型	0.25	0.21
总计		121.86	100.00

（续）

项目		面积（万 hm²）	比例（%）
耕层质地	黏土	12.00	9.85
	轻壤	11.72	9.62
	砂壤	17.54	14.39
	砂土	3.16	2.59
	中壤	70.41	57.78
	重壤	7.03	5.77
总计		121.86	100.00

（三）灌溉能力和排水能力

华南区七等地的灌溉能力分为 4 种类型，其中不满足面积最多，为 104.06 万 hm²，占七等地面积的 85.39%；基本满足、充分满足和满足面积较少，分别为 10.12 万 hm²、4.58 万 hm² 和 3.10 万 hm²，分别占 8.30%、3.76% 和 2.54%。排水能力分为 4 种类型，其中充分满足面积为 118.91 万 hm²，占 97.58%；满足、基本满足和不满足面积分别占 1.22%、0.73% 和 0.47%（表 3-94）。

表 3-94　七等地各灌溉能力和排水能力面积与比例

项目		面积（万 hm²）	比例（%）
灌溉能力	充分满足	4.58	3.76
	满足	3.10	2.54
	基本满足	10.12	8.30
	不满足	104.06	85.39
总计		121.86	100.00
排水能力	充分满足	118.91	97.58
	满足	1.49	1.22
	基本满足	0.89	0.73
	不满足	0.57	0.47
总计		121.86	100.00

（四）有效土层厚度

华南区七等地有效土层厚度的平均值为 95.79cm，最大值为 100.00cm，最小值为 22.00cm，标准差为 13.34（表 3-95）。

表 3-95　七等地有效土层厚度

项目	平均值（cm）	最大值（cm）	最小值（cm）	标准差
有效土层厚度	95.79	100.00	22.00	13.34

（五）障碍因素

华南区七等地无障碍层次面积为 117.78 万 hm²，占七等地面积的 96.74%。部分耕地存在障碍因素。其中，潜育化面积为 2.07 万 hm²，占 1.70%；障碍层次面积为 1.11 万 hm²，占 0.91%；盐渍化面积为 0.49 万 hm²，占 0.40%；瘠薄面积为 0.15 万 hm²，占 0.12%；酸化面积为 0.16 万 hm²，占 0.13%（表 3-96）。

表 3-96　七等地障碍因素的面积与比例

障碍因素	面积（万 hm²）	比例（%）
无障碍层次	117.88	96.74
潜育化	2.07	1.70
障碍层次	1.11	0.91
盐渍化	0.49	0.40
瘠薄	0.15	0.12
酸化	0.16	0.13
总计	121.86	100.00

（六）土壤容重

华南区七等地土壤容重分为 7 个等级，其中 1.1～1.2g/cm³ 面积最大，为 44.62 万 hm²，占七等地的 36.62%；其次是 1.3～1.4g/cm³ 和 1.2～1.3g/cm³，面积分别为 30.23 万 hm² 和 24.67 万 hm²，分别占 24.81% 和 20.24%；1.4～1.5g/cm³ 面积为 12.75 万 hm²，占 10.46%；1.0～1.1g/cm³ 面积为 5.91 万 hm²，占 4.85%；1.5～1.6g/cm³ 面积为 3.59 万 hm²，占 2.95%；1.6～1.7g/cm³ 面积最少，仅占 0.08%（表 3-97）。

表 3-97　七等地土壤容重的面积与比例

土壤容重（g/cm³）	面积（万 hm²）	比例（%）
1.0～1.1	5.91	4.85
1.1～1.2	44.62	36.62
1.2～1.3	24.67	20.24
1.3～1.4	30.23	24.81
1.4～1.5	12.75	10.46
1.5～1.6	3.59	2.95
1.6～1.7	0.10	0.08
总计	121.86	100.00

（七）农田林网化程度、生物多样性和清洁程度

华南区七等地农田林网化程度分为 3 个等级，其中低的面积为 52.06 万 hm²，占七等地面积的 42.72%；高的面积为 37.60 万 hm²，占 30.85%；中的面积为 32.20 万 hm²，占 26.43%。生物多样性分为 3 个等级，其中一般的面积为 69.57 万 hm²，占 57.09%；丰富的面积为 40.17 万 hm²，占 32.96%；不丰富的面积为 12.12 万 hm²，占 9.94%。七等地的清洁程度均为清洁（表 3-98）。

表 3-98　七等地农田林网化程度和生物多样性的面积与比例

项目		面积（万 hm²）	比例（%）
农田林网化程度	高	37.60	30.85
	中	32.20	26.43
	低	52.06	42.72
总计		121.86	100.00
生物多样性	丰富	40.17	32.96
	一般	69.57	57.09
	不丰富	12.12	9.94
总计		121.86	100.00

（八）酸碱度与土壤养分含量

表 3-99 列出了七等地土壤酸碱度及土壤有机质、有效磷、速效钾含量的平均值。土壤酸碱度平均值为 5.42，土壤有机质平均含量为 23.46g/kg、有效磷 22.90mg/kg、速效钾 72.36mg/kg。

综合来看，滇南农林区七等地的土壤有机质、速效钾养分含量较高，有效磷的含量偏低；闽南粤中农林水产区有效磷的含量较高，有机质、速效钾的含量尚可；粤西桂南农林区土壤养分含量居中；琼雷及南海诸岛农林区的土壤养分含量较低。

表 3-99　七等地土壤酸碱度与土壤养分含量平均值

主要养分指标	闽南粤中农林水产区	粤西桂南农林区	滇南农林区	琼雷及南海诸岛农林区	平均值
酸碱度	5.43	5.32	5.80	5.23	5.42
有机质（g/kg）	23.35	25.05	29.25	19.85	23.46
有效磷（mg/kg）	31.67	25.54	20.88	18.40	22.90
速效钾（mg/kg）	74.01	63.55	118.33	47.33	72.36

三、七等地产量水平

在耕作利用方式上，七等地主要以种植水稻、甘蔗、玉米和花生为主。依据 2 732 个调查点数据统计，其中主栽作物为水稻的调查点 1 124 个，占七等地调查点的比例为 41.14%，年平均产量为 9 743kg/hm²；甘蔗 231 个，占比 8.46%，年平均产量为 67 380kg/hm²；玉米 643 个，占比 23.54%，年平均产量为 11 588kg/hm²；花生 194 个，占比 7.10%，年平均产量为 9 414kg/hm²（表 3-100）。

表 3-100　七等地主栽载作物调查点及产量

主栽作物	调查点（个）	比例（%）	年平均产量（kg/hm²）
水稻	1 124	41.14	9 743
甘蔗	231	8.46	67 380
玉米	643	23.54	11 588
花生	194	7.10	9 414

第九节　八等地耕地质量等级特征

一、八等地分布特征

（一）区域分布

八等地面积为 89.16 万 hm²，占华南区耕地面积的比例是 10.49%。主要分布在滇南农林区，面积为 49.65 万 hm²，占八等地面积的 55.69%；其次是粤西桂南农林区，面积 15.53 万 hm²，占 17.42%；闽南粤中农林水产区和琼雷及南海诸岛农林区面积分别为 10.03 万 hm² 和 13.95 万 hm²，分别占 11.25% 和 15.65%（表 3-101）。

表 3-101　华南区八等地面积与比例（按二级农业区划）

二级农业区	面积（万 hm²）	比例（%）
闽南粤中农林水产区	10.03	11.25
粤西桂南农林区	15.53	17.42
滇南农林区	49.65	55.69
琼雷及南海诸岛农林区	13.95	15.65
总计	89.16	100.00

从行政区划看，八等地分布最多的是云南评价区，面积为 49.65 万 hm²，占八等地面积的 55.69%；其次是广东评价区和广西评价区，面积分别为 15.54 万 hm² 和 12.92 万 hm²，分别占 17.42% 和 14.49%；海南评价区和福建评价区较少，面积分别为 7.06 万 hm² 和 3.99 万 hm²，分别占 7.92% 和 4.48%。

八等地在市域分布上差异较大，福建评价区主要分布在莆田市、泉州市和漳州市，占该评价区八等地面积的比例分别为 28.25%、35.22% 和 27.26%；广东评价区主要分布在湛江市，比例为 50.08%，其他地市比例均在 10.00% 以下；广西评价区主要分布在百色市和崇左市，比例分别为 26.26% 和 21.74%；海南评价区主要分布在澄迈县、儋州市和乐东黎族自治县，比例分别为 13.41%、20.47% 和 10.55%；云南评价区主要分布在红河哈尼族彝族自治州、临沧市、普洱市和文山壮族苗族自治州，比例分别为 11.68%、22.95%、31.38% 和 10.92%（表 3-102）。

表 3-102　华南区八等地面积与比例（按行政区划）

评价区	市名称	面积（万 hm²）	比例（%）
福建评价区	福州市	0.14	3.46
	平潭综合实验区	0.09	2.36
	莆田市	1.13	28.25
	泉州市	1.41	35.22
	厦门市	0.14	3.46
	漳州市	1.09	27.26
小计		3.99	100.00

（续）

评价区	市名称	面积（万 hm²）	比例（%）
广东评价区	潮州市	0.19	1.24
	佛山市	0.02	0.10
	广州市	0.13	0.86
	河源市	0.79	5.11
	惠州市	0.85	5.47
	江门市	0.63	4.03
	揭阳市	0.39	2.53
	茂名市	1.40	8.99
	梅州市	0.15	0.97
	清远市	0.73	4.70
	汕头市	0.06	0.38
	汕尾市	0.32	2.05
	韶关市	0.56	3.58
	阳江市	0.32	2.06
	云浮市	0.85	5.50
	湛江市	7.78	50.08
	肇庆市	0.37	2.35
小计		15.54	100.00
广西评价区	百色市	3.39	26.26
	北海市	1.36	10.49
	崇左市	2.81	21.74
	防城港市	1.28	9.87
	贵港市	0.97	7.48
	南宁市	0.66	5.07
	钦州市	1.27	9.83
	梧州市	0.43	3.33
	玉林市	0.77	5.93
小计		12.92	100.00
海南评价区	白沙黎族自治县	0.57	8.14
	保亭黎族苗族自治县	0.07	1.04
	昌江黎族自治县	0.29	4.10
	澄迈县	0.95	13.41
	儋州市	1.45	20.47
	定安县	0.26	3.71
	东方市	0.47	6.63
	海口市	0.52	7.41

（续）

评价区	市名称	面积（万 hm²）	比例（%）
海南评价区	乐东黎族自治县	0.75	10.55
	临高县	0.29	4.10
	陵水黎族自治县	0.18	2.59
	琼海市	0.34	4.83
	琼中黎族苗族自治县	0.24	3.45
	三亚市	0.17	2.41
	屯昌县	0.25	3.57
	万宁市	0.04	0.54
	文昌市	0.16	2.21
	五指山市	0.06	0.83
小计		7.06	100.00
云南评价区	保山市	3.58	7.21
	德宏傣族景颇族自治州	2.69	5.42
	红河哈尼族彝族自治州	5.80	11.68
	临沧市	11.40	22.95
	普洱市	15.58	31.38
	文山壮族苗族自治州	5.42	10.92
	西双版纳傣族自治州	3.63	7.32
	玉溪市	1.55	3.13
小计		49.65	100.00

（二）土壤类型

从土壤类型看，华南区八等地的耕地土壤类型分为滨海盐土、潮土、赤红壤、粗骨土、风沙土、红壤、黄壤、黄棕壤、火山灰土、磷质石灰土、石灰（岩）土、水稻土、新积土、燥红土、砖红壤、紫色土和棕壤 17 大土类 39 个亚类。

在八等地上分布的 17 大土类中，赤红壤面积较大，为 30.99 万 hm²，占八等地面积的 34.76%；其次是红壤，占 18.99%；砖红壤和水稻土分别占 14.09% 和 8.96%。在赤红壤的 3 个亚类中，典型赤红壤的面积较大，占八等地赤红壤面积的 74.79%；其次是黄色赤红壤，占 25.09%。红壤中典型红壤和黄红壤占的比例较大，分别为 56.02% 和 43.81%。砖红壤中典型砖红壤占比为 93.74%，黄色砖红壤占比为 6.26%。水稻土中渗育水稻土和潜育水稻土的面积较大，分别占 41.12% 和 26.99%；其次是潴育水稻土和淹育水稻土，分别占 10.51% 和 9.27%（表 3-103）。

表 3-103　各土类、亚类八等地面积与比例

土类	亚类	面积（万 hm²）	比例（%）
砖红壤	典型砖红壤	11.77	93.74
	黄色砖红壤	0.79	6.26
小计		12.56	100.00

（续）

土类	亚类	面积（万 hm²）	比例（%）
赤红壤	典型赤红壤	23.18	74.79
	黄色赤红壤	7.78	25.09
	赤红壤性土	0.04	0.12
小计		30.99	100.00
红壤	典型红壤	9.49	56.02
	黄红壤	7.42	43.81
	山原红壤	0.02	0.10
	红壤性土	0.01	0.06
小计		16.94	100.00
黄壤	典型黄壤	4.82	98.23
	黄壤性土	0.09	1.77
小计		4.90	100.00
黄棕壤	典型黄棕壤	2.82	99.93
	暗黄棕壤	0.002	0.07
小计		2.83	100.00
棕壤	典型棕壤	0.10	100.00
燥红土	典型燥红土	0.95	77.87
	褐红土	0.27	22.13
小计		1.22	100.00
新积土	典型新积土	0.03	16.40
	冲积土	0.16	83.60
小计		0.19	100.00
风沙土	滨海风沙土	0.53	100.00
火山灰土	基性岩火山灰土	0.02	100.00
石灰（岩）土	红色石灰土	0.34	11.44
	黑色石灰土	0.16	5.54
	棕色石灰土	1.59	53.69
	黄色石灰土	0.87	29.33
小计		2.96	100.00
紫色土	酸性紫色土	5.02	90.29
	中性紫色土	0.54	9.71
小计		5.56	100.00
磷质石灰土	典型磷质石灰土	0.02	100.00
粗骨土	酸性粗骨土	0.31	25.76
	硅质岩粗骨土	0.90	74.24
小计		1.22	100.00

（续）

土类	亚类	面积（万 hm²）	比例（%）
潮土	灰潮土	1.05	100.00
滨海盐土	滨海潮滩盐土	0.09	100.00
水稻土	潴育水稻土	0.84	10.51
	淹育水稻土	0.74	9.27
	渗育水稻土	3.28	41.12
	潜育水稻土	2.16	26.99
	脱潜水稻土	0.03	0.36
	漂洗水稻土	0.49	6.17
	盐渍水稻土	0.31	3.94
	咸酸水稻土	0.13	1.64
小计		7.99	100.00

二、八等地属性特征

（一）地形部位

华南区八等地的地形部位分为 11 种类型，其中山地坡中面积最大，为 24.29 万 hm²，占八等地的 27.25%；其次是山地坡下和丘陵下部，面积分别为 19.98 万 hm² 和 13.96 万 hm²，分别占 22.40% 和 15.66%；丘陵中部面积为 8.17 万 hm²，占 9.16%；再次是山间盆地、山地坡上和平原低阶，面积分别为 5.24 万 hm²、4.95 万 hm² 和 4.86 万 hm²，分别占 5.88%、5.55% 和 5.45%；宽谷盆地面积为 3.99 万 hm²，占 4.47%；平原高阶为 1.77 万 hm²，占 1.99%；平原中阶面积为 0.81 万 hm²，占 0.90%（表 3-104）。

表 3-104　八等地各地形部位面积与比例

地形部位	面积（万 hm²）	比例（%）
宽谷盆地	3.99	4.47
平原低阶	4.86	5.45
平原高阶	1.77	1.99
平原中阶	0.81	0.90
丘陵上部	1.15	1.29
丘陵下部	13.96	15.66
丘陵中部	8.17	9.16
山地坡上	4.95	5.55
山地坡下	19.98	22.40
山地坡中	24.29	27.25
山间盆地	5.24	5.88
总计	89.16	100.00

（二）质地构型和耕层质地

华南区八等地的质地构型分为 7 种类型，其中上松下紧型面积最大，为 76.23 万 hm²，占八等地面积的 85.49%；其他质地构型面积较小，紧实型、夹层型、海绵型、薄层型、上紧下松型和松散型面积分别为 4.84 万 hm²、2.17 万 hm²、2.54 万 hm²、1.69 万 hm²、0.97 万 hm² 和 0.73 万 hm²，分别占 5.43%、2.44%、2.85%、1.89%、1.08% 和 0.82%。耕层质地分为 6 种类型，其中中壤所占的面积较大，为 45.01 万 hm²，占 50.49%；其次是砂壤、黏土和轻壤，面积分别为 17.44 万 hm²、11.88 万 hm² 和 9.37 万 hm²，分别占 19.56%、13.32% 和 10.51%；重壤和砂土面积较少，分别占 4.07% 和 2.05%（表 3-105）。

表 3-105　八等地各质地构型和耕层质地面积与比例

项目		面积（万 hm²）	比例（%）
质地构型	薄层型	1.69	1.89
	海绵型	2.54	2.85
	夹层型	2.17	2.44
	紧实型	4.84	5.43
	上紧下松型	0.97	1.08
	上松下紧型	76.23	85.49
	松散型	0.73	0.82
总计		89.16	100.00
耕层质地	黏土	11.88	13.32
	轻壤	9.37	10.51
	砂壤	17.44	19.56
	砂土	1.83	2.05
	中壤	45.01	50.49
	重壤	3.63	4.07
总计		89.16	100.00

（三）灌溉能力和排水能力

华南区八等地的灌溉能力分为 4 种类型，其中不满足面积最大，为 81.21 万 hm²，占八等地面积的 91.08%；基本满足、充分满足、满足面积较少，分别为 3.09 万 hm²、3.05 万 hm² 和 1.81 万 hm²，分别占 3.46%、3.42% 和 2.03%。排水能力分为 4 种类型，其中充分满足面积最多，为 86.60 万 hm²，占八等地面积的 97.13%；基本满足、满足、不满足的面积很少，分别占 1.48%、0.75% 和 0.64%（表 3-106）。

表 3-106　八等地各灌溉能力和排水能力面积与比例

项目		面积（万 hm²）	比例（%）
灌溉能力	充分满足	3.05	3.42
	满足	1.81	2.03
	基本满足	3.09	3.46

（续）

项目		面积（万 hm²）	比例（%）
灌溉能力	不满足	81.21	91.08
	总计	89.16	100.00
排水能力	充分满足	86.60	97.13
	满足	0.67	0.75
	基本满足	1.32	1.48
	不满足	0.57	0.64
	总计	89.16	100.00

（四）有效土层厚度

华南区八等地有效土层厚度的平均值为 95.55cm，最大值为 100.00cm，最小值为 22.00cm，标准差为 13.18（表 3-107）。

表 3-107　八等地有效土层厚度

项目	平均值（cm）	最大值（cm）	最小值（cm）	标准差
有效土层厚度	95.55	100.00	22.00	13.18

（五）障碍因素

华南区八等地无障碍层次面积为 85.16 万 hm²，占八等地面积的 95.51%。部分耕地存在障碍因素。其中，潜育化面积为 2.20 万 hm²，占 2.47%；障碍层次面积为 1.22 万 hm²，占 1.37%；盐渍化面积为 0.31 万 hm²，占 0.35%；瘠薄面积为 0.07 万 hm²，占 0.08%；酸化面积为 0.20 万 hm²，占 0.23%（表 3-108）。

表 3-108　八等地障碍因素的面积与比例

障碍因素	面积（万 hm²）	比例（%）
无障碍层次	85.16	95.51
潜育化	2.20	2.47
障碍层次	1.22	1.37
盐渍化	0.31	0.35
瘠薄	0.07	0.08
酸化	0.20	0.23
总计	89.16	100.00

（六）土壤容重

华南区八等地土壤容重分为 7 个等级，其中 1.1～1.2g/cm³ 和 1.3～1.4g/cm³ 的面积较多，分别为 32.49 万 hm² 和 22.47 万 hm²，分别占八等地面积的 36.44% 和 25.20%；1.4～1.5g/cm³ 面积为 12.93 万 hm²，占 14.50%；1.2～1.3g/cm³ 面积为 12.61 万 hm²，占 14.14%；1.0～1.1g/cm³ 面积为 6.06 万 hm²，占 6.80%；1.5～1.6g/cm³ 面积为 2.44 万 hm²，占 2.74%；1.6～1.7g/cm³ 面积最少，仅占 0.19%（表 3-109）。

表 3-109　八等地土壤容重的面积与比例

土壤容重（g/cm³）	面积（万 hm²）	比例（%）
1.0～1.1	6.06	6.80
1.1～1.2	32.49	36.44
1.2～1.3	12.61	14.14
1.3～1.4	22.47	25.20
1.4～1.5	12.93	14.50
1.5～1.6	2.44	2.74
1.6～1.7	0.17	0.19
总计	89.16	100.00

（七）农田林网化程度、生物多样性和清洁程度

华南区八等地农田林网化程度分为 3 个等级，其中低的面积较大，为 50.37 万 hm²，占八等地面积的 56.49%；中的面积为 23.90 万 hm²，占 26.81%；高的面积为 14.89 万 hm²，占 16.70%。生物多样性分为 3 个等级，其中一般的面积较大，为 59.82 万 hm²，占八等地面积的 67.09%；丰富的面积为 21.71 万 hm²，占 24.35%；不丰富的面积为 7.63 万 hm²，占 8.55%。八等地的清洁程度均为清洁（表 3-110）。

表 3-110　八等地农田林网化程度和生物多样性的面积与比例

项目		面积（万 hm²）	比例（%）
农田林网化程度	高	14.89	16.70
	中	23.90	26.81
	低	50.37	56.49
总计		89.16	100.00
生物多样性	丰富	21.71	24.35
	一般	59.82	67.09
	不丰富	7.63	8.55
总计		89.16	100.00

（八）酸碱度与土壤养分含量

表 3-111 列出了八等地土壤酸碱度及土壤有机质、有效磷、速效钾含量的平均值。土壤酸碱度平均值为 5.37，土壤有机质平均含量为 23.25g/kg、有效磷 21.35mg/kg、速效钾 70.97mg/kg。

综合来看，滇南农林区八等地的土壤有机质、速效钾含量较高，但有效磷含量一般；闽南粤中农林水产区和粤西桂南农林区土壤养分含量尚可；琼雷及南海诸岛农林区的土壤偏酸，土壤养分含量较低。

表 3-111 八等地土壤酸碱度与土壤养分含量平均值

主要养分指标	闽南粤中农林水产区	粤西桂南农林区	滇南农林区	琼雷及南海诸岛农林区	平均值
酸碱度	5.45	5.29	5.65	5.20	5.37
有机质（g/kg）	22.51	25.13	28.47	20.38	23.25
有效磷（mg/kg）	28.11	26.57	20.15	19.05	21.35
速效钾（mg/kg）	72.15	64.07	113.40	47.56	70.97

三、八等地产量水平

在耕作利用方式上，八等地主要以种植水稻、甘蔗、玉米和花生为主。依据2 039个调查点数据统计，其中主栽作物为水稻的调查点 730 个，占八等地调查点的比例为 35.80%，年平均产量为7 594kg/hm²；甘蔗 153 个，占比 7.50%，年平均产量为64 087kg/hm²；玉米 535 个，占比 26.24%，年平均产量为10 878kg/hm²；花生 167 个，占比 8.19%，年平均产量为8 627kg/hm²（表 3-112）。

表 3-112 八等地主栽作物调查点及产量

主栽作物	调查点（个）	比例（%）	年平均产量（kg/hm²）
水稻	730	35.80	7 594
甘蔗	153	7.50	64 087
玉米	535	26.24	10 878
花生	167	8.19	8 627

第十节　九等地耕地质量等级特征

一、九等地分布特征

（一）区域分布

九等地面积为 48.16 万 hm²，占华南区耕地面积的比例是 5.67%。主要分布在滇南农林区，面积为 23.10 万 hm²，占九等地面积的 47.97%；琼雷及南海诸岛农林区、粤西桂南农林区和闽南粤中农林水产区面积分别为 9.80 万 hm²、8.88 万 hm² 和 6.37 万 hm²，占比分别为 20.36%、18.45% 和 13.22%（表 3-113）。

表 3-113 华南区九等地面积与比例（按二级农业区划）

二级农业区	面积（万 hm²）	比例（%）
闽南粤中农林水产区	6.37	13.22
粤西桂南农林区	8.88	18.45
滇南农林区	23.10	47.97
琼雷及南海诸岛农林区	9.80	20.36
总计	48.16	100.00

从行政区划看，九等地分布最多的是云南评价区，面积为 23.10 万 hm²，占九等地面积的 47.97%；其次是海南评价区、广东评价区和广西评价区，面积分别为 7.95 万 hm²、6.91 万 hm² 和 7.22 万 hm²，分别占 16.50%、14.34% 和 15.00%；福建评价区九等地最少，面积为 2.98 万 hm²，占 6.19%。

九等地在市域分布上差异较大，福建评价区主要分布在莆田市和泉州市，占该评价区九等地面积的比例分别为 25.95% 和 39.45%；广东评价区主要分布在茂名市、清远市和湛江市，比例分别为 13.95%、11.39% 和 32.96%；广西评价区主要分布在北海市、崇左市和防城港市，比例分别为 37.61%、20.74% 和 11.37%；海南评价区主要分布在澄迈县、儋州市、定安县和东方市，比例分别为 12.18%、12.60%、10.69 和 17.78%；云南评价区主要分布在临沧市、普洱市和西双版纳傣族自治州，比例分别为 17.38%、34.63% 和 14.47%（表 3-114）。

表 3-114 华南区九等地面积与比例（按行政区划）

评价区	市名称	面积（万 hm²）	比例（%）
福建评价区	福州市	0.39	13.23
	平潭综合实验区	0.13	4.44
	莆田市	0.77	25.95
	泉州市	1.18	39.45
	厦门市	0.09	3.12
	漳州市	0.41	13.81
小计		2.98	100.00
广东评价区	潮州市	0.19	2.75
	佛山市	0.07	1.02
	广州市	0.02	0.31
	河源市	0.18	2.64
	惠州市	0.33	4.79
	江门市	0.22	3.16
	揭阳市	0.19	2.70
	茂名市	0.96	13.95
	梅州市	0.05	0.66
	清远市	0.79	11.39
	汕头市	0.11	1.56
	汕尾市	0.31	4.53
	深圳市	0.00	0.00
	阳江市	0.28	4.02
	云浮市	0.67	9.67
	湛江市	2.28	32.96
	肇庆市	0.27	3.89
小计		6.91	100.00

（续）

评价区	市名称	面积（万 hm²）	比例（%）
广西评价区	百色市	0.52	7.21
	北海市	2.72	37.61
	崇左市	1.50	20.74
	防城港市	0.82	11.37
	贵港市	0.20	2.79
	南宁市	0.50	6.99
	钦州市	0.70	9.63
	梧州市	0.26	3.66
小计		7.22	100.00
海南评价区	白沙黎族自治县	0.43	5.40
	保亭黎族苗族自治县	0.05	0.61
	昌江黎族自治县	0.24	3.06
	澄迈县	0.97	12.18
	儋州市	1.00	12.60
	定安县	0.85	10.69
	东方市	1.41	17.78
	海口市	0.65	8.13
	乐东黎族自治县	0.64	8.02
	临高县	0.15	1.89
	陵水黎族自治县	0.18	2.24
	琼海市	0.17	2.18
	琼中黎族苗族自治县	0.13	1.64
	三亚市	0.31	3.91
	屯昌县	0.33	4.17
	万宁市	0.23	2.92
	文昌市	0.12	1.46
	五指山市	0.09	1.13
小计		7.95	100.00
云南评价区	保山市	1.00	4.34
	德宏傣族景颇族自治州	1.55	6.71
	红河哈尼族彝族自治州	2.15	9.29
	临沧市	4.02	17.38
	普洱市	8.00	34.63
	文山壮族苗族自治州	1.59	6.89
	西双版纳傣族自治州	3.34	14.47
	玉溪市	1.45	6.29
小计		23.10	100.00

（二）土壤类型

从土壤类型看，华南区九等地的耕地土壤类型分为滨海盐土、潮土、赤红壤、粗骨土、风沙土、红壤、黄壤、黄棕壤、火山灰土、石灰（岩）土、水稻土、新积土、燥红土、砖红壤、紫色土和棕壤16大土类38个亚类。

在九等地上分布的16大土类中，赤红壤面积最大，为13.93万 hm^2，占九等地面积的28.73%；其次是红壤，占17.30%；砖红壤和水稻土分别占14.46%和9.01%。在赤红壤的3个亚类中，典型赤红壤的面积较大，占九等地赤红壤面积的81.13%；其次是黄色赤红壤，占18.19%。红壤中典型红壤和黄红壤占的比例较大，分别为57.47%和40.83%。砖红壤中典型砖红壤占86.73%，黄色砖红壤占13.27%。水稻土中渗育水稻土的面积最大，占49.95%；其次是潜育水稻土和淹育水稻土，分别占22.19%和12.04%（表3-115）。

表 3-115　各土类、亚类九等地面积与比例

土类	亚类	面积（万 hm^2）	比例（%）
砖红壤	典型砖红壤	6.04	86.73
	黄色砖红壤	0.92	13.27
小计		6.96	100.00
赤红壤	典型赤红壤	11.30	81.13
	黄色赤红壤	2.53	18.19
	赤红壤性土	0.09	0.68
小计		13.93	100.00
红壤	典型红壤	4.79	57.47
	黄红壤	3.40	40.83
	山原红壤	0.04	0.47
	红壤性土	0.10	1.23
小计		8.33	100.00
黄壤	典型黄壤	2.35	89.41
	黄壤性土	0.28	10.59
小计		2.63	100.00
黄棕壤	典型黄棕壤	1.83	99.68
	暗黄棕壤	0.01	0.32
小计		1.83	100.00
棕壤	典型棕壤	0.08	100.00
燥红土	典型燥红土	1.50	97.20
	褐红土	0.04	2.80
小计		1.54	100.00
新积土	冲积土	0.05	100.00
风沙土	滨海风沙土	1.08	100.00

（续）

土类	亚类	面积（万 hm²）	比例（%）
石灰（岩）土	红色石灰土	0.75	58.1
	黑色石灰土	0.18	13.75
	棕色石灰土	0.05	4.14
	黄色石灰土	0.31	24.02
小计		1.29	100.00
火山灰土	基性岩火山灰土	1.29	100.00
紫色土	酸性紫色土	2.91	94.58
	中性紫色土	0.13	4.29
	石灰性紫色土	0.03	1.14
小计		3.07	100.00
粗骨土	酸性粗骨土	0.01	2.12
	硅质岩粗骨土	0.64	97.88
小计		0.65	100.00
潮土	灰潮土	0.68	100.00
滨海盐土	滨海潮滩盐土	0.39	100.00
水稻土	潴育水稻土	0.21	4.73
	淹育水稻土	0.52	12.04
	渗育水稻土	2.17	49.95
	潜育水稻土	0.96	22.19
	脱潜水稻土	0.09	2.11
	漂洗水稻土	0.23	5.41
	盐渍水稻土	0.15	3.57
	咸酸水稻土	0.0001	0.00
小计		4.34	100.00

二、九等地属性特征

（一）地形部位

华南区九等地的地形部位分为 11 种类型，其中山地坡中面积最大，为 13.96 万 hm²，占九等低面积的 29.00%；山地坡下面积为 9.96 万 hm²，占 20.68%；丘陵下部面积为 8.16 万 hm²，占 16.95%；平原低阶面积为 6.62 万 hm²，占 13.75%；山地坡上、丘陵中部、宽谷盆地、丘陵上部、山间盆地、平原中阶和平原高阶面积占比较小，分别为 3.14 万 hm²、2.30 万 hm²、1.85 万 hm²、0.98 万 hm²、0.56 万 hm²、0.57 万 hm² 和 0.06 万 hm²，分别占 6.51%、4.78%、3.83%、2.03%、1.18%、1.18% 和 0.12%（表 3-116）。

表 3-116 九等地各地形部位面积与比例

地形部位	面积（万 hm²）	比例（%）
宽谷盆地	1.85	3.83
平原低阶	6.62	13.75
平原高阶	0.06	0.12
平原中阶	0.57	1.18
丘陵上部	0.98	2.03
丘陵下部	8.16	16.95
丘陵中部	2.30	4.78
山地坡上	3.14	6.51
山地坡下	9.96	20.68
山地坡中	13.96	29.00
山间盆地	0.56	1.17
总计	48.16	100.00

（二）质地构型和耕层质地

华南区九等地的质地构型分为 7 种类型，其中上松下紧型面积为 33.69 万 hm²，占九等地面积的 69.96%；紧实型和薄层型面积分别为 4.48 万 hm² 和 4.84 万 hm²，分别占 9.30% 和 10.06%；夹层型面积为 1.62 万 hm²，占 3.36%；海绵型面积为 1.33 万 hm²，占 2.76%；上紧下松型面积为 1.09 万 hm²，占 2.27%；松散型面积为 1.10 万 hm²，占 2.29%。耕层质地分为 6 种类型，其中砂壤所占的面积较大，为 14.69 万 hm²，占 30.51%；其次是中壤和黏土，面积分别为 12.36 万 hm² 和 11.04 万 hm²，分别占 25.67% 和 22.92%；轻壤面积为 4.23 万 hm²，占 8.78%；重壤面积为 3.73 万 hm²，占 7.75%；砂土面积为 2.10 万 hm²，占 4.37%（表 3-117）。

表 3-117 九等地各质地构型和耕层质地面积与比例

项目		面积（万 hm²）	比例（%）
质地构型	薄层型	4.84	10.06
	海绵型	1.33	2.76
	夹层型	1.62	3.36
	紧实型	4.48	9.30
	上紧下松型	1.09	2.27
	上松下紧型	33.69	69.96
	松散型	1.10	2.29
总计		48.16	100.00
耕层质地	黏土	11.04	22.92
	轻壤	4.23	8.78
	砂壤	14.69	30.51

（续）

项目	面积（万 hm²）	比例（%）
砂土	2.10	4.37
中壤	12.36	25.67
重壤	3.73	7.75
总计	48.16	100.00

（三）灌溉能力和排水能力

华南区九等地的灌溉能力分为 4 种类型，其中不满足面积最大，为 43.84 万 hm²，占九等地面积的 91.03%；满足面积为 1.75 万 hm²，占 3.63%；基本满足面积为 1.29 万 hm²，占 2.69%；充分满足面积为 1.28 万 hm²，占 2.66%。排水能力分为 4 种类型，其中以充分满足为主，面积为 46.91 万 hm²，占九等地面积的 97.42%；不满足、满足和基本满足面积较少，分别为 0.63 万 hm²、0.34 万 hm² 和 0.27 万 hm²，分别占 1.31%、0.71% 和 0.57%（表 3-118）。

表 3-118 九等地各灌溉能力和排水能力面积与比例

项目		面积（万 hm²）	比例（%）
灌溉能力	充分满足	1.28	2.66
	满足	1.75	3.63
	基本满足	1.29	2.69
	不满足	43.84	91.03
总计		48.16	100.00
排水能力	充分满足	46.91	97.42
	满足	0.34	0.71
	基本满足	0.27	0.57
	不满足	0.63	1.31
总计		48.16	100.00

（四）有效土层厚度

华南区九等地有效土层厚度的平均值为 93.38cm，最大值为 100.00cm，最小值为 22.00cm，标准差为 15.89（表 3-119）。

表 3-119 九等地有效土层厚度

项目	平均值（cm）	最大值（cm）	最小值（cm）	标准差
有效土层厚度	93.38	100.00	22.00	15.89

（五）障碍因素

华南区九等地无障碍层次面积为 44.52 万 hm²，占九等地面积的 92.46%。部分耕地存在障碍因素。其中，障碍层次面积为 1.71 万 hm²，占 3.55%；潜育化面积为 1.06 万 hm²，占

2.21%；盐渍化面积为 0.15 万 hm²，占 0.30%；酸化和瘠薄面积很少，为 0.48 万 hm² 和 0.23 万 hm²，分别占 1.00% 和 0.48%（表 3-120）。

表 3-120　九等地障碍因素的面积与比例

障碍因素	面积（万 hm²）	比例（%）
无障碍层次	44.52	92.46
障碍层次	1.71	3.55
潜育化	1.06	2.21
盐渍化	0.15	0.30
酸化	0.48	1.00
瘠薄	0.23	0.48
总计	48.16	100.00

（六）土壤容重

华南区九等地土壤容重分为 7 个等级，其中 1.1～1.2g/cm³ 和 1.3～1.4g/cm³ 面积较多，分别为 18.97 万 hm² 和 13.14 万 hm²，分别占九等地面积的 39.40% 和 27.29%；1.2～1.3g/cm³ 面积为 5.32 万 hm²，占 11.04%；1.4～1.5g/cm³ 面积为 4.86 万 hm²，占 10.08%；1.0～1.1g/cm³ 面积为 4.11 万 hm²，占 8.53%；1.5～1.6g/cm³ 面积为 1.67 万 hm²，占 3.47%；1.6～1.7g/cm³ 面积为 0.09 万 hm²，占 0.19%（表 3-121）。

表 3-121　九等地土壤容重的面积与比例

土壤容重（g/cm³）	面积（万 hm²）	比例（%）
1.0～1.1	4.11	8.53
1.1～1.2	18.97	39.40
1.2～1.3	5.32	11.04
1.3～1.4	13.14	27.29
1.4～1.5	4.86	10.08
1.5～1.6	1.67	3.47
1.6～1.7	0.09	0.19
总计	48.16	100.00

（七）农田林网化程度、生物多样性和清洁程度

华南区九等地农田林网化程度分为 3 个等级，其中低的面积为 28.04 万 hm²，占九等地面积的 58.22%；中的面积为 10.52 万 hm²，占 21.86%；高的面积为 9.60 万 hm²，占 19.93%。生物多样性分为 3 个等级，其中一般的面积为 29.96 万 hm²，占 62.22%；不丰富的面积为 10.03 万 hm²，占 20.83%；丰富的面积为 8.16 万 hm²，占 16.95%。九等地的清洁程度均为清洁（表 3-122）。

表 3-122　九等地农田林网化程度和生物多样性的面积与比例

项目		面积（万 hm²）	比例（%）
农田林网化程度	高	9.60	19.93
	中	10.52	21.86
	低	28.04	58.22
总计		48.16	100.00
生物多样性	丰富	8.16	16.95
	一般	29.96	62.22
	不丰富	10.03	20.83
总计		48.16	100.00

（八）酸碱度与土壤养分含量

表 3-123 列出了九等地土壤酸碱度及土壤有机质、有效磷、速效钾含量的平均值。土壤酸碱度平均值为 5.33，土壤有机质平均含量为 21.18g/kg、有效磷 18.95mg/kg、速效钾 62.88mg/kg。

综合来看，滇南农林区九等地土壤有机质、速效钾含量较高，但有效磷含量偏低；闽南粤中农林水产区有效磷、速效钾含量稍高，但有机质含量稍低；粤西桂南农林区的土壤养分含量适中；琼雷及南海诸岛农林区的土壤养分含量较低。

表 3-123　九等地土壤酸碱度与土壤养分含量平均值

主要养分指标	闽南粤中农林水产区	粤西桂南农林区	滇南农林区	琼雷及南海诸岛农林区	平均值
酸碱度	5.55	5.18	5.54	5.23	5.33
有机质（g/kg）	19.57	22.57	27.87	19.38	21.18
有效磷（mg/kg）	23.54	28.16	19.16	17.22	18.95
速效钾（mg/kg）	82.94	60.90	107.19	44.31	62.88

三、九等地产量水平

在耕作利用方式上，九等地主要以种植水稻、玉米和花生为主。依据1 019个调查点数据统计，其中主栽作物为水稻的调查点 424 个，占九等地调查点的比例为 41.61%，年平均产量为6 489kg/hm²；玉米 192 个，占比 18.84%，年平均产量为10 108kg/hm²；花生 97 个，占比 9.52%，年平均产量为7 403kg/hm²（表 3-124）。

表 3-124　九等地主栽作物调查点及产量

主栽作物	调查点（个）	比例（%）	年平均产量（kg/hm²）
水稻	424	41.61	6 489
玉米	192	18.84	10 108
花生	97	9.52	7 403

第十一节 十等地耕地质量等级特征

一、十等地分布特征

（一）区域分布

十等地面积为 43.87 万 hm²，占华南区耕地面积的比例是 5.16%。主要分布在滇南农林区，面积为 28.90 万 hm²，占十等地面积的 65.88%；琼雷及南海诸岛农林区、闽南粤中农林水产区和粤西桂南农林区面积分别为 5.08 万 hm²、5.46 万 hm² 和 4.42 万 hm²，分别占 11.58%、12.46% 和 10.08%（表 3-125）。

表 3-125 华南区十等地面积与比例（按二级农业区划）

二级农业区	面积（万 hm²）	比例（%）
闽南粤中农林水产区	5.46	12.46
粤西桂南农林区	4.42	10.08
滇南农林区	28.90	65.88
琼雷及南海诸岛农林区	5.08	11.58
总计	43.87	100.00

从行政区划看，十等地分布最多的是云南评价区，面积为 28.90 万 hm²，占十等地面积的 65.88%；其他评价区面积较少，广东评价区、海南评价区、福建评价区和广西评价区面积分别为 4.21 万 hm²、4.74 万 hm²、3.46 万 hm² 和 2.56 万 hm²，占比分别为 9.60%、10.81%、7.88% 和 5.83%。

十等地在市域分布上差异较大，福建评价区主要分布在泉州市和漳州市，占该评价区十等地面积的比例分别为 39.95% 和 27.84%；广东评价区主要分布在梅州市和湛江市，比例分别为 13.25% 和 39.68%；广西评价区主要分布在北海市，比例为 77.52%，其他地市的比例均在 10.00% 以下；海南评价区主要分布在儋州市和海口市，比例分别为 20.89% 和 20.65%；云南评价区主要分布在临沧市和普洱市，比例分别为 23.57% 和 43.69%（表 3-126）。

表 3-126 华南区十等地面积与比例（按行政区划）

评价区	市名称	面积（万 hm²）	比例（%）
福建评价区	福州市	0.11	3.11
	平潭综合实验区	0.43	12.36
	莆田市	0.56	16.33
	泉州市	1.38	39.95
	厦门市	0.01	0.41
	漳州市	0.96	27.84
小计		3.46	100.00

（续）

评价区	市名称	面积（万 hm²）	比例（%）
广东评价区	潮州市	0.02	0.52
	河源市	0.11	2.72
	惠州市	0.07	1.66
	江门市	0.04	1.06
	揭阳市	0.24	5.81
	茂名市	0.27	6.44
	梅州市	0.56	13.25
	清远市	0.07	1.66
	汕头市	0.11	2.62
	汕尾市	0.24	5.59
	韶关市	0.09	2.21
	阳江市	0.26	6.23
	云浮市	0.16	3.74
	湛江市	1.67	39.68
	肇庆市	0.29	6.81
小计		4.21	100.00
广西评价区	北海市	1.98	77.52
	崇左市	0.06	2.43
	防城港市	0.17	6.47
	贵港市	0.04	1.56
	南宁市	0.13	5.05
	钦州市	0.18	6.98
小计		2.56	100.00
海南评价区	白沙黎族自治县	0.11	2.33
	保亭黎族苗族自治县	0.03	0.54
	昌江黎族自治县	0.14	2.86
	澄迈县	0.28	5.93
	儋州市	0.99	20.89
	定安县	0.10	2.04
	东方市	0.45	9.41
	海口市	0.98	20.65
	乐东黎族自治县	0.21	4.49
	临高县	0.34	7.13
	陵水黎族自治县	0.08	1.67
	琼海市	0.22	4.69
	琼中黎族苗族自治县	0.04	0.74

（续）

评价区	市名称	面积（万 hm²）	比例（%）
海南评价区	三亚市	0.21	4.53
	屯昌县	0.13	2.73
	万宁市	0.15	3.24
	文昌市	0.17	3.57
	五指山市	0.12	2.55
小计		4.74	100.00
云南评价区	保山市	2.03	7.04
	德宏傣族景颇族自治州	1.35	4.66
	红河哈尼族彝族自治州	2.07	7.16
	临沧市	6.81	23.57
	普洱市	12.63	43.69
	文山壮族苗族自治州	1.49	5.15
	西双版纳傣族自治州	1.52	5.24
	玉溪市	1.01	3.49
小计		28.90	100.00

（二）土壤类型

从土壤类型看，华南区十等地的耕地土壤类型分为滨海盐土、潮土、赤红壤、粗骨土、风沙土、红壤、黄壤、黄棕壤、火山灰土、石灰（岩）土、水稻土、酸性硫酸盐、新积土、燥红土、砖红壤、紫色土和棕壤 17 大土类 39 个亚类。

在十等地上分布的 17 大土类中，赤红壤面积最大，为 13.23 万 hm²，占十等地面积的 30.16%；其次是红壤，占 26.58%；黄壤和水稻土分别占 9.40% 和 8.60%。在赤红壤的 3 个亚类中，典型赤红壤的面积较大，占十等地赤红壤面积的 62.28%。红壤中典型红壤和黄红壤占的比例较大，分别为 41.60% 和 56.06%。黄壤中典型黄壤的比例较大，为 90.30%，黄壤性土的比例仅占 9.70%。水稻土中渗育水稻土的面积最大，占 59.57%；其次是潜育水稻土，占 24.19%（表 3-127）。

表 3-127　各土类、亚类十等地面积与比例

土类	亚类	面积（万 hm²）	比例（%）
砖红壤	典型砖红壤	2.11	66.14
	黄色砖红壤	1.08	33.86
小计		3.20	100.00
赤红壤	典型赤红壤	8.24	62.28
	黄色赤红壤	3.09	23.35
	赤红壤性土	1.90	14.38
小计		13.23	100.00

（续）

土类	亚类	面积（万 hm²）	比例（%）
红壤	典型红壤	4.85	41.60
	黄红壤	6.54	56.06
	山原红壤	0.10	0.85
	红壤性土	0.17	1.49
小计		11.66	100.00
黄壤	典型黄壤	3.72	90.30
	黄壤性土	0.40	9.70
小计		4.12	100.00
黄棕壤	典型黄棕壤	1.61	98.20
	暗黄棕壤	0.03	1.80
小计		1.64	100.00
棕壤	典型棕壤	0.05	100.00
燥红土	典型燥红土	0.30	92.58
	褐红土	0.02	7.42
小计		0.33	100.00
新积土	典型新积土	0.05	15.07
	冲积土	0.26	84.93
小计		0.31	100.00
风沙土	滨海风沙土	2.11	100.00
石灰（岩）土	红色石灰土	0.39	43.57
	黑色石灰土	0.49	54.67
	棕色石灰土	0.02	1.76
小计		0.90	100.00
火山灰土	基性岩火山灰土	0.95	100.00
紫色土	酸性紫色土	0.59	74.13
	中性紫色土	0.19	23.96
	石灰性紫色土	0.02	1.91
小计		0.80	100.00
石质土	酸性石质土	0.01	8.47
	中性石质土	0.15	91.53
小计		0.17	100.00
潮土	灰潮土	0.17	100.00
滨海盐土	典型滨海盐土	0.17	37.97
	滨海潮滩盐土	0.27	62.03
小计		0.44	100.00
酸性硫酸盐土	典型酸性硫酸盐土	0.02	100.00

（续）

土类	亚类	面积（万 hm²）	比例（%）
水稻土	漂洗水稻土	0.11	2.96
	潴育水稻土	0.07	1.73
	淹育水稻土	0.22	5.90
	渗育水稻土	2.25	59.57
	潜育水稻土	0.91	24.19
	脱潜水稻土	0.09	2.27
	盐渍水稻土	0.13	3.38
小计		3.77	100.00

二、十等地属性特征

（一）地形部位

华南区十等地的地形部位分为 11 种类型，山地坡中面积最大，为 24.09 万 hm²，占十等地面积的 54.91%；平原低阶面积为 5.80 万 hm²，占 13.23%；山地坡上面积为 4.18 万 hm²，占 9.53%；山地坡下面积为 3.84 万 hm²，占 8.75%；丘陵下部面积为 3.64 万 hm²，占 8.30%；宽谷盆地、丘陵中部、丘陵上部、山间盆地、平原中阶和平原高阶面积很少，分别为 1.02 万 hm²、0.69 万 hm²、0.27 万 hm²、0.18 万 hm²、0.14 万 hm² 和 0.02 万 hm²，分别占 2.32%、1.57%、0.62%、0.41%、0.31% 和 0.04%（表 3-128）。

表 3-128　十等地各地形部位面积与比例

地形部位	面积（万 hm²）	比例（%）
宽谷盆地	1.02	2.32
平原低阶	5.80	13.23
平原高阶	0.02	0.04
平原中阶	0.14	0.31
丘陵上部	0.27	0.62
丘陵下部	3.64	8.30
丘陵中部	0.69	1.57
山地坡上	4.18	9.53
山地坡下	3.84	8.75
山地坡中	24.09	54.91
山间盆地	0.18	0.41
总计	43.87	100.00

（二）质地构型和耕层质地

华南区十等地的质地构型分为 7 种类型，其中上松下紧型为 28.52 万 hm²，占十等地面积的 65.00%；其次是紧实型和薄层型，面积分别为 4.96 万 hm² 和 4.88 万 hm²，分别占 11.31% 和 11.12%；松散型面积为 3.44 万 hm²，占 7.83%；上紧下松型、海绵型和夹层型面积较少，分别为 1.40 万 hm²、0.61 万 hm² 和 0.07 万 hm²，分别占 3.20%、1.39% 和 0.15%。耕层质地分为 6 种类型，其中黏土所占的面积较大，为 18.00 万 hm²，占 41.02%；砂壤次之，面积为 11.36 万 hm²，占 25.90%；砂土面积为 5.02 万 hm²，占 11.45%；重壤面积为 3.78 万 hm²，占 8.61%；轻壤和中壤面积较少，分别为 3.00 万 hm² 和 2.71 万 hm²，分别占 6.84% 和 6.18%（表 3-129）。

表 3-129　十等地各质地构型和耕层质地面积与比例

项目		面积（万 hm²）	比例（%）
质地构型	薄层型	4.88	11.12
	海绵型	0.61	1.39
	夹层型	0.07	0.15
	紧实型	4.96	11.31
	上紧下松型	1.40	3.20
	上松下紧型	28.52	65.00
	松散型	3.44	7.83
总计		43.87	100.00
耕层质地	黏土	18.00	41.02
	轻壤	3.00	6.84
	砂壤	11.36	25.90
	砂土	5.02	11.45
	中壤	2.71	6.18
	重壤	3.78	8.61
总计		43.87	100.00

（三）灌溉能力和排水能力

华南区十等地的灌溉能力分为 4 种类型，其中不满足面积最大，为 40.43 万 hm²，占十等地面积的 92.15%；满足面积为 1.46 万 hm²，占 3.33%；基本满足面积为 1.37 万 hm²，占 3.13%；充分满足面积最少，为 0.61 万 hm²，占 1.39%。排水能力分为 4 种类型，其中充分满足面积最多，为 42.52 万 hm²，占 96.91%；不满足、满足和基本满足面积很少，分别占 1.95%、0.74% 和 0.40%（表 3-130）。

表 3-130　十等地各灌溉能力和排水能力面积与比例

项目		面积（万 hm²）	比例（%）
灌溉能力	充分满足	0.61	1.39
	满足	1.46	3.33
	基本满足	1.37	3.13
	不满足	40.43	92.15
总计		43.87	100.00

（续）

项目		面积（万 hm²）	比例（%）
排水能力	充分满足	42.52	96.91
	满足	0.32	0.74
	基本满足	0.18	0.40
	不满足	0.86	1.95
总计		43.87	100.00

（四）有效土层厚度

华南区十等地有效土层厚度的平均值为 87.08cm，最大值为 100.00cm，最小值为 25.00cm，标准差为 23.72（表 3-131）。

表 3-131　十等地有效土层厚度

项目	平均值（cm）	最大值（cm）	最小值（cm）	标准差
有效土层厚度	87.08	100.00	25.00	23.72

（五）障碍因素

华南区十等地无障碍层次面积 36.39 万 hm²，占十等地面积的 82.96%；障碍层次面积为 4.63 万 hm²，占 10.55%；酸化面积为 1.10 万 hm²，占 2.50%；潜育化面积为 1.00 万 hm²，占 2.28%；瘠薄面积为 0.62 万 hm²，占 1.42%；盐渍化面积为 0.13 万 hm²，占 0.30%（表 3-132）。

表 3-132　十等地障碍因素的面积与比例

障碍因素	面积（万 hm²）	比例（%）
无障碍层次	36.39	82.96
障碍层次	4.63	10.55
酸化	1.10	2.50
潜育化	1.00	2.28
瘠薄	0.62	1.42
盐渍化	0.13	0.30
总计	43.87	100.00

（六）土壤容重

华南区十等地的土壤容重分为 7 个等级，其中 1.1~1.2g/cm³ 和 1.3~1.4g/cm³ 面积较大，分别为 17.11 万 hm² 和 11.89 万 hm²，分别占十等地面积的 39.00% 和 27.11%；其次是 1.4~1.5g/cm³，面积为 7.09 万 hm²，占 16.15%；1.2~1.3g/cm³ 面积为 4.16 万 hm²，占 9.47%；1.0~1.1g/cm³ 面积为 2.19 万 hm²，占 4.98%；1.5~1.6g/cm³ 面积为 1.42 万 hm²，占 3.24%；1.6~1.7g/cm³ 面积最少，仅占 0.05%（表 3-133）。

表 3-133　十等地土壤容重的面积与比例

土壤容重（g/cm³）	面积（万 hm²）	比例（%）
1.0～1.1	2.19	4.98
1.1～1.2	17.11	39.00
1.2～1.3	4.16	9.47
1.3～1.4	11.89	27.11
1.4～1.5	7.09	16.15
1.5～1.6	1.42	3.24
1.6～1.7	0.02	0.05
总计	43.87	100.00

（七）农田林网化程度、生物多样性和清洁程度

华南区十等地农田林网化程度分为 3 个等级，其中低的面积为 32.39 万 hm²，占十等地面积的 73.82%；高的面积为 7.14 万 hm²，占 16.27%；中的面积为 4.35 万 hm²，占 9.91%。生物多样性分为 3 个等级，其中一般的面积为 31.09 万 hm²，占 70.86%；不丰富的面积为 6.82 万 hm²，占 15.53%；丰富的面积为 5.97 万 hm²，占 13.61%。十等地的清洁程度均为清洁（表 3-134）。

表 3-134　十等地农田林网化程度和生物多样性的面积与比例

项目		面积（万 hm²）	比例（%）
农田林网化程度	高	7.14	16.27
	中	4.35	9.91
	低	32.39	73.82
总计		43.87	100.00
生物多样性	丰富	5.97	13.61
	一般	31.09	70.86
	不丰富	6.82	15.53
总计		43.87	100.00

（八）酸碱度与土壤养分含量

表 3-135 列出了十等地土壤酸碱度及土壤有机质、有效磷、速效钾含量的平均值。土壤酸碱度平均值为 5.35，土壤有机质平均含量为 21.49g/kg、有效磷 18.13mg/kg、速效钾 64.04mg/kg。

综合来看，滇南农林区十等地土壤有机质、速效钾含量较高，有效磷含量一般；闽南粤中农林水产区土壤有机质含量稍低，有效磷、速效钾含量尚可；粤西桂南农林区的土质偏酸，养分含量居中；琼雷及南海诸岛农林区的土壤养分含量较低。

表 3-135　十等地土壤酸碱度与土壤养分含量平均值

主要养分指标	闽南粤中农林水产区	粤西桂南农林区	滇南农林区	琼雷及南海诸岛农林区	平均值
酸碱度	5.54	5.06	5.49	5.23	5.35
有机质（g/kg）	18.10	22.15	27.03	19.52	21.49
有效磷（mg/kg）	24.17	23.22	18.63	15.46	18.13
速效钾（mg/kg）	78.42	55.92	103.03	38.33	64.04

三、十等地产量水平

在耕作利用方式上，十等地主要以种植水稻、玉米和花生为主。依据1 114个调查点数据统计，其中主栽作物为水稻的调查点 450 个，占十等地调查点的比例为 40.39%，年平均产量为5 530kg/hm²；玉米 276 个，占比 24.78%，年平均产量为9 211kg/hm²；花生 71 个，占比 6.37%，年平均产量为7 183kg/hm²（表 3-136）。

表 3-136　十等地主栽作物调查点及产量

主栽作物	调查点（个）	比例（%）	年平均产量（kg/hm²）
水稻	450	40.39	5 530
玉米	276	24.78	9 211
花生	71	6.37	7 183

第十二节　低等级耕地的质量提升措施

评价为七至十等的低等级耕地面积为 303.1 万 hm²，占 35.7%。主要分布在滇南农林区、琼雷及南海诸岛农林区的丘陵、山地、岩溶地区和平原低洼地区。以潜育水稻土、盐渍水稻土、漂洗水稻土、咸酸水稻土、滨海风沙土、红壤性土、棕色石灰土、酸性紫色土、硅质岩粗骨土、燥红土、基性岩火山灰土、酸性粗骨土为主，旱地存在薄、粗、黏、酸等障碍因素，灌溉设施缺乏，水田存在潜育化等障碍因素，部分甚至有障碍层次。耕地基础地力相对差，农田基础设施缺乏，部分土壤存在潜育化、酸化、盐渍化、瘠薄等障碍因素。今后应重点开展农田基础设施建设，修建排灌渠道，提高灌溉效率。改良土壤，种植绿肥，并探索施用生物有机肥，合理轮作和间种套种，培肥地力，提高耕地质量。具体应采取如下措施：

一、工程技术措施

工程措施是通过系列建设工程来达到改善环境的目的，工程技术包括坡改梯技术、节水灌溉工程技术、中低产田暗灌工程技术、水利设施建设、渠系配套和渠道防渗工程、小水利工程建设和加固利用、预制构件制作技术等方面。如修建以抽、提、引、蓄相配套的拦山沟、地头水柜等小水利工程，改善旱耕地的水利条件，减轻季节性干旱对旱作的影响。推广现代节水灌溉工程技术，通过喷灌技术、微灌技术、地下灌溉技术、改进地面灌水技术、精细地面灌溉技术、坐水种技术、非充分灌溉技术等，均可大幅度提高水资源利用效率。

（一）坡改梯工程技术

在华南区独特的地理环境制约下，耕地形成了分布较散、海拔跨度大、坡地多、旱地多的基本特点，从坡耕地改造的农田基本建设出发，应本着长远观点，因地制宜，做出全面规划。

1. 梯田结构　坡改梯所修筑的田块，形式不一，最普遍的有水平梯田和斜坡梯田两种。水平梯田实际上是在倾斜的坡地上用人工或机械修成等高水平的田块。斜坡梯田是在坡地上培筑田坎，把原来连续的坡面改成不连续的坡面而不变动原地面的坡度。

2. 梯田规划与设计　梯田是指将坡地修建成台阶式或波浪式的一种人造农田，若把坡地修成一层层田面水平的梯田，则可减少 90％ 的水土流失量。所以，梯田是云南山区、半山区最主要的一种水土保持措施，也是建设基本农田的主要形式之一。按梯田断面形式不同，可分为台阶式梯田和波浪式梯田。台阶式梯田又分为水平梯田、有坡梯田和隔坡梯田等。有坡和隔坡梯田保持水土的能力较差，是一种向水平梯田过渡的类型。一般在坡度小、治理任务重、劳动力少的地方，可考虑修筑隔坡式梯田；而在缓坡林地上可修筑有坡梯田，在条件许可的地方，可修筑水平梯田，其田面应基本水平或向内微倾，因水土保持效果较好，可用于种植水稻或旱作物。

波浪式梯田一般在地形坡度不超过 6°～7°，大多在 1°～2° 的缓坡耕地上修建。这类梯田适用于地多人少，机械化水平高的地区。

3. 梯田的渠道道路配置

（1）灌、排渠道配置　梯田的灌溉渠道可根据取水与地形的条件，分干、支、斗、农等级。干、支渠一般平行等高线或沿分水岭配置，斗渠多沿梯田一侧，垂直于等高线配置，并用跌水工程把每个梯田的末级固定渠道——农渠联结起来，形成阶梯式的灌排渠道。农渠自斗渠取水，沿梯田坝配置，放水入畦，进行灌溉。田间灌溉网布置形式与平坝地区相似。根据地形条件，可采用单向灌溉渠道或以双向灌溉渠道。有条件的地区发展小型高扬程抽水工程，并优先采用自流灌溉、喷灌、滴灌等先进的灌水方法。

梯田排水渠道可利用梯田两侧的荒沟或侵蚀沟，并在坡地下方布设排水渠道。梯田灌溉、排水具有埂坎多、高差大、跌水多的特点，因此需注意修好防冲设施，否则不仅浪费水量，而且还会冲毁梯田。在荒谷沟壑中必须修筑谷坊和跌水工程进行节节排水，防止沟壑扩大，也可以采取上排下蓄、排灌结合的方式。同时要注意防洪和蓄水灌溉的结合，即选择适宜地点修筑蓄水池，将暴雨径流引入池中，以备旱时取用。

（2）梯田的道路配置　梯田道路一般分田间路和上山小路两级。田间路是连接梯田与居民点的道路，能通马车、拖拉机等，路面宽为 3～4m。田间路应配置在大片梯田的中央，使其基本上能控制附近梯田。也可设在沟畔，沿沟台地蜿蜒而上，上山小路多沿支沟沟边修筑，也有穿插梯田而上的，路面宽为 1.5m 左右以能通行手扶拖拉机和马车为宜。上山道路的纵坡度要求在 11° 以下，如在 11°～14° 时，连续坡长不能超过 20m；14°～16° 时，不能超过 10m。穿插梯田上山道路的方向依坡度陡缓而定。在低缓的山坡上，呈斜线形，如山高坡陡，可呈 S 形迂回上山。

（二）水利工程技术措施

1. 坡面蓄水措施　引（蓄）水沟又叫截留沟，用它将坡面暴雨径流引到蓄水工程里，引水沟的大小是根据集水面积、植被覆盖程度和坡度陡缓，以及雨量状况估算来水量的大小，决定沟的大小和数量。

如将径流拦蓄在沟内，则称为蓄水沟。蓄水沟可分连续式和断续式两种。蓄水沟应沿等高线配置，均匀地分布在斜坡上。两条蓄水沟的距离，应以保持最大暴雨径流不致引起土壤流失为原则，即不致形成使土壤发生流失作用的临界流速。

2. 蓄水池 蓄水池应尽量利用高于农田的局部低洼天然地形，以便汇集较大面积的降雨径流，进行自流灌溉和自压喷灌滴灌。为了防止漏水，蓄水池应选择在土质坚实的地方。蓄水池的容量应根据降雨量、集水面积、径流系数和用水量的大小，通过水利计算来确定。为了减少蒸发和渗漏，蓄水池不宜过小，且宜深不宜浅，以圆形为最好，也可以采用其他形状。

3. 水窖 红壤地区及严重缺水的石质山地，群众很早就创造出的一种蓄水措施，用以解决饮水和浇灌。修水窖，技术简单，投资少，收效快，占地少，蒸发也少，受群众欢迎。窖址应选在水源充足，土层深厚而坚硬，在石质山地应选在不透水的基岩上，上有来水，下有田灌的有利地形。水窖和总容积是水窖群的总和，应与其控制面积的来水量相适应，来水量可根据 5～10 年一遇的最大降雨量大小与集水区面积大小、径流系数来估算。

二、农艺技术措施

在坡耕地上，采取合理的农业耕作措施，可以改变小地形，增加地面覆盖，改良土壤，从而达到保持水土、提高农业产量的作用。农艺技术措施主要有：

（一）横坡耕作

横坡耕作，就是沿等高方向进行耕作，用以减缓坡度拦蓄径流、降低流速、增加入渗时间，使土壤保蓄更多的水分。

1. 等高耕作 就是沿坡面等高线耕作，使地面上形成无数等高垄沟，切断水流，把一道道的垄沟变成小蓄水沟，使径流存蓄在垄沟内，增加土壤渗吸水分的时间，这样可以大大地削弱地表径流，减少土壤冲刷，从而提高土壤肥力和抗旱能力。耕作时要顺着坡的地势，随弯就弯，在大体等高的位置上开成横的稍斜的垄沟，同时做好排水沟，以免雨水过多地进入垄沟里，把垄沟冲毁。

等高耕作，一般以坡度在 $3°～10°$ 及坡长在 300m 以内最合适，如果坡长、坡度过大，保水保土效果逐渐降低，就要采取筑梯田地埂的方法。

2. 横坡带状耕作 又叫等高带状间作，是沿坡地等高线划分成若干条带，在各条带上交互和轮流地种植密生植物（如小麦、豆类、花生等）或牧草与农作物，这种方法适用于面积较大，坡面长而缓的耕地。

条带的宽度，应根据坡度陡缓、雨量大小、土壤吸水性能和种植作物等条件而定。如坡度较陡、土壤紧实、吸水性能小的地区，条带应窄一些；反之条带应宽一些，一般 3～5m 宽为一条。

条带作物的布置应该考虑全年，尤其暴雨季节能够最大程度地防止土壤侵蚀，也就是从上到下分带配置作物，使密生作物与疏生作物交替，早熟作物与晚熟作物交替，一年生牧草或多年生牧草与农作物交替。

3. 大窝（丰产坑）耕作 是一种改良土壤、保持水土、加速土壤熟化的措施。一般在土层较薄地方，将土地做成窝形，窝心距 1m，窝大底平，窝子成一圆柱形，直径和深度各为 0.5m。把生土挖出，换成肥土，掺入有机肥料，在窝（丰产坑）内种植作物，具有集中保水、保肥、保土的作用。

（二）密植、间作、套种法

这些农作物的种植方法，是我国农民在长期生产实践中创造出来的，也是一种简易可行、花工少、收效快、好处多的水土保持农业技术措施，它能减少水土流失，主要在于增加地面农作物的空间覆盖，也增加了土壤中的根系，对于固结土壤有很大的作用。

密植程度可根据作物的品种、生长期的长短、土壤的肥瘦和深耕程度来决定。如株形高大、生长期长、土地瘦薄的栽植要稀点；反之，要密些。

有些作物秆高、株稀、株行距大，则土地的裸露面大，为了在暴雨季节增加覆盖，保持水土，于是在这一作物的下面种上植株矮小、枝叶茂密的作物。如玉米和甘薯间作，棉花和花生间作，玉米和绿豆、马铃薯间作，高粱和黑豆、豇豆等间作，这样既能加大地面覆盖程度，又能提高复种指数，充分利用生长季节。

（三）深翻改土与增施肥料

深翻改土与增施肥料，是熟化培肥新修农田，改良坡地土壤瘠薄、板结等不良性状的根本措施。它可以改善土壤透水性、保水能力及土壤板结情况，进而减弱地表径流的流量与流速，增强土壤的抗冲抗蚀能力，而且也活化了表层土壤。

坡地深翻应注意下面问题：第一，深翻必须因土制宜，逐年加深。第二，深翻必须结合施用大量有机肥料。第三，在干旱地区，深翻必须注意保墒，及时进行耙、压。

三、化学技术措施

化学改良措施目前应用还较少，但发展却很快。化学措施主要有：施用土壤调理剂、土壤改良剂、抗旱保水剂、植物生长调节剂等。土壤改良剂有硫酸亚铁、硫酸铝、粉煤灰、磷石膏、沸石、泥炭、风化煤、碱性煤渣、高炉渣、煤矸石、黄磷矿渣粉、糠醛渣、石灰、石灰石粉、蛭石、白云石、磷矿粉、蒙脱石粉、硅酸钙粉、橄榄石粉、硫粉、硼矿粉、锌矿粉等。土壤改良剂具有疏松土壤、改变土壤结构、增加土壤通透性和保水保肥性能、改良土壤理化性质、增加盐基代换容量、调节土壤酸碱度、增强土壤缓冲能力等作用。土壤改良剂可以在春播前或秋收后结合深翻一次性施入土壤中，也可以与有机肥混合拌匀后施入。

保水剂吸水时可达几百倍乃至上千倍的膨胀，释放水后恢复收缩，因而能使土壤变得疏松，为土壤微生物活动提供了生活环境，从而提高了土壤肥力。保水剂作用机理具体体现在：①增强保水能力和调温能力；②改善土壤结构，提高土壤保肥能力；③提高出苗率，改进作物生长发育模式；④提高水分利用率，增加作物产量。

四、物理技术措施

根据耕层的浅薄，或进行深耕，或打破障碍层次，使耕层加厚 6～10cm。主要有套犁、机械深耕和聚土深耕等方法。套犁是对普通浅薄型的稻田采用的方法，在常规犁耙后，再重新套犁一次，即同一犁沟来回犁翻两次，把耕层下面犁底层的生土翻动 3～4cm。每年套犁两次，加深耕层 3～4cm，连续 3 年，确保耕层能稳定地加厚 6～10cm。对土体上部 30cm以内出现铁子层、石灰结核层等障碍层次的水稻土，采用机械深耕方法打破障碍层，加深耕层。聚土深耕法是用于旱地的改良法，在冬季作物收获后，沿坡面等高线，横向按畦宽、沟宽各 50cm 开厢划线，在准备起垄的部分施入有机肥料（包括厩肥、绿肥、野生绿肥、秸秆等）15t/hm^2，把准备作沟的另一部分的大部分耕层沃土搬到厢面使之成为垄，然后再向沟底施入有机肥或土杂肥 15t/hm^2，翻犁沟底，使沟内土层加深 5cm。单纯深耕基本上是平产，深耕加有机肥增产达极显著水平，施有机肥增产达显著水平。

五、生物技术措施

从大农业的观点出发，合理利用土地资源，农林牧相结合，果、茶、林、草与农作物合理配置，建成"高山远山用材林，低山近山经济林，村前村后果竹林，河渠路旁速生林"的规划，具体农田建设生态技术措施有以下几种：

1. 水土保持林　包括坡顶防护林，地势陡峻不宜耕种地段（即坡度＞25°），树种以桤木、洋槐、紫穗槐等，进行乔、灌、草混种。

2. 护坡林　绿化陡坡、坡管，固土防冲，以保护改造好的基本台地，树种以灌木林为主。

3. 沟底防冲林　在不宜修坎、堰地段，中间留水路，两边造林，一般靠集流线种灌木、夹竹桃，山脚种乔木。

4. 农田防护林　林带垂直于风害方向，或沿梯田（地）长边建主林带，短边建副林带，以保护农田及植物。

5. 种草护坡埂　把饲料、肥料、药材结合起来，发展埂边经济，也可以在"四边"规划种植，如胡枝子、龙须草、含羞草等。

六、小流域综合治理措施

山区中低产田改造的三项措施（农业技术措施、工程措施、生物措施）是相辅相成、有机联系、紧密结合的，是山区农业发展必不可少的手段。就山区坡耕地而言最有效的办法是采取工程措施，把坡地修成水平梯田，改变小地形；对于荒山荒坡和陡坡地最根本的办法就是造林种草或育林育草，以增加地面覆盖植被；对于沟床主要靠修建坝库，巩固易受侵蚀的基点，并拦蓄整个小流域面积上其他措施没有解决的径流、泥沙。修梯田、种林草、筑坝库，这 3 项主要治理措施，分别解决 3 种不同土地利用类型上的水土流失，它们各有各的作用，是不能互相代替的。具体地说，准备选作基本农田的坡地，必须修成水平梯田，而决不能在上面造林种草，否则就不能解决吃饭问题；同时，荒山坡地和退耕的陡坡地，则应造林种草或育林育草，而不能都修成基本农田，因为那样花工太多，没有必要，也不可能。要治理全流域的洪水、泥沙，为农业生产服务，只有在沟中修筑坝库，才能完成任务，修梯田、种林草对此是无能为力的。梯田、林草、坝库在小流域内不同的水土流失部位，各有明确的分工，既不能互相代替，也不能互相排斥。因此，在小流域水土保持治理中，必须采取综合措施。水土保持的各项措施，具有相辅相成、互相促进的密切关系，特别是工程措施和生物措施，这主要表现在以下 3 个方面。

①梯田、坝地等基本农田的高产，没有大量的有机肥是不行的。而有机肥主要靠造林种草，发展林牧业来提供。同时，搞工程措施需要资金，而造林种草，发展林牧副业，就能提供不少资金。

②在水土流失严重地区，广种薄收现象十分普遍，以致造林种草没有土地，因此必须依

靠工程措施来建立高产稳产的基本农田，解决吃饭问题，促进陡坡退耕，这样才能大量种植林草。同时，在水土流失严重的陡坡上，造林不易成活，必须进行工程整地，形成有利的小地形，蓄水保土，以促进林木的成活生长。

③梯田要稳产高产，幼林要抗旱保苗，都要靠沟中修坝蓄水，提水浇灌。而沟中坝库要保证安全和降低造价，水库要解决泥沙淤积问题，又必须依靠坡上的梯田、林草制止水土流失，为坝库减轻洪水、泥沙负担。

总之，在农田建设中，工程措施与生物措施不能有所偏废，应该紧密配合，以小流域为单位，进行综合治理和集中治理，再采取适当的耕作措施，就能收到水土保持的良好效果。

第四章 耕地土壤有机质及主要营养元素

土壤有机质及主要营养元素是作物生长发育所必需的物质基础，其含量的高低直接影响作物的生长发育、产量与品质。土壤有机质及主要营养元素状况是土壤肥力的核心内容，是土壤生产力的物质基础，农业生产上通常以土壤耕层养分含量作为衡量土壤肥力高低的主要依据。通过对华南区耕地土壤有机质及主要营养元素现状分析，为该区域作物科学施肥、高产高效、环境安全和可持续发展提供技术支持。

根据华南区耕地土壤有机质及主要营养元素的现状，参照第二次土壤普查及各省（自治区）分级标准，将土壤有机质、全氮、有效磷、速效钾、缓效钾、有效铁、有效锰、有效铜、有效锌、有效钼、有效硼、有效硅、有效硫13个指标分为6个级别，见表4-1。

表 4-1 华南区耕地质量主要养分分级标准

项目	分级标准					
	一级	二级	三级	四级	五级	六级
有机质（g/kg）	≥30	20～30	15～20	10～15	6～10	<6
全氮（g/kg）	≥1.5	1.25～1.5	1～1.25	0.75～1	0.5～0.75	<0.5
有效磷（mg/kg）	≥40	30～40	20～30	10～20	5～10	<5
速效钾（mg/kg）	≥200	150～200	100～150	50～100	30～50	<30
缓效钾（mg/kg）	≥500	300～500	150～300	80～150	50～80	<50
有效铁（mg/kg）	≥20	15～20	10～15	4.5～10	2.5～4.5	<2.5
有效锰（mg/kg）	≥30	20～30	15～20	10～15	5～10	<5
有效铜（mg/kg）	≥1.8	1.5～1.8	1～1.5	0.5～1	0.2～0.5	<0.2
有效锌（mg/kg）	≥3	1.5～3	1～1.5	0.5～1	0.3～0.5	<0.3
有效钼（mg/kg）	≥0.3	0.25～0.3	0.2～0.25	0.15～0.2	0.1～0.15	<0.1
有效硼（mg/kg）	≥2	1.5～2	1～1.5	0.5～1	0.2～0.5	<0.2
有效硅（mg/kg）	≥200	100～200	50～100	25～50	12～25	<12
有效硫（mg/kg）	≥50	40～50	30～40	15～30	10～15	<10

第一节 土壤有机质

土壤有机质泛指土壤中来源于生命的物质，是土壤中除土壤矿物质以外的物质，包括含碳化合物、木质素、蛋白质、树脂、蜡质等各种有机化合物。土壤中有机质的来源十分广泛，比如动植物及微生物残体、排泄物和分泌物、废水废渣等。土壤有机质是土壤中最活跃的部分，是土壤肥力的基础，是评价耕地地力的重要指标。

一、土壤有机质含量及其空间差异

（一）土壤有机质含量概况

据华南区 22 774 个耕地土壤采样点，华南区耕地土壤有机质平均值为 26.3g/kg，其中，旱地为 27.7g/kg，水浇地为 21.3g/kg，水田为 25.6g/kg。各评价区情况分述如下：

福建评价区耕地土壤有机质总体样点平均值为 20.6g/kg，其中，旱地土壤采样点占 18.19%，平均为 14.3g/kg；水浇地土壤采样点占 5.84%，平均为 14.2g/kg；水田土壤采样点占 75.96%，平均为 22.6g/kg。水田有机质的平均含量比旱地高 8.3g/kg，比水浇地高 8.4g/kg；水浇地土壤有机质含量的变异幅度比旱地大 0.45%，比水田大 15.36%（表 4-2）。

表 4-2　福建评价区耕地土壤有机质含量（个，g/kg，%）

耕地类型	采样点数	平均值	标准差	变异系数
旱地	137	14.3	7.70	53.85
水浇地	44	14.2	7.71	54.30
水田	572	22.6	8.80	38.94
总计	753	20.6	9.26	44.95

广东评价区耕地土壤有机质总体样点平均值为 23.6g/kg，其中，旱地土壤采样点占 16.37%，平均为 23.2g/kg；水浇地土壤采样点占 7.98%，平均为 21.5g/kg；水田土壤采样点占 75.65%，平均为 23.8g/kg。水田有机质的平均含量比旱地高 0.6g/kg，比水浇地高 2.3g/kg；水浇地土壤有机质含量的变异幅度比旱地大 1.83%，比水田大 4.84%（表 4-3）。

表 4-3　广东评价区耕地土壤有机质含量（个，g/kg，%）

耕地类型	采样点数	平均值	标准差	变异系数
旱地	1 246	23.2	8.77	37.80
水浇地	607	21.5	8.52	39.63
水田	5 758	23.8	8.28	34.79
总计	7 611	23.6	8.40	35.59

广西评价区耕地土壤有机质总体样点平均值为 28.4g/kg，其中，旱地土壤采样点占 46.89%，平均为 25.8g/kg；水浇地土壤采样点只有 1 个，占 0.03%，化验值为 28.6g/kg；水田土壤采样点占 53.08%，平均为 30.6g/kg。水田有机质的平均含量比旱地高 4.8g/kg，比水浇地高 2.0g/kg；旱地土壤有机质含量的变异幅度比水田大 3.82%（表 4-4）。

表 4-4　广西评价区耕地土壤有机质含量（个，g/kg，%）

耕地类型	采样点数	平均值	标准差	变异系数
旱地	1 766	25.8	10.42	40.39
水浇地	1	28.6	—	—
水田	1 999	30.6	11.19	36.57
总计	3 766	28.4	11.10	39.08

海南评价区耕地土壤有机质总体样点平均值为 21.3g/kg，其中，旱地土壤采样点占 27.38%，平均为 21.4g/kg；水浇地土壤采样点只有 1 个，占 0.04%，化验值为 24.8g/kg；水田土壤采样点占 72.59%，平均为 21.3g/kg。旱地有机质的平均含量比水田高 0.1g/kg；旱地土壤有机质含量的变异幅度比水田大 5.00%（表 4-5）。

表 4-5　海南评价区耕地土壤有机质含量（个，g/kg，%）

耕地类型	采样点数	平均值	标准差	变异系数
旱地	771	21.4	11.78	55.05
水浇地	1	24.8	—	—
水田	2 044	21.3	10.66	50.05
总计	2 816	21.3	10.97	51.50

云南评价区耕地土壤有机质总体样点平均值为 30.3g/kg，其中，旱地土壤采样点占 67.63%，平均为 30.6g/kg；水浇地土壤采样点占 0.31%，平均为 29.5g/kg；水田土壤采样点占 32.06%，平均为 29.7g/kg。旱地有机质的平均含量比水浇地高 1.1g/kg，比水田高 0.9g/kg；水田土壤有机质含量的变异幅度比旱地大 0.46%，比水浇地大 10.71%（表 4-6）。

表 4-6　云南评价区耕地土壤有机质含量（个，g/kg，%）

耕地类型	采样点数	平均值	标准差	变异系数
旱地	5 294	30.6	13.78	45.03
水浇地	24	29.5	10.26	34.78
水田	2 510	29.7	13.51	45.49
总计	7 828	30.3	13.69	45.18

（二）土壤有机质含量的区域分布

1. 不同二级农业区耕地土壤有机质含量分布　华南区 4 个二级农业区中，琼雷及南海诸岛农林区的土壤有机质平均含量最低，滇南农林区的土壤有机质平均含量最高，粤西桂南农林区和闽南粤中农林水产区的土壤有机质平均含量介于中间。琼雷及南海诸岛农林区的土壤有机质变异系数最大，闽南粤中农林水产区的变异系数最小（表 4-7）。

表 4-7　华南区不同二级农业区耕地土壤有机质含量（个，g/kg，%）

二级农业区	采样点数	平均值	标准差	变异系数
闽南粤中农林水产区	6 072	23.3	8.53	36.61
粤西桂南农林区	5 423	27.0	10.46	38.74
滇南农林区	7 828	30.3	13.69	45.18
琼雷及南海诸岛农林区	3 451	21.4	10.70	50.00
总计	22 774	26.3	11.79	44.83

2. 不同评价区耕地土壤有机质含量分布　华南区各评价区中，福建评价区的土壤有机质平均含量最低，云南评价区的土壤有机质平均含量最高，广西、广东和海南评价区的土壤有机质平均含量介于中间。海南评价区的土壤有机质变异系数最大，广东评价区的变异系数

最小（表 4-8）。

表 4-8　华南区不同评价区耕地土壤有机质含量（个，g/kg，%）

评价区	采样点数	平均值	标准差	变异系数
福建评价区	753	20.6	9.26	44.95
广东评价区	7 611	23.6	8.40	35.59
广西评价区	3 766	28.4	11.10	39.08
海南评价区	2 816	21.3	10.97	51.50
云南评价区	7 828	30.3	13.69	45.18

3. 不同评价区地级市及省辖县耕地土壤有机质含量分布　华南区各评价区地级市及省辖县中，云南省保山市的土壤有机质平均含量最高，为 33.5g/kg；其次是广西壮族自治区百色市，为 33.0g/kg；土壤有机质平均含量高于 30.0g/kg 的地级市有广西壮族自治区梧州市、云南省红河哈尼族彝族自治州、临沧市和文山壮族苗族自治州；福建省平潭综合实验区的土壤有机质平均含量最低，为 9.1g/kg；其余各地级市及省辖县介于 15.1～29.9g/kg 之间。变异系数最大的是海南省琼中黎族苗族自治县，为 62.95%；最小的是广东省韶关市，仅为 24.35%（表 4-9）。

表 4-9　华南区不同评价区地级市及省辖县耕地土壤有机质含量（个，g/kg，%）

评价区	地级市/省辖县	采样点数	平均值	标准差	变异系数
福建评价区	福州市	81	18.7	10.18	54.44
	平潭综合实验区	19	9.1	4.39	48.24
	莆田市	144	21.9	10.18	46.48
	泉州市	190	20.9	8.28	39.62
	厦门市	42	15.1	5.15	34.11
	漳州市	277	22.0	8.94	40.64
广东评价区	潮州市	251	21.1	6.82	32.32
	东莞市	73	19.1	7.56	39.58
	佛山市	124	24.0	7.33	30.54
	广州市	370	24.4	6.89	28.24
	河源市	226	21.7	7.86	36.22
	惠州市	616	22.2	6.35	28.60
	江门市	622	23.8	8.07	33.91
	揭阳市	460	21.1	7.92	37.54
	茂名市	849	25.7	7.49	29.14
	梅州市	299	26.2	7.80	29.77
	清远市	483	27.9	9.47	33.94
	汕头市	285	19.5	8.66	44.41
	汕尾市	397	21.0	8.27	39.38
	韶关市	62	23.7	5.77	24.35

（续）

评价区	地级市/省辖县	采样点数	平均值	标准差	变异系数
广东评价区	阳江市	455	23.0	7.76	33.74
	云浮市	518	26.2	8.64	32.98
	湛江市	988	21.3	9.12	42.82
	肇庆市	342	25.1	9.26	36.89
	中山市	64	28.3	7.20	25.44
	珠海市	127	27.9	7.10	25.45
广西评价区	百色市	466	33.0	12.97	39.30
	北海市	176	21.1	9.89	46.87
	崇左市	771	27.1	11.26	41.55
	防城港市	132	24.0	9.93	41.38
	广西农垦	20	26.3	6.48	24.64
	贵港市	473	27.0	10.36	38.37
	南宁市	865	28.7	11.08	38.61
	钦州市	317	29.9	9.69	32.41
	梧州市	188	31.9	8.92	27.96
	玉林市	358	28.2	8.91	31.60
海南评价区	白沙黎族自治县	114	16.6	7.59	45.72
	保亭黎族苗族自治县	51	22.2	8.56	38.56
	昌江黎族自治县	124	22.1	10.94	49.50
	澄迈县	236	19.3	8.90	46.11
	儋州市	318	22.8	12.98	56.93
	定安县	197	22.9	10.87	47.47
	东方市	129	20.0	10.97	54.85
	海口市	276	21.7	12.61	58.11
	乐东黎族自治县	144	22.5	12.42	55.20
	临高县	202	20.1	9.09	45.22
	陵水县	120	18.5	8.55	46.22
	琼海市	122	23.8	10.49	44.08
	琼中黎族苗族自治县	45	28.1	17.69	62.95
	三亚市	149	20.1	9.35	46.52
	屯昌县	199	19.4	9.84	50.72
	万宁市	150	24.4	11.91	48.81
	文昌市	192	21.8	8.72	40.00
	五指山市	48	22.2	10.87	48.96
云南评价区	保山市	754	33.5	15.29	45.64
	德宏傣族景颇族自治州	583	28.3	12.57	44.42

（续）

评价区	地级市/省辖县	采样点数	平均值	标准差	变异系数
云南评价区	红河哈尼族彝族自治州	1 563	31.5	14.22	45.14
	临沧市	1 535	30.3	13.32	43.96
	普洱市	1 661	29.2	13.79	47.23
	文山壮族苗族自治州	1 035	30.2	12.90	42.72
	西双版纳傣族自治州	402	28.8	11.90	41.32
	玉溪市	295	28.2	13.03	46.21

二、土壤有机质含量及其影响因素

（一）不同土壤类型土壤有机质含量

在华南区主要土壤类型中，土壤有机质含量以黄棕壤的含量最高，平均值为 37.2g/kg，其余土类土壤有机质含量平均值介于 16.1～33.5g/kg 之间。水稻土采样点个数为 13 881 个，土壤有机质含量平均值为 25.5g/kg，在 2.9～86.8g/kg 之间变动。在各主要土类中，风沙土的土壤有机质变异系数最大，为 53.35%；其余土类的变异系数在 39.70%～49.69% 之间（表 4-10）。

表 4-10　华南区主要土壤类型耕地土壤有机质含量（个，g/kg，%）

土类	采样点数	平均值	标准差	变异系数
砖红壤	1 069	22.4	11.13	49.69
赤红壤	3 311	26.3	11.76	44.71
红壤	2 105	30.7	13.48	43.91
黄壤	611	33.5	14.71	43.91
黄棕壤	251	37.2	17.64	47.42
风沙土	111	16.1	8.59	53.35
石灰（岩）土	544	30.4	12.07	39.70
紫色土	355	24.90	11.89	47.75
潮土	327	22.1	9.20	41.63
水稻土	13 881	25.5	10.84	42.51

在华南区主要土壤亚类中，典型潮土的土壤有机质平均值最高，为 51.5g/kg；其次是暗黄棕壤和典型黄壤，分别为 37.2g/kg 和 33.6g/kg；滨海风沙土的土壤有机质含量平均值最低，为 16.1g/kg；其余亚类介于 17.6～31.8g/kg 之间（表 4-11）。

变异系数以黄壤性土最大，为 62.61%；中性紫色土次之，为 54.58%；其余亚类变异系数低于 55%，介于 21.54%～53.35% 之间。

表 4-11　华南区主要土壤亚类耕地土壤有机质含量（个，g/kg，%）

亚类	采样点数	平均值	标准差	变异系数
典型砖红壤	838	21.6	10.47	48.47
黄色砖红壤	233	25.0	12.90	51.60

（续）

亚类	采样点数	平均值	标准差	变异系数
典型赤红壤	2 615	25.3	10.95	43.28
黄色赤红壤	629	30.2	13.63	45.13
赤红壤性土	60	30.1	15.65	51.99
典型红壤	1 195	30.5	13.59	44.56
黄红壤	878	31.0	13.24	42.71
山原红壤	7	21.7	6.98	32.17
红壤性土	25	31.8	16.85	52.99
典型黄壤	596	33.6	14.63	43.54
黄壤性土	14	28.0	17.53	62.61
暗黄棕壤	251	37.2	17.64	47.42
滨海风沙土	111	16.1	8.59	53.35
红色石灰土	73	26.6	11.49	43.20
黑色石灰土	109	30.4	12.80	42.11
棕色石灰土	159	30.9	10.38	33.59
黄色石灰土	203	31.3	12.91	41.25
酸性紫色土	268	25.2	11.49	45.60
中性紫色土	71	25.3	13.81	54.58
石灰性紫色土	16	17.6	5.94	33.75
典型潮土	1	51.5	—	—
灰潮土	326	22.0	9.07	41.23
潴育水稻土	7 821	26.3	11.25	42.78
淹育水稻土	1 930	24.2	11.53	47.64
渗育水稻土	2 392	24.3	8.97	36.91
潜育水稻土	1 048	26.4	10.65	40.34
漂洗水稻土	250	23.1	9.24	40.00
盐渍水稻土	221	24.1	7.86	32.61
咸酸水稻土	219	22.1	10.32	46.70

（二）地貌类型与土壤有机质含量

华南区的地貌类型主要有盆地、平原、丘陵和山地。盆地的土壤有机质平均值最高，为30.4g/kg；其次是山地和丘陵，分别是28.1g/kg、24.8g/kg；平原的土壤有机质平均值最低，为22.7g/kg。盆地的土壤有机质变异系数最大，为45.33%；山地的变异系数最小，为38.54%（表4-12）。

表4-12　华南区不同地貌类型耕地土壤有机质含量（个，g/kg，%）

地貌类型	采样点数	平均值	标准差	变异系数
盆地	7 251	30.4	13.78	45.33
平原	6 649	22.7	9.79	43.13

（续）

地貌类型	采样点数	平均值	标准差	变异系数
丘陵	6 484	24.8	9.97	40.20
山地	2 390	28.1	10.83	38.54

（三）成土母质与土壤有机质含量

华南区不同成土母质发育的土壤中，土壤有机质含量均值最高的是第四纪红土，为 28.4g/kg；其次是残坡积物和洪冲积物，分别是 28.0g/kg、25.0g/kg；湖相沉积物的土壤有机质均值最低，为 15.1g/kg。火山堆积物的土壤有机质变异系数最大，为 51.00%；洪冲积物的变异系数最小，为 38.84%（表 4-13）。

表 4-13　华南区不同成土母质耕地土壤有机质含量（个，g/kg，%）

成土母质	采样点数	平均值	标准差	变异系数
残坡积物	9 323	28.0	12.55	44.82
第四纪红土	3 738	28.4	13.27	46.73
河流冲积物	2 664	23.2	9.50	40.95
洪冲积物	5 061	25.0	9.71	38.84
湖相沉积物	8	15.1	6.73	44.57
火山堆积物	60	21.9	11.17	51.00
江海相沉积物	1 920	21.8	9.99	45.83

（四）土壤质地与土壤有机质含量

华南区不同土壤质地中，重壤的土壤有机质平均值最高，为 28.9g/kg；其次是黏土、中壤、砂壤和轻壤，分别是 28.8g/kg、25.5g/kg、25.2g/kg、24.8g/kg；砂土的土壤有机质平均值最低，为 23.2g/kg。砂土的土壤有机质变异系数最大，为 57.63%；中壤的变异系数最小，为 40.16%（表 4-14）。

表 4-14　华南区不同土壤质地耕地土壤有机质含量（个，g/kg，%）

质地	采样点数	平均值	标准差	变异系数
黏土	3 141	28.8	13.20	45.83
轻壤	7 609	24.8	10.14	40.89
砂壤	4 022	25.2	12.19	48.37
砂土	492	23.2	13.37	57.63
中壤	3 031	25.5	10.24	40.16
重壤	4 479	28.9	12.96	44.84

三、土壤有机质含量分级与变化情况

根据华南区土壤有机质含量状况，参照第二次土壤普查及各省（自治区）分级标准，将土壤有机质含量等级划分为 6 级（华南区没有六级分布）。华南区耕地土壤有机质含量各等级面积与比例见图 4-1。

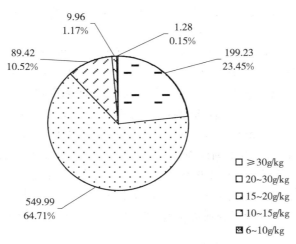

图 4-1　华南区耕地土壤有机质含量各等级面积与比例（万 hm²）

土壤有机质一级水平共计 199.23 万 hm²，占华南区耕地面积的 23.44%，其中福建评价区 2.40 万 hm²（占 0.28%），广东评价区 10.29 万 hm²（占 1.21%），广西评价区 79.97 万 hm²（占 9.41%），海南评价区 0.40 万 hm²（占 0.05%），云南评价区 106.16 万 hm²（占 12.49%）。二级水平共计 549.99 万 hm²，占华南区耕地面积的 64.71%，其中福建评价区 22.60 万 hm²（占 2.66%），广东评价区 160.18 万 hm²（占 18.85%），广西评价区 157.90 万 hm²（占 18.58%），海南评价区 40.54 万 hm²（占 4.77%），云南评价区 168.77 万 hm²（占 19.86%）。三级水平共计 89.42 万 hm²，占华南区耕地面积的 10.52%，其中福建评价区 12.00 万 hm²（占 1.41%），广东评价区 29.31 万 hm²（占 3.45%），广西评价区 15.81 万 hm²（占 1.86%），海南评价区 30.06 万 hm²（占 3.54%），云南评价区 2.25 万 hm²（占 0.26%）。四级水平共计 9.96 万 hm²，占华南区耕地面积的 1.17%，其中福建评价区 5.73 万 hm²（占 0.67%），广东评价区 2.92 万 hm²（占 0.34%），广西评价区 0.04 万 hm²（占 0.005%），海南评价区 1.27 万 hm²（占 0.15%），云南评价区没有分布。五级水平共计 1.28 万 hm²，占华南区耕地面积的 0.15%，全部分布在福建评价区。六级水平在华南区没有分布（表 4-15）。

表 4-15　华南区评价区耕地土壤有机质不同等级面积统计（万 hm²）

评价区	一级 ≥30g/kg	二级 20～30g/kg	三级 15～20g/kg	四级 10～15g/kg	五级 6～10g/kg	六级 <6g/kg
福建评价区	2.40	22.60	12.00	5.73	1.28	0
广东评价区	10.29	160.18	29.31	2.92	0	0
广西评价区	79.97	157.90	15.81	0.04	0	0
海南评价区	0.40	40.54	30.06	1.27	0	0
云南评价区	106.16	168.77	2.25	0	0	0
总计	199.23	549.99	89.42	9.96	1.28	0

二级农业区中，土壤有机质一级水平共计 199.23 万 hm²，占华南区耕地面积的 23.44%，其中滇南农林区 106.16 万 hm²（占 12.49%），闽南粤中农林水产区 10.85

万 hm² （占 1.28%），琼雷及南海诸岛农林区 0.40 万 hm²（占 0.05%），粤西桂南农林区 81.82 万 hm²（占 9.63%）。二级水平共计 549.99 万 hm²，占华南区耕地面积的 64.71%，其中滇南农林区 168.77 万 hm²（占 19.86%），闽南粤中农林水产区 113.44 万 hm²（占 13.35%），琼雷及南海诸岛农林区 67.89 万 hm²（占 7.99%），粤西桂南农林区 199.90 万 hm²（占 23.52%）。三级水平共计 89.42 万 hm²，占华南区耕地面积的 10.52%，其中滇南农林区 2.25 万 hm²（占 0.26%），闽南粤中农林水产区 28.85 万 hm²（占 3.39%），琼雷及南海诸岛农林区 37.49 万 hm²（占 4.41%），粤西桂南农林区 20.83 万 hm²（占 2.45%）。四级水平共计 9.96 万 hm²，占华南区耕地面积的 1.17%，其中滇南农林区没有分布，闽南粤中农林水产区 7.96 万 hm²（占 0.94%），琼雷及南海诸岛农林区 1.94 万 hm²（占 0.23%），粤西桂南农林区 0.06 万 hm²（占 0.01%）。五级水平共计 1.28 万 hm²，占华南区耕地面积的 0.15%，全部分布在闽南粤中农林水产区。六级水平在华南区二级农业区没有分布（表 4-16）。

表 4-16　华南区二级农业区耕地土壤有机质不同等级面积统计（万 hm²）

二级农业区	一级 ≥30g/kg	二级 20~30g/kg	三级 15~20g/kg	四级 10~15g/kg	五级 6~10g/kg	六级 <6g/kg
闽南粤中农林水产区	10.85	113.44	28.85	7.96	1.28	0
粤西桂南农林区	81.82	199.90	20.83	0.06	0	0
滇南农林区	106.16	168.77	2.25	0	0	0
琼雷及南海诸岛农林区	0.40	67.89	37.49	1.94	0	0
总计	199.23	549.99	89.42	9.96	1.28	

按各评价区统计，福建评价区土壤有机质一级水平共计 2.40 万 hm²，占评价区耕地面积的 5.45%；二级水平共计 22.60 万 hm²，占评价区耕地面积的 51.35%；三级水平共计 12.00 万 hm²，占评价区耕地面积的 27.27%；四级水平共计 5.73 万 hm²，占评价区耕地面积的 13.02%；五级水平共计 1.28 万 hm²，占评价区耕地面积的 2.91%；六级水平没有分布。广东评价区土壤有机质一级水平共计 10.29 万 hm²，占评价区耕地面积的 5.08%；二级水平共计 160.18 万 hm²，占评价区耕地面积的 79.02%；三级水平共计 29.31 万 hm²，占评价区耕地面积的 14.46%；四级水平共计 2.92 万 hm²，占评价区耕地面积的 1.44%；五级和六级水平没有分布。广西评价区土壤有机质一级水平共计 79.97 万 hm²，占评价区耕地面积的 31.52%；二级水平共计 157.90 万 hm²，占评价区耕地面积的 62.23%；三级水平共计 15.81 万 hm²，占评价区耕地面积的 6.23%；四级水平共计 0.04 万 hm²，占评价区耕地面积的 0.02%；五级和六级水平没有分布。海南评价区土壤有机质一级水平共计 0.40 万 hm²，占评价区耕地面积的 0.55%；二级水平共计 40.54 万 hm²，占评价区耕地面积的 56.10%；三级水平共计 30.06 万 hm²，占评价区耕地面积的 41.59%；四级水平共计 1.27 万 hm²，占评价区耕地面积的 1.76%；五级和六级水平没有分布。云南评价区土壤有机质一级水平共计 106.16 万 hm²，占评价区耕地面积的 38.30%；二级水平共计 168.77 万 hm²，占评价区耕地面积的 60.89%；三级水平共计 2.25 万 hm²，占评价区耕地面积的 0.81%；四级、五级和六级水平没有分布（表 4-15）。

按土壤类型统计，土壤有机质一级水平共计 199.23 万 hm²，占华南区耕地面积的

23.44%，其中潮土 0.51 万 hm² （占 0.06%），赤红壤 42.85 万 hm² （占 5.04%），风沙土 0.15 万 hm² （占 0.02%），红壤 35.10 万 hm² （占 4.13%），黄壤 13.37 万 hm² （占 1.57%），黄棕壤 6.32 万 hm² （占 0.74%），石灰（岩）土 19.47 万 hm² （占 2.29%），水稻土 74.25 万 hm² （占 8.74%），砖红壤 2.99 万 hm² （占 0.35%），紫色土 2.86 万 hm² （占 0.34%）。土壤有机质二级水平共计 549.99 万 hm²，占华南区耕地面积的 64.71%，其中潮土 9.31 万 hm² （占 1.10%），赤红壤 124.89 万 hm² （占 14.69%），风沙土 1.47 万 hm² （占 0.17%），红壤 48.22 万 hm² （占 5.67%），黄壤 11.05 万 hm² （占 1.30%），黄棕壤 6.19 万 hm² （占 0.73%），火山灰土 1.45 万 hm² （占 0.17%），石灰（岩）土 16.00 万 hm² （占 1.88%），水稻土 258.66 万 hm² （占 30.43%），砖红壤 42.53 万 hm² （占 5.00%），紫色土 22.53 万 hm² （占 2.65%）。土壤有机质三级水平共计 85.46 万 hm²，占华南区耕地面积的 10.52%，其中潮土 0.83 万 hm² （占 0.10%），赤红壤 16.75 万 hm² （占 1.97%），风沙土 1.63 万 hm² （占 0.19%），红壤 0.60 万 hm² （占 0.07%），黄壤 0.28 万 hm² （占 0.03%），石灰（岩）土 0.28 万 hm² （占 0.03%），水稻土 50.11 万 hm² （占 5.90%），砖红壤 12.70 万 hm² （占 1.49%），紫色土 2.28 万 hm² （占 0.27%）。土壤有机质四级水平共计 9.54 万 hm²，占华南区耕地面积的 1.17%，其中潮土 0.09 万 hm² （占 0.01%），赤红壤 3.54 万 hm² （占 0.42%），风沙土 0.67 万 hm² （占 0.08%），红壤 0.13 万 hm² （占 0.02%），水稻土 4.34 万 hm² （占 0.51%），砖红壤 0.76 万 hm² （占 0.09%），紫色土 0.01 万 hm² （占 0.001%）。土壤有机质五级水平共计 1.18 万 hm²，占华南区耕地面积的 0.15%，其中赤红壤 0.73 万 hm² （占 0.09%），风沙土 0.24 万 hm² （占 0.03%），红壤 0.04 万 hm² （占 0.005%），水稻土 0.17 万 hm² （占 0.02%），其余土壤类型少量分布。六级水平在华南区没有分布（表 4-17）。

表 4-17　华南区主要土壤类型耕地土壤有机质不同等级面积统计（万 hm²）

土壤类型	一级 ≥30g/kg	二级 20～30g/kg	三级 15～20g/kg	四级 10～15g/kg	五级 6～10g/kg	六级 <6g/kg
砖红壤	2.99	42.53	12.7	0.76	0	0
赤红壤	42.85	124.89	16.75	3.54	0.73	0
红壤	35.1	48.22	0.6	0.13	0.04	0
黄壤	13.37	11.05	0.28	0	0	0
黄棕壤	6.32	6.19	0	0	0	0
风沙土	0.15	1.47	1.63	0.67	0.24	0
石灰（岩）土	19.47	16.00	0.28	0	0	0
紫色土	2.86	22.53	2.28	0.01	0	0
潮土	0.51	9.31	0.83	0.09	0	0
水稻土	74.25	258.66	50.11	4.34	0.17	0

四、土壤有机质调控

土壤有机质是作物营养的主要来源之一，能促进作物的生长发育，改善土壤的物理性质，促进微生物和土壤动物的活动，促进土壤中营养元素的分解，具有提高土壤保肥性和缓冲性的作用。当土壤中有机质含量 <10g/kg 时，作物根系衰弱，作物早衰，削弱抗病抗逆

机能，土壤板结，化肥的负面影响加剧。

华南区水热条件优越，常年温度较高，微生物的活性高，复种指数高，有机质的分解也快，致使土壤有机质含量降低，肥力下降。因此即使高产田，也需不断补充有机质。随着农业生产的发展，绿色高产创建，高品质的农产品需求越来越大，补充和提高土壤有机质含量显得愈加重要。华南区地表植物蕴藏了大量的生物量，为土壤提供了丰富的有机质来源，因此，可采取多种途径提升土壤有机质含量。

（一）秸秆还田

秸秆直接还田是增加土壤有机质和提高作物产量的一项有效措施。华南区应以大宗作物秸秆为主，进行机械化还田、粉碎后翻压还田、集约化规模化模式还田，也应因地制宜，积极采用秸秆—牲畜养殖—能源化利用—沼肥还田、秸秆—沼气—沼肥还田、秸秆—食用菌生产—菌棒还田、秸秆—商品有机肥还田等种养结合方式还田。对于含氮较多的土壤，秸秆还田的效果较好；瘦田采用秸秆还田时，应适当施入速效性氮肥，调节碳氮比，利于秸秆腐熟。还田时配合使用秸秆腐熟剂，使秸秆快速腐熟分解，不仅可以增加土壤有机质和养分，还可以改善土壤结构，使孔隙度增加，土壤疏松，容重减轻，提高微生物活力和促进作物根系的发育。

（二）增施有机肥

华南区有机肥资源丰富，种类多、数量多、来源广，如粪肥、厩肥、堆肥、青草、幼嫩枝叶、饼肥、蚕沙、鱼肥、糖厂滤泥、塘泥、作物类农业废弃物等，其中粪肥和厩肥是普遍使用的主要有机肥。传统的有机肥堆制和使用很不方便，市场上有不少商品有机肥、生物有机肥，方便使用。有机肥的广泛使用，不仅能促进农业逐步向无公害农业、绿色农业转变，还能让更多的有机食品、水果、蔬菜走向市场和大众，因此，要引导经营主体增加有机肥的施用。

（三）种植绿肥

绿肥是可用作肥料的绿色植物，是我国传统农业的精华，是提升耕地质量、减少化肥使用量的措施之一，是现代农业绿色增产的关键所在，还具有油用、粮用、菜用、花用、蜜用、饲用等方面的功能。华南区可种植夏季绿肥和冬季绿肥，常用的绿肥品种有苕子、红花草、油菜、茹菜、田菁、细绿萍等，兼用绿肥种类有蚕豆、豌豆、黄豆、绿豆、黑麦草等。绿肥种植要与耕地质量提升等相关需求结合，种植时提倡推广"三花"混播技术，充分发挥绿肥的经济效益、社会效益和生态效益，形成农旅结合、种养结合的区域性特色产业，同时，对多年不种绿肥的地方或新开垦的地方种植豆科绿肥，要接种根瘤菌剂，使根系接上菌种产生根瘤，发挥固氮作用，确保绿肥种植成功，获得高产，从而提高土壤有机质。

第二节　土壤全氮

氮是构成蛋白质的主要成分，对茎叶的生长和果实的发育有重要作用，是与作物产量最密切的营养元素。氮素是合成叶绿素的组成部分，叶绿素 a 和叶绿素 b 中都有含氮化合物。土壤全氮，是指土壤中各种形态氮素含量之和，包括有机态氮和无机态氮，但不包括土壤空气中的分子态氮。土壤全氮含量随土壤深度的增加而急剧降低。土壤全氮含量处于动态变化之中，它的消长取决于氮的积累和消耗的相对多寡，特别是取决于土壤有机质的生物积累和水解作用。

一、土壤全氮含量及其空间差异

(一)土壤全氮含量概况

根据 22 774 个土样的检测结果,华南区耕地土壤全氮总体样点平均值为 1.41g/kg,其中,旱地土壤采样点占 40.46%,平均为 1.48g/kg;水浇地土壤采样点占 2.97%,平均为 1.26g/kg;水田土壤采样点占 56.57%,平均为 1.37g/kg。各评价区土壤全氮含量分述如下:

福建评价区耕地土壤全氮总体样点平均值为 1.08g/kg,其中,旱地土壤采样点占 18.19%,平均为 0.79g/kg;水浇地土壤采样点占 5.84%,平均为 0.81g/kg;水田土壤采样点占 75.96%,平均为 1.17g/kg。水田全氮的平均含量比旱地高 0.38g/kg,比水浇地高 0.36g/kg;旱地土壤全氮含量的变异幅度比水浇地大 6.19%,比水田大 13.02%(表 4-18)。

表 4-18 福建评价区耕地土壤全氮含量(个,g/kg,%)

耕地类型	采样点数	平均值	标准差	变异系数
旱地	137	0.79	0.40	50.63
水浇地	44	0.81	0.36	44.44
水田	572	1.17	0.44	37.61
总计	753	1.08	0.46	42.59

广东评价区耕地土壤全氮总体样点平均值为 1.30g/kg,其中,旱地土壤采样点占 16.37%,平均为 1.28g/kg;水浇地土壤采样点占 7.98%,平均为 1.28g/kg;水田土壤采样点占 75.65%,平均为 1.31g/kg。水田全氮的平均含量比旱地高 0.03g/kg,比水浇地高 0.03g/kg;水浇地土壤全氮含量的变异幅度比旱地大 5.46%,比水田大 5.06%(表 4-19)。

表 4-19 广东评价区耕地土壤全氮含量(个,g/kg,%)

耕地类型	采样点数	平均值	标准差	变异系数
旱地	1 246	1.28	0.20	15.63
水浇地	607	1.28	0.27	21.09
水田	5 758	1.31	0.21	16.03
总计	7 611	1.30	0.21	16.15

广西评价区耕地土壤全氮总体样点平均值为 1.64g/kg,其中,旱地土壤采样点占 46.89%,平均为 1.50g/kg;水浇地土壤采样点只有 1 个,占 0.03%,化验值为 1.30g/kg;水田土壤采样点占 53.08%,平均为 1.76g/kg。水田全氮的平均含量比旱地高 0.26g/kg;旱地土壤全氮含量的变异幅度比水田大 4.31%(表 4-20)。

表 4-20 广西评价区耕地土壤全氮含量(个,g/kg,%)

耕地类型	采样点数	平均值	标准差	变异系数
旱地	1 766	1.50	0.61	40.67
水浇地	1	1.30	—	—

（续）

耕地类型	采样点数	平均值	标准差	变异系数
水田	1 999	1.76	0.64	36.36
总计	3 766	1.64	0.64	39.02

海南评价区耕地土壤全氮总体样点平均值为 0.95g/kg，其中，旱地土壤采样点占 27.38%，平均为 0.95g/kg；水浇地土壤采样点只有 1 个，占 0.04%，化验值为 0.90g/kg；水田土壤采样点占 72.59%，平均为 0.94g/kg。旱地全氮的平均含量比水田高 0.01g/kg；旱地土壤全氮含量的变异幅度比水田大 5.80%（表 4-21）。

表 4-21　海南评价区耕地土壤全氮含量（个，g/kg，%）

耕地类型	采样点数	平均值	标准差	变异系数
旱地	771	0.95	0.52	54.74
水浇地	1	0.90	—	—
水田	2 044	0.94	0.46	48.94
总计	2 816	0.95	0.47	49.47

云南评价区耕地土壤全氮总体样点平均值为 1.61g/kg，其中，旱地土壤采样点占 67.63%，平均为 1.62g/kg；水浇地土壤采样点占 0.31%，平均为 1.58g/kg；水田土壤采样点占 32.06%，平均为 1.58g/kg。旱地全氮的平均含量比水浇地高 0.04g/kg，比水田高 0.04g/kg；水浇地土壤全氮含量的变异幅度比旱地大 1.05%，比水田大 1.27%（表 4-22）。

表 4-22　云南评价区耕地土壤全氮含量（个，g/kg，%）

耕地类型	采样点数	平均值	标准差	变异系数
旱地	5 294	1.62	0.67	41.36
水浇地	24	1.58	0.67	42.41
水田	2 510	1.58	0.65	41.14
总计	7 828	1.61	0.66	40.99

（二）土壤全氮含量的区域分布

1. 不同二级农业区耕地土壤全氮含量分布　华南区 4 个二级农业区中，琼雷及南海诸岛农林区的土壤全氮平均含量最低，滇南农林区的土壤全氮平均含量最高，粤西桂南农林区和闽南粤中农林水产区的土壤全氮平均含量介于中间，这与有机质的统计结果一致。琼雷及南海诸岛农林区的土壤全氮变异系数最大，闽南粤中农林水产区的变异系数最小（表 4-23）。

表 4-23　华南区不同二级农业区耕地土壤全氮含量（个，g/kg，%）

二级农业区	采样点数	平均值	标准差	变异系数
闽南粤中农林水产区	6 072	1.28	0.27	21.09
粤西桂南农林区	5 423	1.55	0.56	36.13
滇南农林区	7 828	1.61	0.66	40.99

（续）

二级农业区	采样点数	平均值	标准差	变异系数
琼雷及南海诸岛农林区	3 451	0.99	0.44	44.44
总计	22 774	1.41	0.57	40.43

2. 不同评价区耕地土壤全氮含量分布　华南区各评价区中（表 4-24），海南评价区的土壤全氮平均含量最低，广西评价区的土壤全氮平均含量最高，云南、广东和福建评价区的土壤全氮平均含量介于中间。海南评价区的土壤全氮变异系数最大，广东评价区的变异系数最小。

表 4-24　华南区不同评价区耕地土壤全氮含量（个，g/kg，%）

评价区	采样点数	平均值	标准差	变异系数
福建评价区	753	1.08	0.46	42.59
广东评价区	7 611	1.30	0.21	16.15
广西评价区	3 766	1.64	0.64	39.02
海南评价区	2 816	0.95	0.47	49.47
云南评价区	7 828	1.61	0.66	40.99

3. 不同评价区地级市及省辖县耕地土壤全氮含量分布　华南区各评价区地级市及省辖县中，广西壮族自治区梧州市的土壤全氮平均含量最高，为 2.04g/kg；其次是广西壮族自治区百色市，为 1.92g/kg；土壤全氮平均含量高于 1.70g/kg 的地级市有广东省中山市、云南省保山市和广西壮族自治区崇左市；福建省平潭综合实验区的土壤全氮平均含量最低，为 0.37g/kg；其余各地级市及省辖县介于 0.70～1.65g/kg 之间。变异系数最大的是海南省儋州市，为 62.14；最小的是广东省梅州市，仅为 7.25（表 4-25）。

表 4-25　华南区不同评价区地级市及省辖县耕地土壤全氮含量（个，g/kg，%）

评价区	地级市/省辖县	采样点数	平均值	标准差	变异系数
福建评价区	福州市	81	0.99	0.44	44.44
	平潭综合实验区	19	0.37	0.22	59.46
	莆田市	144	1.18	0.52	44.07
	泉州市	190	1.14	0.42	36.84
	厦门市	42	0.88	0.30	34.09
	漳州市	277	1.10	0.44	40.00
广东评价区	潮州市	251	1.19	0.17	14.29
	东莞市	73	1.33	0.19	14.29
	佛山市	124	1.26	0.12	9.52
	广州市	370	1.33	0.15	11.28
	河源市	226	1.25	0.13	10.40
	惠州市	616	1.18	0.09	7.63

（续）

评价区	地级市/省辖县	采样点数	平均值	标准差	变异系数
广东评价区	江门市	622	1.38	0.23	16.67
	揭阳市	460	1.18	0.15	12.71
	茂名市	849	1.39	0.19	13.67
	梅州市	299	1.38	0.10	7.25
	清远市	483	1.53	0.19	12.42
	汕头市	285	1.06	0.25	23.58
	汕尾市	397	1.15	0.19	16.52
	韶关市	62	1.49	0.13	8.72
	阳江市	455	1.32	0.15	11.36
	云浮市	518	1.34	0.15	11.19
	湛江市	988	1.2	0.16	13.33
	肇庆市	342	1.37	0.16	11.68
	中山市	64	1.88	0.19	10.11
	珠海市	127	1.59	0.17	10.69
广西评价区	百色市	466	1.92	0.71	36.98
	北海市	176	1.19	0.54	45.38
	崇左市	771	1.70	0.66	38.82
	防城港市	132	1.26	0.48	38.10
	广西农垦	20	1.24	0.21	16.94
	贵港市	473	1.55	0.58	37.42
	南宁市	865	1.60	0.64	40.00
	钦州市	317	1.58	0.50	31.65
	梧州市	188	2.04	0.56	27.45
	玉林市	358	1.59	0.49	30.82
海南评价区	白沙黎族自治县	114	0.70	0.34	48.57
	保亭黎族苗族自治县	51	0.94	0.34	36.17
	昌江黎族自治县	124	1.01	0.51	50.50
	澄迈县	236	0.91	0.39	42.86
	儋州市	318	1.03	0.64	62.14
	定安县	197	1.01	0.42	41.58
	东方市	129	0.90	0.46	51.11
	海口市	276	0.95	0.54	56.84
	乐东黎族自治县	144	0.97	0.46	47.42
	临高县	202	0.87	0.36	41.38
	陵水县	120	0.87	0.39	44.83
	琼海市	122	1.03	0.49	47.57

（续）

评价区	地级市/省辖县	采样点数	平均值	标准差	变异系数
海南评价区	琼中黎族苗族自治县	45	1.27	0.78	61.42
	三亚市	149	0.89	0.37	41.57
	屯昌县	199	0.86	0.38	44.19
	万宁市	150	1.06	0.49	46.23
	文昌市	192	0.97	0.38	39.18
	五指山市	48	0.95	0.43	45.26
云南评价区	保山市	754	1.84	0.84	45.65
	德宏傣族景颇族自治州	583	1.41	0.62	43.97
	红河哈尼族彝族自治州	1 563	1.65	0.67	40.61
	临沧市	1 535	1.60	0.63	39.38
	普洱市	1 661	1.56	0.65	41.67
	文山壮族苗族自治州	1 035	1.64	0.61	37.2
	西双版纳傣族自治州	402	1.49	0.54	36.24
	玉溪市	295	1.48	0.57	38.51

二、土壤全氮含量及其影响因素

（一）不同土壤类型土壤全氮含量

华南区主要土壤类型中，土壤全氮含量以黄棕壤的含量最高，平均值为 1.94kg，在 0.54～4.58g/kg 之间变动，其余土类土壤全氮含量平均值介于 0.94～1.75g/kg 之间。水稻土采样点个数为 13 881 个，土壤全氮含量土壤平均值为 1.37g/kg，在 0.16～4.50g/kg 之间变动。在各主要土类中，黄棕壤的土壤全氮变异系数最大，为 44.85%；其余土类的变异系数在 30.85%～42.96% 之间（表 4-26）。

表 4-26　华南区主要土壤类型耕地土壤全氮含量（个，g/kg，%）

土类	采样点数	平均值	标准差	变异系数
砖红壤	1 069	1.1	0.47	42.73
赤红壤	3 311	1.42	0.55	38.73
红壤	2 105	1.66	0.66	39.76
黄壤	611	1.72	0.7	40.7
黄棕壤	251	1.94	0.87	44.85
风沙土	111	0.94	0.29	30.85
石灰（岩）土	544	1.75	0.65	37.14
紫色土	355	1.35	0.58	42.96
潮土	327	1.35	0.49	36.3
水稻土	13 881	1.37	0.52	37.96

在华南区主要土壤亚类中，典型潮土的土壤全氮平均值最高，为 2.8g/kg；其次是暗黄棕

壤，为 1.94g/kg；滨海风沙土的土壤全氮含量平均值最低，为 0.94g/kg;其余亚类介于 1.04～1.86g/kg 之间（表 4-27）。变异系数以红壤性土最大，为 51.12%，其余亚类变异系数低于 50。

表 4-27　华南区主要土壤亚类耕地土壤全氮含量（个，g/kg，%）

亚类	采样点数	平均值	标准差	变异系数
典型砖红壤	838	1.06	0.43	40.57
黄色砖红壤	233	1.23	0.57	46.34
典型赤红壤	2 615	1.39	0.52	37.41
黄色赤红壤	629	1.56	0.62	39.74
赤红壤性土	60	1.59	0.67	42.14
典型红壤	1 195	1.67	0.68	40.72
黄红壤	878	1.66	0.63	37.95
山原红壤	7	1.23	0.38	30.89
红壤性土	25	1.78	0.91	51.12
典型黄壤	596	1.73	0.7	40.46
黄壤性土	14	1.61	0.72	44.72
暗黄棕壤	251	1.94	0.87	44.85
滨海风沙土	111	0.94	0.29	30.85
红色石灰土	73	1.54	0.56	36.36
黑色石灰土	109	1.74	0.68	39.08
棕色石灰土	159	1.86	0.62	33.33
黄色石灰土	203	1.74	0.66	37.93
酸性紫色土	268	1.38	0.57	41.3
中性紫色土	71	1.34	0.65	48.51
石灰性紫色土	16	1.04	0.33	31.73
典型潮土	1	2.8	—	—
灰潮土	326	1.35	0.49	36.3
潴育水稻土	7 821	1.43	0.54	37.76
淹育水稻土	1 930	1.26	0.62	49.21
渗育水稻土	2 392	1.27	0.32	25.2
潜育水稻土	1 048	1.4	0.55	39.29
漂洗水稻土	250	1.2	0.38	31.67
盐渍水稻土	221	1.39	0.35	25.18
咸酸水稻土	219	1.23	0.39	31.71

（二）地貌类型与土壤全氮含量

华南区的地貌类型主要有盆地、平原、丘陵和山地。盆地的土壤全氮平均值最高，为 1.62g/kg；其次是山地和丘陵，分别是 1.55g/kg、1.36g/kg；平原的土壤全氮平均值最低，为 1.19g/kg。盆地的土壤全氮变异系数最大，为 41.36%；丘陵的变异系数最小，为 35.29%（表 4-28）。

表 4-28　华南区不同地貌类型耕地土壤全氮含量（个，g/kg，%）

地貌类型	采样点数	平均值	标准差	变异系数
盆地	7 251	1.62	0.67	41.36
平原	6 649	1.19	0.43	36.13
丘陵	6 484	1.36	0.48	35.29
山地	2 390	1.55	0.57	36.77

（三）成土母质与土壤全氮含量

华南区不同成土母质发育的土壤中，土壤全氮含量均值最高的是残坡积物和第四纪红土，均为 1.51g/kg；其次是洪冲积物，为 1.35g/kg；湖相沉积物的土壤全氮均值最低，为 0.84g/kg。火山堆积物的土壤全氮变异系数最大，为 58.49%；洪冲积物的变异系数最小，为 28.89%（表 4-29）。

表 4-29　华南区不同成土母质耕地土壤全氮含量（个，g/kg，%）

成土母质	采样点数	平均值	标准差	变异系数
残坡积物	9 323	1.51	0.62	41.06
第四纪红土	3 738	1.51	0.70	46.36
河流冲积物	2 664	1.26	0.43	34.13
洪冲积物	5 061	1.35	0.39	28.89
湖相沉积物	8	0.84	0.34	40.48
火山堆积物	60	1.06	0.62	58.49
江海相沉积物	1 920	1.15	0.42	36.52

（四）土壤质地与土壤全氮含量

华南区不同土壤质地中，重壤的土壤全氮平均值最高，为 1.56g/kg；其次是黏土、中壤、轻壤和砂壤，分别是 1.53g/kg、1.40g/kg、1.34g/kg、1.33g/kg；砂土的土壤全氮平均值最低，为 1.20g/kg。砂土的土壤全氮变异系数最大，为 50.00%；轻壤的变异系数最小，为 30.60%（表 4-30）。

表 4-30　华南区不同土壤质地耕地土壤全氮含量（个，g/kg，%）

质地	采样点数	平均值	标准差	变异系数
黏土	3 141	1.53	0.66	43.14
轻壤	7 609	1.34	0.41	30.60
砂壤	4 022	1.33	0.60	45.11
砂土	492	1.20	0.60	50.00
中壤	3 031	1.40	0.54	38.57
重壤	4 479	1.56	0.67	42.95

三、土壤全氮含量分级与变化情况

根据华南区土壤全氮含量状况，参照第二次土壤普查及各省（自治区）分级标准，将土壤全氮含量等级划分为6级。华南区耕地土壤全氮含量各等级面积与比例见图4-2。

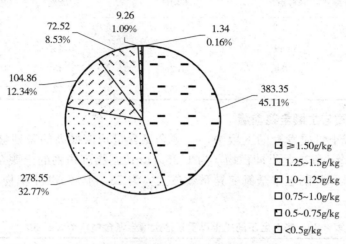

图4-2　华南区耕地土壤全氮含量各等级面积与比例（万 hm²）

土壤全氮一级水平共计 383.35 万 hm²，占华南区耕地面积的 45.11%，其中福建评价区 2.97 万 hm²（占 0.35%），广东评价区 46.38 万 hm²（占 5.46%），广西评价区 156.04 万 hm²（占 18.36%），云南评价区 177.97 万 hm²（占 20.94%），海南评价区没有分布。二级水平共计 278.55 万 hm²，占华南区耕地面积的 32.77%，其中福建评价区 10.17 万 hm²（占 1.20%），广东评价区 106.56 万 hm²（占 12.54%），广西评价区 73.62 万 hm²（占 8.66%），海南评价区 0.25 万 hm²（占 0.03%），云南评价区 87.94 万 hm²（占 10.35%）。三级水平共计 104.86 万 hm²，占华南区耕地面积的 12.34%，其中福建评价区15.77 万 hm²（占 1.86%），广东评价区 44.81 万 hm²（占 5.27%），广西评价区 19.02 万 hm²（占 2.24%），海南评价区 14.01 万 hm²（占 1.65%），云南评价区 11.24 万 hm²（占 1.32%）。四级水平共计 72.52 万 hm²，占华南区耕地面积的 8.53%，其中福建评价区 10.20 万 hm²（占 1.20%），广东评价区 4.88 万 hm²（占 0.57%），广西评价区 4.85 万 hm²（占 0.57%），海南评价区 52.56 万 hm²（占 6.18%），云南评价区 0.03 万 hm²（占 0.004%）。五级水平共计 9.26 万 hm²，占华南区耕地面积的 1.09%，其中福建评价区 3.55 万 hm²（占 0.42%），广东评价区 0.08 万 hm²（占 0.01%），广西评价区 0.19 万 hm²（占 0.02%），海南评价区 5.44 万 hm²（占 0.64%），云南评价区没有分布。六级水平共计 1.34 万 hm²，占华南区耕地面积的 0.16%，其中福建评价区 1.34 万 hm²（占 0.16%），海南评价区 0.002 万 hm²（占 0.0002%），广东、广西和云南评价区没有分布（表4-31）。

表 4-31　华南区评价区耕地土壤全氮不同等级面积统计（万 hm²）

评价区	一级 ≥1.50g/kg	二级 1.25～1.5g/kg	三级 1.0～1.25g/kg	四级 0.75～1.0g/kg	五级 0.5～0.75g/kg	六级 <0.5g/kg
福建评价区	2.97	10.17	15.77	10.20	3.55	1.34

（续）

评价区	一级 ≥1.50g/kg	二级 1.25～1.5g/kg	三级 1.0～1.25g/kg	四级 0.75～1.0g/kg	五级 0.5～0.75g/kg	六级 <0.5g/kg
广东评价区	46.38	106.56	44.81	4.88	0.08	0
广西评价区	156.04	73.62	19.02	4.85	0.19	0
海南评价区	0	0.25	14.01	52.56	5.44	0.002
云南评价区	177.97	87.94	11.24	0.03	0	0
总计	383.35	278.55	104.86	72.52	9.26	1.34

　　二级农业区中，土壤全氮一级水平共计383.35万hm²，占华南区耕地面积的45.11%，其中滇南农林区177.97万hm²（占20.94%），闽南粤中农林水产区34.67万hm²（占4.08%），琼雷及南海诸岛农林区1.92万hm²（占0.23%），粤西桂南农林区168.79万hm²（占19.86%）。二级水平共计278.55万hm²，占华南区耕地面积的32.77%，其中滇南农林区87.94万hm²（占10.35%），闽南粤中农林水产区69.98万hm²（占8.23%），琼雷及南海诸岛农林区17.42万hm²（占2.05%），粤西桂南农林区103.20万hm²（占12.14%）。三级水平共计104.86万hm²，占华南区耕地面积的12.34%，其中滇南农林区11.24万hm²（占1.32%），闽南粤中农林水产区39.04万hm²（占4.59%），琼雷及南海诸岛农林区29.07万hm²（占3.42%），粤西桂南农林区25.51万hm²（占3.00%）。四级水平共计72.52万hm²，占华南区耕地面积的8.53%，其中滇南农林区0.03万hm²（占0.004%），闽南粤中农林水产区13.71万hm²（占1.61%），琼雷及南海诸岛农林区53.86万hm²（占6.34%），粤西桂南农林区4.92万hm²（占0.58%）。五级水平共计9.26万hm²，占华南区耕地面积的1.09%，其中滇南农林区没有分布，闽南粤中农林水产区3.63万hm²（占0.43%），琼雷及南海诸岛农林区5.44万hm²（占0.64%），粤西桂南农林区0.19万hm²（占0.02%）。六级水平共计1.34万hm²，占华南区耕地面积的0.16%，其中闽南粤中农林水产区1.34万hm²（占0.16%），琼雷及南海诸岛农林区0.002万hm²（占0.0002%），滇南农林区和粤西桂南农林区没有分布（表4-32）。

表4-32　华南区二级农业区耕地土壤全氮不同等级面积统计（万hm²）

二级农业区	一级 ≥1.50g/kg	二级 1.25～1.5g/kg	三级 1.0～1.25g/kg	四级 0.75～1.0g/kg	五级 0.5～0.75g/kg	六级 <0.5g/kg
闽南粤中农林水产区	34.67	69.98	39.04	13.71	3.63	1.34
粤西桂南农林区	168.79	103.20	25.51	4.92	0.19	0
滇南农林区	177.97	87.94	11.24	0.03	0	0
琼雷及南海诸岛农林区	1.92	17.42	29.07	53.86	5.44	0.002
总计	383.35	278.55	104.86	72.52	9.26	1.34

　　按各评价区统计，福建评价区土壤全氮一级水平共计2.97万hm²，占评价区耕地面积的6.75%；二级水平共计10.17万hm²，占评价区耕地面积的23.11%；三级水平共计15.77万hm²，占评价区耕地面积的35.83%；四级水平共计10.20万hm²，占评价区耕地面积的23.18%；五级水平共计3.55万hm²，占评价区耕地面积的8.07%；六级水平共计

1.34 万 hm²，占评价区耕地面积的 3.04%。广东评价区土壤全氮一级水平共计 46.38 万 hm²，占评价区耕地面积的 22.88%；二级水平共计 106.56 万 hm²，占评价区耕地面积的 52.57%；三级水平共计 44.81 万 hm²，占评价区耕地面积的 22.11%；四级水平共计 4.88 万 hm²，占评价区耕地面积的 2.41%；五级水平共计 0.08 万 hm²，占评价区耕地面积的 0.04%；六级水平没有分布。广西评价区土壤全氮一级水平共计 156.04 万 hm²，占评价区耕地面积的 61.50%；二级水平共计 73.62 万 hm²，占评价区耕地面积的 29.02%；三级水平共计 19.02 万 hm²，占评价区耕地面积的 7.50%；四级水平共计 4.85 万 hm²，占评价区耕地面积的 1.91%；五级水平共计 0.19 万 hm²，占评价区耕地面积的 0.07%；六级水平没有分布。海南评价区土壤全氮一级水平共计 0.000 3 万 hm²，占评价区耕地面积的 0.000 4%；二级水平共计 0.25 万 hm²，占评价区耕地面积的 0.35%；三级水平共计 14.01 万 hm²，占评价区耕地面积的 19.39%；四级水平共计 52.56 万 hm²，占评价区耕地面积的 72.73%；五级水平共计 5.44 万 hm²，占评价区耕地面积的 7.53%；六级水平共计 0.002 万 hm²，占评价区耕地面积的 0.003%。云南评价区土壤全氮一级水平共计 177.97 万 hm²，占评价区耕地面积的 64.21%；二级水平共计 87.94 万 hm²，占评价区耕地面积的 31.73%；三级水平共计 11.24 万 hm²，占评价区耕地面积的 4.06%；四级水平共计 0.03 万 hm²，占评价区耕地面积的 0.01%；五级和六级水平没有分布（表 4-31）。

按土壤类型统计，土壤全氮一级水平共计 383.35 万 hm²，占华南区耕地面积的 45.11%，其中潮土 3.16 万 hm²（占 0.37%），赤红壤 94.76 万 hm²（占 11.15%），风沙土 0.21 万 hm²（占 0.02%），红壤 58.15 万 hm²（占 6.84%），黄壤 18.41 万 hm²（占 2.17%），黄棕壤 9.60 万 hm²（占 1.13%），石灰（岩）土 30.28 万 hm²（占 3.56%），水稻土 148.41 万 hm²（占 17.46%），砖红壤 6.76 万 hm²（占 0.80%），紫色土 9.35 万 hm²（占 1.10%）。土壤全氮二级水平共计 278.55 万 hm²，占华南区耕地面积的 32.77%，其中潮土 6.24 万 hm²（占 0.73%），赤红壤 66.36 万 hm²（占 7.81%），风沙土 1.06 万 hm²（占 0.12%），红壤 24.00 万 hm²（占 2.82%），黄壤 5.70 万 hm²（占 0.67%），黄棕壤 2.82 万 hm²（占 0.33%），火山灰土 0.12 万 hm²（占 0.01%），石灰（岩）土 4.93 万 hm²（占 0.58%），水稻土 134.18 万 hm²（占 15.79%），砖红壤 18.10 万 hm²（占 2.13%），紫色土 12.11 万 hm²（占 1.42%）。土壤全氮三级水平共计 104.86 万 hm²，占华南区耕地面积的 12.34%，其中潮土 1.25 万 hm²（占 0.15%），赤红壤 16.79 万 hm²（占 1.98%），风沙土 1.01 万 hm²（占 0.12%），红壤 1.67 万 hm²（占 0.20%），黄壤 0.26 万 hm²（占 0.03%），黄棕壤 0.10 万 hm²（占 0.01%），水稻土 62.88 万 hm²（占 7.40%），砖红壤 13.04 万 hm²（占 1.53%），紫色土 5.22 万 hm²（占 0.61%）。土壤全氮四级水平共计 72.52 万 hm²，占华南区耕地面积的 8.53%，其中潮土 0.10 万 hm²（占 0.01%），赤红壤 8.03 万 hm²（占 0.94%），风沙土 1.46 万 hm²（占 0.17%），红壤 0.10 万 hm²（占 0.01%），黄壤 0.34 万 hm²（占 0.04%），石灰（岩）土 0.08 万 hm²（占 0.01%），水稻土 37.98 万 hm²（占 4.47%），砖红壤 18.54 万 hm²（占 2.18%），紫色土 0.97 万 hm²（占 0.11%）。土壤全氮五级水平共计 9.26 万 hm²，占华南区耕地面积的 1.09%，其中潮土 0.002 万 hm²（占 0.000 2%），赤红壤 2.11 万 hm²（占 0.25%），风沙土 0.11 万 hm²（占 0.01%），红壤 0.11 万 hm²（占 0.01%），黄壤 0.002 万 hm²（占 0.000 2%），石灰（岩）土 0.003 万 hm²（占 0.000 4%），水稻土 3.92 万 hm²（占 0.46%），砖红壤 2.54 万 hm²（占 0.30%），紫色土 0.04 万 hm²（占 0.005%）。土壤全氮六级水平共计 1.34 万 hm²，占

华南区耕地面积的 0.16%，其中潮土 0.002 万 hm²（占 0.000 2%），赤红壤 0.72 万 hm²（占 0.08%），风沙土 0.31 万 hm²（占 0.04%），红壤 0.04 万 hm²（占 0.005%），水稻土 0.16 万 hm²（占 0.02%），砖红壤 0.001 万 hm²（占 0.000 1%）（表 4-33）。

表 4-33　华南区主要土壤类型耕地土壤全氮不同等级面积统计（万 hm²）

土壤类型	一级 ≥1.50g/kg	二级 1.25～1.5g/kg	三级 1.0～1.25g/kg	四级 0.75～1.0g/kg	五级 0.5～0.75g/kg	六级 <0.5g/kg
砖红壤	6.76	18.10	13.04	18.54	2.54	0.001
赤红壤	94.76	66.36	16.79	8.03	2.11	0.72
红壤	58.15	24.00	1.67	0.10	0.11	0.04
黄壤	18.41	5.70	0.26	0.34	0.00	0.00
黄棕壤	9.60	2.82	0.10	0.00	0.00	0.00
风沙土	0.21	1.06	1.01	1.46	0.11	0.31
石灰（岩）土	30.28	4.93	0.45	0.08	0.00	0.00
紫色土	9.35	12.11	5.22	0.97	0.04	0.00
潮土	3.16	6.24	1.25	0.00	0.00	0.002
水稻土	148.41	134.18	62.88	37.98	3.92	0.16

四、土壤氮素调控

氮是作物体内许多重要有机化合物的成分，在多方面影响着作物的代谢过程和生长发育。当土壤全氮含量<0.75g/kg 时，作物从土壤中吸收的氮素不足。缺氮时作物长势弱，分蘖或分枝减少，较老的叶片先退绿变黄，叶色失绿，有时在茎、叶柄或老叶上出现紫色；严重缺氮时，植株矮小，下部叶片枯黄脱落，根系细长且稀小，花果少而种子小，产量下降且早熟。土壤供氮过量，则植株叶色浓绿，植株徒长，且贪青晚熟，易倒伏和病害侵袭，降低果蔬品质和耐贮存性。氮过量影响根系对钾、锌、硼、铁、铜、镁、钙的吸收与利用，过量的钾和磷元素会影响氮的吸收，缺硼不利于氮的吸收。不同的环境、不同的土壤中氮素含量不同，要使作物在适宜的土壤氮素含量中生长，需要调控土壤中的氮素。一般使用无机肥进行调控。

氮肥是世界化肥生产和使用量最大的肥料品种。氮肥按含氮基团可分为氨态氮肥、铵态氮肥、硝态氮肥、硝铵态氮肥、氰氨态氮肥和酰胺态氮肥。常用的氮肥有：铵态氮肥：碳酸氢铵、硫酸铵、氯化铵；硝态氮肥：硝酸钠、硝酸钙、硝酸铵等；酰胺态氮肥：主要成分是尿素；长效氮肥，又称缓效或缓释氮肥、控效氮肥，是一种难溶于水或难以被微生物分解，在土壤中缓慢释放养分的肥料。

调节土壤氮素，主要根据土壤氮素含量、作物生长特性、肥料的特点、施肥方法来确定施肥时期和施肥量。不同的肥料其含氮量以及氮素的释放速率和根系的吸收程度是有差别的。如碳酸氢铵速效但利用率很低，硝态肥料根系吸收快，但在多雨季节易流失。因此，强化氮肥高效管理技术，是实现减氮增效的有力手段，如需要快速见效，滴灌或冲施的时候以硝态氮肥为主，作物施肥基肥以有机肥为主，辅以铵态氮肥，推广新型高效氮肥，有机无机配合等。肥料种类对氮素流失量的影响明显，土壤氮素浓度达饱和是导致氮素大量流失的最根本原因，减少化学氮肥施用量，采用深施等技术，可以有效降低氮素的损失，提高氮素利用率。

土壤中氮素过量，一般都是过量施用氮肥导致的。氮素过量会使作物的产量和质量下降，还增加了肥料的投入成本。施用氮肥一定要适时、适量，要与其他营养元素配合施用。控制氮肥用量，分次施用；增施有机肥，提高土壤保肥能力。利用有机肥的吸附能力，增加土壤的缓冲性，减少肥害的发生。作物受害严重时，应及时把未吸收的肥料从施肥沟或穴中移出，以防肥害进一步加重，或用水淋洗残留在土壤中的肥料，松土挥发土壤中的有害气体。对受害作物可喷施 0.2% 磷酸二氢钾，以促进根系和叶芽发育，恢复生机。

第三节　土壤有效磷

磷是植物生长发育的必需营养元素之一，能够促进各种代谢正常进行。土壤有效磷，是指土壤中可被植物吸收利用的磷的总称。它包括全部水溶性磷、部分吸附态磷、一部分微溶性的无机磷和易矿化的有机磷等，只是后二者需要经过一定的转化过程后方能被植物直接吸收。土壤中有效磷含量与全磷含量之间虽不是直线相关，但当土壤全磷含量低于 0.03% 时，土壤往往表现缺少有效磷。土壤有效磷是土壤磷素养分供应水平高低的指标，土壤磷素含量高低在一定程度上反映了土壤中磷素的贮量和供应能力。

一、土壤有效磷含量及其空间差异

(一) 土壤有效磷含量概况

华南区耕地土壤有效磷总体样点平均值为 26.4mg/kg，其中，旱地土壤采样点占 40.46%，平均为 23.4mg/kg；水浇地土壤采样点占 2.97%，平均为 43.1mg/kg；水田土壤采样点占 56.57%，平均为 27.7mg/kg。各评价区土壤有效磷含量分述如下：

福建评价区耕地土壤有效磷总体样点平均值为 36.6mg/kg，其中，旱地土壤采样点占 18.19%，平均为 24.9mg/kg；水浇地土壤采样点占 5.84%，平均为 38.5mg/kg；水田土壤采样点占 75.96%，平均为 39.2mg/kg。水田有效磷的平均含量比旱地高 14.3mg/kg，比水浇地高 0.7mg/kg；水浇地土壤有效磷含量的变异幅度比旱地大 0.22%，比水田大 10.56%（表 4-34）。

表 4-34　福建评价区耕地土壤有效磷含量（个，mg/kg，%）

耕地类型	采样点数	平均值	标准差	变异系数
旱地	137	24.9	20.95	84.14
水浇地	44	38.5	32.48	84.36
水田	572	39.2	28.93	73.80
总计	753	36.6	28.38	77.54

广东评价区耕地土壤有效磷总体样点平均值为 34.3mg/kg，其中，旱地土壤采样点占 16.37%，平均为 35.4mg/kg；水浇地土壤采样点占 7.98%，平均为 44.2mg/kg；水田土壤采样点占 75.65%，平均为 33.0mg/kg。水浇地有效磷的平均含量比旱地高 8.8mg/kg，比水田高 11.2mg/kg；旱地土壤有效磷含量的变异幅度比水浇地大 14.32%，比水田大 7.23%（表 4-35）。

表 4-35　广东评价区耕地土壤有效磷含量（个，mg/kg，%）

耕地类型	采样点数	平均值	标准差	变异系数
旱地	1 246	35.4	32.92	92.99
水浇地	607	44.2	34.77	78.67
水田	5 758	33.0	28.30	85.76
总计	7 611	34.3	29.82	86.94

广西评价区耕地土壤有效磷总体样点平均值为 22.3mg/kg，其中，旱地土壤采样点占 46.89%，平均为 21.7mg/kg；水浇地土壤采样点只有 1 个，占 0.03%，化验值为 25.4mg/kg；水田土壤采样点占 53.08%，平均为 22.8mg/kg。水田有效磷的平均含量比旱地高 1.1mg/kg；旱地土壤有效磷含量的变异幅度比水田大 9.19%（表 4-36）。

表 4-36　广西评价区耕地土壤有效磷含量（个，mg/kg，%）

耕地类型	采样点数	平均值	标准差	变异系数
旱地	1 766	21.7	19.43	89.54
水浇地	1	25.4	—	—
水田	1 999	22.8	18.32	80.35
总计	3 766	22.3	18.85	84.53

海南评价区耕地土壤有效磷总体样点平均值为 21.5mg/kg，其中，旱地土壤采样点占 27.38%，平均为 21.7mg/kg；水浇地土壤采样点只有 1 个，占 0.04%，化验值为 6.4mg/kg；水田土壤采样点占 72.59%，平均为 21.4mg/kg。旱地有效磷的平均含量比水田高 0.3 mg/kg；旱地土壤有效磷含量的变异幅度比水田大 4.30%（表 4-37）。

表 4-37　海南评价区耕地土壤有效磷含量（个，mg/kg，%）

耕地类型	采样点数	平均值	标准差	变异系数
旱地	771	21.7	33.21	153.04
水浇地	1	6.4	—	—
水田	2 044	21.4	31.83	148.74
总计	2 816	21.5	32.20	149.77

云南评价区耕地土壤有效磷总体样点平均值为 21.5mg/kg，其中，旱地土壤采样点占 67.63%，平均为 21.3mg/kg；水浇地土壤采样点占 0.31%，平均为 24.2mg/kg；水田土壤采样点占 32.06%，平均为 21.8mg/kg。水浇地有效磷的平均含量比旱地高 2.9mg/kg，比水田高 2.4mg/kg；旱地土壤有效磷含量的变异幅度比水浇地大 12.09%，比水田大 8.34%（表 4-38）。

表 4-38　云南评价区耕地土壤有效磷含量（个，mg/kg，%）

耕地类型	采样点数	平均值	标准差	变异系数
旱地	5 294	21.3	18.19	85.40

（续）

耕地类型	采样点数	平均值	标准差	变异系数
水浇地	24	24.2	17.74	73.31
水田	2 510	21.8	16.80	77.06
总计	7 828	21.5	17.76	82.60

（二）土壤有效磷含量的区域分布

1. 不同二级农业区耕地土壤有效磷含量分布　华南区 4 个二级农业区中，滇南农林区的土壤有效磷平均含量最低，闽南粤中农林水产区的土壤有效磷平均含量最高，粤西桂南农林区和琼雷及南海诸岛农林区的土壤有效磷平均含量介于中间。琼雷及南海诸岛农林区的土壤有效磷变异系数最大，滇南农林区的变异系数最小（表 4-39）。

表 4-39　华南区不同二级农业区耕地土壤有效磷含量（个，mg/kg，%）

二级农业区	采样点数	平均值	标准差	变异系数
闽南粤中农林水产区	6 072	32.3	27.31	84.55
粤西桂南农林区	5 423	27.0	23.78	88.07
滇南农林区	7 828	21.5	17.76	82.60
琼雷及南海诸岛农林区	3 451	26.2	36.13	137.90
总计	22 774	26.4	25.64	97.12

2. 不同评价区耕地土壤有效磷含量分布　华南区各评价区中（表 4-40），福建评价区的土壤有效磷平均含量最高，海南和云南评价区的土壤有效磷平均含量最低，广东和广西评价区的土壤有效磷平均含量介于中间。海南评价区的土壤有效磷变异系数最大，福建评价区的变异系数最小。

表 4-40　华南区不同评价区耕地土壤有效磷含量（个，mg/kg，%）

评价区	采样点数	平均值	标准差	变异系数
福建评价区	753	36.6	28.38	77.54
广东评价区	7 611	34.3	29.82	86.94
广西评价区	3 766	22.3	18.85	84.53
海南评价区	2 816	21.5	32.20	149.77
云南评价区	7 828	21.5	17.76	82.60

3. 不同评价区地级市及省辖县耕地土壤有效磷含量分布　华南区各评价区地级市及省辖县中，广东省东莞市的土壤有效磷平均含量最高，为 70.9mg/kg；其次是广东省中山市、福建省厦门市，分别为 66.6mg/kg、64.2mg/kg；广西壮族自治区防城港市的土壤有效磷平均含量最低，为 16.1mg/kg；其余各地级市及省辖县介于 16.7~55.6mg/kg 之间。变异系数最大的是海南省儋州市，为 183.71%；最小的是广东省梅州市，仅为 37.74%（表 4-41）。

表 4-41　华南区不同评价区地级市及省辖县耕地土壤有效磷含量（个，mg/kg，%）

评价区	地级市/省辖县	采样点数	平均值	标准差	变异系数
福建评价区	福州市	81	36.1	27.33	75.71
	平潭综合实验区	19	29.2	17.75	60.79
	莆田市	144	28.0	24.46	87.36
	泉州市	190	29.3	20.96	71.54
	厦门市	42	64.2	31.26	48.69
	漳州市	277	42.5	31.16	73.32
广东评价区	潮州市	251	27.8	23.99	86.29
	东莞市	73	70.9	31.84	44.91
	佛山市	124	51.1	34.72	67.95
	广州市	370	55.6	42.39	76.24
	河源市	226	25.2	22.29	88.45
	惠州市	616	36.0	25.39	70.53
	江门市	622	30.7	23.65	77.04
	揭阳市	460	28.1	18.51	65.87
	茂名市	849	49.1	30.43	61.98
	梅州市	299	23.5	8.87	37.74
	清远市	483	25.2	25.21	100.04
	汕头市	285	31.3	23.84	76.17
	汕尾市	397	24.4	19.38	79.43
	韶关市	62	31.4	18.78	59.81
	阳江市	455	27.2	20.74	76.25
	云浮市	518	24.4	15.78	64.67
	湛江市	988	38.8	40.46	104.28
	肇庆市	342	23.4	20.02	85.56
	中山市	64	66.6	59.51	89.35
	珠海市	127	38.5	30.24	78.55
广西评价区	百色市	466	17.7	16.92	95.59
	北海市	176	31.4	20.31	64.68
	崇左市	771	18.0	15.09	83.83
	防城港市	132	16.1	17.19	106.77
	广西农垦	20	21.8	9.60	44.04
	贵港市	473	20.3	14.69	72.36
	南宁市	865	25.3	20.86	82.45
	钦州市	317	23.1	23.13	100.13
	梧州市	188	22.6	16.91	74.82
	玉林市	358	29.6	20.15	68.07

（续）

评价区	地级市/省辖县	采样点数	平均值	标准差	变异系数
海南评价区	白沙黎族自治县	114	38.8	47.89	123.43
	保亭黎族苗族自治县	51	18.7	28.82	154.12
	昌江黎族自治县	124	18.6	24.66	132.58
	澄迈县	236	24.2	35.34	146.03
	儋州市	318	16.7	30.68	183.71
	定安县	197	26.6	34.42	129.40
	东方市	129	24.1	38.08	158.01
	海口市	276	22.8	33.36	146.32
	乐东黎族自治县	144	21.1	24.51	116.16
	临高县	202	19.5	27.89	143.03
	陵水县	120	21.4	28.68	134.02
	琼海市	122	17.0	25.80	151.76
	琼中黎族苗族自治县	45	19.0	25.25	132.89
	三亚市	149	19.9	32.02	160.90
	屯昌县	199	17.9	29.95	167.32
	万宁市	150	24.2	37.78	156.12
	文昌市	192	19.2	26.49	137.97
	五指山市	48	18.4	30.41	165.27
云南评价区	保山市	754	22.8	15.91	69.78
	德宏傣族景颇族自治州	583	26.5	20.05	75.66
	红河哈尼族彝族自治州	1 563	21.8	19.98	91.65
	临沧市	1 535	20.9	16.98	81.24
	普洱市	1 661	19.2	15.45	80.47
	文山壮族苗族自治州	1 035	21.9	18.88	86.21
	西双版纳傣族自治州	402	19.0	14.03	73.84
	玉溪市	295	24.5	18.71	76.37

二、土壤有效磷含量及其影响因素

（一）不同土壤类型土壤有效磷含量

华南区主要土壤类型中，土壤有效磷含量以砖红壤的含量最高，平均值为 30.5mg/kg，在 2.6～282.8mg/kg 之间变动。其余土类土壤有效磷含量平均值介于 20.1～28.2mg/kg 之间。水稻土采样点个数为 13 881 个，土壤有效磷含量平均值为 28.1mg/kg，在 1.2～310.9mg/kg 之间变动。在各主要土类中，砖红壤的土壤有效磷变异系数最大，为 120.33%；其余土类的变异系数在 72.64%～99.23% 之间（表 4-42）。

表 4-42 华南区主要土壤类型耕地土壤有效磷含量（个，mg/kg，%）

土类	采样点数	平均值	标准差	变异系数
砖红壤	1 069	30.5	36.7	120.33
赤红壤	3 311	23.9	22.21	92.93
红壤	2 105	21.7	18.04	83.13
黄壤	611	20.1	14.6	72.64
黄棕壤	251	21.5	16.11	74.93
风沙土	111	28.2	25.06	88.87
石灰（岩）土	544	21.6	19.14	88.61
紫色土	355	20.7	20.54	99.23
潮土	327	28.1	22.02	78.36
水稻土	13 881	28.1	27	96.09

在华南区主要土壤亚类中，盐渍水稻土的土壤有效磷平均值最高，为 37.1mg/kg；其次是典型砖红壤，为 31.7mg/kg；石灰性紫色土的土壤有效磷含量平均值最低，为 15.1mg/kg；其余亚类介于 17.5～29.3mg/kg（表 4-43）。变异系数以黄色砖红壤最大，为 147.74%；淹育水稻土次之，为 114.55%。

表 4-43 华南区主要土壤亚类耕地土壤有效磷含量（个，mg/kg，%）

亚类	采样点数	平均值	标准差	变异系数
典型砖红壤	838	31.7	36.07	113.79
黄色砖红壤	233	26.1	38.56	147.74
典型赤红壤	2 615	25.2	23.22	92.14
黄色赤红壤	629	19.1	16.37	85.71
赤红壤性土	60	17.6	17.62	100.11
典型红壤	1 195	22.9	19.5	85.15
黄红壤	878	20	15.89	79.45
山原红壤	7	17.5	7.62	43.54
红壤性土	25	20	12.91	64.55
典型黄壤	596	20.1	14.66	72.94
黄壤性土	14	19.7	12.08	61.32
暗黄棕壤	251	21.5	16.11	74.93
滨海风沙土	111	28.2	25.06	88.87
红色石灰土	73	19.3	17.13	88.76
黑色石灰土	109	24.9	20.87	83.82
棕色石灰土	159	18.2	17.68	97.14
黄色石灰土	203	23.4	19.57	83.63
酸性紫色土	268	21.4	21.72	101.5
中性紫色土	71	19	16.31	85.84
石灰性紫色土	16	15.1	16.16	107.02

（续）

亚类	采样点数	平均值	标准差	变异系数
典型潮土	1	80	—	—
灰潮土	326	28	21.86	78.07
潴育水稻土	7 821	28.9	27.03	93.53
淹育水稻土	1 930	23.5	26.92	114.55
渗育水稻土	2 392	29.3	25.66	87.58
潜育水稻土	1 048	25.9	27.58	106.49
漂洗水稻土	250	27.8	25.46	91.58
盐渍水稻土	221	37.1	31.92	86.04
咸酸水稻土	219	26.6	28.75	108.08

（二）地貌类型与土壤有效磷含量

华南区的地貌类型主要有盆地、平原、丘陵和山地。平原的土壤有效磷平均值最高，为29.8mg/kg；其次是丘陵和山地，分别是29.1mg/kg、24.4mg/kg；盆地的土壤有效磷平均值最低，为21.5mg/kg。平原的土壤有效磷变异系数最大，为104.00%；山地的变异系数最小，为82.40%（表4-44）。

表 4-44　华南区不同地貌类型耕地土壤有效磷含量（个，mg/kg，%）

地貌类型	采样点数	平均值	标准差	变异系数
盆地	7 251	21.5	17.83	82.93
平原	6 649	29.8	31.00	104.00
丘陵	6 484	29.1	27.80	95.50
山地	2 390	24.4	20.10	82.40

（三）成土母质与土壤有效磷含量

华南区不同成土母质发育的土壤中，土壤有效磷含量均值最高的是江海相沉积物，为34.6mg/kg；其次是河流冲积物和洪冲积物，分别是30.3mg/kg、29.3mg/kg；火山堆积物的土壤有效磷均值最低，为14.9mg/kg。江海相沉积物的土壤有效磷变异系数最大，为108.18%；湖相沉积物的变异系数最小，为61.76%（表4-45）。

表 4-45　华南区不同成土母质耕地土壤有效磷含量（个，mg/kg，%）

成土母质	采样点数	平均值	标准差	变异系数
残坡积物	9 323	23.5	22.55	95.96
第四纪红土	3 738	22.8	23.33	102.32
河流冲积物	2 664	30.3	28.32	93.47
洪冲积物	5 061	29.3	24.38	83.21
湖相沉积物	8	26.1	16.12	61.76
火山堆积物	60	14.9	15.38	103.22
江海相沉积物	1 920	34.6	37.43	108.18

（四）土壤质地与土壤有效磷含量

华南区不同土壤质地中，轻壤的土壤有效磷平均值最高，为29.3mg/kg；其次是中壤、砂土、砂壤和黏土，分别是29.1mg/kg、27.2mg/kg、25.7mg/kg、23.6mg/kg；重壤的土壤有效磷平均值最低，为22.1mg/kg。黏土的土壤有效磷变异系数最大，为102.08%；轻壤的变异系数最小，为91.19%（表4-46）。

表4-46　华南区不同土壤质地耕地土壤有效磷含量（个，mg/kg，%）

质地	采样点数	平均值	标准差	变异系数
黏土	3 141	23.6	24.09	102.08
轻壤	7 609	29.3	26.72	91.19
砂壤	4 022	25.7	25.26	98.29
砂土	492	27.2	26.89	98.86
中壤	3 031	29.1	28.81	99.00
重壤	4 479	22.1	21.58	97.65

三、土壤有效磷含量分级与变化情况

根据华南区土壤有效磷含量状况，参照第二次土壤普查及各省（自治区）分级标准，将土壤有效磷含量等级划分为6级。华南区耕地土壤有效磷含量各等级面积与比例见图4-3。

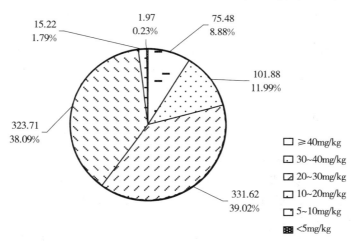

图4-3　华南区耕地土壤有效磷含量各等级面积与比例（万hm²）

土壤有效磷一级水平共计75.48万hm²，占华南区耕地面积的8.88%，其中福建评价区15.07万hm²（占1.77%），广东评价区49.96万hm²（占5.88%），广西评价区8.40万hm²（占0.99%），海南评价区0.02万hm²（占0.002%），云南评价区2.04万hm²（占0.24%）。二级水平共计101.88万hm²，占华南区耕地面积的11.99%，其中福建评价区12.08万hm²（占1.42%），广东评价区51.51万hm²（占6.06%），广西评价区29.74万hm²（占3.50%），海南评价区0.58万hm²（占0.07%），云南评价区7.97万hm²（占0.94%）。三级水平共计331.62万hm²，占华南区耕地面积的39.02%，其中福建评价区12.58万hm²（占1.48%），广东评价区81.46万hm²（占9.58%），广西评价区97.43万hm²（占11.46%），海南评价区

14.04 万 hm²（占 1.65%），云南评价区 126.11 万 hm²（占 14.84%）。四级水平共计 323.71 万 hm²，占华南区耕地面积的 38.09%，其中福建评价区 4.19 万 hm²（占 0.49%），广东评价区 19.78 万 hm²（占 2.33%），广西评价区 102.72 万 hm²（占 12.09%），海南评价区 55.97 万 hm²（占 6.59%），云南评价区 141.04 万 hm²（占 16.60%）。五级水平共计 15.22 万 hm²，占华南区耕地面积的 1.79%，其中福建评价区 0.08 万 hm²（占 0.01%），广东评价区没有分布，广西评价区 13.46 万 hm²（占 1.58%），海南评价区 1.66 万 hm²（占 0.20%），云南评价区 0.02 万 hm²（占 0.002%）。六级水平共计 1.971 万 hm²，占华南区耕地面积的 0.23%，全部分布在广西评价区（表 4-47）。

表 4-47　华南区评价区耕地土壤有效磷不同等级面积统计（万 hm²）

评价区	一级 ≥40mg/kg	二级 30～40mg/kg	三级 20～30mg/kg	四级 10～20mg/kg	五级 5～10mg/kg	六级 <5mg/kg
福建评价区	15.07	12.08	12.58	4.19	0.08	0.00
广东评价区	49.96	51.51	81.46	19.78	0.00	0.00
广西评价区	8.40	29.74	97.43	102.72	13.46	1.97
海南评价区	0.02	0.58	14.04	55.97	1.66	0.00
云南评价区	2.04	7.97	126.11	141.04	0.02	0.00
总计	75.48	101.88	331.62	323.71	15.22	1.97

二级农业区中，土壤有效磷一级水平共计 75.48 万 hm²，占华南区耕地面积的 8.88%，其中滇南农林区 2.04 万 hm²（占 0.24%），闽南粤中农林水产区 35.71 万 hm²（占 4.20%），琼雷及南海诸岛农林区 13.11 万 hm²（占 1.54%），粤西桂南农林区 24.62 万 hm²（占 2.90%）。二级水平共计 101.88 万 hm²，占华南区耕地面积的 11.99%，其中滇南农林区 7.97 万 hm²（占 0.94%），闽南粤中农林水产区 39.59 万 hm²（占 4.66%），琼雷及南海诸岛农林区 12.45 万 hm²（占 1.47%），粤西桂南农林区 41.87 万 hm²（占 4.93%）。三级水平共计 331.62 万 hm²，占华南区耕地面积的 39.02%，其中滇南农林区 126.11 万 hm²（占 14.84%），闽南粤中农林水产区 69.14 万 hm²（占 8.14%），琼雷及南海诸岛农林区 23.50 万 hm²（占 2.76%），粤西桂南农林区 112.87 万 hm²（占 13.28%）。四级水平共计 323.71 万 hm²，占华南区耕地面积的 38.09%，其中滇南农林区 141.04 万 hm²（占 16.60%），闽南粤中农林水产区 17.85 万 hm²（占 2.10%），琼雷及南海诸岛农林区 57.00 万 hm²（占 6.71%），粤西桂南农林区 107.82 万 hm²（占 12.69%）。五级水平共计 15.22 万 hm²，占华南区耕地面积的 1.79%，其中滇南农林区 0.02 万 hm²（占 0.002%），闽南粤中农林水产区 0.08 万 hm²（占 0.01%），琼雷及南海诸岛农林区 1.66 万 hm²（占 0.20%），粤西桂南农林区 13.46 万 hm²（占 1.58%）。六级水平共计 1.97 万 hm²，占华南区耕地面积的 0.23%，全部分布在粤西桂南农林区（表 4-48）。

表 4-48　华南区二级农业区耕地土壤有效磷不同等级面积统计（万 hm²）

二级农业区	一级 ≥40mg/kg	二级 30～40mg/kg	三级 20～30mg/kg	四级 10～20mg/kg	五级 5～10mg/kg	六级 <5mg/kg
闽南粤中农林水产区	35.71	39.59	69.14	17.85	0.08	0.00

（续）

二级农业区	一级 ≥40mg/kg	二级 30～40mg/kg	三级 20～30mg/kg	四级 10～20mg/kg	五级 5～10mg/kg	六级 <5mg/kg
粤西桂南农林区	24.62	41.87	112.87	107.82	13.46	1.97
滇南农林区	2.04	7.97	126.11	141.04	0.02	0.00
琼雷及南海诸岛农林区	13.11	12.45	23.50	57.00	1.66	0.00
总计	75.48	101.88	331.62	323.71	15.22	1.97

按各评价区统计，福建评价区土壤有效磷一级水平共计15.07万 hm²，占评价区耕地面积的34.24%；二级水平共计12.08万 hm²，占评价区耕地面积的27.45%；三级水平共计12.58万 hm²，占评价区耕地面积的28.58%；四级水平共计4.19万 hm²，占评价区耕地面积的9.52%；五级水平共计0.08万 hm²，占评价区耕地面积的0.18%；没有六级水平分布。广东评价区土壤有效磷一级水平共计49.96万 hm²，占评价区耕地面积的24.65%；二级水平共计51.51万 hm²，占评价区耕地面积的25.41%；三级水平共计81.46万 hm²，占评价区耕地面积的40.19%；四级水平共计19.78万 hm²，占评价区耕地面积的9.76%；没有五级和六级水平分布。广西评价区土壤有效磷一级水平共计8.40万 hm²，占评价区耕地面积的3.31%；二级水平共计29.74万 hm²，占评价区耕地面积的11.72%；三级水平共计97.43万 hm²，占评价区耕地面积的38.40%；四级水平共计102.72万 hm²，占评价区耕地面积的40.49%；五级水平共计13.46万 hm²，占评价区耕地面积的5.31%；六级水平共计1.97万 hm²，占评价区耕地面积的0.78%。海南评价区土壤有效磷一级水平共计0.02万 hm²，占评价区耕地面积的0.03%；二级水平共计0.58万 hm²，占评价区耕地面积的0.80%；三级水平共计14.04万 hm²，占评价区耕地面积的19.43%；四级水平共计55.97万 hm²，占评价区耕地面积的77.45%；五级水平共计1.66万 hm²，占评价区耕地面积的2.30%；没有六级水平分布。云南评价区土壤有效磷一级水平共计2.04万 hm²，占评价区耕地面积的0.74%；二级水平共计7.97万 hm²，占评价区耕地面积的2.88%；三级水平共计126.11万 hm²，占评价区耕地面积的45.50%；四级水平共计141.04万 hm²，占评价区耕地面积的50.88%；五级水平共计0.02万 hm²，占评价区耕地面积的0.01%；没有六级水平分布（表4-47）。

按土壤类型统计，土壤有效磷一级水平共计75.48万 hm²，占华南区耕地面积的8.88%，其中潮土2.05万 hm²（占0.24%），赤红壤10.47万 hm²（占1.23%），风沙土0.36万 hm²（占0.04%），红壤1.19万 hm²（占0.14%），黄壤0.12万 hm²（占0.01%），黄棕壤0.20万 hm²（占0.02%），石灰（岩）土0.43万 hm²（占0.05%），水稻土50.27万 hm²（占5.91%），砖红壤9.90万 hm²（占1.16%），紫色土0.13万 hm²（占0.02%）。土壤有效磷二级水平共计101.88万 hm²，占华南区耕地面积的11.99%，其中潮土1.90万 hm²（占0.22%），赤红壤18.45万 hm²（占2.17%），风沙土1.16万 hm²（占0.14%），红壤2.83万 hm²（占0.33%），黄壤0.72万 hm²（占0.08%），黄棕壤0.26万 hm²（占0.03%），石灰（岩）土1.20万 hm²（占0.14%），水稻土63.49万 hm²（占7.47%），砖红壤9.03万 hm²（占1.06%），紫色土0.96万 hm²（占0.11%）。土壤有效磷三级水平共计331.62万 hm²，占华南区耕地面积的39.02%，其中潮土5.50万 hm²

（占 0.65%），赤红壤 78.37 万 hm²（占 9.22%），风沙土 1.47 万 hm²（占 0.17%），红壤 36.65 万 hm²（占 4.31%），黄壤 12.68 万 hm²（占 1.49%），黄棕壤 6.35 万 hm²（占 0.75%），石灰（岩）土 11.00 万 hm²（占 1.29%），水稻土 148.64 万 hm²（占 17.49%），砖红壤 16.81 万 hm²（占 1.98%），紫色土 8.72 万 hm²（占 1.03%）。土壤有效磷四级水平共计 323.71 万 hm²，占华南区耕地面积的 38.09%，其中潮土 1.13 万 hm²（占 0.13%），赤红壤 77.39 万 hm²（占 9.11%），风沙土 1.11 万 hm²（占 0.13%），红壤 42.96 万 hm²（占 5.05%），黄壤 11.19 万 hm²（占 1.32%），黄棕壤 5.71 万 hm²（占 0.67%），石灰（岩）土 22.13 万 hm²（占 2.60%），水稻土 117.89 万 hm²（占 13.87%），砖红壤 22.85 万 hm²（占 2.69%），紫色土 14.17 万 hm²（占 1.67%）。土壤有效磷五级水平共计 15.22 万 hm²，占华南区耕地面积的 1.79%，其中潮土 0.17 万 hm²（占 0.02%），赤红壤 3.68 万 hm²（占 0.43%），风沙土 0.06 万 hm²（占 0.01%），红壤 0.45 万 hm²（占 0.05%），黄壤 0.002 万 hm²（占 0.000 2%），石灰（岩）土 0.98 万 hm²（占 0.12%），水稻土 5.83 万 hm²（占 0.69%），砖红壤 0.39 万 hm²（占 0.05%），紫色土 3.53 万 hm²（占 0.42%）。土壤有效磷六级水平共计 1.97 万 hm²，占华南区耕地面积的 0.23%，其中赤红壤 0.39 万 hm²（占 0.05%），水稻土 1.41 万 hm²（占 0.17%），紫色土 0.17 万 hm²（占 0.02%）（表 4-49）。

表 4-49　华南区主要土壤类型耕地土壤有效磷不同等级面积统计（万 hm²）

土壤类型	一级 ≥40mg/kg	二级 30～40mg/kg	三级 20～30mg/kg	四级 10～20mg/kg	五级 5～10mg/kg	六级 <5mg/kg
砖红壤	9.90	9.03	16.81	22.85	0.39	0.00
赤红壤	10.47	18.45	78.37	77.39	3.68	0.39
红壤	1.19	2.83	36.65	42.96	0.45	0.00
黄壤	0.12	0.72	12.68	11.19	0.00	0.00
黄棕壤	0.20	0.26	6.35	5.71	0.00	0.00
风沙土	0.36	1.16	1.47	1.11	0.06	0.00
石灰（岩）土	0.43	1.20	11.00	22.13	0.98	0.00
紫色土	0.13	0.96	8.72	14.17	3.53	0.17
潮土	2.05	1.90	5.50	1.13	0.17	0.00
水稻土	50.27	63.49	148.64	117.89	5.83	1.41

四、土壤磷素调控

磷是核酸的主要组成部分，也是酶的主要成分之一，能提高细胞的黏度，促进根系发育，加强对土壤水分的利用，提高作物的抗旱性。当土壤中有效磷（P_2O_5）含量<10mg/kg 时，作物从土壤中吸收的磷素不足，缺磷时作物植株矮小，叶片暗绿，苗期缺磷生长停滞，导致碳水化合物不能转移，幼苗紫红，作物中后期缺磷影响繁殖的生长发育，表现为开花和成熟延迟、灌浆过程受阻、籽粒干瘪。土壤供磷过量，作物呼吸作用过强，根系生长过旺，生殖生长过快，繁殖器官过早发育，茎叶生长受抑制，产量降低，同时影响作物品质。另外，磷过量供给，会阻碍作物对硅的吸收，并影响根系对钾、锌、硼、铁、铜、镁的吸收利用。增施锌肥可以抑制作物对磷的吸收，镁元素能够促进磷的吸收。调控土壤磷素一般用磷肥。

磷肥的种类包括：水溶性磷肥：如普通过磷酸钙、重过磷酸钙和磷酸铵（磷酸一铵、磷酸二铵），主要成分是磷酸一钙；枸溶性磷肥：如沉淀磷肥、钢渣磷肥、钙镁磷肥、脱氟磷肥、磷酸氢钙等，主要成分是磷酸二钙；难溶性磷肥：如骨粉和磷矿粉，主要成分是磷酸三钙；混溶性磷肥：一般有硝酸磷肥等，是一种氮磷二元复合肥料，最适宜在旱地施用，在水田和酸性土壤中施用易引起脱氮损失。

调节土壤有效磷，主要根据土壤有效磷含量、作物生长特性、肥料的特点、施肥方法来确定施肥时期和施肥量。不同的磷肥，其含磷量以及磷素的形态和吸收程度不同。水溶性磷肥：易溶于水，肥效较快，适合于各种土壤、各种作物。枸溶性磷肥：不溶于水而溶于2％酸溶液，肥效较慢，在石灰性土壤中，与土壤钙结合，向难溶性的磷酸盐方向转化，降低磷的有效性，因此适用于酸性土壤。难溶性磷肥：溶于酸中，不溶于水，施入土壤后靠土壤中的酸使其慢慢溶解，才能变为作物能利用的形态，肥效很慢，但后效较长，适合于酸性土壤中作基肥使用。作物磷营养临界期一般都在生育早期，磷肥施用宜作基肥施入。

土壤中磷过量，一般都是过量施用磷肥从而导致土壤磷过量，使得作物产量和质量下降，还增加了肥料的投入成本。施用磷肥要适量，要与其他营养元素配合施用。土壤中磷肥过剩，作物遭受肥害，会造成植株吸磷过量，吸氮不足。解决办法是降低磷肥施用，适量增施氮肥、钾肥、锌肥进行补救。

第四节　土壤速效钾

速效钾，是指土壤中易被作物吸收利用的钾素，包括土壤溶液钾及土壤交换性钾。速效钾占土壤全钾量的0.1％～2％。其中土壤溶液钾占速效钾的1％～2％，由于其所占比例很低，常将其计入交换性钾。速效钾含量是表征土壤钾素供应状况的重要指标之一。

一、土壤速效钾含量及其空间差异

（一）土壤速效钾含量概况

华南区耕地土壤速效钾总体样点平均值为92mg/kg，其中，旱地土壤采样点占40.46％，平均为108mg/kg；水浇地土壤采样点占2.97％，平均为96mg/kg；水田土壤采样点占56.57％，平均为80mg/kg。各评价区土壤速效钾含量分述如下：

福建评价区耕地土壤速效钾总体样点平均值为112mg/kg，其中，旱地土壤采样点占18.19％，平均为134mg/kg；水浇地土壤采样点占5.84％，平均为125mg/kg；水田土壤采样点占75.96％，平均为106mg/kg。旱地速效钾的平均含量比水浇地高9mg/kg，比水田高28mg/kg；水田土壤速效钾含量的变异幅度比旱地大4.87％，比水浇地大3.69％（表4-50）。

表4-50　福建评价区耕地土壤速效钾含量（个，mg/kg，％）

耕地类型	采样点数	平均值	标准差	变异系数
旱地	137	134	139.36	104
水浇地	44	125	131.48	105.18
水田	572	106	115.4	108.87
总计	753	112	121.42	108.41

广东评价区耕地土壤速效钾总体样点平均值为 77mg/kg，其中，旱地土壤采样点占 16.37%，平均为 82mg/kg；水浇地土壤采样点占 7.98%，平均为 94mg/kg；水田土壤采样点占 75.65%，平均为 74mg/kg。水浇地速效钾的平均含量比旱地高 12mg/kg，比水田高 20mg/kg；水浇地土壤速效钾含量的变异幅度比旱地大 2.30%，比水田大 1.47%（表 4-51）。

表 4-51　广东评价区耕地土壤速效钾含量（个，mg/kg，%）

耕地类型	采样点数	平均值	标准差	变异系数
旱地	1 246	82	60.75	74.09
水浇地	607	94	71.81	76.39
水田	5 758	74	55.44	74.92
总计	7 611	77	58.08	75.43

广西评价区耕地土壤速效钾总体样点平均值为 78mg/kg，其中，旱地土壤采样点占 46.89%，平均为 87mg/kg；水浇地土壤采样点只有 1 个，占 0.03%，化验值为 250mg/kg；水田土壤采样点占 53.08%，平均为 70mg/kg。旱地速效钾的平均含量比水田高 17mg/kg；旱地土壤速效钾含量的变异幅度比水田大 1.53%（表 4-52）。

表 4-52　广西评价区耕地土壤速效钾含量（个，mg/kg，%）

耕地类型	采样点数	平均值	标准差	变异系数
旱地	1 766	87	58.08	66.76
水浇地	1	250	—	—
水田	1 999	70	45.66	65.23
总计	3 766	78	52.66	67.51

海南评价区耕地土壤速效钾总体样点平均值为 48mg/kg，其中，旱地土壤采样点占 27.38%，平均为 51mg/kg；水浇地土壤采样点只有 1 个，占 0.04%，化验值为 30mg/kg；水田土壤采样点占 72.59%，平均为 47mg/kg。旱地速效钾的平均含量比水田高 4mg/kg；旱地土壤速效钾含量的变异幅度比水田大 3.70%（表 4-53）。

表 4-53　海南评价区耕地土壤速效钾含量（个，mg/kg，%）

耕地类型	采样点数	平均值	标准差	变异系数
旱地	771	51	50.98	99.96
水浇地	1	30	—	—
水田	2 044	47	45.24	96.26
总计	2 816	48	46.92	97.75

云南评价区耕地土壤速效钾总体样点平均值为 127mg/kg，其中，旱地土壤采样点占 67.63%，平均为 128mg/kg；水浇地土壤采样点占 0.31%，平均为 91mg/kg；水田土壤采样点占 32.06%，平均为 123mg/kg。旱地速效钾的平均含量比水浇地高 37mg/kg，比水田高 5mg/kg；水田土壤速效钾含量的变异幅度比旱地大 2.73%，比水浇地大 8.25%（表 4-54）。

表 4-54　云南评价区耕地土壤速效钾含量（个，mg/kg，%）

耕地类型	采样点数	平均值	标准差	变异系数
旱地	5 294	128	98.22	76.73
水浇地	24	91	64.8	71.21
水田	2 510	123	97.74	79.46
总计	7 828	127	98.02	77.18

（二）土壤速效钾含量的区域分布

1. 不同二级农业区的耕地土壤速效钾含量分布　华南区 4 个二级农业区中，滇南农林区的土壤速效钾平均含量最高，琼雷及南海诸岛农林区的土壤速效钾平均含量最低，闽南粤中农林水产区和粤西桂南农林区的土壤速效钾平均含量介于中间。琼雷及南海诸岛农林区的土壤速效钾变异系数最大，粤西桂南农林区的变异系数最小（表 4-55）。

表 4-55　华南区不同二级农业区耕地土壤速效钾含量（个，mg/kg，%）

二级农业区	采样点数	平均值	标准差	变异系数
闽南粤中农林水产区	6 072	83	71.31	85.92
粤西桂南农林区	5 423	73	50.7	69.45
滇南农林区	7 828	127	98.02	77.18
琼雷及南海诸岛农林区	3 451	57	54.24	95.16
总计	22 774	92	80.13	87.10

2. 不同评价区耕地土壤速效钾含量分布　华南区各评价区中，云南评价区的土壤速效钾平均含量最高，海南评价区的土壤速效钾平均含量最低，福建、广西和广东评价区的土壤速效钾平均含量介于中间。福建评价区的土壤速效钾变异系数最大，广西评价区的变异系数最小（表 4-56）。

表 4-56　华南区不同评价区耕地土壤速效钾含量（个，mg/kg，%）

评价区	采样点数	平均值	标准差	变异系数
福建评价区	753	112	121.42	108.41
广东评价区	7 611	77	58.08	75.43
广西评价区	3 766	78	52.66	67.51
海南评价区	2 816	48	46.92	97.75
云南评价区	7 828	127	98.02	77.18

3. 不同评价区地级市及省辖县耕地土壤速效钾含量分布　华南区五省各地级市及省辖县中，以福建省福州市的土壤速效钾平均含量最高，为 241mg/kg；其次是广西壮族自治区的广西农垦（金光农场），为 210mg/kg；海南省辖县东方市和文昌市的土壤速效钾平均含量最低，均为 38mg/kg；其余各地级市及省辖县于 39～157mg/kg 之间。变异系数最大的是海南省辖县琼中黎族苗族自治县，为 122.35%；最小的是广西壮族自治区的广西农垦（金光农场），仅为 21.98%（表 4-57）。

表 4-57　华南区不同评价区地级市及省辖县耕地土壤速效钾含量（个，mg/kg，%）

评价区	地级市/省辖县	采样点数	平均值	标准差	变异系数
福建评价区	福州市	81	241	155.35	64.46
	平潭综合实验区	19	54	46.58	86.26
	莆田市	144	120	123.26	102.72
	泉州市	190	78	87.59	112.29
	厦门市	42	119	139.77	117.45
	漳州市	277	97	104.02	107.24
广东评价区	潮州市	251	79	40.39	51.13
	东莞市	73	136	88.14	64.81
	佛山市	124	119	87.10	73.19
	广州市	370	99	75.75	76.52
	河源市	226	80	40.83	51.04
	惠州市	616	71	41.40	58.31
	江门市	622	65	39.80	61.23
	揭阳市	460	56	34.42	61.46
	茂名市	849	61	41.80	68.52
	梅州市	299	59	28.71	48.66
	清远市	483	96	86.84	90.46
	汕头市	285	79	59.93	75.86
	汕尾市	397	79	64.12	81.16
	韶关市	62	53	43.74	82.53
	阳江市	455	66	51.30	77.73
	云浮市	518	67	42.10	62.84
	湛江市	988	83	60.18	72.51
	肇庆市	342	86	57.15	66.45
	中山市	64	157	84.25	53.66
	珠海市	127	139	78.29	56.32
广西评价区	百色市	466	85	53.19	62.58
	北海市	176	65	44.21	68.02
	崇左市	771	92	58.41	63.49
	防城港市	132	57	46.04	80.77
	广西农垦	20	210	46.15	21.98
	贵港市	473	70	43.90	62.71
	南宁市	865	83	56.96	68.63
	钦州市	317	62	38.45	62.02
	梧州市	188	65	38.44	59.14
	玉林市	358	63	38.46	61.05

（续）

评价区	地级市/省辖县	采样点数	平均值	标准差	变异系数
海南评价区	白沙黎族自治县	114	46	51.89	112.8
	保亭黎族苗族自治县	51	56	62.2	111.07
	昌江黎族自治县	124	56	49.11	87.70
	澄迈县	236	56	49.86	89.04
	儋州市	318	47	44.52	94.72
	定安县	197	62	61.04	98.45
	东方市	129	38	32.91	86.61
	海口市	276	49	49.92	101.88
	乐东黎族自治县	144	46	49.51	107.63
	临高县	202	42	39.76	94.67
	陵水黎族自治县	120	44	39.33	89.39
	琼海市	122	39	34.56	88.62
	琼中黎族苗族自治县	45	46	56.28	122.35
	三亚市	149	41	41.21	100.51
	屯昌县	199	51	43.88	86.04
	万宁市	150	54	49.58	91.81
	文昌市	192	38	37.62	99.00
	五指山市	48	50	45.86	91.72
云南评价区	保山市	754	150	101.32	67.55
	德宏傣族景颇族自治州	583	113	99.29	87.87
	红河哈尼族彝族自治州	1 563	133	102.99	77.44
	临沧市	1 535	133	96.49	72.55
	普洱市	1 661	121	95.85	79.21
	文山壮族苗族自治州	1 035	108	85.42	79.09
	西双版纳傣族自治州	402	114	92.33	80.99
	玉溪市	295	139	109.15	78.53

二、土壤速效钾含量及其影响因素

（一）不同土壤类型土壤速效钾含量

在华南区主要土壤类型中，土壤速效钾含量以黄棕壤的含量最高，平均值为 143mg/kg，在 22～645mg/kg 之间变动。其余土类土壤速效钾含量平均值介于 71～142mg/kg 之间。水稻土采样点个数为 13 881 个，土壤速效钾含量平均值为 80mg/kg，在 5～760mg/kg 之间变动。在各主要土类中，风沙土的土壤速效钾变异系数最大，为 98.37%；其余土类的变异系数在 69.20%～88.13% 之间（表 4-58）。

表 4-58　华南区主要土壤类型耕地土壤速效钾含量（个，mg/kg，%）

土类	采样点数	平均值	标准差	变异系数
砖红壤	1 069	73	64.26	88.03
赤红壤	3 311	105	82.37	78.45
红壤	2 105	134	101.14	75.48
黄壤	611	142	108.23	76.22
黄棕壤	251	143	105.44	73.73
风沙土	111	71	69.84	98.37
石灰（岩）土	544	112	79.72	71.18
紫色土	355	106	78.86	74.40
潮土	327	89	61.59	69.20
水稻土	13 881	80	70.50	88.13

在华南区主要土壤亚类中，黄壤性土的土壤速效钾平均值最高，为 205mg/kg，渗育水稻土的土壤速效钾含量平均值最低，为 65mg/kg（表 4-59）。变异系数以滨海风沙土最大，为 98.37%；石灰性紫色土最小，为 43.27%。

表 4-59　华南区主要土壤亚类耕地土壤速效钾含量（个，mg/kg，%）

亚类	采样点数	平均值	标准差	变异系数
典型砖红壤	838	74	64.16	86.70
黄色砖红壤	233	69	64.59	93.61
典型赤红壤	2 615	101	79.54	78.75
黄色赤红壤	629	115	88.43	76.90
赤红壤性土	60	154	111.84	72.62
典型红壤	1 195	142	104.53	73.61
黄红壤	878	122	95.73	78.47
山原红壤	7	115	53.64	46.64
红壤性土	25	147	95.14	64.72
典型黄壤	596	141	106.46	75.50
黄壤性土	14	205	162.31	79.18
暗黄棕壤	251	143	105.44	73.73
滨海风沙土	111	71	69.84	98.37
红色石灰土	73	154	96.23	62.49
黑色石灰土	109	99	70.30	71.01
棕色石灰土	159	99	57.75	58.33
黄色石灰土	203	113	87.63	77.55
酸性紫色土	268	109	83.83	76.91

（续）

亚类	采样点数	平均值	标准差	变异系数
中性紫色土	71	102	64.78	63.51
石灰性紫色土	16	83	35.91	43.27
典型潮土	1	173	——	——
灰潮土	326	88	61.51	69.90
潴育水稻土	7 821	85	73.43	86.39
淹育水稻土	1 930	73	69.10	94.66
渗育水稻土	2 392	65	58.23	89.58
潜育水稻土	1 048	71	56.63	79.76
漂洗水稻土	250	69	50.92	73.80
盐渍水稻土	221	139	107.41	77.27
咸酸水稻土	219	90	76.28	84.76

（二）地貌类型与土壤速效钾含量

华南区的地貌类型主要有盆地、平原、丘陵和山地。盆地的土壤速效钾平均值最高，为127mg/kg；其次是山地和丘陵，分别是79mg/kg、75mg/kg；平原的土壤速效钾平均值最低，为73mg/kg。平原的土壤速效钾变异系数最大，为93.42%；盆地的变异系数最小，为77.21%（表4-60）。

表4-60　华南区不同地貌类型耕地土壤速效钾含量（个，mg/kg，%）

地貌类型	采样点数	平均值	标准差	变异系数
盆地	7 251	127	98.06	77.21
平原	6 649	73	68.2	93.42
丘陵	6 484	75	58.98	78.64
山地	2 390	79	63.66	80.58

（三）成土母质与土壤速效钾含量

华南区不同成土母质发育的土壤中，土壤速效钾含量均值最高的是第四纪红土，为105mg/kg；其次是残坡积物和江海相沉积物，分别是102mg/kg、82mg/kg；湖相沉积物的土壤速效钾均值最低，为37mg/kg。江海相沉积物的土壤速效钾变异系数最大，为95.48%；湖相沉积物的变异系数最小，为56.16%（表4-61）。

表4-61　华南区不同成土母质耕地土壤速效钾含量（个，mg/kg，%）

成土母质	采样点数	平均值	标准差	变异系数
残坡积物	9 323	102	86.45	84.75
第四纪红土	3 738	105	89.30	85.05
河流冲积物	2 664	73	59.85	81.99
洪冲积物	5 061	78	65.24	83.64

（续）

成土母质	采样点数	平均值	标准差	变异系数
湖相沉积物	8	37	20.78	56.16
火山堆积物	60	53	48.96	92.38
江海相沉积物	1 920	82	78.29	95.48

（四）土壤质地与土壤速效钾含量

华南区不同土壤质地中，黏土的土壤速效钾平均值最高，为 118mg/kg；其次是重壤、砂壤、砂土和中壤，分别是 108mg/kg、84mg/kg、81mg/kg、81mg/kg；轻壤的土壤速效钾平均值最低，为 80mg/kg。砂土的土壤速效钾变异系数最大，为 102.26%；黏土的变异系数最小，为 80.57%（表 4-62）。

表 4-62　华南区不同土壤质地耕地土壤速效钾含量（个，mg/kg，%）

质地	采样点数	平均值	标准差	变异系数
黏土	3 141	118	95.07	80.57
轻壤	7 609	80	65.94	82.43
砂壤	4 022	84	78.55	93.51
砂土	492	81	82.83	102.26
中壤	3 031	81	69.44	85.73
重壤	4 479	108	90.99	84.25

三、土壤速效钾含量分级与变化情况

根据华南区土壤速效钾含量状况，参照第二次土壤普查及各省（自治区）分级标准，将土壤速效钾含量等级划分为 6 级。华南区耕地土壤速效钾含量各等级面积与比例见图 4-4。

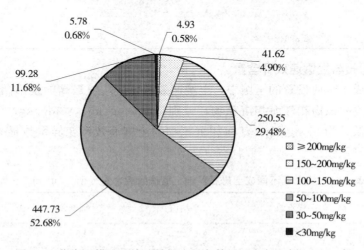

图 4-4　华南区耕地土壤速效钾含量各等级面积与比例（万 hm²）

土壤速效钾一级水平共计 4.93 万 hm²，占华南区耕地面积的 0.58%，其中福建评价区 2.11 万 hm²（占 0.25%），广东评价区 0.98 万 hm²（占 0.12%），云南评价区 1.84 万 hm²

（占 0.22%），广西和海南评价区没有分布。二级水平共计 41.62 万 hm²，占华南区耕地面积的 4.90%，其中福建评价区 3.71 万 hm²（占 0.44%），广东评价区 4.48 万 hm²（占 0.53%），广西评价区 2.17 万 hm²（占 0.26%），云南评价区 31.26 万 hm²（占 3.68%），海南评价区没有分布。三级水平共计 250.55 万 hm²，占华南区耕地面积的 29.48%，其中福建评价区 6.98 万 hm²（占 0.82%），广东评价区 35.26 万 hm²（占 4.15%），广西评价区 37.29 万 hm²（占 4.39%），海南评价区 0.02 万 hm²（占 0.002%），云南评价区 171.01 万 hm²（占 20.12%）。四级水平共计 447.73 万 hm²，占华南区耕地面积的 52.68%，其中福建评价区 25.36 万 hm²（占 2.98%），广东评价区 137.65 万 hm²（占 16.20%），广西评价区 198.16 万 hm²（占 23.32%），海南评价区 13.48 万 hm²（占 1.59%），云南评价区 73.07 万 hm²（占 8.60%）。五级水平共计 99.28 万 hm²，占华南区耕地面积的 11.68%，其中福建评价区 5.79 万 hm²（占 0.68%），广东评价区 24.28 万 hm²（占 2.86%），广西评价区 16.10 万 hm²（占 1.89%），海南评价区 53.12 万 hm²（占 6.25%），云南评价区没有分布。六级水平共计 5.78 万 hm²，占华南区耕地面积的 0.68%，其中福建评价区 0.07 万 hm²（占 0.01%），广东评价区 0.06 万 hm²（占 0.01%），海南评价区 5.66 万 hm²（占 0.67%），广西和云南评价区没有分布（表 4-63）。

表 4-63　华南区评价区耕地土壤速效钾不同等级面积统计（万 hm²）

评价区	一级 ≥200mg/kg	二级 150～200mg/kg	三级 100～150mg/kg	四级 50～100mg/kg	五级 30～50mg/kg	六级 <30mg/kg
福建评价区	2.11	3.71	6.98	25.36	5.79	0.07
广东评价区	0.98	4.48	35.26	137.65	24.28	0.06
广西评价区	0.00	2.17	37.29	198.16	16.10	0.00
海南评价区	0.00	0.00	0.02	13.48	53.12	5.66
云南评价区	1.84	31.26	171.01	73.07	0.00	0.00
总计	4.93	41.62	250.55	447.73	99.28	5.78

二级农业区中，土壤速效钾一级水平共计 4.93 万 hm²，占华南区耕地面积的 0.58%，其中滇南农林区 1.84 万 hm²（占 0.22%），闽南粤中农林水产区 3.09 万 hm²（占 0.36%），琼雷及南海诸岛农林区及粤西桂南农林区没有分布。二级水平共计 41.62 万 hm²，占华南区耕地面积的 4.90%，其中滇南农林区 31.26 万 hm²（占 3.68%），闽南粤中农林水产区 6.61 万 hm²（占 0.78%），琼雷及南海诸岛农林区 1.58 万 hm²（占 0.19%），粤西桂南农林区 2.17 万 hm²（占 0.26%）。三级水平共计 250.55 万 hm²，占华南区耕地面积的 29.48%，其中滇南农林区 171.01 万 hm²（占 20.12%），闽南粤中农林水产区 25.81 万 hm²（占 3.04%），琼雷及南海诸岛农林区 15.69 万 hm²（占 1.85%），粤西桂南农林区 38.04 万 hm²（占 4.48%）。四级水平共计 447.73 万 hm²，占华南区耕地面积的 52.68%，其中滇南农林区 73.07 万 hm²（占 8.60%），闽南粤中农林水产区 105.66 万 hm²（占 12.43%），琼雷及南海诸岛农林区 30.96 万 hm²（占 3.64%），粤西桂南农林区 238.03 万 hm²（占 28.01%）。五级水平共计 99.28 万 hm²，占华南区耕地面积的 11.68%，其中滇南农林区没有分布，闽南粤中农林水产区 21.13 万 hm²（占 2.49%），琼雷及南海诸岛农林区 53.83 万 hm²（占 6.33%），粤西桂南农林区 24.32 万 hm²（占 2.86%）。六级水平共计

5.78万 hm²，占华南区耕地面积的0.68%，其中滇南农林区没有分布，闽南粤中农林水产区0.08万 hm²（占0.01%），琼雷及南海诸岛农林区5.66万 hm²（占0.67%），粤西桂南农林区0.05万 hm²（占0.01%）（表4-64）。

表4-64　华南区二级农业区耕地土壤速效钾不同等级面积统计（万 hm²）

二级农业区	一级 ≥200mg/kg	二级 150～200mg/kg	三级 100～150mg/kg	四级 50～100mg/kg	五级 30～50mg/kg	六级 <30mg/kg
闽南粤中农林水产区	3.09	6.61	25.81	105.66	21.13	0.08
粤西桂南农林区	0.00	2.17	38.04	238.03	24.32	0.05
滇南农林区	1.84	31.26	171.01	73.07	0.00	0.00
琼雷及南海诸岛农林区	0.00	1.58	15.69	30.96	53.83	5.66
总计	4.93	41.62	250.55	447.73	99.28	5.78

按各评价区统计，福建评价区土壤速效钾一级水平共计2.11万 hm²，占评价区耕地面积的4.79%；二级水平共计3.71万 hm²，占评价区耕地面积的8.43%；三级水平共计6.98万 hm²，占评价区耕地面积的15.86%；四级水平共计25.36万 hm²，占评价区耕地面积的57.62%；五级水平共计5.79万 hm²，占评价区耕地面积的13.16%；六级水平共计0.07万 hm²，占评价区耕地面积的0.16%。广东评价区土壤速效钾一级水平共计0.98万 hm²，占评价区耕地面积的0.48%；二级水平共计4.48万 hm²，占评价区耕地面积的2.21%；三级水平共计35.26万 hm²，占评价区耕地面积的17.40%；四级水平共计137.65万 hm²，占评价区耕地面积的67.91%；五级水平共计24.28万 hm²，占评价区耕地面积的11.98%；六级水平共计0.06万 hm²，占评价区耕地面积的0.03%。广西评价区土壤速效钾没有一级水平分布；二级水平共计2.17万 hm²，占评价区耕地面积的0.86%；三级水平共计37.29万 hm²，占评价区耕地面积的14.70%；四级水平共计198.16万 hm²，占评价区耕地面积的78.10%；五级水平共计16.10万 hm²，占评价区耕地面积的6.35%；没有六级水平分布。海南评价区土壤速效钾没有一级和二级水平分布；三级水平共计0.02万 hm²，占评价区耕地面积的0.03%；四级水平共计13.48万 hm²，占评价区耕地面积的18.65%；五级水平共计53.12万 hm²，占评价区耕地面积的73.50%；六级水平共计5.66万 hm²，占评价区耕地面积的7.83%。云南评价区土壤速效钾一级水平共计1.84万 hm²，占评价区耕地面积的0.66%；二级水平共计31.26万 hm²，占评价区耕地面积的11.28%；三级水平共计171.01万 hm²，占评价区耕地面积的61.70%；四级水平共计73.07万 hm²，占评价区耕地面积的26.36%；没有五级和六级水平分布（表4-63）。

按土壤类型统计，土壤速效钾一级水平共计4.93万 hm²，占华南区耕地面积的0.58%，其中潮土0.12万 hm²（占0.01%），赤红壤0.97万 hm²（占0.11%），风沙土0.05万 hm²（占0.01%），红壤0.85万 hm²（占0.10%），黄壤0.31万 hm²（占0.039%），黄棕壤0.11万 hm²（占0.01%），石灰（岩）土0.01万 hm²（占0.001%），水稻土2.19万 hm²（占0.26%）。土壤速效钾二级水平共计41.62万 hm²，占华南区耕地面积的4.90%，其中潮土0.26万 hm²（占0.03%），赤红壤7.11万 hm²（占0.84%），风沙土0.20万 hm²（占0.02%），红壤12.24万 hm²（占1.44%），黄壤2.63万 hm²（占0.31%），黄棕壤2.20万 hm²（占0.26%），石灰（岩）土1.47万 hm²（占0.17%），水稻

土 12.81 万 hm²（占 1.51%），砖红壤 0.63 万 hm²（占 0.07%），紫色土 0.80 万 hm²（占 0.09%）。土壤速效钾三级水平共计 250.55 万 hm²，占华南区耕地面积的 29.48%，其中潮土 1.59 万 hm²（占 0.19%），赤红壤 71.79 万 hm²（占 8.45%），风沙土 0.48 万 hm²（占 0.06%），红壤 46.90 万 hm²（占 5.52%），黄壤 15.29 万 hm²（占 1.80%），黄棕壤 7.97 万 hm²（占 0.94%），石灰（岩）土 9.18 万 hm²（占 1.08%），水稻土 72.29 万 hm²（占 8.51%），砖红壤 15.06 万 hm²（占 1.77%），紫色土 5.73 万 hm²（占 0.67%）。土壤速效钾四级水平共计 447.73 万 hm²，占华南区耕地面积的 52.68%，其中潮土 8.19 万 hm²（占 0.96%），赤红壤 99.11 万 hm²（占 11.66%），风沙土 2.40 万 hm²（占 0.28%），红壤 23.01 万 hm²（占 2.71%），黄壤 6.08 万 hm²（占 0.72%），黄棕壤 2.23 万 hm²（占 0.26%），石灰（岩）土 25.00 万 hm²（占 2.94%），水稻土 234.49 万 hm²（占 27.59%），砖红壤 23.66 万 hm²（占 2.78%），紫色土 19.79 万 hm²（占 2.33%）。土壤速效钾五级水平共计 99.28 万 hm²，占华南区耕地面积的 11.68%，其中潮土 0.59 万 hm²（占 0.07%），赤红壤 9.76 万 hm²（占 1.15%），风沙土 0.89 万 hm²（占 0.10%），红壤 1.07 万 hm²（占 0.13%），黄壤 0.39 万 hm²（占 0.05%），石灰（岩）土 0.09 万 hm²（占 0.01%），水稻土 61.77 万 hm²（占 7.27%），砖红壤 18.27 万 hm²（占 2.15%），紫色土 1.36 万 hm²（占 0.16%）。土壤速效钾六级水平共计 5.78 万 hm²，占华南区耕地面积的 0.68%，其中赤红壤 0.01 万 hm²（占 0.001%），风沙土 0.14 万 hm²（占 0.02%），黄壤 0.01 万 hm²（占 0.001%），水稻土 3.98 万 hm²（占 0.47%），砖红壤 1.38 万 hm²（占 0.16%），紫色土 0.001 万 hm²（占 0.000 1%）（表 4-65）。

表 4-65　华南区主要土壤类型耕地土壤速效钾不同等级面积统计（万 hm²）

土壤类型	一级 ≥200mg/kg	二级 150～200mg/kg	三级 100～150mg/kg	四级 50～100mg/kg	五级 30～50mg/kg	六级 <30mg/kg
砖红壤	0.00	0.63	15.06	23.66	18.27	1.38
赤红壤	0.97	7.11	71.79	99.11	9.76	0.01
红壤	0.85	12.24	46.90	23.01	1.07	0.00
黄壤	0.31	2.63	15.29	6.08	0.39	0.01
黄棕壤	0.11	2.20	7.97	2.23	0.00	0.00
风沙土	0.05	0.20	0.48	2.40	0.89	0.14
石灰（岩）土	0.01	1.47	9.18	25.00	0.09	0.00
紫色土	0.00	0.80	5.73	19.79	1.36	0.00
潮土	0.12	0.26	1.59	8.19	0.59	0.00
水稻土	2.19	12.81	72.29	234.49	61.77	3.98

四、土壤钾素调控

钾是酶的活化剂，能促进光合作用、提高叶绿素含量、促进碳水化合物的代谢和运转，有利于蛋白质的合成，提高作物抗寒性、抗逆性、抗病和抗倒伏能力。当土壤中速效钾（K_2O）含量<50mg/kg 时，作物从土壤中吸收的钾素不足，缺钾时作物老叶尖端和边缘发

黄，进而变褐色，渐次枯萎，但叶脉两侧和中部仍为绿色；组织柔软易倒伏，根系少而短，易早衰。调控土壤钾素一般用钾肥。

钾肥的品种有氯化钾、硫酸钾、磷酸二氢钾、钾石盐、钾镁盐、光卤石、硝酸钾、草木灰、窑灰钾肥。常用的有氯化钾和硫酸钾。氯化钾含氧化钾50%～60%，易溶于水，是速效性肥料，可供作物直接吸收。硫酸钾含氧化钾50%～54%，物理性状良好，不易结块，便于施用。

华南区土壤速效钾普遍不高，施用钾肥效果显著。调节土壤速效钾，主要根据土壤速效钾含量、作物生长特性、肥料的特点、施肥方法来确定施肥时期和施肥量。常用钾肥大多都能溶于水，肥效较快，并能被植物吸收，不易流失。钾肥施用适量时，能使作物茎秆长得健壮，防止倒伏，促进开花结实，增强抗旱、抗寒、抗病虫害能力。施用时期以基肥或早期追肥效果较好，因为作物的苗期往往是钾的临界期，对钾的反应十分敏感。喜钾作物如豆科作物、薯类作物和香蕉等经济作物增施钾肥，增产效果明显。对于忌氯作物烟草、糖类作物、果树选用硫酸钾为好。对于纤维作物，氯化钾则比较适宜。由于硫酸钾成本偏高，在高效经济作物上可以选用硫酸钾，而对于一般的大田作物除少数对氯敏感的作物外，则宜用较便宜的氯化钾。

第五节　土壤缓效钾

缓效钾也叫非交换性钾，主要指2：1型层状黏土矿物所固定的钾离子，以及黑云母和部分水云母中的钾，占土壤全钾的1%～10%。缓效钾不能被中性盐在短时间内浸提出来，它是反映土壤钾潜力的主要指标。

一、土壤缓效钾含量及其空间差异

（一）土壤缓效钾含量概况

华南区耕地土壤缓效钾总体样点平均值为235mg/kg，其中，旱地土壤采样点占40.46%，平均为237mg/kg；水浇地土壤采样点占2.97%，平均为247mg/kg；水田土壤采样点占56.57%，平均为233mg/kg。各评价区土壤缓效钾含量情况分述如下：

福建评价区耕地土壤缓效钾总体样点平均值为246mg/kg，其中，旱地土壤采样点占18.19%，平均为292mg/kg；水浇地土壤采样点占5.84%，平均为312mg/kg；水田土壤采样点占75.96%，平均为230mg/kg。水浇地土壤缓效钾的平均含量比旱地高20mg/kg，比水田高82mg/kg；水田土壤缓效钾含量的变异幅度比旱地大6.67%，比水浇地大11.94%（表4-66）。

表 4-66　福建评价区耕地土壤缓效钾含量（个，mg/kg，%）

耕地类型	采样点数	平均值	标准差	变异系数
旱地	137	292	201.87	69.13
水浇地	44	312	199.24	63.86
水田	572	230	174.35	75.80
总计	753	246	183.20	74.47

广东评价区耕地土壤缓效钾总体样点平均值为 244mg/kg，其中，旱地土壤采样点占 16.37%，平均为 258mg/kg；水浇地土壤采样点占 7.98%，平均为 241mg/kg；水田土壤采样点占 75.65%，平均为 241mg/kg。旱地土壤缓效钾的平均含量比水浇地和水田均高 17mg/kg；旱地土壤缓效钾含量的变异幅度比水浇地大 7.30%，比水田大 4.41%（表 4-67）。

表 4-67　广东评价区耕地土壤缓效钾含量（个，mg/kg，%）

耕地类型	采样点数	平均值	标准差	变异系数
旱地	1 246	258	283.37	109.83
水浇地	607	241	247.09	102.53
水田	5 758	241	254.07	105.42
总计	7 611	244	258.60	105.98

广西评价区耕地土壤缓效钾总体样点平均值为 146mg/kg，其中，旱地土壤采样点占 46.89%，平均为 136mg/kg；水浇地土壤采样点只有 1 个，占 0.03%，化验值为 299mg/kg；水田土壤采样点占 53.08%，平均为 155mg/kg。水田土壤缓效钾的平均含量比旱地高 19mg/kg；水田土壤缓效钾含量的变异幅度比旱地大 2.50%（表 4-68）。

表 4-68　广西评价区耕地土壤缓效钾含量（个，mg/kg，%）

耕地类型	采样点数	平均值	标准差	变异系数
旱地	1 766	136	97.36	71.59
水浇地	1	299	—	—
水田	1 999	155	114.84	74.09
总计	3 766	146	107.44	73.59

海南评价区耕地土壤缓效钾总体样点平均值为 164mg/kg，其中，旱地土壤采样点占 27.38%，平均为 170mg/kg；水浇地土壤采样点只有 1 个，占 0.04%，化验值为 81mg/kg；水田土壤采样点占 72.59%，平均为 162mg/kg。旱地土壤缓效钾的平均含量比水田高 8mg/kg；水田土壤缓效钾含量的变异幅度比旱地大 1.47%（表 4-69）。

表 4-69　海南评价区耕地缓效钾含量（个，mg/kg，%）

耕地类型	采样点数	平均值	标准差	变异系数
旱地	771	170	122.61	72.12
水浇地	1	81	—	—
水田	2 044	162	119.22	73.59
总计	2 816	164	120.17	73.27

云南评价区耕地土壤缓效钾总体样点平均值为 295mg/kg，其中，旱地土壤采样点占 67.63%，平均为 274mg/kg；水浇地土壤采样点占 0.31%，平均为 303mg/kg；水田土壤采样点占 32.06%，平均为 338mg/kg。水田土壤缓效钾的平均含量比旱地高 64mg/kg，比水浇地高 35mg/kg；水田土壤缓效钾含量的变异幅度比旱地大 3.96%，比水浇地大 5.31%（表 4-70）。

表 4-70　云南评价区耕地土壤缓效钾含量（个，mg/kg，%）

耕地类型	采样点数	平均值	标准差	变异系数
旱地	5 294	274	259.27	94.62
水浇地	24	303	282.60	93.27
水田	2 510	338	333.19	98.58
总计	7 828	295	286.65	97.17

（二）土壤缓效钾含量的区域分布

1. 不同二级农业区耕地土壤缓效钾含量分布　华南区 4 个二级农业区中，滇南农林区的土壤缓效钾平均含量最高，粤西桂南农林区的土壤缓效钾平均含量最低，闽南粤中农林水产区和琼雷及南海诸岛农林区的土壤缓效钾平均含量介于中间。琼雷及南海诸岛农林区的土壤缓效钾变异系数最大，闽南粤中农林水产区的变异系数最小（表 4-71）。

表 4-71　华南区不同二级农业区耕地土壤缓效钾含量（个，mg/kg，%）

省份	采样点数	平均值	标准差	变异系数
闽南粤中农林水产区	6 072	229	222.02	96.95
粤西桂南农林区	5 423	176	174.51	99.15
滇南农林区	7 828	295	286.65	97.17
琼雷及南海诸岛农林区	3 451	205	225.84	110.17
总计	22 774	235	242.01	102.98

2. 不同评价区耕地土壤缓效钾含量分布　华南区各评价区中，云南评价区的土壤缓效钾平均含量最高，广西评价区的土壤缓效钾平均含量最低，福建、广东和海南评价区的土壤缓效钾平均含量介于中间。广东评价区的土壤缓效钾变异系数最大，海南评价区的变异系数最小（表 4-72）。

表 4-72　华南区不同评价区耕地土壤缓效钾含量（个，mg/kg，%）

评价区	采样点数	平均值	标准差	变异系数
福建评价区	753	246	183.2	74.47
广东评价区	7 611	244	258.6	105.98
广西评价区	3 766	146	107.44	73.59
海南评价区	2 816	164	120.17	73.27
云南评价区	7 828	295	286.65	97.17

3. 不同评价区地级市及省辖县耕地土壤缓效钾含量分布　华南区各评价区地级市及省辖县中，云南省德宏傣族景颇族自治州的土壤缓效钾平均含量最高，为 602mg/kg；其次是福建省福州市，为 447mg/kg；广西壮族自治区北海市的土壤缓效钾平均含量最低，为 94mg/kg；其余各地级市及省辖县介于 116～360mg/kg 之间。变异系数最大的是广东省江门市，为 133.64%；最小的是福建省福州市，为 49.26%（表 4-73）。

表 4-73　华南区不同评价区地级市及省辖县耕地土壤缓效钾含量（个，mg/kg，%）

评价区	地级市/省辖县	采样点数	平均值	标准差	变异系数
福建评价区	福州市	81	447	220.2	49.26
	平潭综合实验区	19	184	98.23	53.39
	莆田市	144	254	172.77	68.02
	泉州市	190	194	142.24	73.32
	厦门市	42	299	204.5	68.39
	漳州市	277	214	160.53	75.01
广东评价区	潮州市	251	222	243.88	109.86
	东莞市	73	273	185.11	67.81
	佛山市	124	245	169.02	68.99
	广州市	370	270	247.22	91.56
	河源市	226	151	85.68	56.74
	惠州市	616	213	255.22	119.82
	江门市	622	162	216.5	133.64
	揭阳市	460	280	251.46	89.81
	茂名市	849	277	281.96	101.79
	梅州市	299	208	176.41	84.81
	清远市	483	360	326.28	90.63
	汕头市	285	315	190.05	60.33
	汕尾市	397	141	140.94	99.96
	韶关市	62	241	168.9	70.08
	阳江市	455	175	189.1	108.06
	云浮市	518	175	128.71	73.55
	湛江市	988	336	374.7	111.52
	肇庆市	342	188	201.5	107.18
	中山市	64	264	151.18	57.27
	珠海市	127	296	168.71	57
广西评价区	百色市	466	116	75.46	65.05
	北海市	176	94	97.53	103.76
	崇左市	771	135	87.15	64.56
	防城港市	132	155	113.48	73.21
	广西农垦	20	140	75.91	54.22
	贵港市	473	134	106.7	79.63
	南宁市	865	163	119.72	73.45
	钦州市	317	154	99.2	64.42
	梧州市	188	149	73.69	49.46
	玉林市	358	196	143.83	73.38

（续）

评价区	地级市/省辖县	采样点数	平均值	标准差	变异系数
海南评价区	白沙黎族自治县	114	171	125.12	73.17
	保亭黎族苗族自治县	51	123	121.51	98.79
	昌江黎族自治县	124	182	126.19	69.34
	澄迈县	236	161	123.47	76.69
	儋州市	318	158	119.05	75.35
	定安县	197	167	127.59	76.4
	东方市	129	194	131.19	67.62
	海口市	276	155	108.45	69.97
	乐东黎族自治县	144	156	118.36	75.87
	临高县	202	160	111.84	69.9
	陵水黎族自治县	120	162	122.72	75.75
	琼海市	122	164	121.89	74.32
	琼中黎族苗族自治县	45	174	130.48	74.99
	三亚市	149	149	107.7	72.28
	屯昌县	199	173	111.05	64.19
	万宁市	150	182	135.5	74.45
	文昌市	192	159	115.29	72.51
	五指山市	48	180	127.79	70.99
云南评价区	保山市	754	278	247.67	89.09
	德宏傣族景颇族自治州	583	602	454.92	75.57
	红河哈尼族彝族自治州	1 563	269	247.11	91.86
	临沧市	1 535	289	247.88	85.77
	普洱市	1 661	240	232.38	96.83
	文山壮族苗族自治州	1 035	239	216.29	90.5
	西双版纳傣族自治州	402	328	306.97	93.59
	玉溪市	295	356	391.58	109.99

二、土壤缓效钾含量及其影响因素

（一）不同土壤类型土壤缓效钾含量

在华南区主要土壤类型中，土壤缓效钾含量以黄棕壤的含量最高，平均值为 277mg/kg，在 12～1 891mg/kg 之间变动。其余土类土壤缓效钾含量平均值介于 196～266mg/kg 之间。水稻土采样点个数为 13 881 个，土壤缓效钾含量平均值为 234mg/kg，在 10～2 270mg/kg 之间变动。在各主要土类中，砖红壤的土壤缓效钾变异系数最大，为115.66%；其余土类的变异系数在 77.56%～107.79% 之间（表 4-74）。

表 4-74　华南区主要土壤类型耕地土壤缓效钾含量（个，mg/kg，%）

土类	采样点数	平均值	标准差	变异系数
砖红壤	1 069	231	267.18	115.66
赤红壤	3 311	238	239.77	100.74
红壤	2 105	249	233.91	93.94
黄壤	611	266	228.97	86.08
黄棕壤	251	277	241.42	87.16
风沙土	111	230	247.91	107.79
石灰（岩）土	544	200	187	93.5
紫色土	355	208	161.32	77.56
潮土	327	196	180.28	91.98
水稻土	13 881	234	245.85	105.06

在华南区主要土壤亚类中，黄壤性土的土壤缓效钾平均值最高，为 342mg/kg，棕色石灰土的土壤缓效钾含量平均值最低，为 139mg/kg（表 4-75）。变异系数以红壤性土最大，为 124.44%，棕色石灰土最小，为 56.87%。

表 4-75　华南区主要土壤亚类耕地土壤缓效钾含量（个，mg/kg，%）

亚类	采样点数	平均值	标准差	变异系数
典型砖红壤	838	237	281.45	118.76
黄色砖红壤	233	207	205.89	99.46
典型赤红壤	2 615	225	227.62	101.16
黄色赤红壤	629	290	281.79	97.17
赤红壤性土	60	259	214.86	82.96
典型红壤	1 195	246	213.63	86.84
黄红壤	878	253	256.10	101.23
山原红壤	7	315	288.36	91.54
红壤性土	25	262	326.03	124.44
典型黄壤	596	263	226.30	86.05
黄壤性土	14	342	324.07	94.76
暗黄棕壤	251	277	241.42	87.16
滨海风沙土	111	230	247.91	107.79
红色石灰土	73	243	219.09	90.16
黑色石灰土	109	191	129.39	67.74
棕色石灰土	159	139	79.05	56.87
黄色石灰土	203	239	240.60	100.67
酸性紫色土	268	216	172.57	79.89

（续）

亚类	采样点数	平均值	标准差	变异系数
中性紫色土	71	177	110.88	62.64
石灰性紫色土	16	213	144.92	68.04
典型潮土	1	500	—	—
灰潮土	326	196	179.77	91.72
潴育水稻土	7 821	249	263.55	105.84
淹育水稻土	1 930	192	196.10	102.14
渗育水稻土	2 392	211	209.65	99.36
潜育水稻土	1 048	241	271.96	112.85
漂洗水稻土	250	198	214.93	108.55
盐渍水稻土	221	311	237.63	76.41
咸酸水稻土	219	216	179.08	82.91

（二）地貌类型与土壤缓效钾含量

华南区的地貌类型主要有盆地、平原、丘陵和山地。盆地的土壤缓效钾平均值最高，为284mg/kg；其次是山地和平原，分别是237mg/kg、211mg/kg；丘陵的土壤缓效钾平均值最低，为205mg/kg。山地的土壤缓效钾变异系数最大，为109.33%；平原的变异系数最小，为96.32%（表4-76）。

表4-76 华南区不同地貌类型耕地土壤缓效钾含量（个，mg/kg，%）

地貌类型	采样点数	平均值	标准差	变异系数
盆地	7 251	284	278.16	97.94
平原	6 649	211	203.23	96.32
丘陵	6 484	205	219.01	106.83
山地	2 390	237	259.11	109.33

（三）成土母质与土壤缓效钾含量

华南区不同成土母质发育的土壤中，土壤缓效钾含量均值最高的是江海相沉积物，为249mg/kg；其次是洪冲积物和残坡积物，分别是245mg/kg、237mg/kg；湖相沉积物的土壤缓效钾均值最低，为170mg/kg。洪冲积物的土壤缓效钾变异系数最大，为107.60%；火山堆积物的变异系数最小，为71.55%（表4-77）。

表4-77 华南区不同成土母质耕地土壤缓效钾含量（个，mg/kg，%）

成土母质	采样点数	平均值	标准差	变异系数
残坡积物	9 323	237	242.97	102.52
第四纪红土	3 738	225	226.46	100.65
河流冲积物	2 664	215	195.19	90.79
洪冲积物	5 061	245	263.61	107.60

（续）

成土母质	采样点数	平均值	标准差	变异系数
湖相沉积物	8	170	150.33	88.43
火山堆积物	60	172	123.07	71.55
江海相沉积物	1 920	249	265.35	106.57

（四）土壤质地与土壤缓效钾含量

华南区不同土壤质地中，黏土的土壤缓效钾平均值最高，为271mg/kg；其次是砂土、轻壤、重壤和砂壤，分别是261mg/kg、239mg/kg、236mg/kg、226mg/kg；中壤的土壤缓效钾平均值最低，为195mg/kg。砂土的土壤缓效钾变异系数最大，为112.44%；中壤的变异系数最小，为96.91%（表4-78）。

表4-78 华南区不同土壤质地耕地土壤缓效钾含量（个，mg/kg，%）

质地	采样点数	平均值	标准差	变异系数
黏土	3 141	271	269.84	99.57
轻壤	7 609	239	251.18	105.10
砂壤	4 022	226	227.49	100.66
砂土	492	261	293.47	112.44
中壤	3 031	195	188.98	96.91
重壤	4 479	236	239.49	101.48

三、土壤缓效钾含量分级与变化情况

根据华南区土壤缓效钾含量状况，参照第二次土壤普查及各省（自治区）分级标准，将土壤缓效钾含量等级划分为6级。华南区耕地土壤缓效钾含量各等级面积与比例见图4-5。

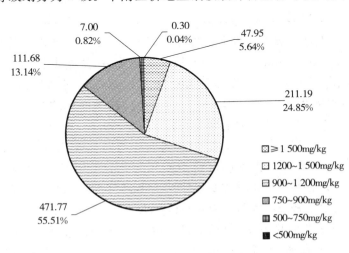

图4-5 华南区耕地土壤缓效钾含量各等级面积与比例（万 hm²）

土壤缓效钾一级水平共计47.95万 hm²，占华南区耕地面积的5.64%，其中福建评价区 4.39 万 hm² (占 0.52%)，广东评价区 22.01 万 hm² (占 2.59%)，广西评价区 0.34 万 hm² (占 0.04%)，云南评价区 21.22 万 hm² (占 2.50%)，海南评价区没有分布。二级水平共计 211.19 万 hm²，占华南区耕地面积的 24.85%，其中福建评价区 12.30 万 hm² (占 1.45%)，广东评价区 47.02 万 hm² (占 5.53%)，广西评价区 17.19 万 hm² (占 2.02%)，海南评价区 1.35 万 hm² (占 0.16%)，云南评价区 133.33 万 hm² (占 15.69%)。三级水平共计 471.77 万 hm²，占华南区耕地面积的 55.51%，其中福建评价区 27.27 万 hm² (占 3.21%)，广东评价区 99.15 万 hm² (占 11.67%)，广西评价区 155.95 万 hm² (占 18.35%)，海南评价区 66.91 万 hm² (占 7.87%)，云南评价区 122.48 万 hm² (占 14.41%)。四级水平共计 111.68 万 hm²，占华南区耕地面积的 13.14%，其中福建评价区 0.06 万 hm² (占 0.01%)，广东评价区 32.27 万 hm² (占 3.80%)，广西评价区 75.19 万 hm² (占 8.85%)，海南评价区 4.01 万 hm² (占 0.47%)，云南评价区 0.15 万 hm² (占 0.02%)。五级水平共计 7.00 万 hm²，占华南区耕地面积的 0.82%，其中广东评价区 2.25 万 hm² (占 0.26%)，广西评价区 4.75 万 hm² (占 0.56%)，福建、海南和云南评价区没有分布。六级水平共计 0.30 万 hm²，占华南区耕地面积的 0.04%，其中广东评价区 0.01 万 hm² (占 0.001%)，广西评价区 0.29 万 hm² (占 0.034%)，福建、海南和云南评价区没有分布 (表 4-79)。

表 4-79　华南区评价区耕地土壤缓效钾不同等级面积统计 (万 hm²)

评价区	一级 ≥1 500mg/kg	二级 1 200~ 1 500mg/kg	三级 900~ 1 200mg/kg	四级 750~ 900mg/kg	五级 500~ 750mg/kg	六级 <500mg/kg
福建评价区	4.39	12.30	27.27	0.06	0.00	0.00
广东评价区	22.01	47.02	99.15	32.27	2.25	0.01
广西评价区	0.34	17.19	155.95	75.19	4.75	0.29
海南评价区	0.00	1.35	66.91	4.01	0.00	0.00
云南评价区	21.22	133.33	122.48	0.15	0.00	0.00
总计	47.95	211.19	471.77	111.68	7.00	0.30

二级农业区中，土壤缓效钾一级水平共计 47.95 万 hm²，占华南区耕地面积的 5.64%，其中滇南农林区 21.22 万 hm² (占 2.50%)，闽南粤中农林水产区 13.23 万 hm² (占 1.56%)，琼雷及南海诸岛农林区 10.46 万 hm² (占 1.23%)，粤西桂南农林区 3.04 万 hm² (占 0.36%)。二级水平共计 211.19 万 hm²，占华南区耕地面积的 24.85%，其中滇南农林区 133.33 万 hm² (占 15.69%)，闽南粤中农林水产区 39.64 万 hm² (占 4.66%)，琼雷及南海诸岛农林区 11.18 万 hm² (占 1.32%)，粤西桂南农林区 27.04 万 hm² (占 3.18%)。三级水平共计 471.77 万 hm²，占华南区耕地面积的 55.51%，其中滇南农林区 122.48 万 hm² (占 14.41%)，闽南粤中农林水产区 84.67 万 hm² (占 9.96%)，琼雷及南海诸岛农林区 78.20 万 hm² (占 9.20%)，粤西桂南农林区 186.41 万 hm² (占 21.93%)。四级水平共计 111.68 万 hm²，占华南区耕地面积的 13.14%，其中滇南农林区 0.15 万 hm² (占 0.02%)，闽南粤中农林水产区 23.56 万 hm² (占 2.77%)，琼雷及南海诸岛农林区 7.40 万 hm² (占 0.87%)，粤西桂南农林区 80.57 万 hm² (占 9.48%)。五级水平共计 7.00 万 hm²，占华南区耕地面积的 0.82%，其中滇南农林区没有分布，闽南粤中农林水

产区 1.27 万 hm²（占 0.15%），琼雷及南海诸岛农林区 0.47 万 hm²（占 0.06%），粤西桂南农林区 5.25 万 hm²（占 0.62%）。六级水平共计 0.30 万 hm²，占华南区耕地面积的 0.04%，全部分布在粤西桂南农林区（表 4-80）。

表 4-80　华南区二级农业区耕地土壤缓效钾不同等级面积统计（万 hm²）

二级农业区	一级 ≥1 500mg/kg	二级 1 200～ 1 500mg/kg	三级 900～ 1 200mg/kg	四级 750～ 900mg/kg	五级 500～ 750mg/kg	六级 <500mg/kg
闽南粤中农林水产区	13.23	39.64	84.67	23.56	1.27	0.00
粤西桂南农林区	3.04	27.04	186.41	80.57	5.25	0.30
滇南农林区	21.22	133.33	122.48	0.15	0.00	0.00
琼雷及南海诸岛农林区	10.46	11.18	78.20	7.40	0.47	0.00
总计	47.95	211.19	471.77	111.68	7.00	0.30

　　按各评价区统计，福建评价区土壤缓效钾一级水平共计 4.39 万 hm²，占评价区耕地面积的 9.98%；二级水平共计 12.30 万 hm²，占评价区耕地面积的 27.95%；三级水平共计 27.27 万 hm²，占评价区耕地面积的 61.96%；四级水平共计 0.06 万 hm²，占评价区耕地面积的 0.14%；五级和六级水平没有分布。广东评价区土壤缓效钾一级水平共 22.01 万 hm²，占评价区耕地面积的 10.86%；二级水平共计 47.02 万 hm²，占评价区耕地面积的 23.20%；三级水平共计 99.15 万 hm²，占评价区耕地面积的 48.91%；四级水平共计 32.27 万 hm²，占评价区耕地面积的 15.92%；五级水平共计 2.25 万 hm²，占评价区耕地面积的 1.11%；六级水平共计 0.01 万 hm²，占评价区耕地面积的 0.005%。广西评价区土壤缓效钾一级水平共计 0.34 万 hm²，占评价区耕地面积的 0.13%；二级水平共计 17.19 万 hm²，占评价区耕地面积的 6.78%；三级水平共计 155.95 万 hm²，占评价区耕地面积的 61.47%；四级水平共计 75.19 万 hm²，占评价区耕地面积的 29.64%；五级水平共计 4.75 万 hm²，占评价区耕地面积的 1.87%；六级水平共计 0.29 万 hm²，占评价区耕地面积的 0.11%。海南评价区土壤缓效钾一级水平没有分布；二级水平共计 1.35 万 hm²，占评价区耕地面积的 1.87%；三级水平共计 66.91 万 hm²，占评价区耕地面积的 92.58%；四级水平共计 4.01 万 hm²，占评价区耕地面积的 5.55%；五级和六级水平没有分布。云南评价区土壤缓效钾一级水平共计 21.22 万 hm²，占评价区耕地面积的 7.66%；二级水平共计 133.33 万 hm²，占评价区耕地面积的 48.10%；三级水平共计 122.48 万 hm²，占评价区耕地面积的 44.19%；四级水平共计 0.15 万 hm²，占评价区耕地面积的 0.05%；五级和六级水平没有分布（表 4-79）。

　　按土壤类型统计，土壤缓效钾一级水平共计 47.95 万 hm²，占华南区耕地面积的 5.64%，其中潮土 0.91 万 hm²（占 0.11%），赤红壤 9.08 万 hm²（占 1.07%），风沙土 0.21 万 hm²（占 0.02%），红壤 2.80 万 hm²（占 0.33%），黄壤 0.93 万 hm²（占 0.11%），黄棕壤 0.38 万 hm²（占 0.04%），石灰（岩）土 0.15 万 hm²（占 0.02%），水稻土 25.94 万 hm²（占 3.05%），砖红壤 6.81 万 hm²（占 0.80%），紫色土 0.04 万 hm²（占 0.005%）。土壤缓效钾二级水平共计 211.19 万 hm²，占华南区耕地面积的 24.85%，其中潮土 2.22 万 hm²（占 0.26%），赤红壤 42.75 万 hm²（占 5.03%），风沙土 0.87 万 hm²（占 0.10%），红壤 38.32 万 hm²（占 4.51%），黄壤 13.08 万 hm²（占 1.54%），黄棕壤

6.67 万 hm²（占 0.78%），石灰（岩）土 4.10 万 hm²（占 0.48%），水稻土 84.71 万 hm²（占 9.97%），砖红壤 10.46 万 hm²（占 1.23%），紫色土 4.71 万 hm²（占 0.55%）。土壤缓效钾三级水平共计 471.77 万 hm²，占华南区耕地面积的 55.51%，其中潮土 5.59 万 hm²（占 0.66%），赤红壤 102.31 万 hm²（占 12.04%），风沙土 2.24 万 hm²（占 0.26%），红壤 40.84 万 hm²（占 4.81%），黄壤 10.63 万 hm²（占 1.25%），黄棕壤 5.46 万 hm²（占 0.64%），石灰（岩）土 22.80 万 hm²（占 2.68%），水稻土 217.63 万 hm²（占 25.61%），砖红壤 37.50 万 hm²（占 4.41%），紫色土 18.78 万 hm²（占 2.21%）。土壤缓效钾四级水平共计 111.68 万 hm²，占华南区耕地面积的 13.14%，其中潮土 2.03 万 hm²（占 0.24%），赤红壤 30.63 万 hm²（占 3.60%），风沙土 0.67 万 hm²（占 0.08%），红壤 2.06 万 hm²（占 0.24%），黄壤 0.07 万 hm²（占 0.01%），石灰（岩）土 8.69 万 hm²（占 1.02%），水稻土 56.38 万 hm²（占 6.63%），砖红壤 4.01 万 hm²（占 0.47%），紫色土 4.15 万 hm²（占 0.49%）。土壤缓效钾五级水平共计 7.00 万 hm²，占华南区耕地面积的 11.68%，其中潮土 0.000 4 万 hm²（占 0.000 05%），赤红壤 3.79 万 hm²（占 0.45%），风沙土 0.17 万 hm²（占 0.02%），红壤 0.05 万 hm²（占 0.01%），水稻土 2.78 万 hm²（占 0.33%），砖红壤 0.21 万 hm²（占 0.02%）。土壤缓效钾六级水平共计 0.30 万 hm²，占华南区耕地面积的 0.04%，其中赤红壤 0.20 万 hm²（占 0.02%），水稻土 0.10 万 hm²（占 0.01%），砖红壤 0.000 3 万 hm²（占 0.000 04%）（表 4-81）。

表 4-81　华南区主要土壤类型耕地土壤缓效钾不同等级面积统计（万 hm²）

土壤类型	一级 ≥1 500mg/kg	二级 1 200～1 500mg/kg	三级 900～1 200mg/kg	四级 750～900mg/kg	五级 500～750mg/kg	六级 <500mg/kg
砖红壤	6.81	10.46	37.50	4.01	0.21	0.000 3
赤红壤	9.08	42.75	102.31	30.63	3.79	0.20
红壤	2.80	38.32	40.84	2.06	0.05	0.00
黄壤	0.93	13.08	10.63	0.07	0.00	0.00
黄棕壤	0.38	6.67	5.46	0.00	0.00	0.00
风沙土	0.21	0.87	2.24	0.67	0.17	0.00
石灰（岩）土	0.15	4.10	22.80	8.69	0.00	0.00
紫色土	0.04	4.71	18.78	4.15	0.00	0.00
潮土	0.91	2.22	5.59	2.03	0.00	0.00
水稻土	25.94	84.71	217.63	56.38	2.78	0.10

第六节　土壤有效铁

一、土壤有效铁含量及其空间差异

（一）土壤有效铁含量概况

华南区耕地土壤有效铁总体样点平均为 90.26mg/kg，其中，旱地土壤采样点占 40.46%，平均为 80.68mg/kg；水浇地土壤采样点占 2.97%，平均为 106.14mg/kg；水田土壤采样点占 56.57%，平均为 96.28mg/kg。各评价区土壤有效铁含量情况分述如下：

福建评价区耕地土壤有效铁总体样点平均为 97.66mg/kg，其中，旱地土壤采样点占 18.19%，平均为 47.62mg/kg；水浇地土壤采样点占 5.84%，平均为 57.59mg/kg；水田土壤采样点占 75.96%，平均为 112.73mg/kg。水田有效铁的平均含量比旱地高 64.11mg/kg，比水浇地低 55.14mg/kg；旱地土壤有效铁含量的变异幅度比水浇地大 32.24%，比水田大 67.39%（表 4-82）。

表 4-82　福建评价区耕地土壤有效铁含量（个，mg/kg，%）

耕地类型	采样点数	平均值	标准差	变异系数
旱地	137	47.62	54.01	113.42
水浇地	44	57.59	46.75	81.18
水田	572	112.73	51.89	46.03
总计	753	97.66	58.48	59.88

广东评价区耕地土壤有效铁总体样点平均为 108.54mg/kg，其中，旱地土壤采样点占 16.37%，平均为 108.94mg/kg；水浇地土壤采样点占 7.98%，平均为 111.15mg/kg；水田土壤采样点占 75.65%，平均为 108.18mg/kg。水浇地有效铁的平均含量比旱地高 2.21mg/kg，比水田高 2.97mg/kg；旱地土壤有效铁含量的变异幅度比水浇地大 5.26%，比水田大 5.54%（表 4-83）。

表 4-83　广东评价区耕地土壤有效铁含量（个，mg/kg，%）

耕地类型	采样点数	平均值	标准差	变异系数
旱地	1 246	108.94	83.84	76.96
水浇地	607	111.15	79.69	71.70
水田	5 758	108.18	77.26	71.42
总计	7 611	108.54	78.56	72.38

广西评价区耕地土壤有效铁总体样点平均为 103.89mg/kg，其中，旱地土壤采样点占 46.89%，平均为 81.70mg/kg；水浇地土壤采样点只有 1 个，占 0.03%，化验值为 22.30mg/kg；水田土壤采样点占 53.08%，平均为 123.53mg/kg。水田有效铁的平均含量比旱地高 41.83mg/kg；旱地土壤有效铁含量的变异幅度比水田大 27.33%（表 4-84）。

表 4-84　广西评价区耕地土壤有效铁含量（个，mg/kg，%）

耕地类型	采样点数	平均值	标准差	变异系数
旱地	1 766	81.70	74.49	91.18
水浇地	1	22.30	—	—
水田	1 999	123.53	78.88	63.85
总计	3 766	103.89	79.63	76.65

海南评价区耕地土壤有效铁总体样点平均为 52.13mg/kg，其中，旱地土壤采样点占 27.38%，平均为 50.73mg/kg；水浇地土壤采样点只有 1 个，占 0.04%，化验值为 31.80mg/kg；水田土壤采样点占 72.59%，平均为 52.66mg/kg。水田有效铁的平均含量比

旱地高 1.93mg/kg；旱地土壤有效铁含量的变异幅度比水田大 0.48% （表 4-85）。

表 4-85　海南评价区耕地土壤有效铁含量（个，mg/kg，%）

耕地类型	采样点数	平均值	标准差	变异系数
旱地	771	50.73	26.33	51.90
水浇地	1	31.80	—	—
水田	2 044	52.66	27.08	51.42
总计	2 816	52.13	26.88	51.56

云南评价区耕地土壤有效铁总体样点平均为 78.93mg/kg，其中，旱地土壤采样点占 67.63%，平均为 78.91mg/kg；水浇地土壤采样点占 0.31%，平均为 75.16mg/kg；水田土壤采样点占 32.06%，平均为 79.03mg/kg。水田有效铁的平均含量比旱地高 0.12mg/kg，比水浇地高 3.87mg/kg；水浇地土壤有效铁含量的变异幅度比旱地大 5.42%，比水田大 6.32% （表 4-86）。

表 4-86　云南评价区耕地土壤有效铁含量（个，mg/kg，%）

耕地类型	采样点数	平均值	标准差	变异系数
旱地	5 294	78.91	44.74	56.70
水浇地	24	75.16	46.69	62.12
水田	2 510	79.03	44.10	55.80
总计	7 828	78.93	44.54	56.43

（二）土壤有效铁含量的区域分布

1. 不同二级农业区耕地土壤有效铁含量分布　华南区 4 个二级农业区中，粤西桂南农林区的土壤有效铁平均含量最高，琼雷及南海诸岛农林区的土壤有效铁平均含量最低，闽南粤中农林水产区和滇南农林区的土壤有效铁平均含量介于中间。琼雷及南海诸岛农林区的土壤有效铁变异系数最大，滇南农林区的变异系数最小 （表 4-87）。

表 4-87　华南区不同二级农业区耕地土壤有效铁（个，mg/kg，%）

二级农业区	采样点数	平均值	标准差	变异系数
闽南粤中农林水产区	6 072	101.47	70.98	69.95
粤西桂南农林区	5 423	107.49	79.07	73.56
滇南农林区	7 828	78.93	44.54	56.43
琼雷及南海诸岛农林区	3 451	69.16	64.67	93.51
总计	22 774	90.26	66.05	73.18

2. 不同评价区耕地土壤有效铁含量分布　华南区各评价区中，广东评价区的土壤有效铁平均含量最高，海南评价区的土壤有效铁平均含量最低，广西、福建和云南评价区的土壤有效铁平均含量介于中间。广西评价区的土壤有效铁变异系数最大，海南评价区的变异系数最小 （表 4-88）。

表 4-88 华南区不同评价区耕地土壤有效铁含量（个，mg/kg，%）

评价区	采样点数	平均值	标准差	变异系数
福建评价区	753	97.66	58.48	59.88
广东评价区	7 611	108.54	78.56	72.38
广西评价区	3 766	103.89	79.63	76.65
海南评价区	2 816	52.13	26.88	51.56
云南评价区	7 828	78.93	44.54	56.43

3. 不同评价区地级市及省辖县耕地土壤有效铁含量分布 华南区各评价区不同地级市及省辖县中，以广东省梅州市的土壤有效铁平均含量最高，为 179.29mg/kg；其次是广西壮族自治区梧州市和钦州市，分别为 171.10mg/kg、169.21mg/kg；广西壮族自治区广西农垦（金光农场）的土壤有效铁平均含量最低，为 27.81mg/kg；其余各地级市及省辖县介于 38.97～157.78mg/kg 之间。变异系数最大的是福建省平潭综合实验区，为 95.96%；最小的是广东省韶关市，为 31.96%（表 4-89）。

表 4-89 华南区不同评价区地级市及省辖县耕地土壤有效铁含量（个，mg/kg，%）

评价区	地级市/省辖县	采样点数	平均值	标准差	变异系数
福建评价区	福州市	81	85.20	52.19	61.26
	平潭综合实验区	19	48.78	46.81	95.96
	莆田市	144	83.71	60.18	71.89
	泉州市	190	101.13	57.35	56.71
	厦门市	42	86.87	47.62	54.82
	漳州市	277	111.18	58.3	52.44
广东评价区	潮州市	251	136.12	67.33	49.46
	东莞市	73	111.18	69.37	62.39
	佛山市	124	137.40	96.59	70.30
	广州市	370	106.22	72.24	68.01
	河源市	226	95.11	76.47	80.40
	惠州市	616	72.18	60.36	83.62
	江门市	622	103.38	59.89	57.93
	揭阳市	460	84.73	48.92	57.74
	茂名市	849	115.83	77.73	67.11
	梅州市	299	179.29	96.18	53.64
	清远市	483	85.83	55.61	64.79
	汕头市	285	122.70	98.92	80.62
	汕尾市	397	100.95	56.09	55.56
	韶关市	62	125.32	40.05	31.96
	阳江市	455	111.93	69.20	61.82
	云浮市	518	62.12	32.49	52.3

（续）

评价区	地级市/省辖县	采样点数	平均值	标准差	变异系数
广东评价区	湛江市	988	135.90	103.89	76.45
	肇庆市	342	104.04	77.30	74.30
	中山市	64	157.78	80.47	51.00
	珠海市	127	149.58	72.63	48.56
广西评价区	百色市	466	96.43	77.37	80.23
	北海市	176	85.33	66.57	78.01
	崇左市	771	60.29	55.16	91.49
	防城港市	132	122.48	72.36	59.08
	广西农垦	20	27.81	11.96	43.01
	贵港市	473	105.41	72.82	69.08
	南宁市	865	103.65	80.53	77.69
	钦州市	317	169.21	86.41	51.07
	梧州市	188	171.10	85.30	49.85
	玉林市	358	119.42	63.84	53.46
海南评价区	白沙黎族自治县	114	52.72	32.45	61.55
	保亭黎族苗族自治县	51	50.98	25.45	49.92
	昌江黎族自治县	124	53.65	26.49	49.38
	澄迈县	236	51.07	27.48	53.81
	儋州市	318	51.00	24.71	48.45
	定安县	197	47.71	23.76	49.80
	东方市	129	38.97	21.20	54.40
	海口市	276	53.85	24.04	44.64
	乐东黎族自治县	144	50.93	27.07	53.15
	临高县	202	57.55	29.13	50.62
	陵水黎族自治县	120	58.56	24.57	41.96
	琼海市	122	56.11	27.96	49.83
	琼中黎族苗族自治县	45	44.46	21.98	49.44
	三亚市	149	60.31	30.63	50.79
	屯昌县	199	45.14	23.99	53.15
	万宁市	150	45.77	22.67	49.53
	文昌市	192	62.49	30.01	48.02
	五指山市	48	47.93	30.29	63.20
云南评价区	保山市	754	79.85	44.09	55.22
	德宏傣族景颇族自治州	583	76.60	43.90	57.31
	红河哈尼族彝族自治州	1 563	78.19	45.25	57.87
	临沧市	1 535	81.17	44.20	54.45

（续）

评价区	地级市/省辖县	采样点数	平均值	标准差	变异系数
云南评价区	普洱市	1 661	79.99	44.57	55.72
	文山壮族苗族自治州	1 035	76.60	45.22	59.03
	西双版纳傣族自治州	402	79.47	44.25	55.68
	玉溪市	295	75.00	42.18	56.24

二、土壤有效铁含量及其影响因素

（一）不同土壤类型土壤有效铁含量

在华南区主要土壤类型中，土壤有效铁含量以水稻土的含量最高，平均值为 97.69mg/kg，在 0.10～573.80mg/kg 之间变动。石灰（岩）土的土壤有效铁含量最低，平均值为 66.01mg/kg，在 19.60～99.10mg/kg 之间变动。其余土类土壤有效铁含量平均值介于 73.49～85.17mg/kg 之间。在各主要土类中，风沙土的土壤有效铁变异系数最大，为 97.90%；黄棕壤的变异系数最小，为 59.10%；其余土类的变异系数在 59.21%～94.47% 之间（表 4-90）。

表 4-90　华南区主要土壤类型耕地土壤与有效铁含量（个，mg/kg，%）

土类	采样点数	平均值	标准差	变异系数
砖红壤	1 069	79.81	75.4	94.47
赤红壤	3 311	79.44	54.37	68.44
红壤	2 105	80.04	47.39	59.21
黄壤	611	80.39	55.59	69.15
黄棕壤	251	73.49	43.43	59.1
风沙土	111	75.79	74.2	97.9
石灰（岩）土	544	66.01	48.07	72.82
紫色土	355	83.18	62.28	74.87
潮土	327	85.17	65	76.32
水稻土	13 881	97.69	70.53	72.2

在华南区主要土壤亚类中，盐渍水稻土土壤有效铁平均值最高，为 125.7mg/kg；棕色石灰土土壤有效铁含量平均值最低，为 38.57mg/kg。变异系数以棕色石灰土最大，为 115.50%；黄壤性土最小，为 44.87%（表 4-91）。

表 4-91　华南区主要土壤亚类耕地土壤有效铁含量（个，mg/kg，%）

亚类	采样点数	平均值	标准差	变异系数
典型砖红壤	838	83.48	80.78	96.77
黄色砖红壤	233	66.13	49.12	74.28
典型赤红壤	2 615	79.68	56.82	71.31
黄色赤红壤	629	78.98	43.82	55.48
赤红壤性土	60	79.55	44.69	56.18

（续）

亚类	采样点数	平均值	标准差	变异系数
典型红壤	1 195	80.46	48.77	60.61
黄红壤	878	79.97	45.38	56.75
山原红壤	7	61.67	44.88	72.77
红壤性土	25	67.99	50.16	73.78
典型黄壤	596	80.2	55.95	69.76
黄壤性土	14	89.71	40.25	44.87
暗黄棕壤	251	73.49	43.43	59.10
滨海风沙土	111	75.79	74.20	97.90
红色石灰土	73	81.78	42.49	51.96
黑色石灰土	109	70.21	46.35	66.02
棕色石灰土	159	38.57	44.55	115.50
黄色石灰土	203	79.57	44.61	56.06
酸性紫色土	268	82.04	58.92	71.82
中性紫色土	71	88.77	69.93	78.78
石灰性紫色土	16	77.56	81.93	105.63
典型潮土	1	223.2	—	—
灰潮土	326	84.75	64.65	76.28
潴育水稻土	7 821	99.23	70.80	71.35
淹育水稻土	1 930	81.33	62.85	77.28
渗育水稻土	2 392	98.75	69.38	70.26
潜育水稻土	1 048	105.56	75.44	71.47
漂洗水稻土	250	96.95	72.73	75.02
盐渍水稻土	221	125.7	69.42	55.23
咸酸水稻土	219	110.37	85.05	77.06

（二）地貌类型与土壤有效铁含量

华南区的地貌类型主要有盆地、平原、丘陵和山地。丘陵的土壤有效铁平均值最高，为 100.70mg/kg；其次是山地和平原，分别是 95.90mg/kg、89.50mg/kg；盆地的土壤有效铁平均值最低，为 79.75mg/kg。丘陵的土壤有效铁变异系数最大，为 77.10%；盆地的变异系数最小，为 57.34%（表 4-92）。

表 4-92　华南区不同地貌类型耕地土壤有效铁含量（个，mg/kg，%）

地貌类型	采样点数	平均值	标准差	变异系数
盆地	7 251	79.75	45.73	57.34
平原	6 649	89.50	68.80	76.90
丘陵	6 484	100.70	77.60	77.10
山地	2 390	95.90	71.40	74.50

（三）成土母质与土壤有效铁含量

华南区不同成土母质发育的土壤中，土壤有效铁含量均值最高的是洪冲积物，为 99.59 mg/kg；其次是江海相沉积物和河流冲积物，分别是 98.72mg/kg、95.92mg/kg；火山堆积物的土壤有效铁均值最低，为 50.70mg/kg。江海相沉积物的土壤有效铁变异系数最大，为 83.88%；湖相沉积物的变异系数最小，为 33.87%（表 4-93）。

表 4-93 华南区不同成土母质耕地土壤有效铁含量（个，mg/kg，%）

成土母质	采样点数	平均值	标准差	变异系数
残坡积物	9 323	88.95	62.62	70.40
第四纪红土	3 738	73.18	50.79	69.40
河流冲积物	2 664	95.92	71.71	74.76
洪冲积物	5 061	99.59	69.42	69.71
湖相沉积物	8	75.14	25.45	33.87
火山堆积物	60	50.70	28.71	56.63
江海相沉积物	1 920	98.72	82.81	83.88

（四）土壤质地与土壤有效铁含量

华南区不同土壤质地中，中壤的土壤有效铁平均值最高，为 101.53mg/kg；其次是轻壤、砂壤、砂土和重壤，分别是 97.70mg/kg、88.70mg/kg、83.59mg/kg、81.28mg/kg；黏土的土壤有效铁平均值最低，为 77.22mg/kg。砂土的土壤有效铁变异系数最大，为 83.98%；黏土的变异系数最小，为 65.02%（表 4-94）。

表 4-94 华南区不同土壤质地耕地土壤有效铁含量（个，mg/kg，%）

质地	采样点数	平均值	标准差	变异系数
黏土	3 141	77.22	50.21	65.02
轻壤	7 609	97.70	70.13	71.78
砂壤	4 022	88.70	67.07	75.61
砂土	492	83.59	70.20	83.98
中壤	3 031	101.53	78.33	77.15
重壤	4 479	81.28	54.27	66.77

三、土壤有效铁含量分级与变化情况

根据华南区土壤有效铁含量状况，参照第二次土壤普查及各省（自治区）分级标准，将土壤有效铁含量等级划分为 6 级。华南区耕地土壤有效铁含量各等级面积与比例见图 4-6。

土壤有效铁一级水平共计 314.31 万 hm²，占华南区耕地面积的 36.98%，其中福建评价区 27.88 万 hm²（占 3.28%），广东评价区 135.83 万 hm²（占 15.98%），广西评价区 126.22 万 hm²（占 14.85%），海南评价区 0.000 2 万 hm²（占 0.000 02%），云南评价区 24.38 万 hm²（占 2.87%）。二级水平共计 235.40 万 hm²，占华南区耕地面积的 27.70%，其中福建评价区 6.19 万 hm²（占 0.73%），广东评价区 29.99 万 hm²（占 3.53%），广西评

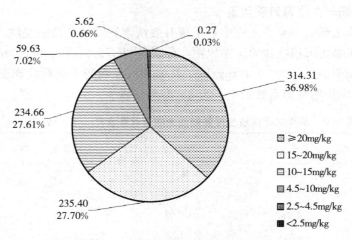

图 4-6　华南区耕地土壤有效铁含量各等级面积与比例（万 hm²）

价区 39.26 万 hm²（占 4.62%），海南评价区 4.35 万 hm²（占 0.51%），云南评价区 155.61 万 hm²（占 18.31%）。三级水平共计 234.66 万 hm²，占华南区耕地面积的 27.61%，其中福建评价区 5.26 万 hm²（占 0.62%），广东评价区 22.42 万 hm²（占 2.64%），广西评价区 58.76 万 hm²（占 6.91%），海南评价区 54.34 万 hm²（占 6.39%），云南评价区 93.88 万 hm²（占 11.05%）。四级水平共计 59.63 万 hm²，占华南区耕地面积的 7.02%，其中福建评价区 4.06 万 hm²（占 0.48%），广东评价区 11.74 万 hm²（占 1.38%），广西评价区 26.96 万 hm²（占 3.17%），海南评价区 13.58 万 hm²（占 1.60%），云南评价区 3.30 万 hm²（占 0.39%）。五级水平共计 5.62 万 hm²，占华南区耕地面积的 0.66%，其中福建评价区 0.63 万 hm²（占 0.07%），广东评价区 2.47 万 hm²（占 0.29%），广西评价区 2.53 万 hm²（占 0.30%），海南和云南评价区没有分布。六级水平共计 0.27 万 hm²，占华南区耕地面积的 0.03%，全部分布在广东评价区（表 4-95）。

表 4-95　华南区评价区耕地土壤有效铁不同等级面积统计（万 hm²）

评价区	一级 ≥20mg/kg	二级 15~20mg/kg	三级 10~15mg/kg	四级 4.5~10mg/kg	五级 2.5~4.5mg/kg	六级 <2.5mg/kg
福建评价区	27.88	6.19	5.26	4.06	0.63	0.00
广东评价区	135.83	29.99	22.42	11.74	2.47	0.27
广西评价区	126.22	39.26	58.76	26.96	2.53	0.00
海南评价区	0.000 2	4.35	54.34	13.58	0.00	0.00
云南评价区	24.38	155.61	93.88	3.30	0.00	0.00
总计	314.31	235.40	234.66	59.63	5.62	0.27

　　二级农业区中，土壤有效铁一级水平共计 314.31 万 hm²，占华南区耕地面积的 36.98%，其中滇南农林区 24.38 万 hm²（占 2.87%），闽南粤中农林水产区 100.62 万 hm²（占 11.84%），琼雷及南海诸岛农林区 26.66 万 hm²（占 3.14%），粤西桂南农林区 162.64 万 hm²（占 19.14%）。二级水平共计 235.40 万 hm²，占华南区耕地面积的 27.70%，其中滇南农林区 155.61 万 hm²（占 18.31%），闽南粤中农林水产区25.13 万 hm²

（占 2.96%），琼雷及南海诸岛农林区 8.05 万 hm²（占 0.95%），粤西桂南农林区 46.61 万 hm²（占5.48%）。三级水平共计 234.66 万 hm²，占华南区耕地面积的 27.61%，其中滇南农林区 93.88 万 hm²（占 11.05%），闽南粤中农林水产区 21.06 万 hm²（占 2.48%），琼雷及南海诸岛农林区 58.41 万 hm²（占 6.87%），粤西桂南农林区61.31 万 hm²（占 7.21%）。四级水平共计 59.63 万 hm²，占华南区耕地面积的 7.02%，其中滇南农林区 3.30 万 hm²（占 0.39%），闽南粤中农林水产区 12.39 万 hm²（占 1.46%），琼雷及南海诸岛农林区 14.60 万 hm²（占 1.72%），粤西桂南农林区 29.35 万 hm²（占 3.45%）。五级水平共计 5.62 万 hm²，占华南区耕地面积的 0.66%，其中闽南粤中农林水产区 2.91 万 hm²（占 0.34%），粤西桂南农林区 2.71 万 hm²（占 0.32%），滇南农林区和琼雷及南海诸岛农林区没有分布。六级水平共计 0.27 万 hm²，占华南区耕地面积的 0.03%，其中闽南粤中农林水产区 0.27 万 hm²（占 0.03%），粤西桂南农林区0.000 1万 hm²（占0.000 01%），滇南农林区和琼雷及南海诸岛农林区没有分布（表 4-96）。

表 4-96　华南区二级农业区耕地土壤有效铁不同等级面积统计（万 hm²）

二级农业区	一级	二级	三级	四级	五级	六级
	≥20g/kg	15~20g/kg	10~15g/kg	4.5~10g/kg	2.5~4.5g/kg	<2.5g/kg
滇南农林区	24.38	155.61	93.88	3.30		
闽南粤中农林水产区	100.62	25.13	21.06	12.39	2.91	0.27
琼雷及南海诸岛农林区	26.66	8.05	58.41	14.60		
粤西桂南农林区	162.64	46.61	61.31	29.35	2.71	0.000 1
总计	314.31	235.40	234.66	59.63	5.62	0.27

按各评价区统计，福建评价区土壤有效铁一级水平共计 27.88 万 hm²，占评价区耕地面积的 63.35%；二级水平共计 6.19 万 hm²，占评价区耕地面积的 14.06%；三级水平共计 5.26 万 hm²，占评价区耕地面积的 11.95%；四级水平共计 4.06 万 hm²，占评价区耕地面积的 9.23%；五级水平共计 0.63 万 hm²，占评价区耕地面积的 1.43%；六级水平没有分布。广东评价区土壤有效铁一级水平共计 135.83 万 hm²，占评价区耕地面积的 67.01%；二级水平共计 29.99 万 hm²，占评价区耕地面积的 14.80%；三级水平共计 22.42 万 hm²，占评价区耕地面积的 11.06%；四级水平共计 11.74 万 hm²，占评价区耕地面积的 5.79%；五级水平共计 2.47 万 hm²，占评价区耕地面积的 1.22%；六级水平共计 0.27 万 hm²，占评价区耕地面积的 0.13%。广西评价区土壤有效铁一级水平共计 126.22 万 hm²，占评价区耕地面积的 49.75%；二级水平共计 39.26 万 hm²，占评价区耕地面积的 15.47%；三级水平共计 58.76 万 hm²，占评价区耕地面积的 23.16%；四级水平共计 26.96 万 hm²，占评价区耕地面积的 10.63%；五级水平共计 2.53 万 hm²，占评价区耕地面积的 1.00%；六级水平没有分布。海南评价区土壤有效铁一级水平共计 0.000 2万 hm²，占评价区耕地面积的 0.000 3%；二级水平共计 4.35 万 hm²，占评价区耕地面积的 6.02%；三级水平共计 54.34 万 hm²，占评价区耕地面积的 75.19%；四级水平共计 13.58 万 hm²，占评价区耕地面积的 18.79%；五级和六级水平没有分布。云南评价区土壤有效铁一级水平共计 24.38 万 hm²，占评价区耕地面积的 8.80%；二级水平共计 155.61 万 hm²，占评价区耕地面积的 56.14%；三级水平共计 93.88 万 hm²，占评价区耕地面积的 33.87%；四级水平共

计 3.30 万 hm²，占评价区耕地面积的 1.19%；五级和六级水平没有分布（表 4-95）。

按土壤类型统计，土壤有效铁一级水平共计 314.31 万 hm²，占华南区耕地面积的 36.98%，其中潮土 6.79 万 hm²（占 0.80%），赤红壤 48.84 万 hm²（占 5.75%），风沙土 1.44 万 hm²（0.17%），红壤 10.90 万 hm²（占 1.28%），黄壤 2.56 万 hm²（占 0.30%），黄棕壤 1.39 万 hm²（占 0.16%），石灰（岩）土 5.62 万 hm²（占 0.66%），水稻土 200.32 万 hm²（占 23.57%），砖红壤 21.76 万 hm²（占 2.56%），紫色土 12.71 万 hm²（占 1.50%）。土壤有效铁二级水平共计 235.40 万 hm²，占华南区耕地面积的 27.70%，其中潮土 1.20 万 hm²（占 0.14%），赤红壤 61.66 万 hm²（占 7.26%），风沙土 0.42 万 hm²（占 0.05%），红壤 42.38 万 hm²（占 4.99%），黄壤 13.72 万 hm²（占 1.61%），黄棕壤 7.63 万 hm²（占 0.90%），石灰（岩）土 10.17 万 hm²（占 1.20%），水稻土 80.02 万 hm²（占 9.42%），砖红壤 8.36 万 hm²（占 0.98%），紫色土 7.43 万 hm²（占 0.87%）。土壤有效铁三级水平共计 234.66 万 hm²，占华南区耕地面积的 27.61%，其中潮土 1.56 万 hm²（占 0.18%），赤红壤 58.52 万 hm²（占 6.89%），风沙土 1.34 万 hm²（占 0.16%），红壤 29.43 万 hm²（占 3.46%），黄壤 7.84 万 hm²（占 0.92%），黄棕壤 3.36 万 hm²（占 0.40%），石灰（岩）土 10.56 万 hm²（占 1.24%），水稻土 82.98 万 hm²（占 9.76%），砖红壤 23.65 万 hm²（占 2.78%），紫色土 6.98 万 hm²（占 0.82%）。土壤有效铁四级水平共计 59.63 万 hm²，占华南区耕地面积的 7.02%，其中潮土 0.70 万 hm²（占 0.08%），赤红壤 18.72 万 hm²（占 2.20%），风沙土 0.80 万 hm²（占 0.09%），红壤 1.33 万 hm²（占 0.16%），黄壤 0.59 万 hm²（占 0.07%），黄棕壤 0.12 万 hm²（占 0.01%），石灰（岩）土 7.83 万 hm²（占 0.92%），水稻土 21.64 万 hm²（占 2.55%），砖红壤 5.20 万 hm²（占 0.61%），紫色土 0.56 万 hm²（占 0.07%）。土壤有效铁五级水平共计 5.62 万 hm²，占华南区耕地面积的 0.66%，其中潮土 0.44 万 hm²（占 0.05%），赤红壤 1.00 万 hm²（占 0.12%），风沙土 0.16 万 hm²（占 0.02%），红壤 0.04 万 hm²（占 0.005%），石灰（岩）土 1.56 万 hm²（占 0.18%），水稻土 2.37 万 hm²（占 0.28%），砖红壤 0.02 万 hm²（占 0.002%）。土壤有效铁六级水平共计 0.27 万 hm²，占华南区耕地面积的 0.03%，其中潮土 0.06 万 hm²（占 0.01%），赤红壤 0.01 万 hm²（占 0.001%），水稻土 0.19 万 hm²（占 0.02%），砖红壤 0.000 1 万 hm²（占 0.000 01%），其余土壤类型没有分布（表 4-97）。

表 4-97　华南区主要土壤类型耕地土壤有效铁不同等级面积统计（万 hm²）

土壤类型	一级	二级	三级	四级	五级	六级
	≥20mg/kg	15～20mg/kg	10～15mg/kg	4.5～10mg/kg	2.5～4.5mg/kg	<2.5mg/kg
砖红壤	21.76	8.36	23.65	5.20	0.02	0.000 1
赤红壤	48.84	61.66	58.52	18.72	1.00	0.01
红壤	10.90	42.38	29.43	1.33	0.04	0.00
黄壤	2.56	13.72	7.84	0.59	0.00	0.00
黄棕壤	1.39	7.63	3.36	0.12	0.00	0.00
风沙土	1.44	0.42	1.34	0.80	0.16	0.00
石灰（岩）土	5.62	10.17	10.56	7.83	1.56	0.00
紫色土	12.71	7.43	6.98	0.56	0.00	0.00

（续）

土壤类型	一级 ≥20mg/kg	二级 15～20mg/kg	三级 10～15mg/kg	四级 4.5～10mg/kg	五级 2.5～4.5mg/kg	六级 <2.5mg/kg
潮土	6.79	1.20	1.56	0.70	0.44	0.06
水稻土	200.32	80.02	82.98	21.64	2.37	0.19

四、土壤有效铁调控

铁是作物叶绿素的重要组成部分，参与核酸和蛋白质代谢，参与作物呼吸作用，还与碳水化合物、有机酸和维生素的合成有关。华南区缺铁比较少见，当土壤中有效铁含量<4.5mg/kg时，作物从土壤中吸收的铁不足，缺铁时作物顶端或幼叶失绿黄化，由脉间失绿发展到全叶淡黄白色。土壤供铁过量，华南区水田或高湿土壤在酸性条件下使三价铁变为二价铁而发生铁过量中毒，铁中毒伴随缺钾，表现症状是叶缘叶尖出现褐斑，叶色暗绿，根系灰黑，易烂，铁过量影响根系对磷、锌、锰、铜的吸收利用。调控土壤有效铁一般用铁肥。

铁肥的品种有硫酸亚铁，俗称铁矾或绿矾，为常用铁肥，含铁19%，淡绿色结晶，易溶于水；硫酸亚铁铵，含铁14%，淡绿色结晶，易溶于水；有机络合态铁，常用的有乙二胺四乙酸铁，含铁9%～12%；二乙三胺五醋酸铁，含铁10%，两者均溶于水。

华南区耕地土壤一般不会缺铁，不需要专门施用铁肥调节土壤有效铁。当土壤中有效铁缺乏时，需要施用铁肥，主要根据土壤有效铁含量、肥料的特点、施肥方法来确定施肥时期和施肥量。常用铁肥大都能溶于水，肥效较快。可用作基肥、叶面喷施和注射，基施时应与有机肥混合施用。生产上最常用的铁肥是硫酸亚铁，目前多采用根外追肥的方法施用，进行叶面喷施，浓度为0.2%～0.5%，一般需多次进行喷施，溶液应现配现用。

长期处于淹水稻田，秧苗易亚铁毒害，稻根外形表现黄根、褐根少，黑根多或全为黑根，也有少数根段上出现局部锈斑，有时根端附近多须状分枝，严重时还有腐根现象。稻株下部叶片从尖叶开始出现褐色或棕色斑点，并逐渐向叶基扩展，接着整个叶片变成褐色。易发生亚铁毒害的土壤，应改善排灌条件，降低地下水位，生产上可采用石灰、石膏、明矾等物质进行土壤改良；已发生中毒发僵的稻田，要立即排水搁田，并酌情施用一定数量的磷、钾肥，提高根系活力。

第七节　土壤有效锰

一、土壤有效锰含量及其空间差异

（一）土壤有效锰含量概况

华南区耕地土壤有效锰总体样点平均为37.1mg/kg，其中，旱地土壤采样点占40.46%，平均为42.48mg/kg；水浇地土壤采样点占2.97%，平均为29.28mg/kg；水田土壤采样点占56.57%，平均为33.66mg/kg。各评价区耕地土壤有效锰含量情况分述如下：

福建评价区耕地土壤有效锰总体样点平均为18.69mg/kg，其中，旱地土壤采样点占18.19%，平均为13.51mg/kg；水浇地土壤采样点占5.84%，平均为14.95mg/kg；水田土壤采样点占75.96%，平均为20.22mg/kg。水田有效锰的平均含量比旱地高6.71mg/kg，比水浇地高 5.27mg/kg；水田土壤有效锰含量的变异幅度比旱地大 9.24％，比水浇地大 0.11％（表 4-98）。

表 4-98　福建评价区耕地土壤有效锰含量（个，mg/kg，％）

耕地类型	采样点数	平均值	标准差	变异系数
旱地	137	13.51	6.99	51.74
水浇地	44	14.95	9.10	60.87
水田	572	20.22	12.33	60.98
总计	753	18.69	11.69	62.55

广东评价区耕地土壤有效锰总体样点平均为 23.79mg/kg，其中，旱地土壤采样点占 16.37％，平均为 28.53mg/kg；水浇地土壤采样点占 7.98％，平均为 30.06mg/kg；水田土壤采样点占 75.65％，平均为 22.10mg/kg。水浇地有效锰的平均含量比旱地高 1.53mg/kg，比水田高 7.96mg/kg；旱地土壤有效锰含量的变异幅度比水浇地大 24.38％，比水田大 0.70％（表 4-99）。

表 4-99　广东评价区耕地土壤有效锰含量（个，mg/kg，％）

耕地类型	采样点数	平均值	标准差	变异系数
旱地	1 246	28.53	43.64	152.96
水浇地	607	30.06	38.65	128.58
水田	5 758	22.10	33.65	152.26
总计	7 611	23.79	36.01	151.37

广西评价区耕地土壤有效锰总体样点平均为 34.01mg/kg，其中，旱地土壤采样点占 46.89％，平均为 42.00mg/kg；水浇地土壤采样点只有 1 个，占 0.03％，化验值为 14.27mg/kg；水田土壤采样点占 53.08％，平均为 26.96mg/kg。旱地有效锰的平均含量比水田高 15.04mg/kg；水田土壤有效锰含量的变异幅度比旱地大 18.49％（表 4-100）。

表 4-100　广西评价区耕地土壤有效锰含量（个，mg/kg，％）

耕地类型	采样点数	平均值	标准差	变异系数
旱地	1 766	42.00	41.09	97.83
水浇地	1	14.27	—	—
水田	1 999	26.96	31.36	116.32
总计	3 766	34.01	37.01	108.82

海南评价区耕地土壤有效锰总体样点平均为 72.82mg/kg，其中，旱地土壤采样点占 27.38％，平均为 72.45mg/kg；水浇地土壤采样点只有 1 个，占 0.04％，化验值为 72.36mg/kg；水田土壤采样点占 72.59％，平均为 72.96mg/kg。水田有效锰的平均含量比旱地高 0.51mg/kg；水田土壤有效锰含量的变异幅度比旱地大 0.37％（表 4-101）。

表 4-101　海南评价区耕地土壤有效锰含量（个，mg/kg，%）

耕地类型	采样点数	平均值	标准差	变异系数
旱地	771	72.45	40.18	55.46
水浇地	1	72.36	—	—
水田	2 044	72.96	40.73	55.83
总计	2 816	72.82	40.57	55.71

　　云南评价区耕地土壤有效锰总体样点平均为 40.43mg/kg，其中，旱地土壤采样点占 67.63%，平均为 42.30mg/kg；水浇地土壤采样点占 0.31%，平均为 34.69mg/kg；水田土壤采样点占 32.06%，平均为 36.55mg/kg。旱地有效锰的平均含量比水浇地高 7.61mg/kg，比水田高 5.75mg/kg；旱地土壤有效锰含量的变异幅度比水浇地大 4.20%，比水田大 0.73%（表 4-102）。

表 4-102　云南评价区耕地土壤有效锰含量（个，mg/kg，%）

耕地类型	采样点数	平均值	标准差	变异系数
旱地	5 294	42.30	37.31	88.20
水浇地	24	34.69	29.14	84.00
水田	2 510	36.55	31.97	87.47
总计	7 828	40.43	35.76	88.45

（二）土壤有效锰含量的区域分布

　　1. 不同二级农业区耕地土壤有效锰含量分布　华南区 4 个二级农业区中，琼雷及南海诸岛农林区的土壤有效锰平均含量最高，闽南粤中农林水产区的土壤有效锰平均含量最低，滇南农林区和粤西桂南农林区的土壤有效锰平均含量介于中间。闽南粤中农林水产区的土壤有效锰变异系数最大，琼雷及南海诸岛农林区的变异系数最小（表 4-103）。

表 4-103　华南区不同二级农业区耕地土壤有效锰含量（个，mg/kg，%）

二级农业区	采样点数	平均值	标准差	变异系数
闽南粤中农林水产区	6 072	24.16	32.99	136.55
粤西桂南农林区	5 423	27.32	33.91	124.12
滇南农林区	7 828	40.43	35.76	88.45
琼雷及南海诸岛农林区	3 451	67.63	46.31	68.48
总计	22 774	37.09	39.25	105.82

　　2. 不同评价区耕地土壤有效锰含量分布　华南区各评价区中，海南评价区的土壤有效锰平均含量最高，福建评价区的土壤有效锰平均含量最低，云南、广西和广东评价区的土壤有效锰平均含量介于中间。广东评价区的土壤有效锰变异系数最大，海南评价区的变异系数最小（表 4-104）。

表 4-104 华南区不同评价区耕地土壤有效锰含量（个，mg/kg，%）

评价区	采样点数	平均值	标准差	变异系数
福建评价区	753	18.69	11.69	62.55
广东评价区	7 611	23.79	36.01	151.37
广西评价区	3 766	34.01	37.01	108.82
海南评价区	2 816	72.82	40.57	55.71
云南评价区	7 828	40.43	35.76	88.45

3. 不同评价区地级市及省辖县耕地土壤有效锰含量分布 华南区各评价区地级市及省辖县中，海南省琼中黎族苗族自治县的土壤有效锰平均含量最高，为 85.19mg/kg；其次是海南省保亭黎族苗族自治县，为 83.61mg/kg；广西壮族自治区北海市的土壤有效锰平均含量最低，为 5.24mg/kg；其余各地级市及省辖县介于 8.87~78.45mg/kg 之间。变异系数最大的是广东省汕尾市，为 213.12%；最小的是福建省平潭综合实验区，为 30.47%（表 4-105）。

表 4-105 华南区不同评价区地级市及省辖县耕地土壤有效锰含量（个，mg/kg，%）

评价区	地级市/省辖县	采样点数	平均值	标准差	变异系数
福建评价区	福州市	81	19.98	13.78	68.97
	平潭综合实验区	19	12.57	3.83	30.47
	莆田市	144	18.20	11.79	64.78
	泉州市	190	18.06	10.17	56.31
	厦门市	42	17.42	11.54	66.25
	漳州市	277	19.61	12.20	62.21
广东评价区	潮州市	251	33.39	20.83	62.38
	东莞市	73	23.67	24.64	104.1
	佛山市	124	26.86	30.31	112.84
	广州市	370	17.06	35.21	206.39
	河源市	226	18.27	10.40	56.92
	惠州市	616	8.87	10.70	120.63
	江门市	622	23.54	38.56	163.81
	揭阳市	460	13.69	16.78	122.57
	茂名市	849	10.71	11.38	106.26
	梅州市	299	63.99	48.00	75.01
	清远市	483	22.80	26.89	117.94
	汕头市	285	47.28	46.39	98.12
	汕尾市	397	19.59	41.75	213.12
	韶关市	62	15.91	15.35	96.48
	阳江市	455	8.96	11.19	124.89
	云浮市	518	11.82	12.15	102.79
	湛江市	988	35.66	53.53	150.11

（续）

评价区	地级市/省辖县	采样点数	平均值	标准差	变异系数
广东评价区	肇庆市	342	26.25	26.56	101.18
	中山市	64	76.79	46.81	60.96
	珠海市	127	78.44	48.07	61.28
广西评价区	百色市	466	48.87	41.17	84.24
	北海市	176	5.24	7.94	151.53
	崇左市	771	50.26	42.59	84.74
	防城港市	132	19.99	28.87	144.42
	广西农垦	20	17.48	19.42	111.10
	贵港市	473	33.71	37.39	110.92
	南宁市	865	34.87	34.58	99.17
	钦州市	317	18.13	23.30	128.52
	梧州市	188	27.15	28.52	105.05
	玉林市	358	15.90	19.67	123.71
海南评价区	白沙黎族自治县	114	70.65	41.51	58.75
	保亭黎族苗族自治县	51	83.61	38.59	46.15
	昌江黎族自治县	124	68.99	33.07	47.93
	澄迈县	236	71.24	32.17	45.16
	儋州市	318	76.16	41.63	54.66
	定安县	197	75.93	42.36	55.79
	东方市	129	64.30	37.86	58.88
	海口市	276	78.45	40.53	51.66
	乐东黎族自治县	144	74.96	43.01	57.38
	临高县	202	73.36	42.70	58.21
	陵水黎族自治县	120	68.95	41.24	59.81
	琼海市	122	67.65	43.27	63.96
	琼中黎族苗族自治县	45	85.19	40.41	47.44
	三亚市	149	72.65	37.89	52.15
	屯昌县	199	61.92	39.11	63.16
	万宁市	150	75.68	38.69	51.12
	文昌市	192	74.67	49.02	65.65
	五指山市	48	71.77	32.63	45.46
云南评价区	保山市	754	37.69	31.79	84.35
	德宏傣族景颇族自治州	583	24.50	24.53	100.12
	红河哈尼族彝族自治州	1 563	37.96	34.26	90.25
	临沧市	1 535	44.29	39.19	88.48
	普洱市	1 661	43.58	37.29	85.57

（续）

评价区	地级市/省辖县	采样点数	平均值	标准差	变异系数
云南评价区	文山壮族苗族自治州	1 035	42.73	36.41	85.21
	西双版纳傣族自治州	402	43.16	33.99	78.75
	玉溪市	295	42.50	34.67	81.58

二、土壤有效锰含量及其影响因素

（一）不同土壤类型土壤有效锰含量

在华南区主要土壤类型中，土壤有效锰含量以石灰（岩）土的含量最高，平均值为57.38mg/kg。潮土的土壤有效锰含量最低，平均值为28.30mg/kg。其余土类土壤有效锰含量平均值介于28.75～53.89mg/kg之间。在各主要土类中，风沙土的土壤有效锰变异系数最大，为117.36%；水稻土次之，为114.23%；石灰（岩）土的变异系数最小，为77.92%；其余土类的变异系数在83.11%～106.25%之间（表4-106）。

表 4-106　华南区主要土壤类型耕地土壤有效锰含量（个，mg/kg，%）

土类	采样点数	平均值	标准差	变异系数
砖红壤	1 069	53.89	49.09	91.09
赤红壤	3 311	36.41	36.85	101.21
红壤	2 105	43.87	36.46	83.11
黄壤	611	36.07	31.97	88.63
黄棕壤	251	38.89	33.26	85.52
风沙土	111	28.75	33.74	117.36
石灰（岩）土	544	57.38	44.71	77.92
紫色土	355	40.78	34.47	84.53
潮土	327	28.30	30.07	106.25
水稻土	13 881	34.02	38.86	114.23

在华南区主要土壤亚类中，棕色石灰土的土壤有效锰平均值最高，为75.10mg/kg；渗育水稻土的土壤有效锰含量平均值最低，为26.76mg/kg。变异系数以渗育水稻土最大，为126.49%；黄壤性土最小，为57.85%（表4-107）。

表 4-107　华南区主要土壤亚类耕地土壤有效锰含量（个，mg/kg，%）

亚类	采样点数	平均值	标准差	变异系数
典型砖红壤	838	51.78	51.47	99.40
黄色砖红壤	233	62.03	38.54	62.13
典型赤红壤	2 615	35.99	37.95	105.45
黄色赤红壤	629	37.31	32.46	87.00
赤红壤性土	60	39.96	29.37	73.50
典型红壤	1 195	45.70	38.79	84.88

（续）

亚类	采样点数	平均值	标准差	变异系数
黄红壤	878	41.58	33.28	80.04
山原红壤	7	38.87	24.16	62.16
红壤性土	25	38.03	26.21	68.92
典型黄壤	596	36.23	32.25	89.01
黄壤性土	14	28.59	16.54	57.85
暗黄棕壤	251	38.89	33.26	85.52
滨海风沙土	111	28.75	33.74	117.36
红色石灰土	73	43.62	42.57	97.59
黑色石灰土	109	55.23	49.11	88.92
棕色石灰土	159	75.10	47.44	63.17
黄色石灰土	203	49.59	36.06	72.72
酸性紫色土	268	41.84	35.04	83.75
中性紫色土	71	37.86	32.11	84.81
石灰性紫色土	16	35.98	35.83	99.58
典型潮土	1	67.80	—	—
灰潮土	326	28.18	30.04	106.60
潴育水稻土	7 821	31.52	37.02	117.45
淹育水稻土	1 930	49.21	44.58	90.59
渗育水稻土	2 392	26.76	33.85	126.49
潜育水稻土	1 048	38.04	40.28	105.89
漂洗水稻土	250	33.37	40.91	122.60
盐渍水稻土	221	49.45	48.36	97.80
咸酸水稻土	219	34.35	40.05	116.59

（二）地貌类型与土壤有效锰含量

华南区的地貌类型主要有盆地、平原、丘陵和山地。平原的土壤有效锰平均值最高，为41.08mg/kg；其次是盆地和山地，分别是40.12mg/kg、33.06mg/kg；丘陵的土壤有效锰平均值最低，为31.11mg/kg。丘陵的土壤有效锰变异系数最大，为125.94%；盆地的变异系数最小，为88.16%（表4-108）。

表4-108　华南区不同地貌类型耕地土壤有效锰含量（个，mg/kg，%）

地貌类型	采样点数	平均值	标准差	变异系数
盆地	7 251	40.12	35.37	88.16
平原	6 649	41.08	43.19	105.14
丘陵	6 484	31.11	39.18	125.94
山地	2 390	33.06	36.73	111.10

（三）成土母质与土壤有效锰含量

华南区不同成土母质发育的土壤中，土壤有效锰含量均值最高的是湖相沉积物，为 99.18mg/kg；其次是火山堆积物和第四纪红土，分别是 66.56mg/kg、46.10mg/kg；洪冲积物的土壤有效锰均值最低，为 24.79mg/kg。洪冲积物的土壤有效锰变异系数最大，为 134.97％；湖相沉积物的变异系数最小，为 46.12％（表 4-109）。

表 4-109　华南区不同成土母质耕地土壤有效锰含量（个，mg/kg，％）

成土母质	采样点数	平均值	标准差	变异系数
残坡积物	9 323	38.75	38.71	99.90
第四纪红土	3 738	46.10	39.22	85.08
河流冲积物	2 664	36.10	39.22	108.64
洪冲积物	5 061	24.79	33.46	134.97
湖相沉积物	8	99.18	45.74	46.12
火山堆积物	60	66.56	48.43	72.76
江海相沉积物	1 920	44.14	46.66	105.71

（四）土壤质地与土壤有效锰含量

华南区不同土壤质地中，黏土的土壤有效锰平均值最高，为 45.80mg/kg；其次是重壤、中壤、砂壤和砂土，分别是 42.77mg/kg、40.79mg/kg、38.34mg/kg、35.59mg/kg；轻壤的土壤有效锰平均值最低，为 28.13mg/kg。轻壤的土壤有效锰变异系数最大，为 127.55％；黏土的变异系数最小，为 84.93％（表 4-110）。

表 4-110　华南区不同土壤质地耕地土壤有效锰含量（个，mg/kg，％）

质地	采样点数	平均值	标准差	变异系数
黏土	3 141	45.80	38.90	84.93
轻壤	7 609	28.13	35.88	127.55
砂壤	4 022	38.34	40.22	104.9
砂土	492	35.59	40.32	113.29
中壤	3 031	40.79	43.59	106.86
重壤	4 479	42.77	37.93	88.68

三、土壤有效锰含量分级与变化情况

根据华南区土壤有效锰含量状况，参照第二次土壤普查及各省（自治区）分级标准，将土壤有效锰含量等级划分为 6 级。华南区耕地土壤有效锰含量各等级面积与比例见图 4-7。

土壤有效锰一级水平共计 594.86 万 hm²，占华南区耕地面积的 69.99％，其中福建评价区 29.18 万 hm²（占 3.43％），广东评价区 61.19 万 hm²（占 7.20％），广西评价区 168.39 万 hm²（占 19.81％），海南评价区 72.27 万 hm²（占 8.50％），云南评价区 263.81 万 hm²（占 31.04％）。二级水平共计 92.69 万 hm²，占华南区耕地面积的 10.91％，

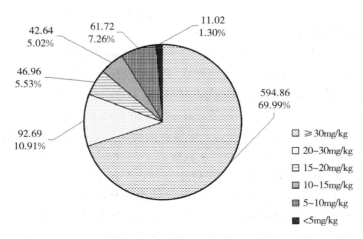

图 4-7 华南区耕地土壤有效锰含量各等级面积与比例（万 hm²）

其中福建评价区 14.48 万 hm²（占 1.70％），广东评价区 32.12 万 hm²（占 3.78％），广西评价区 35.34 万 hm²（占 4.16％），云南评价区 10.75 万 hm²（占 1.26％），海南评价区没有分布。三级水平共计 46.96 万 hm²，占华南区耕地面积的 5.53％，其中福建评价区 0.35 万 hm²（占 0.04％），广东评价区 29.37 万 hm²（占 3.46％），广西评价区 14.79 万 hm²（占 1.74％），云南评价区 2.46 万 hm²（占 0.29％），海南评价区没有分布。四级水平共计 42.64 万 hm²，占华南区耕地面积的 5.02％，其中广东评价区 31.42 万 hm²（占 3.70％），广西评价区 11.07 万 hm²（占 1.30％），云南评价区 0.16 万 hm²（占 0.02％），福建和海南评价区没有分布。五级水平共计 61.72 万 hm²，占华南区耕地面积的 7.26％，其中广东评价区 41.39 万 hm²（占 4.87％），广西评价区 20.33 万 hm²（占 2.39％），福建、海南和云南评价区没有分布。六级水平共计 11.02 万 hm²，占华南区耕地面积的 1.30％，其中广东评价区 7.21 万 hm²（占 0.85％），广西评价区 3.81 万 hm²（占 0.45％），福建、海南和云南评价区没有分布（表 4-111）。

表 4-111 华南区评价区耕地土壤有效锰不同等级面积统计（万 hm²）

评价区	一级 ≥30g/kg	二级 20～30g/kg	三级 15～20g/kg	四级 10～15g/kg	五级 5～10g/kg	六级 <5g/kg
福建评价区	29.18	14.48	0.35			
广东评价区	61.19	32.12	29.37	31.42	41.39	7.21
广西评价区	168.39	35.34	14.79	11.07	20.33	3.81
海南评价区	72.27					
云南评价区	263.81	10.75	2.46	0.16		
总计	594.86	92.69	46.96	42.64	61.72	11.02

二级农业区中，土壤有效锰一级水平共计 594.86 万 hm²，占华南区耕地面积的 69.99％，其中滇南农林区 263.81 万 hm²（占 31.04％），闽南粤中农林水产区 64.60 万 hm²（占 7.60％），琼雷及南海诸岛农林区 93.53 万 hm²（占 11.00％），粤西桂南农林区 172.91 万 hm²（占 20.34％）。二级水平共计 92.69 万 hm²，占华南区耕地面积的 10.91％，

其中滇南农林区 10.75 万 hm² （占 1.26%），闽南粤中农林水产区 39.09 万 hm²（占 4.60%），琼雷及南海诸岛农林区 2.74 万 hm²（占 0.32%），粤西桂南农林区 40.11 万 hm²（占 4.72%）。三级水平共计 46.96 万 hm²，占华南区耕地面积的 5.53%，其中滇南农林区 2.46 万 hm²（占 0.29%），闽南粤中农林水产区 21.23 万 hm²（占 2.50%），琼雷及南海诸岛农林区 1.85 万 hm²（占 0.22%），粤西桂南农林区 21.41 万 hm²（占 2.52%）。四级水平共计 42.64 万 hm²，占华南区耕地面积的 5.02%，其中滇南农林区 0.16 万 hm²（占 0.02%），闽南粤中农林水产区 17.30 万 hm²（占 2.04%），琼雷及南海诸岛农林区 2.65 万 hm²（占 0.31%），粤西桂南农林区 22.53 万 hm²（占 2.65%）。五级水平共计 61.72 万 hm²，占华南区耕地面积的 7.26%，其中滇南农林区没有分布，闽南粤中农林水产区 16.35 万 hm²（占 1.92%），琼雷及南海诸岛农林区 5.47 万 hm²（占 0.64%），粤西桂南农林区 39.90 万 hm²（占 4.69%）。六级水平共计 11.02 万 hm²，占华南区耕地面积的 1.30%，其中滇南农林区没有分布，闽南粤中农林水产区 3.80 万 hm²（占 0.45%），琼雷及南海诸岛农林区 1.47 万 hm²（占 0.17%），粤西桂南农林区 5.76 万 hm²（占 0.68%）（表 4-112）。

表 4-112　华南区二级农业区耕地土壤有效锰不同等级面积统计（万 hm²）

二级农业区	一级 ≥30g/kg	二级 20～30g/kg	三级 15～20g/kg	四级 10～15g/kg	五级 5～10g/kg	六级 <5g/kg
闽南粤中农林水产区	64.60	39.09	21.23	17.30	16.35	3.80
粤西桂南农林区	172.91	40.11	21.41	22.53	39.90	5.76
滇南农林区	263.81	10.75	2.46	0.16		
琼雷及南海诸岛农林区	93.53	2.74	1.85	2.65	5.47	1.47
总计	594.86	92.69	46.96	42.64	61.72	11.02

按各评价区统计，福建评价区土壤有效锰一级水平共计 29.18 万 hm²，占评价区耕地面积的 66.30%；二级水平共计 14.48 万 hm²，占评价区耕地面积的 32.90%；三级水平共计 0.35 万 hm²，占评价区耕地面积的 0.80%；四级、五级和六级水平没有分布。广东评价区土壤有效锰一级水平共计 61.19 万 hm²，占评价区耕地面积的 30.19%；二级水平共计 32.12 万 hm²，占评价区耕地面积的 15.85%；三级水平共计 29.37 万 hm²，占评价区耕地面积的 14.49%；四级水平共计 31.42 万 hm²，占评价区耕地面积的 15.50%；五级水平共计 41.39 万 hm²，占评价区耕地面积的 20.42%；六级水平共计 7.21 万 hm²，占评价区耕地面积的 3.56%。广西评价区土壤有效锰一级水平共计 168.39 万 hm²，占评价区耕地面积的 66.37%；二级水平共计 35.34 万 hm²，占评价区耕地面积的 13.93%；三级水平共计 14.79 万 hm²，占评价区耕地面积的 5.83%；四级水平共计 11.07 万 hm²，占评价区耕地面积的 4.36%；五级水平共计 20.33 万 hm²，占评价区耕地面积的 8.01%；六级水平共计 3.81 万 hm²，占评价区耕地面积的 1.50%。海南评价区土壤有效锰一级水平共计 72.27 万 hm²，占评价区耕地面积的 100%；其余等级没有分布。云南评价区土壤有效锰一级水平共计 263.81 万 hm²，占评价区耕地面积的 95.18%；二级水平共计 10.75 万 hm²，占评价区耕地面积的 3.88%；三级水平共计 2.46 万 hm²，占评价区耕地面积的 0.89%；四级水平共计 0.16 万 hm²，占评价区耕地面积的 0.06%；五级和六级水平没有分布（表 4-111）。

按土壤类型统计，土壤有效锰一级水平共计 594.86 万 hm²，占华南区耕地面积的

69.99%，其中潮土 3.80 万 hm²（占 0.45%），赤红壤 133.52 万 hm²（占 15.71%），风沙土 1.88 万 hm²（占 0.22%），红壤 80.50 万 hm²（占 9.47%），黄壤 22.18 万 hm²（占 2.61%），黄棕壤 11.81 万 hm²（占 1.39%），石灰（岩）土 34.68 万 hm²（占 4.08%），水稻土 224.66 万 hm²（占 26.43%），砖红壤 43.65 万 hm²（占 5.14%），紫色土 24.63 万 hm²（占 2.90%）。土壤有效锰二级水平共计 92.69 万 hm²，占华南区耕地面积的 10.91%，其中潮土 1.83 万 hm²（占 0.22%），赤红壤 23.42 万 hm²（占 2.76%），风沙土 1.14 万 hm²（占 0.13%），红壤 2.50 万 hm²（占 0.29%），黄壤 1.68 万 hm²（占 0.20%），黄棕壤 0.63 万 hm²（占 0.07%），石灰（岩）土 0.93 万 hm²（占 0.11%），水稻土 56.75 万 hm²（占 6.68%），砖红壤 1.77 万 hm²（占 0.21%），紫色土 1.41 万 hm²（占 0.17%）。土壤有效锰三级水平共计 46.96 万 hm²，占华南区耕地面积的 5.53%，其中潮土 1.36 万 hm²（占 0.16%），赤红壤 9.56 万 hm²（占 1.12%），风沙土 0.20 万 hm²（占 0.02%），红壤 0.67 万 hm²（占 0.08%），黄壤 0.77 万 hm²（占 0.09%），黄棕壤 0.07 万 hm²（占 0.01%），石灰（岩）土 0.12 万 hm²（占 0.01%），水稻土 31.58 万 hm²（占 3.72%），砖红壤 1.49 万 hm²（占 0.18%），紫色土 1.11 万 hm²（占 0.13%）。土壤有效锰四级水平共计 42.64 万 hm²，占华南区耕地面积的 5.02%，其中潮土 1.14 万 hm²（占 0.13%），赤红壤 6.10 万 hm²（占 0.72%），风沙土 0.13 万 hm²（占 0.02%），红壤 0.33 万 hm²（占 0.04%），黄壤 0.08 万 hm²（占 0.01%），黄棕壤 0.004 万 hm²（占 0.0005%），石灰（岩）土 0.01 万 hm²（占 0.001%），水稻土 31.65 万 hm²（占 3.72%），砖红壤 2.67 万 hm²（占 0.31%），紫色土 0.46 万 hm²（占 0.05%）。土壤有效锰五级水平共计 61.72 万 hm²，占华南区耕地面积的 7.26%，其中潮土 2.18 万 hm²（占 0.26%），赤红壤 13.24 万 hm²（占 1.56%），风沙土 0.62 万 hm²（占 0.07%），红壤 0.08 万 hm²（占 0.01%），水稻土 37.62 万 hm²（占 4.43%），砖红壤 7.18 万 hm²（占 0.84%），紫色土 0.06 万 hm²（占 0.01%）。土壤有效锰六级水平共计 11.02 万 hm²，占华南区耕地面积的 1.30%，其中潮土 0.44 万 hm²（占 0.05%），赤红壤 2.91 万 hm²（占 0.34%），风沙土 0.18 万 hm²（占 0.02%），水稻土 5.26 万 hm²（占 0.62%），砖红壤 2.23 万 hm²（占 0.26%）（表 4-113）。

表 4-113　华南区主要土壤类型耕地土壤有效锰不同等级面积统计（万 hm²）

土壤类型	一级 ≥30mg/kg	二级 20～30mg/kg	三级 15～20mg/kg	四级 10～15mg/kg	五级 5～10mg/kg	六级 <5mg/kg
砖红壤	43.65	1.77	1.49	2.67	7.18	2.23
赤红壤	133.52	23.42	9.56	6.10	13.24	2.91
红壤	80.50	2.50	0.67	0.33	0.08	0.00
黄壤	22.18	1.68	0.77	0.08	0.00	0.00
黄棕壤	11.81	0.63	0.07	0.00	0.00	0.00
风沙土	1.88	1.14	0.20	0.13	0.62	0.18
石灰（岩）土	34.68	0.93	0.12	0.01	0.00	0.00
紫色土	24.63	1.41	1.11	0.46	0.06	0.00
潮土	3.80	1.83	1.36	1.14	2.18	0.44
水稻土	224.66	56.75	31.58	31.65	37.62	5.26

四、土壤有效锰调控

锰具有增强和促进光合作用及氮素代谢,有利于作物生长发育、降低病害感染率等作用。当土壤中有效锰含量<10mg/kg时,作物从土壤中吸收的锰不足,缺锰时作物幼叶叶肉变黄白,叶脉仍为绿色,脉纹清晰,主脉较远处先发黄,严重时叶片出现褐色斑点,并逐渐增大遍布叶面。土壤供锰过量,作物锰中毒时较老叶片上有失绿区域包围的棕色斑点,锰中毒阻碍作物对铁、钙、钼的吸收,经常出现缺钼症状,叶片出现褐色斑点,叶缘白化或变紫烂。调控土壤有效锰一般用锰肥。

锰肥的品种有硫酸锰、碳酸锰、氯化锰、氧化锰等。硫酸锰是常用的锰肥,可作基肥、种肥或追肥,采用根外追肥和种子处理等方式效果更好。作基肥或追肥施用时,最好与有机肥、生理酸性肥料一起施用,每公顷15~30kg,叶面喷施浓度0.05%~0.2%,浸种浓度0.05%~0.1%,拌种每千克种子用4~8g硫酸锰。

华南区土壤酸化严重,锰活性加大,有效锰含量增高,增加了作物有效锰的吸收率。作物吸收锰积累到一定的程度,就会表现出锰中毒症状。在易发生锰中毒的土壤,可以增施石灰以提高土壤pH。

第八节 土壤有效铜

一、土壤有效铜含量及其空间差异

(一)土壤有效铜含量概况

华南区耕地土壤有效铜总体样点平均为4.51mg/kg,其中,旱地土壤采样点占40.46%,平均为5.07mg/kg;水浇地土壤采样点占2.97%,平均为4.07mg/kg;水田土壤采样点56.57%,平均为4.13mg/kg。各评价区土壤有效铜含量情况分述如下:

福建评价区耕地土壤有效铜总体样点平均为1.19mg/kg,其中,旱地土壤采样点占18.19%,平均为0.73mg/kg;水浇地土壤采样点占5.84%,平均为1.05mg/kg;水田土壤采样点75.96%,平均为1.32mg/kg。水田有效铜的平均含量比旱地高0.59mg/kg,比水浇地高0.27mg/kg;旱地土壤有效铜含量的变异幅度比水浇地大16.41%,比水田大38.51%(表4-114)。

表4-114 福建评价区耕地土壤有效铜含量(个,mg/kg,%)

耕地类型	采样点数	平均值	标准差	变异系数
旱地	137	0.73	0.53	72.6
水浇地	44	1.05	0.59	56.19
水田	572	1.32	0.45	34.09
总计	753	1.19	0.53	44.54

广东评价区耕地土壤有效铜总体样点平均为4.25mg/kg,其中,旱地土壤采样点占16.37%,平均为3.50mg/kg;水浇地土壤采样点占7.98%,平均为4.20mg/kg;水田土壤采样点75.65%,平均为4.42mg/kg。水田有效铜的平均含量比旱地高0.92mg/kg,比水浇地高0.22mg/kg;水田土壤有效铜含量的变异幅度比旱地大20.51%,比水浇地大

23.17% （表4-115）。

表4-115 广东评价区耕地土壤有效铜含量（个，mg/kg，%）

耕地类型	采样点数	平均值	标准差	变异系数
旱地	1 246	3.50	8.46	241.71
水浇地	607	4.20	10.04	239.05
水田	5 758	4.42	11.59	262.22
总计	7 611	4.25	11.02	259.29

广西评价区耕地土壤有效铜总体样点平均为2.40mg/kg，其中，旱地土壤采样点占46.89%，平均为2.10mg/kg；水浇地土壤采样点只有1个，占0.03%，化验值为1.48mg/kg；水田土壤采样点占53.08%，平均为2.66mg/kg。水田有效铜的平均含量比旱地高0.56mg/kg；旱地土壤有效铜含量的变异幅度比水田大17.54%（表4-116）。

表4-116 广西评价区耕地土壤有效铜含量（个，mg/kg，%）

耕地类型	采样点数	平均值	标准差	变异系数
旱地	1 766	2.10	1.75	83.33
水浇地	1	1.48	—	—
水田	1 999	2.66	1.75	65.79
总计	3 766	2.40	1.77	73.75

海南评价区耕地土壤有效铜总体样点平均为1.93mg/kg，其中，旱地土壤采样点占27.38%，平均为1.70mg/kg；水浇地土壤采样点只有1个，占0.04%，化验值为2.12mg/kg；水田土壤采样点占72.59%，平均为2.02mg/kg。水田有效铜的平均含量比旱地高0.32mg/kg；旱地土壤有效铜含量的变异幅度比水田大4.14%（表4-117）。

表4-117 海南评价区耕地土壤有效铜含量（个，mg/kg，%）

耕地类型	采样点数	平均值	标准差	变异系数
旱地	771	1.70	1.56	91.76
水浇地	1	2.12	—	—
水田	2 044	2.02	1.77	87.62
总计	2 816	1.93	1.72	89.12

云南评价区耕地土壤有效铜总体样点平均为7.03mg/kg，其中，旱地土壤采样点占67.63%，平均为7.03mg/kg；水浇地土壤采样点占0.31%，平均为6.50mg/kg；水田土壤采样点占32.06%，平均为7.02mg/kg。旱地有效铜的平均含量比水浇地高0.53mg/kg，比水田高0.01mg/kg；水浇地土壤有效铜含量的变异幅度比旱地大7.43%，比水田大6.92%（表4-118）。

表4-118 云南评价区耕地土壤有效铜含量（个，mg/kg，%）

耕地类型	采样点数	平均值	标准差	变异系数
旱地	5 294	7.03	3.88	55.19

（续）

耕地类型	采样点数	平均值	标准差	变异系数
水浇地	24	6.50	4.07	62.62
水田	2 510	7.02	3.91	55.70
总计	7 828	7.03	3.89	55.33

（二）土壤有效铜含量的区域分布

1. 不同二级农业区耕地土壤有效铜含量分布　华南区 4 个二级农业区中，滇南农林区的土壤有效铜平均含量最高，琼雷及南海诸岛农林区的土壤有效铜平均含量最低，闽南粤中农林水产区和粤西桂南农林区的土壤有效铜平均含量介于中间。闽南粤中农林水产区的土壤有效铜变异系数最大，滇南农林区的变异系数最小（表 4-119）。

表 4-119　华南区不同二级农业区耕地土壤有效铜含量（个，mg/kg，%）

二级农业区	采样点数	平均值	标准差	变异系数
闽南粤中农林水产区	6 072	4.25	11.55	271.76
粤西桂南农林区	5 423	2.72	4.56	167.65
滇南农林区	7 828	7.03	3.89	55.33
琼雷及南海诸岛农林区	3 451	2.08	2.9	139.42
总计	22 774	4.51	7.13	158.09

2. 不同评价区耕地土壤有效铜含量分布　华南区各评价区中，云南评价区的土壤有效铜平均含量最高，福建评价区的土壤有效铜平均含量最低，广东、广西和海南评价区的土壤有效铜平均含量介于中间。广东评价区的土壤有效铜变异系数最大，福建评价区的变异系数最小（表 4-120）。

表 4-120　华南区不同评价区耕地土壤有效铜含量（个，mg/kg，%）

评价区	采样点数	平均值	标准差	变异系数
福建评价区	753	1.19	0.53	44.54
广东评价区	7 611	4.25	11.02	259.29
广西评价区	3 766	2.40	1.77	73.75
海南评价区	2 816	1.93	1.72	89.12
云南评价区	7 828	7.03	3.89	55.33

3. 不同评价区地级市及省辖县耕地土壤有效铜含量分布　华南区五省各地级市及省辖县中，广东省梅州市的土壤有效铜平均含量最高，为 37.15mg/kg；其次是云南省西双版纳傣族自治州，为 7.47mg/kg；福建省平潭综合实验区的土壤有效铜平均含量最低，为 0.68mg/kg；其余地级市及省辖县介于 0.78～7.33mg/kg 之间。变异系数最大的是广东省阳江市，为 293.23%；最小的是福建省漳州市，为 36.72%（表 4-121）。

表 4-121　华南区不同评价区地级市及省辖县耕地土壤有效铜含量（个，mg/kg，%）

评价区	地级市/省辖县	采样点数	平均值	标准差	变异系数
福建评价区	福州市	81	1.19	0.54	45.38
	平潭综合实验区	19	0.68	0.45	66.18
	莆田市	144	1.10	0.55	50.00
	泉州市	190	1.19	0.54	45.38
	厦门市	42	1.22	0.57	46.72
	漳州市	277	1.28	0.47	36.72
广东评价区	潮州市	251	4.37	2.54	58.12
	东莞市	73	3.26	4.37	134.05
	佛山市	124	4.41	2.44	55.33
	广州市	370	2.96	2.49	84.12
	河源市	226	2.58	1.10	42.64
	惠州市	616	1.37	1.36	99.27
	江门市	622	2.39	2.48	103.77
	揭阳市	460	2.15	2.86	133.02
	茂名市	849	4.94	8.89	179.96
	梅州市	299	37.15	37.47	100.86
	清远市	483	4.19	5.00	119.33
	汕头市	285	3.07	5.37	174.92
	汕尾市	397	1.35	1.28	94.81
	韶关市	62	2.24	1.17	52.23
	阳江市	455	2.66	7.80	293.23
	云浮市	518	1.90	1.60	84.21
	湛江市	988	2.10	4.67	222.38
	肇庆市	342	3.21	2.72	84.74
	中山市	64	6.44	2.65	41.15
	珠海市	127	6.58	3.20	48.63
广西评价区	百色市	466	3.61	1.92	53.19
	北海市	176	1.55	1.43	92.26
	崇左市	771	2.51	1.88	74.90
	防城港市	132	1.56	1.03	66.03
	广西农垦	20	0.78	0.35	44.87
	贵港市	473	2.37	1.88	79.32
	南宁市	865	1.97	1.37	69.54
	钦州市	317	2.57	1.77	68.87
	梧州市	188	2.90	1.83	63.10
	玉林市	358	2.04	1.48	72.55

（续）

评价区	地级市/省辖县	采样点数	平均值	标准差	变异系数
海南评价区	白沙黎族自治县	114	2.34	1.94	82.91
	保亭黎族苗族自治县	51	2.25	1.39	61.78
	昌江黎族自治县	124	2.03	1.46	71.92
	澄迈县	236	1.70	1.48	87.06
	儋州市	318	1.78	1.59	89.33
	定安县	197	2.00	1.85	92.50
	东方市	129	1.82	1.48	81.32
	海口市	276	1.97	1.79	90.86
	乐东黎族自治县	144	1.96	1.76	89.80
	临高县	202	1.91	1.61	84.29
	陵水黎族自治县	120	2.04	1.62	79.41
	琼海市	122	3.32	2.74	82.53
	琼中黎族苗族自治县	45	2.07	1.41	68.12
	三亚市	149	2.09	1.57	75.12
	屯昌县	199	1.16	1.35	116.38
	万宁市	150	1.99	1.51	75.88
	文昌市	192	1.77	1.63	92.09
	五指山市	48	1.56	1.58	101.28
云南评价区	保山市	754	7.17	4.00	55.79
	德宏傣族景颇族自治州	583	6.35	3.89	61.26
	红河哈尼族彝族自治州	1 563	7.17	3.85	53.70
	临沧市	1 535	7.03	3.87	55.05
	普洱市	1 661	7.04	3.91	55.54
	文山壮族苗族自治州	1 035	6.79	3.85	56.70
	西双版纳傣族自治州	402	7.47	3.84	51.41
	玉溪市	295	7.33	3.86	52.66

二、土壤有效铜含量及其影响因素

（一）不同土壤类型土壤有效铜含量

在华南区主要土壤类型中，土壤有效铜含量以黄壤的含量最高，平均值为 7.35mg/kg，风沙土的土壤有效铜含量最低，平均值为 1.59mg/kg，其余土类土壤有效铜含量平均值介于 2.50～7.25mg/kg 之间。水稻土采样点个数为 13 881 个，土壤有效铜含量平均值为 4.05mg/kg，在 0.01～99.99mg/kg 之间变动。在各主要土类中，风沙土的土壤有效铜变异系数最大，为 234.59%；水稻土次之，为 200.49%；黄棕壤的变异系数最小，为 50.21%；

其余土类的变异系数在 65.31%～152.89% 之间（表 4-122）。

表 4-122　华南区主要土壤类型耕地土壤有效铜含量（个，mg/kg，%）

土类	采样点数	平均值	标准差	变异系数
砖红壤	1 069	2.53	3.68	145.45
赤红壤	3 311	4.85	4.8	98.97
红壤	2 105	7.03	5.45	77.52
黄壤	611	7.35	4.8	65.31
黄棕壤	251	7.25	3.64	50.21
风沙土	111	1.59	3.73	234.59
石灰（岩）土	544	5.35	4.05	75.70
紫色土	355	5.71	8.73	152.89
潮土	327	2.50	1.95	78.00
水稻土	13 881	4.05	8.12	200.49

在华南区主要土壤亚类中，山原红壤的土壤有效铜平均值最高，为 10.37mg/kg；滨海风沙土的土壤有效铜含量平均值最低，为 1.59mg/kg（表 4-123）。变异系数以渗育水稻土最大，为 262.50%；山原红壤最小，为 32.21%。

表 4-123　华南区主要土壤亚类耕地土壤有效铜含量（个，mg/kg，%）

亚类	采样点数	平均值	标准差	变异系数
典型砖红壤	838	2.21	2.94	133.03
黄色砖红壤	233	3.68	5.44	147.83
典型赤红壤	2615	4.25	4.83	113.65
黄色赤红壤	629	7.07	3.94	55.73
赤红壤性土	60	7.67	4.00	52.15
典型红壤	1 195	7.04	6.40	90.91
黄红壤	878	7.00	3.89	55.57
山原红壤	7	10.37	3.34	32.21
红壤性土	25	6.55	3.67	56.03
典型黄壤	596	7.35	4.83	65.71
黄壤性土	14	7.89	3.55	44.99
暗黄棕壤	251	7.25	3.64	50.21
滨海风沙土	111	1.59	3.73	234.59
红色石灰土	73	7.39	4.61	62.38
黑色石灰土	109	5.96	3.89	65.27
棕色石灰土	159	2.09	1.58	75.60
黄色石灰土	203	6.86	3.75	54.66
酸性紫色土	268	6.24	9.74	156.09

（续）

亚类	采样点数	平均值	标准差	变异系数
中性紫色土	71	4.66	4.22	90.56
石灰性紫色土	16	1.62	1.21	74.69
典型潮土	1	8.20	—	—
灰潮土	326	2.48	1.93	77.82
潴育水稻土	7 821	4.68	9.10	194.44
淹育水稻土	1 930	2.99	3.07	102.68
渗育水稻土	2 392	3.68	9.66	262.50
潜育水稻土	1 048	2.85	2.69	94.39
漂洗水稻土	250	2.68	5.35	199.63
盐渍水稻土	221	3.78	3.21	84.92
咸酸水稻土	219	2.59	2.58	99.61

（二）地貌类型与土壤有效铜含量

华南区的地貌类型主要有盆地、平原、丘陵和山地。盆地的土壤有效铜平均值最高，为 6.92mg/kg；其次是山地和平原，分别为 5.10mg/kg、3.08mg/kg；丘陵的土壤有效铜平均值最低，为 3.06mg/kg。丘陵的土壤有效铜变异系数最大，为 251.63%；盆地的变异系数最小，为 56.79%（表 4-124）。

表 4-124　华南区不同地貌类型耕地土壤有效铜含量（个，mg/kg，%）

地貌类型	采样点数	平均值	标准差	变异系数
盆地	7 251	6.92	3.93	56.79
平原	6 649	3.08	7.31	237.34
丘陵	6 484	3.06	7.70	251.63
山地	2 390	5.10	9.93	194.71

（三）成土母质与土壤有效铜含量

不同成土母质发育的土壤中，土壤有效铜含量平均值最高的是残坡积物，为 4.99mg/kg；其次是洪冲积物和第四纪红土，分别是 4.94mg/kg、4.70mg/kg；火山堆积物的土壤有效铜平均值最低，为 2.28mg/kg。河流冲积物的土壤有效铜变异系数最大，为 244.28%；湖相沉积物的变异系数最小，为 18.60%（表 4-125）。

表 4-125　华南区不同成土母质耕地土壤有效铜含量（个，mg/kg，%）

成土母质	采样点数	平均值	标准差	变异系数
残坡积物	9 323	4.99	5.23	104.81
第四纪红土	3 738	4.70	3.90	82.98
河流冲积物	2 664	3.32	8.11	244.28
洪冲积物	5 061	4.94	11.22	227.13

（续）

成土母质	采样点数	平均值	标准差	变异系数
湖相沉积物	8	3.87	0.72	18.60
火山堆积物	60	2.28	1.83	80.26
江海相沉积物	1 920	2.43	2.96	121.81

（四）土壤质地与土壤有效铜含量

华南区不同土壤质地中，黏土的土壤有效铜平均值最高，为 5.86mg/kg；其次是重壤、中壤、轻壤和砂壤，分别是 5.13mg/kg、5.10mg/kg、3.81mg/kg、3.80mg/kg；砂土的土壤有效铜平均值最低，为 3.31mg/kg。中壤的土壤有效铜变异系数最大，为 275.29%；黏土的变异系数最小，为 69.97%（表 4-126）。

表 4-126　华南区不同土壤质地耕地土壤有效铜含量（个，mg/kg，%）

质地	采样点数	平均值	标准差	变异系数
黏土	3 141	5.86	4.10	69.97
轻壤	7 609	3.81	6.48	170.08
砂壤	4 022	3.80	4.70	123.68
砂土	492	3.31	4.62	139.58
中壤	3 031	5.10	14.04	275.29
重壤	4 479	5.13	4.03	78.56

三、土壤有效铜含量分级与变化情况

根据华南区土壤有效铜含量状况，参照第二次土壤普查及各省（区）分级标准，将土壤有效铜含量等级划分为 6 级。华南区耕地土壤有效铜含量各等级面积见图 4-8。

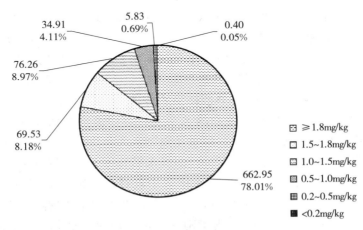

图 4-8　华南区耕地土壤有效铜含量各等级面积与比例（万 hm²）

土壤有效铜一级水平共计 662.95 万 hm²，占华南区耕地面积的 78.00%，其中福建评价区 12.59 万 hm²（占 1.48%），广东评价区 134.39 万 hm²（占 15.81%），广西评价区

206.23万hm²（占24.27％），海南评价区32.57万hm²（占3.83％），云南评价区277.18万hm²（占32.61％）。二级水平共计69.53万hm²，占华南区耕地面积的8.18％，其中福建评价区14.81万hm²（占1.74％），广东评价区18.65万hm²（占2.19％），广西评价区21.10万hm²（占2.48％），海南评价区14.97万hm²（占1.76％），云南评价区没有分布。三级水平共计76.26万hm²，占华南区耕地面积的8.97％，其中福建评价区11.91万hm²（占1.40％），广东评价区26.51万hm²（占3.12％），广西评价区19.57万hm²（占2.30％），海南评价区18.26万hm²（占2.15％），云南评价区没有分布。四级水平共计34.91万hm²，占华南区耕地面积的4.11％，其中福建评价区4.70万hm²（占0.55％），广东评价区17.12万hm²（占2.01％），广西评价区6.82万hm²（占0.80％），海南评价区6.28万hm²（占0.74％），云南评价区没有分布。五级水平共计5.83万hm²，占华南区耕地面积的0.69％，其中广东评价区5.63万hm²（占0.66％），海南评价区0.20万hm²（占0.02％），福建、广西和云南评价区没有分布。六级水平共计0.40万hm²，占华南区耕地面积的0.05％，全部分布在广东评价区（表4-127）。

表4-127　华南区评价区耕地土壤有效铜不同等级面积统计（万hm²）

评价区	一级 ≥1.8mg/kg	二级 1.5～1.8mg/kg	三级 1.0～1.5mg/kg	四级 0.5～1.0mg/kg	五级 0.2～0.5mg/kg	六级 <0.2mg/kg
福建评价区	12.59	14.81	11.91	4.70		
广东评价区	134.39	18.65	26.51	17.12	5.63	0.40
广西评价区	206.23	21.10	19.57	6.82		
海南评价区	32.57	14.97	18.26	6.28	0.20	
云南评价区	277.18					
总计	662.95	69.53	76.26	34.91	5.83	0.40

二级农业区中，土壤有效铜一级水平共计662.95万hm²，占华南区耕地面积的78.00％，其中滇南农林区277.18万hm²（占32.61％），闽南粤中农林水产区99.48万hm²（占11.71％），琼雷及南海诸岛农林区55.46万hm²（占6.53％），粤西桂南农林区230.83万hm²（占27.16％）。二级水平共计69.53万hm²，占华南区耕地面积的8.18％，其中滇南农林区没有分布，闽南粤中农林水产区24.79万hm²（占2.92％），琼雷及南海诸岛农林区19.77万hm²（占2.33％），粤西桂南农林区24.98万hm²（占2.94％）。三级水平共计76.26万hm²，占华南区耕地面积的8.97％，其中滇南农林区没有分布，闽南粤中农林水产区24.78万hm²（占2.92％），琼雷及南海诸岛农林区23.46万hm²（占2.76％），粤西桂南农林区28.02万hm²（占3.30％）。四级水平共计34.91万hm²，占华南区耕地面积的4.11％，其中滇南农林区没有分布，闽南粤中农林水产区9.12万hm²（占1.07％），琼雷及南海诸岛农林区8.43万hm²（占0.99％），粤西桂南农林区17.36万hm²（占2.04％）。五级水平共计5.83万hm²，占华南区耕地面积的0.69％，其中滇南农林区没有分布，闽南粤中农林水产区3.80万hm²（占0.45％），琼雷及南海诸岛农林区0.61万hm²（占0.07％），粤西桂南农林区1.42万hm²（占0.17％）。六级水平共计0.40万hm²，占华南区耕地面积的0.05％，全部分布在闽南粤中农林水产区（表4-128）。

表 4-128 华南区二级农业区耕地土壤有效铜不同等级面积统计（万 hm²）

二级农业区	一级	二级	三级	四级	五级	六级
	≥1.8mg/kg	1.5～1.8mg/kg	1.0～1.5mg/kg	0.5～1.0mg/kg	0.2～0.5mg/kg	<0.2mg/kg
闽南粤中农林水产区	99.48	24.79	24.78	9.12	3.80	0.40
粤西桂南农林区	230.83	24.98	28.02	17.36	1.42	
滇南农林区	277.18					
琼雷及南海诸岛农林区	55.46	19.77	23.46	8.43	0.61	
总计	662.95	69.53	76.26	34.91	5.83	0.40

按各评价区统计，福建评价区土壤有效铜一级水平共计 12.59 万 hm²，占评价区耕地面积的 28.61%；二级水平共计 14.81 万 hm²，占评价区耕地面积的 33.65%；三级水平共计 11.91 万 hm²，占评价区耕地面积的 27.06%；四级水平共计 4.70 万 hm²，占评价区耕地面积的 10.68%；五级和六级水平没有分布。广东评价区土壤有效铜一级水平共计 134.39 万 hm²，占评价区耕地面积的 66.30%；二级水平共计 18.65 万 hm²，占评价区耕地面积的 9.20%；三级水平共计 26.51 万 hm²，占评价区耕地面积的 13.08%；四级水平共计 17.12 万 hm²，占评价区耕地面积的 8.45%；五级水平共计 5.63 万 hm²，占评价区耕地面积的 2.78%；六级水平共计 0.40 万 hm²，占评价区耕地面积的 0.20%。广西评价区土壤有效铜一级水平共计 206.23 万 hm²，占评价区耕地面积的 81.28%；二级水平共计 21.10 万 hm²，占评价区耕地面积的 8.32%；三级水平共计 19.57 万 hm²，占评价区耕地面积的 7.71%；四级水平共计 6.82 万 hm²，占评价区耕地面积的 2.69%；五级和六级水平没有分布。海南评价区土壤有效铜一级水平共计 32.57 万 hm²，占评价区耕地面积的 45.07%；二级水平共计 14.97 万 hm²，占评价区耕地面积的 20.71%；三级水平共计 18.26 万 hm²，占评价区耕地面积的 25.27%；四级水平共计 6.28 万 hm²，占评价区耕地面积的 8.69%；五级水平共计 0.20 万 hm²，占评价区耕地面积的 0.28%；六级水平没有分布。云南评价区土壤有效铜一级水平共计 277.18 万 hm²，占评价区耕地面积的 100.00%；二级到六级水平没有分布（表 4-127）。

按土壤类型统计，土壤有效铜一级水平共计 662.95 万 hm²，占华南区耕地面积的 78.00%，其中潮土 8.52 万 hm²（占 1.00%），赤红壤 153.12 万 hm²（占 18.02%），风沙土 1.25 万 hm²（占 0.15%），红壤 82.89 万 hm²（占 9.75%），黄壤 24.47 万 hm²（占 2.88%），黄棕壤 12.51 万 hm²（占 1.47%），石灰（岩）土 33.04 万 hm²（占 3.89%），水稻土 285.35 万 hm²（占 33.57%），砖红壤 31.98 万 hm²（占 3.76%），紫色土 19.58 万 hm²（占 2.30%）。土壤有效铜二级水平共计 69.53 万 hm²，占华南区耕地面积的 8.18%，其中潮土 0.67 万 hm²（占 0.08%），赤红壤 11.29 万 hm²（占 1.33%），风沙土 0.54 万 hm²（占 0.06%），红壤 0.56 万 hm²（占 0.07%），黄壤 0.09 万 hm²（占 0.01%），石灰（岩）土 1.05 万 hm²（占 0.12%），水稻土 41.41 万 hm²（占 4.87%），砖红壤 9.48 万 hm²（占 1.12%），紫色土 2.35 万 hm²（占 0.28%）。土壤有效铜三级水平共计 76.26 万 hm²，占华南区耕地面积的 8.97%，其中潮土 0.87 万 hm²（占 0.10%），赤红壤 14.17 万 hm²（占 1.67%），风沙土 0.94 万 hm²（占 0.11%），红壤 0.38 万 hm²（占 0.04%），黄壤 0.11 万 hm²（占 0.01%），石灰（岩）土 1.04 万 hm²（占 0.12%），水稻土 40.03 万 hm²（占 4.71%），砖红壤

11.40 万 hm²（占 1.34％），紫色土 5.25 万 hm²（占 0.62％）。土壤有效铜四级水平共计 34.91 万 hm²，占华南区耕地面积的 4.11％，其中潮土 0.09 万 hm²（占 0.01％），赤红壤 9.25 万 hm²（占 1.09％），风沙土 1.18 万 hm²（占 0.14％），红壤 0.24 万 hm²（占 0.03％），黄壤 0.04 万 hm²（占 0.005％），石灰（岩）土 0.62 万 hm²（占 0.07％），水稻土 16.77 万 hm²（占 1.97％），砖红壤 5.64 万 hm²（占 0.66％），紫色土 0.49 万 hm²（占 0.06％）。土壤有效铜五级水平共计 5.83 万 hm²，占华南区耕地面积的 0.69％，其中潮土 0.53 万 hm²（占 0.06％），赤红壤 0.92 万 hm²（占 0.11％），风沙土 0.26 万 hm²（占 0.03％），红壤 0.001 万 hm²（占 0.000 1％），水稻土 3.63 万 hm²（占 0.43％），砖红壤 0.49 万 hm²（占 0.06％）。土壤有效铜六级水平共计 0.40 万 hm²，占华南区耕地面积的 0.05％，其中潮土 0.05 万 hm²（占 0.01％），赤红壤 0.01 万 hm²（占 0.001％），水稻土 0.34 万 hm²（占 0.04％）（表 4-129）。

表 4-129　华南区主要土壤类型耕地土壤有效铜不同等级面积统计（万 hm²）

土壤类型	一级 ≥1.8mg/kg	二级 1.5～1.8mg/kg	三级 1.0～1.5mg/kg	四级 0.5～1.0mg/kg	五级 0.2～0.5mg/kg	六级 <0.2mg/kg
砖红壤	31.98	9.48	11.40	5.64	0.49	0.00
赤红壤	153.12	11.29	14.17	9.25	0.92	0.01
红壤	82.89	0.56	0.38	0.24	0.00	0.00
黄壤	24.47	0.09	0.11	0.04	0.00	0.00
黄棕壤	12.51	0.00	0.00	0.00	0.00	0.00
风沙土	1.25	0.54	0.94	1.18	0.26	0.00
石灰（岩）土	33.04	1.05	1.04	0.62	0.00	0.00
紫色土	19.58	2.35	5.25	0.49	0.00	0.00
潮土	8.52	0.67	0.87	0.09	0.53	0.05
水稻土	285.35	41.41	40.03	16.77	3.63	0.34

四、土壤有效铜调控

铜参与酶的组成，影响花器官发育，可增强光合作用，有利于作物的生长发育，增强作物的抗病力，提高作物抗寒抗旱的作用。当土壤中有效铜含量<0.5mg/kg 时，作物从土壤中吸收的铜不足，缺铜时作物顶端枯萎，节间缩短，叶尖发白，叶片出现失绿现象，叶片变窄变薄、扭曲，繁殖器官发育受阻，结实率低。土壤供铜过量，作物铜中毒时会导致缺铁，呈现缺铁症状，叶尖及边缘焦枯，至植株枯死。调控土壤有效铜一般用铜肥。

铜肥的品种有硫酸铜、氧化亚铜、含铜矿渣等，以硫酸铜最为便宜和有效，在缺铜土壤上，可基施、叶面喷施、浸种和拌种。水溶性铜肥如硫酸铜可用作基肥、拌种、浸种，其他铜肥只适于作基肥。基肥每公顷用 7.5～15kg，施用时将铜肥均匀撒于地表，随翻耕入土。硫酸铜溶液叶面喷施浓度在 0.02％以下，浸种浓度为 0.01％～0.05％。拌种时每千克种子可拌硫酸铜 2～4g。

华南区土壤酸化严重，在有效铜过量的土壤中，大量铜元素积累于根部会抑制细胞分裂，抑制根生长，从而影响整个植株的生长，使植株矮小，叶片失绿、变黄，光合作用下降，高浓度铜会降低种子的发芽率，影响种子代谢，造成幼根颜色变褐变黑。施用石灰质肥料，可提高土壤 pH，增施磷、铁肥，可有效防止铜毒害。

第九节 土壤有效锌

一、土壤有效锌含量及其空间差异

（一）土壤有效锌含量概况

华南区耕地土壤有效锌总体样点平均为 2.06mg/kg，其中，旱地土壤采样点占 40.46%，平均为 1.63mg/kg；水浇地土壤采样点占 2.97%，平均为 3.61mg/kg；水田土壤采样点占 56.57%，平均为 2.29mg/kg。各评价区土壤有效锌含量情况分述如下：

福建评价区耕地土壤有效锌总体样点平均为 2.44mg/kg，其中，旱地土壤采样点占 18.19%，平均为 2.54mg/kg；水浇地土壤采样点占 5.84%，平均为 2.78mg/kg；水田土壤采样点占 75.96%，平均为 2.40mg/kg。水浇地有效锌的平均含量比旱地高 0.24mg/kg，比水田高 0.38mg/kg；水浇地土壤有效锌含量的变异幅度比旱地大 4.41%，比水田大 2.94%（表 4-130）。

表 4-130 福建评价区耕地土壤有效锌含量 （个，mg/kg，%）

耕地类型	采样点数	平均值	标准差	变异系数
旱地	137	2.54	2.09	82.28
水浇地	44	2.78	2.41	86.69
水田	572	2.40	2.01	83.75
总计	753	2.44	2.05	84.02

广东评价区耕地土壤有效锌总体样点平均为 3.26mg/kg，其中，旱地土壤采样点占 16.37%，平均为 2.85mg/kg；水浇地土壤采样点占 7.98%，平均为 3.75mg/kg；水田土壤采样点占 75.65%，平均为 3.30mg/kg。水浇地有效锌的平均含量比旱地高 0.90mg/kg，比水田高 0.45mg/kg；旱地土壤有效锌含量的变异幅度比水浇地大 16.60%，比水田大 22.31%（表 4-131）。

表 4-131 广东评价区耕地土壤有效锌含量 （个，mg/kg，%）

耕地类型	采样点数	平均值	标准差	变异系数
旱地	1 246	2.85	4.79	168.07
水浇地	607	3.75	5.68	151.47
水田	5 758	3.30	4.81	145.76
总计	7 611	3.26	4.88	149.69

广西评价区耕地土壤有效锌总体样点平均为 1.72mg/kg，其中，旱地土壤采样点占 46.89%，平均为 1.55mg/kg；水浇地土壤采样点只有 1 个，占 0.03%，化验值为 0.75 mg/kg；水田土壤采样点占 53.08%，平均为 1.87mg/kg。水田有效锌的平均含量比旱地高 0.32mg/kg；旱地土壤有效锌含量的变异幅度比水田大 5.47%（表 4-132）。

表 4-132　广西评价区耕地土壤有效锌含量（个，mg/kg，%）

耕地类型	采样点数	平均值	标准差	变异系数
旱地	1 766	1.55	1.27	81.94
水浇地	1	0.75	—	—
水田	1 999	1.87	1.43	76.47
总计	3 766	1.72	1.36	79.07

　　海南评价区耕地土壤有效锌总体样点平均为 0.73mg/kg，其中，旱地土壤采样点占 27.38%，平均为 0.69mg/kg；水浇地土壤采样点只有 1 个，占 0.04%，化验值为 1.03mg/kg；水田土壤采样点占 72.59%，平均为 0.74mg/kg。水田有效锌的平均含量比旱地高 0.05mg/kg；旱地土壤有效锌含量的变异幅度比水田大 28.54%（表 4-133）。

表 4-133　海南评价区耕地土壤有效锌含量（个，mg/kg，%）

耕地类型	采样点数	平均值	标准差	变异系数
旱地	771	0.69	1.12	162.32
水浇地	1	1.03	—	—
水田	2 044	0.74	0.99	133.78
总计	2 816	0.73	1.03	141.10

　　云南评价区耕地土壤有效锌总体样点平均为 1.50mg/kg，其中，旱地土壤采样点占 67.63%，平均为 1.49mg/kg；水浇地土壤采样点占 0.31%，平均为 1.70mg/kg；水田土壤采样点占 32.06%，平均为 1.54mg/kg。水浇地有效锌的平均含量比旱地高 0.21mg/kg，比水田高 0.16mg/kg；旱地土壤有效锌含量的变异幅度比水浇地大 31.25%，比水田大 8.62%（表 4-134）。

表 4-134　云南评价区耕地土壤有效锌含量（个，mg/kg，%）

耕地类型	采样点数	平均值	标准差	变异系数
旱地	5 294	1.49	1.57	105.37
水浇地	24	1.70	1.26	74.12
水田	2 510	1.54	1.49	96.75
总计	7 828	1.50	1.54	102.67

（二）土壤有效锌含量的区域分布

1. 不同二级农业区耕地土壤有效锌含量分布　　华南区 4 个二级农业区中，闽南粤中农林水产区的土壤有效锌平均含量最高，琼雷及南海诸岛农林区的土壤有效锌平均含量最低，粤西桂南农林区和滇南农林区的土壤有效锌平均含量介于中间。琼雷及南海诸岛农林区的土壤有效锌变异系数最大，滇南农林区的变异系数最小（表 4-135）。

表 4-135　华南区不同二级农业区耕地土壤有效锌含量（个，mg/kg，%）

二级农业区	采样点数	平均值	标准差	变异系数
闽南粤中农林水产区	6 072	3.56	4.86	136.52
粤西桂南农林区	5 423	1.85	2.00	108.11

（续）

二级农业区	采样点数	平均值	标准差	变异系数
滇南农林区	7 828	1.50	1.54	102.67
琼雷及南海诸岛农林区	3 451	1.02	2.85	279.41
总计	22 774	2.06	3.19	154.85

2. 不同评价区耕地土壤有效锌含量分布　华南区不同评价区中，广东评价区的土壤有效锌平均含量最高，海南评价区的土壤有效锌平均含量最低，福建、广西和云南评价区的土壤有效锌平均含量介于中间。广东评价区的土壤有机质变异系数最大，广西评价区的变异系数最小（表4-136）。

表4-136　华南区不同评价区耕地土壤有效锌含量（个，mg/kg，%）

评价区	采样点数	平均值	标准差	变异系数
福建评价区	753	2.44	2.05	84.02
广东评价区	7 611	3.26	4.88	149.69
广西评价区	3 766	1.72	1.36	79.07
海南评价区	2 816	0.73	1.03	141.10
云南评价区	7 828	1.50	1.54	102.67

3. 不同评价区地级市及省辖县耕地土壤有效锌含量分布　华南区不同评价区各地级市及省辖县中，广东评价区梅州市的土壤有效锌平均含量最高，为14.38mg/kg；其次是广东评价区佛山市，为5.75mg/kg；海南评价区辖县屯昌县的土壤有效锌平均含量最低，为0.52mg/kg；其余各地级市及省辖县介于0.60～5.06mg/kg之间。变异系数最大的是广东评价区湛江市，为284.13%；最小的是福建评价区平潭综合实验区，为24.86%（表4-137）。

表4-137　华南区不同评价区地级市及省辖县耕地土壤有效锌含量（个，mg/kg，%）

评价区	地级市/省辖县	采样点数	平均值	标准差	变异系数
福建评价区	福州市	81	3.04	2.87	94.41
	平潭综合实验区	19	1.77	0.44	24.86
	莆田市	144	2.11	1.40	66.35
	泉州市	190	2.5	2.12	84.80
	厦门市	42	3.22	2.23	69.25
	漳州市	277	2.33	1.99	85.41
广东评价区	潮州市	251	3.76	4.76	126.6
	东莞市	73	3.44	3.12	90.70
	佛山市	124	5.75	6.13	106.61
	广州市	370	3.90	3.58	91.79
	河源市	226	2.45	1.70	69.39
	惠州市	616	2.38	4.48	188.24

（续）

评价区	地级市/省辖县	采样点数	平均值	标准差	变异系数
广东评价区	江门市	622	2.96	2.50	84.46
	揭阳市	460	1.97	2.30	116.75
	茂名市	849	2.74	2.48	90.51
	梅州市	299	14.38	10.80	75.10
	清远市	483	4.23	3.72	87.94
	汕头市	285	3.17	4.72	148.90
	汕尾市	397	2.02	3.29	162.87
	韶关市	62	1.83	0.92	50.27
	阳江市	455	1.81	3.02	166.85
	云浮市	518	1.96	1.61	82.14
	湛江市	988	1.89	5.37	284.13
	肇庆市	342	4.50	2.64	58.67
	中山市	64	4.83	5.99	124.02
	珠海市	127	5.06	6.26	123.72
广西评价区	百色市	466	2.63	1.97	74.90
	北海市	176	0.95	1.11	116.84
	崇左市	771	1.82	1.08	59.34
	防城港市	132	1.16	1.04	89.66
	广西农垦	20	0.72	0.36	50.00
	贵港市	473	1.32	1.04	78.79
	南宁市	865	1.33	1.01	75.94
	钦州市	317	1.91	1.23	64.4
	梧州市	188	2.53	1.53	60.47
	玉林市	358	1.84	1.42	77.17
海南评价区	白沙黎族自治县	114	0.60	0.33	55.00
	保亭黎族苗族自治县	51	0.78	0.58	74.36
	昌江黎族自治县	124	0.64	0.84	131.25
	澄迈县	236	0.68	1.15	169.12
	儋州市	318	0.71	1.04	146.48
	定安县	197	0.63	0.39	61.90
	东方市	129	0.70	0.40	57.14
	海口市	276	1.12	2.04	182.14
	乐东黎族自治县	144	0.67	0.81	120.90
	临高县	202	0.72	1.11	154.17
	陵水县	120	0.72	0.54	75.00
	琼海市	122	0.69	0.48	69.57

（续）

评价区	地级市/省辖县	采样点数	平均值	标准差	变异系数
海南评价区	琼中黎族苗族自治县	45	0.66	0.33	50.00
	三亚市	149	0.88	0.70	79.55
	屯昌县	199	0.52	0.94	180.77
	万宁市	150	0.72	0.79	109.72
	文昌市	192	0.69	0.97	140.58
	五指山市	48	0.77	0.81	105.19
云南评价区	保山市	754	1.75	1.74	99.43
	德宏傣族景颇族自治州	583	1.60	1.57	98.13
	红河哈尼族彝族自治州	1 563	1.48	1.47	99.32
	临沧市	1 535	1.47	1.40	95.24
	普洱市	1 661	1.37	1.55	113.14
	文山壮族苗族自治州	1 035	1.54	1.68	109.09
	西双版纳傣族自治州	402	1.23	0.97	78.86
	玉溪市	295	1.97	1.90	96.45

二、土壤有效锌含量及其影响因素

（一）不同土壤类型土壤有效锌含量

在华南区主要土壤类型中，土壤有效锌含量以潮土的含量最高，平均值为 2.53mg/kg，在 0.03～51.30mg/kg 之间变动。砖红壤的土壤有效锌含量最低，平均值为 1.23mg/kg，在 0.04～70.62mg/kg 之间变动。其余土类土壤有效锌含量平均值介于 1.44～2.36mg/kg 之间。水稻土采样点个数为 13 881 个，土壤有效锌含量平均值为 2.30mg/kg，在 0.01～ 77.59mg/kg 之间变动。在各主要土类中，砖红壤的土壤有效锌变异系数最大，为 282.93%；风沙土次之，为 231.36%；黄壤的变异系数最小，为 93.92%；其余土类的变异系数在 107.33%～154.35% 之间（表 4-138）。

表 4-138　华南区主要土壤类型耕地土壤有效锌含量（个，mg/kg，%）

土类	采样点数	平均值	标准差	变异系数
砖红壤	1 069	1.23	3.48	282.93
赤红壤	3 311	1.74	2.08	119.54
红壤	2 105	1.73	2.47	142.77
黄壤	611	1.48	1.39	93.92
黄棕壤	251	1.59	1.96	123.27
风沙土	111	2.36	5.46	231.36
石灰（岩）土	544	1.91	2.05	107.33
紫色土	355	1.44	1.81	125.69
潮土	327	2.53	3.48	137.55
水稻土	13 881	2.3	3.55	154.35

在华南区不同土壤亚类中，盐渍水稻土的有效锌平均值最高，为 3.24mg/kg；黄色砖红壤的有效锌含量平均值最低，为 1.1mg/kg。变异系数以典型砖红壤最大，为 303.17％；山原红壤最小，为 57.73％（表 4-139）。

表 4-139　华南区主要土壤亚类耕地土壤有效锌含量（个，mg/kg，％）

亚类	采样点数	平均值	标准差	变异系数
典型砖红壤	838	1.26	3.82	303.17
黄色砖红壤	233	1.1	1.74	158.18
典型赤红壤	2615	1.84	2.19	119.02
黄色赤红壤	629	1.36	1.52	111.76
赤红壤性土	60	1.45	1.88	129.66
典型红壤	1 195	1.88	3.03	161.17
黄红壤	878	1.54	1.42	92.21
山原红壤	7	1.94	1.12	57.73
红壤性土	25	1.54	1.76	114.29
典型黄壤	596	1.48	1.40	94.59
黄壤性土	14	1.21	0.75	61.98
暗黄棕壤	251	1.59	1.96	123.27
滨海风沙土	111	2.36	5.46	231.36
红色石灰土	73	2.59	3.33	128.57
黑色石灰土	109	1.71	1.63	95.32
棕色石灰土	159	2.04	1.28	62.75
黄色石灰土	203	1.67	2.09	125.15
酸性紫色土	268	1.45	1.94	133.79
中性紫色土	71	1.43	1.39	97.20
石灰性紫色土	16	1.39	0.97	69.78
典型潮土	1	1.76	—	—
灰潮土	326	2.53	3.49	137.94
潴育水稻土	7 821	2.37	3.40	143.46
淹育水稻土	1 930	1.29	1.82	141.09
渗育水稻土	2 392	2.94	4.79	162.93
潜育水稻土	1 048	1.9	2.03	106.84
漂洗水稻土	250	2.32	5.23	225.43
盐渍水稻土	221	3.24	4.51	139.20
咸酸水稻土	219	2.48	4.25	171.37

（二）地貌类型与土壤有效锌含量

华南区的地貌类型主要有盆地、平原、丘陵和山地。山地的土壤有效锌平均值最高，为 2.66mg/kg；其次是平原和丘陵，为 2.27mg/kg、2.22mg/kg；盆地的土壤有效锌平均值最低，均为 1.53mg/kg。平原的土壤有效锌变异系数最大，为 159.47％；盆地的变异系数最小，为 106.54％（表 4-140）。

表 4-140 华南区不同地貌类型耕地土壤有效锌含量（个，mg/kg，％）

地貌类型	采样点数	平均值	标准差	变异系数
盆地	7 251	1.53	1.63	106.54
平原	6 649	2.27	3.62	159.47
丘陵	6 484	2.22	3.50	157.66
山地	2 390	2.66	4.24	159.40

（三）成土母质与土壤有效锌含量

华南区不同成土母质发育的土壤中，土壤有效锌含量均值最高的是洪冲积物，为 3.06mg/kg；其次是河流冲积物和江海相沉积物，分别是 2.45mg/kg、1.92mg/kg；火山堆积物的土壤有效锌均值最低，为 0.56mg/kg。江海相沉积物的土壤有效锌变异系数最大，为 203.13％；湖相沉积物的变异系数最小，为 25.81％（表 4-141）。

表 4-141 华南区不同成土母质耕地土壤有效锌含量（个，mg/kg，％）

成土母质	采样点数	平均值	标准差	变异系数
残坡积物	9 323	1.71	2.14	125.15
第四纪红土	3 738	1.40	1.42	101.43
河流冲积物	2 664	2.45	3.51	143.27
洪冲积物	5 061	3.06	4.69	153.27
湖相沉积物	8	0.93	0.24	25.81
火山堆积物	60	0.56	0.41	73.21
江海相沉积物	1 920	1.92	3.90	203.13

（四）土壤质地与土壤有效锌含量

华南区不同土壤质地中，中壤的土壤有效锌平均值最高，为 2.80mg/kg；其次是轻壤、砂壤、砂土和黏土，分别是 2.49mg/kg、1.77mg/kg、1.62mg/kg、1.53mg/kg；重壤的土壤有效锌平均值最低，均为 1.49mg/kg。砂土的土壤有效锌变异系数最大，为 298.77％；重壤的变异系数最小，为 101.34％（表 4-142）。

表 4-142 华南区不同质地耕地土壤有效锌含量（个，mg/kg，％）

质地	采样点数	平均值	标准差	变异系数
黏土	3 141	1.53	1.82	118.95
轻壤	7 609	2.49	3.71	149.00
砂壤	4 022	1.77	2.46	138.98
砂土	492	1.62	4.84	298.77
中壤	3 031	2.84	4.63	163.03
重壤	4 479	1.49	1.51	101.34

三、土壤有效锌含量分级与变化情况

根据华南区土壤有效锌含量状况，参照第二次土壤普查及各省（自治区）分级标准，将土壤有效锌含量等级划分为6级。华南区耕地土壤有效锌含量各等级面积与比例见图4-9。

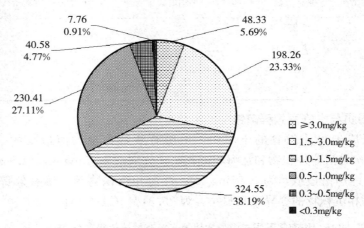

图 4-9　华南区耕地土壤有效锌含量各等级面积与比例（万 hm²）

土壤有效锌一级水平共计 48.33 万 hm²，占华南区耕地面积的 5.69%，其中福建评价区 4.31 万 hm²（占 0.51%），广东评价区 39.99 万 hm²（占 4.71%），广西评价区 4.03 万 hm²（占 0.47%），海南和云南评价区没有分布。二级水平共计 198.26 万 hm²，占华南区耕地面积的 23.33%，其中福建评价区 26.31 万 hm²（占 3.10%），广东评价区 68.16 万 hm²（占 8.02%），广西评价区 80.47 万 hm²（占 9.47%），云南评价区 23.32 万 hm²（占 2.74%），海南评价区没有分布。三级水平共计 324.55 万 hm²，占华南区耕地面积的 38.19%，其中福建评价区 7.75 万 hm²（占 0.91%），广东评价区 49.57 万 hm²（占 5.83%），广西评价区 105.93 万 hm²（占 12.46%），海南评价区 0.20 万 hm²（占 0.02%），云南评价区 161.11 万 hm²（占 18.96%）。四级水平共计 230.41 万 hm²，占华南区耕地面积的 27.11%，其中福建评价区 5.55 万 hm²（占 0.65%），广东评价区 40.30 万 hm²（占 4.74%），广西评价区 59.82 万 hm²（占 7.04%），海南评价区 32.11 万 hm²（占 3.78%），云南评价区 92.63 万 hm²（占 10.90%）。五级水平共 40.58 万 hm²，占华南区耕地面积的 4.77%，其中福建评价区 0.09 万 hm²（占 0.01%），广东评价区 3.22 万 hm²（占 0.38%），广西评价区 3.44 万 hm²（占 0.40%），海南评价区 33.71 万 hm²（占 3.97%），云南评价区 0.12 万 hm²（占 0.01%）。六级水平共计 7.76 万 hm²，占华南区耕地面积的 0.91%，其中广东评价区 1.45 万 hm²（占 0.17%），广西评价区 0.04 万 hm²（占 0.005%），海南评价区 6.26 万 hm²（占 0.74%），福建和云南评价区没有分布（表4-143）。

表 4-143　华南区评价区耕地土壤有效锌不同等级面积统计（万 hm²）

评价区	一级	二级	三级	四级	五级	六级
	≥3.0mg/kg	1.5~3.0mg/kg	1.0~1.5mg/kg	0.5~1.0mg/kg	0.3~0.5mg/kg	<0.3mg/kg
福建评价区	4.31	26.31	7.75	5.55	0.09	
广东评价区	39.99	68.16	49.57	40.30	3.22	1.45

（续）

评价区	一级 ≥3.0mg/kg	二级 1.5～3.0mg/kg	三级 1.0～1.5mg/kg	四级 0.5～1.0mg/kg	五级 0.3～0.5mg/kg	六级 <0.3mg/kg
广西评价区	4.03	80.47	105.93	59.82	3.44	0.04
海南评价区			0.20	32.11	33.71	6.26
云南评价区		23.32	161.11	92.63	0.12	
总计	48.33	198.26	324.55	230.41	40.58	7.76

二级农业区中，土壤有效锌一级水平共计 48.33 万 hm^2，占华南区耕地面积的 5.69%，其中滇南农林区没有分布，闽南粤中农林水产区 39.42 万 hm^2（占 4.64%），琼雷及南海诸岛农林区 0.09 万 hm^2（占 0.01%），粤西桂南农林区 8.82 万 hm^2（占 1.04%）。二级水平共计 198.26 万 hm^2，占华南区耕地面积的 23.33%，其中滇南农林区 23.32 万 hm^2（占 2.74%），闽南粤中农林水产区 74.85 万 hm^2（占 8.81%），琼雷及南海诸岛农林区 8.01 万 hm^2（占 0.94%），粤西桂南农林区 92.08 万 hm^2（占 10.83%）。三级水平共计 324.55 万 hm^2，占华南区耕地面积的 38.19%，其中滇南农林区 161.11 万 hm^2（占 18.96%），闽南粤中农林水产区 34.73 万 hm^2（占 4.09%），琼雷及南海诸岛农林区 10.65 万 hm^2（占 1.25%），粤西桂南农林区 118.07 万 hm^2（占 13.89%）。四级水平共计 230.41 万 hm^2，占华南区耕地面积的 27.11%，其中滇南农林区 92.63 万 hm^2（占 10.90%），闽南粤中农林水产区 10.94 万 hm^2（占 1.29%），琼雷及南海诸岛农林区 48.80 万 hm^2（占 5.74%），粤西桂南农林区 78.04 万 hm^2（占 9.18%）。五级水平共计 40.58 万 hm^2，占华南区耕地面积的 4.77%，其中滇南农林区 0.12 万 hm^2（占 0.01%），闽南粤中农林水产区 1.98 万 hm^2（占 0.23%），琼雷及南海诸岛农林区 33.91 万 hm^2（占 3.99%），粤西桂南农林区 4.57 万 hm^2（占 0.54%）。六级水平共计 7.76 万 hm^2，占华南区耕地面积的 0.91%，其中滇南农林区没有分布，闽南粤中农林水产区 0.46 万 hm^2（占 0.05%），琼雷及南海诸岛农林区 6.26 万 hm^2（占 0.74%），粤西桂南农林区 1.04 万 hm^2（占 0.12%）（表 4-144）。

表 4-144　华南区二级农业区耕地土壤有效锌不同等级面积统计（万 hm^2）

二级农业区	一级 ≥3.0mg/kg	二级 1.5～3.0mg/kg	三级 1.0～1.5mg/kg	四级 0.5～1.0mg/kg	五级 0.3～0.5mg/kg	六级 <0.3mg/kg
闽南粤中农林水产区	39.42	74.85	34.73	10.94	1.98	0.46
粤西桂南农林区	8.82	92.08	118.07	78.04	4.57	1.04
滇南农林区		23.32	161.11	92.63	0.12	
琼雷及南海诸岛农林区	0.09	8.01	10.65	48.80	33.91	6.26
总计	48.33	198.26	324.55	230.41	40.58	7.76

按各评价区统计，福建评价区土壤有效锌一级水平共计 4.31 万 hm^2，占评价区耕地面积的 9.79%；二级水平共计 26.31 万 hm^2，占评价区耕地面积的 59.78%；三级水平共计 7.75 万 hm^2，占评价区耕地面积的 17.61%；四级水平共计 5.55 万 hm^2，占评价区耕地面积的 12.61%；五级水平共计 0.09 万 hm^2，占评价区耕地面积的 0.20%；六级水平没有分布。广东评价区土壤有效锌一级水平共计 39.99 万 hm^2，占评价区耕地面积的 19.73%；二

级水平共计 68.16 万 hm²，占评价区耕地面积的 33.63%；三级水平共计 49.57 万 hm²，占评价区耕地面积的 24.45%；四级水平共计 40.30 万 hm²，占评价区耕地面积的 19.88%；五级水平共计 3.22 万 hm²，占评价区耕地面积的 1.59%；六级水平共计 1.45 万 hm²，占评价区耕地面积的 0.72%。广西评价区土壤有效锌一级水平共计 4.03 万 hm²，占评价区耕地面积的 1.59%；二级水平共计 80.47 万 hm²，占评价区耕地面积的 31.72%；三级水平共计 105.93 万 hm²，占评价区耕地面积的 41.75%；四级水平共计 59.82 万 hm²，占评价区耕地面积的 23.58%；五级水平共计 3.44 万 hm²，占评价区耕地面积的 1.36%；六级水平共计 0.04 万 hm²，占评价区耕地面积的 0.02%。海南评价区土壤有效锌一级和二级水平没有分布；三级水平共计 0.20 万 hm²，占评价区耕地面积的 0.28%；四级水平共计 32.11 万 hm²，占评价区耕地面积的 44.43%；五级水平共计 33.71 万 hm²，占评价区耕地面积的 46.64%；六级水平共计 6.26 万 hm²，占评价区耕地面积的 8.66%。云南评价区土壤有效锌一级水平没有分布；二级水平共计 23.32 万 hm²，占评价区耕地面积的 8.41%；三级水平共计 161.11 万 hm²，占评价区耕地面积的 58.12%；四级水平共计 92.63 万 hm²，占评价区耕地面积的 33.42%；五级水平共计 0.12 万 hm²，占评价区耕地面积的 0.04%；六级水平没有分布（表 4-143）。

按土壤类型统计，土壤有效锌一级水平共计 48.33 万 hm²，占华南区耕地面积的 5.69%，其中潮土 2.43 万 hm²（占 0.29%），赤红壤 6.80 万 hm²（占 0.80%），风沙土 0.41 万 hm²（占 0.05%），红壤 1.27 万 hm²（占 0.15%），黄壤 0.30 万 hm²（占 0.04%），水稻土 34.09 万 hm²（占 4.01%），砖红壤 0.67 万 hm²（占 0.08%），紫色土 0.49 万 hm²（占 0.06%）。土壤有效锌二级水平共计 198.26 万 hm²，占华南区耕地面积的 23.33%，其中潮土 3.36 万 hm²（占 0.40%），赤红壤 35.71 万 hm²（占 4.20%），风沙土 0.88 万 hm²（占 0.10%），红壤 13.94 万 hm²（占 1.64%），黄壤 1.60 万 hm²（占 0.19%），黄棕壤 1.37 万 hm²（占 0.16%），石灰（岩）土 13.21 万 hm²（占 1.55%），水稻土 118.72 万 hm²（占 13.97%），砖红壤 3.97 万 hm²（占 0.47%），紫色土 2.27 万 hm²（占 0.27%）。土壤有效锌三级水平共计 324.55 万 hm²，占华南区耕地面积的 38.19%，其中潮土 3.94 万 hm²（占 0.46%），赤红壤 89.78 万 hm²（占 10.56%），风沙土 0.84 万 hm²（占 0.10%），红壤 46.41 万 hm²（占 5.46%），黄壤 13.83 万 hm²（占 1.63%），黄棕壤 7.19 万 hm²（占 0.85%），石灰（岩）土 16.38 万 hm²（占 1.93%），水稻土 120.41 万 hm²（占 14.17%），砖红壤 10.72 万 hm²（占 1.26%），紫色土 10.56 万 hm²（占 1.24%）。土壤有效锌四级水平共计 230.41 万 hm²，占华南区耕地面积的 27.11%，其中潮土 0.94 万 hm²（占 0.11%），赤红壤 53.74 万 hm²（占 6.32%），风沙土 1.30 万 hm²（占 0.15%），红壤 22.47 万 hm²（占 2.64%），黄壤 8.77 万 hm²（占 1.03%），黄棕壤 3.95 万 hm²（占%0.46），石灰（岩）土 4.92 万 hm²（占 0.58%），水稻土 89.79 万 hm²（占 10.56%），砖红壤 28.18 万 hm²（占 3.32%），紫色土 13.27 万 hm²（占 1.56%）。土壤有效锌五级水平共计 40.58 万 hm²，占华南区耕地面积的 4.77%，其中潮土 0.08 万 hm²（占 0.01%），赤红壤 2.52 万 hm²（占 0.30%），风沙土 0.66 万 hm²（占 0.08%），黄壤 0.16 万 hm²（占 0.02%），石灰（岩）土 0.01 万 hm²（占 0.001%），水稻土 20.13 万 hm²（占 2.37%），砖红壤 12.79 万 hm²（占 1.50%），紫色土 1.01 万 hm²（占 0.12%）。土壤有效锌六级水平共计 7.76 万 hm²，占华南区耕地面积的 0.91%，其中潮土 0.001 万 hm²（占0.000 1%），赤红壤 0.21 万 hm²（占

0.02%)、风沙土 0.07 万 hm² (占 0.01%)、黄壤 0.05 万 hm² (占 0.01%)、石灰(岩)土 0.000 01万 hm² (占0.000 001%)、水稻土 4.40 万 hm² (占 0.52%)、砖红壤 2.66 万 hm² (占 0.31%)、紫色土 0.08 万 hm² (表 4-145)。

表 4-145　华南区主要土壤类型耕地土壤有效锌不同等级面积统计 (万 hm²)

土壤类型	一级 ≥3.0mg/kg	二级 1.5~3.0mg/kg	三级 1.0~1.5mg/kg	四级 0.5~1.0mg/kg	五级 0.3~0.5mg/kg	六级 <0.3mg/kg
砖红壤	0.67	3.97	10.72	28.18	12.79	2.66
赤红壤	6.80	35.71	89.78	53.74	2.52	0.21
红壤	1.27	13.94	46.41	22.47	0.00	0.00
黄壤	0.30	1.60	13.83	8.77	0.16	0.05
黄棕壤	0.00	1.37	7.19	3.95	0.00	0.00
风沙土	0.41	0.88	0.84	1.30	0.66	0.07
石灰(岩)土	1.22	13.21	16.38	4.92	0.01	0.00
紫色土	0.49	2.27	10.56	13.27	1.01	0.08
潮土	2.43	3.36	3.94	0.94	0.08	0.00
水稻土	34.09	118.72	120.41	89.79	20.13	4.40

四、土壤有效锌调控

锌参与光合作用，为多种酶的重要组成部分，参与碳氮代谢过程，有利于生长素的合成，促进蛋白质代谢，促进生殖器官的发育，提高抗逆性(抗旱、抗热、抗冻)。当土壤中有效锌含量<0.5mg/kg 时，作物从土壤中吸收的锌不足。缺锌时作物植株矮小，生长受阻，出现小叶病，叶子皱缩，叶脉间有死斑，中下部叶脉间失绿或白化，节间短，生育期延迟，如水稻"矮缩病"、玉米"白苗病"、柑橘"小叶病"和"簇叶病"等。土壤供锌过量，作物锌中毒时嫩绿组织失绿变灰白，枝茎、叶柄和叶底面出现褐色斑点，根系短而稀少。调控土壤有效锌一般用锌肥。

常用的锌肥是七水硫酸锌、一水硫酸锌和氧化锌，其次是氯化锌、含锌玻璃肥料、木质素磺酸锌、环烷酸锌乳剂和螯合锌均可作为锌肥。锌肥施用的效果因作物种类和土壤条件而异，只有在缺锌的土壤和对缺锌反应敏感的作物上施用，效果才明显。对锌敏感的作物，像玉米、水稻、花生、果树、番茄等，施用锌肥效果较好。缺锌土壤上，锌肥可基施、叶面喷施、浸种和拌种、注射，氧化锌可配成悬浮液用于水稻蘸秧根。锌肥作基肥时，根据土壤缺锌程度不同，一般每公顷施硫酸锌 7.5~30kg；作追肥时，每公顷施硫酸锌 11.25~15kg，掺适量细土撒施；根外喷施，每公顷施硫酸锌 1.35~2.7kg，对水 900kg 于晴天喷施。

华南区土壤酸化严重，锌活性加大，有效锌增加，加大了作物对锌的吸收。当锌肥过量施用时，对锌忍耐能力弱的作物就会发生锌中毒，作物根系和叶片生长缓慢。锌中毒常诱发缺铁或缺镁，引起幼叶失绿。土壤锌过量难于消除，用石灰提高土壤 pH 能暂时缓解锌的危害。

第十节　土壤有效钼

一、土壤有效钼含量及其空间差异

（一）土壤有效钼含量概况

华南区耕地土壤有效钼总体样点平均为 0.47mg/kg，其中，旱地土壤采样点占 40.46％，平均为 0.64mg/kg；水浇地土壤采样点占 2.97％，平均为 0.27mg/kg；水田土壤采样点占 56.57％，平均为 0.36mg/kg。各评价区土壤有效钼含量情况分述如下：

福建评价区耕地土壤有效钼总体样点平均为 0.21mg/kg，其中，旱地土壤采样点占 18.19％，平均为 0.17mg/kg；水浇地土壤采样点占 5.84％，平均为 0.19mg/kg；水田土壤采样点占 75.96％，平均为 0.22mg/kg。水田有效钼的平均含量比旱地高 0.05mg/kg，比水浇地高 0.03mg/kg；旱地土壤有效钼含量的变异幅度比水浇地大 8.97％，比水田大 8.02％（表 4-146）。

表 4-146　福建评价区耕地土壤有效钼含量（个，mg/kg，％）

耕地类型	采样点数	平均值	标准差	变异系数
旱地	137	0.17	0.06	35.29
水浇地	44	0.19	0.05	26.32
水田	572	0.22	0.06	27.27
总计	753	0.21	0.06	28.57

广东评价区耕地土壤有效钼总体样点平均为 0.24mg/kg，其中，旱地土壤采样点占 16.37％，平均为 0.23mg/kg；水浇地土壤采样点占 7.98％，平均为 0.26mg/kg；水田土壤采样点占 75.65％，平均为 0.24mg/kg。水浇地有效钼的平均含量比旱地高 0.03mg/kg，比水田高 0.02mg/kg；水浇地土壤有效钼含量的变异幅度比旱地大 72.74％，比水田大 25.64％（表 4-147）。

表 4-147　广东评价区耕地土壤有效钼含量（个，mg/kg，％）

耕地类型	采样点数	平均值	标准差	变异系数
旱地	1 246	0.23	0.16	69.57
水浇地	607	0.26	0.37	142.31
水田	5 758	0.24	0.28	116.67
总计	7 611	0.24	0.27	112.50

广西评价区耕地土壤有效钼总体样点平均为 0.15mg/kg，其中，旱地土壤采样点占 46.89％，平均为 0.16mg/kg；水浇地土壤采样点只有 1 个，占 0.03％，化验值为 0.50mg/kg；水田土壤采样点占 53.08％，平均为 0.14mg/kg。旱地有效钼的平均含量比水田高 0.02mg/kg；水田土壤有效钼含量的变异幅度比旱地大 10.71％（表 4-148）。

表 4-148 广西评价区耕地土壤有效钼含量（个，mg/kg，%）

耕地类型	采样点数	平均值	标准差	变异系数
旱地	1 766	0.16	0.12	75.00
水浇地	1	0.50	—	—
水田	1 999	0.14	0.12	85.71
总计	3 766	0.15	0.12	80.00

　　海南评价区耕地土壤有效钼总体样点平均为 0.21mg/kg，其中，旱地土壤采样点占 27.38%，平均为 0.20mg/kg；水浇地土壤采样点只有 1 个，占 0.04%，化验值为 0.18mg/kg；水田土壤采样点占 72.59%，平均为 0.21mg/kg。水田有效钼的平均含量比旱地高 0.01mg/kg；水田土壤有效钼含量的变异幅度比旱地大 45.95%（表 4-149）。

表 4-149 海南评价区耕地土壤有效钼含量（个，mg/kg，%）

耕地类型	采样点数	平均值	标准差	变异系数
旱地	771	0.20	0.67	335.00
水浇地	1	0.18	—	—
水田	2 044	0.21	0.80	380.95
总计	2 816	0.21	0.76	361.9

　　云南评价区耕地土壤有效钼总体样点平均为 0.97mg/kg，其中，旱地土壤采样点占 67.63%，平均为 0.98mg/kg；水浇地土壤采样点占 0.31%，平均为 0.65mg/kg；水田土壤采样点占 32.06%，平均为 0.95mg/kg。旱地有效钼的平均含量比水浇地高 0.33mg/kg，比水田高 0.03mg/kg；水浇地土壤有效钼含量的变异幅度比旱地大 28.01%，比水田大 26.07%（表 4-150）。

表 4-150 云南评价区耕地土壤有效钼含量（个，mg/kg，%）

耕地类型	采样点数	平均值	标准差	变异系数
旱地	5 294	0.98	0.60	61.22
水浇地	24	0.65	0.58	89.23
水田	2 510	0.95	0.60	63.16
总计	7 828	0.97	0.60	61.86

（二）土壤有效钼含量的区域分布

1. 不同二级农业区耕地土壤有效钼含量分布 华南区 4 个二级农业区中，滇南农林区的土壤有效钼平均含量最高，粤西桂南农林区的土壤有效钼平均含量最低，闽南粤中农林水产区和琼雷及南海诸岛农林区介于中间。琼雷及南海诸岛农林区的土壤有效钼变异系数最大，滇南农林区的变异系数最小（表 4-151）。

表 4-151　华南区不同二级农业区耕地土壤有效钼含量（个，mg/kg，%）

二级农业区	采样点数	平均值	标准差	变异系数
闽南粤中农林水产区	6 072	0.24	0.30	125.00
粤西桂南农林区	5 423	0.17	0.12	70.59
滇南农林区	7 828	0.97	0.60	61.86
琼雷及南海诸岛农林区	3 451	0.22	0.69	313.64
总计	22 774	0.47	0.60	127.66

2. 不同评价区耕地土壤有效钼含量分布　华南区不同评价区中，云南评价区的土壤有效钼平均含量最高，广西评价区的土壤有效钼平均含量最低，广东、福建和海南评价区土壤有效钼平均含量介于中间。海南评价区的土壤有效钼变异系数最大，福建评价区的变异系数最小（表 4-152）。

表 4-152　华南区不同评价区耕地土壤有效钼含量（个，mg/kg，%）

评价区	采样点数	平均值	标准差	变异系数
福建评价区	753	0.21	0.06	28.57
广东评价区	7 611	0.24	0.27	112.50
广西评价区	3 766	0.15	0.12	80.00
海南评价区	2 816	0.21	0.76	361.90
云南评价区	7 828	0.97	0.60	61.86

3. 不同评价区地级市及省辖县耕地土壤有效钼含量分布　华南区不同评价区各地级市及省辖县中，云南评价区普洱市的土壤有效钼平均含量最高，为 1.08mg/kg；其次是云南评价区德宏傣族景颇族自治州，为 1.06mg/kg；广东评价区韶关市的土壤有效钼平均含量最低，为 0.05mg/kg；其余各地级市及省辖县介于 0.06～1.02mg/kg 之间。变异系数最大的是海南评价区文昌市，为 460.00%；最小的是广西评价区广西农垦（金光农场），为 0%（表 4-153）。

表 4-153　华南区不同评价区地级市及省辖县耕地土壤有效钼含量（个，mg/kg，%）

评价区	地级市/省辖县	采样点数	平均值	标准差	变异系数
福建评价区	福州市	81	0.21	0.09	42.86
	平潭综合实验区	19	0.16	0.07	43.75
	莆田市	144	0.20	0.06	30.00
	泉州市	190	0.21	0.05	23.81
	厦门市	42	0.21	0.05	23.81
	漳州市	277	0.21	0.05	23.81
广东评价区	潮州市	251	0.15	0.06	40.00
	东莞市	73	0.16	0.11	68.75
	佛山市	124	0.20	0.11	55.00
	广州市	370	0.19	0.11	57.89

（续）

评价区	地级市/省辖县	采样点数	平均值	标准差	变异系数
广东评价区	河源市	226	0.12	0.07	58.33
	惠州市	616	0.18	0.10	55.56
	江门市	622	0.52	0.80	153.85
	揭阳市	460	0.18	0.14	77.78
	茂名市	849	0.20	0.08	40.00
	梅州市	299	0.19	0.07	36.84
	清远市	483	0.28	0.12	42.86
	汕头市	285	0.29	0.09	31.03
	汕尾市	397	0.14	0.25	178.57
	韶关市	62	0.05	0.03	60.00
	阳江市	455	0.23	0.15	65.22
	云浮市	518	0.19	0.05	26.32
	湛江市	988	0.29	0.12	41.38
	肇庆市	342	0.27	0.14	51.85
	中山市	64	0.39	0.16	41.03
	珠海市	127	0.37	0.17	45.95
广西评价区	百色市	466	0.16	0.12	75.00
	北海市	176	0.09	0.04	44.44
	崇左市	771	0.16	0.10	62.50
	防城港市	132	0.06	0.05	83.33
	广西农垦	20	0.50	0	0
	贵港市	473	0.17	0.12	70.59
	南宁市	865	0.17	0.13	76.47
	钦州市	317	0.18	0.17	94.44
	梧州市	188	0.11	0.05	45.45
	玉林市	358	0.08	0.08	100.00
海南评价区	白沙黎族自治县	114	0.16	0.12	75.00
	保亭黎族苗族自治县	51	0.16	0.13	81.25
	昌江黎族自治县	124	0.14	0.10	71.43
	澄迈县	236	0.18	0.10	55.56
	儋州市	318	0.25	1.08	432.00
	定安县	197	0.18	0.67	372.22
	东方市	129	0.86	2.51	291.86
	海口市	276	0.15	0.13	86.67
	乐东黎族自治县	144	0.11	0.10	90.91
	临高县	202	0.14	0.12	85.71

（续）

评价区	地级市/省辖县	采样点数	平均值	标准差	变异系数
海南评价区	陵水县	120	0.18	0.12	66.67
	琼海市	122	0.17	0.12	70.59
	琼中黎族苗族自治县	45	0.12	0.09	75.00
	三亚市	149	0.22	0.78	354.55
	屯昌县	199	0.20	0.74	370.00
	万宁市	150	0.14	0.10	71.43
	文昌市	192	0.15	0.69	460.00
	五指山市	48	0.17	0.19	111.76
云南评价区	保山市	754	0.75	0.63	84.00
	德宏傣族景颇族自治州	583	1.06	0.58	54.72
	红河哈尼族彝族自治州	1 563	0.96	0.58	60.42
	临沧市	1 535	0.90	0.62	68.89
	普洱市	1 661	1.08	0.58	53.70
	文山壮族苗族自治州	1 035	0.98	0.59	60.20
	西双版纳傣族自治州	402	0.98	0.61	62.24
	玉溪市	295	1.02	0.58	56.86

二、土壤有效钼含量及其影响因素

（一）不同土壤类型土壤有效钼含量

在华南区主要土壤类型中，土壤有效钼含量以黄棕壤的土壤有效钼含量最高，平均值为1.00mg/kg，在0.10～2.00mg/kg之间变动。潮土的土壤有效钼含量最低，平均值为0.19mg/kg，在0.01～2.00mg/kg之间变动。其余土类土壤有效钼含量平均值介于0.22～0.99mg/kg之间。水稻土采样点个数为13 881个，土壤有效钼含量平均值为0.35mg/kg，在0.01～9.49mg/kg之间变动。在各主要土类中，水稻土的土壤有效钼变异系数最大，为157.14％；砖红壤次之，为116.67％；黄壤的变异系数最小，均为60.61％；其余土类的变异系数在61.00％～98.44％之间（表4-154）。

表 4-154　华南区主要土壤类型耕地土壤有效钼含量（个，mg/kg，％）

土类	采样点数	平均值	标准差	变异系数
砖红壤	1 069	0.3	0.35	116.67
赤红壤	3 311	0.61	0.6	98.36
红壤	2 105	0.9	0.62	68.89
黄壤	611	0.99	0.6	60.61
黄棕壤	251	1	0.61	61
风沙土	111	0.22	0.17	77.27
石灰（岩）土	544	0.65	0.62	95.38

（续）

土类	采样点数	平均值	标准差	变异系数
紫色土	355	0.64	0.63	98.44
潮土	327	0.19	0.14	73.68
水稻土	13 881	0.35	0.55	157.14

在华南区不同土壤亚类中，山原红壤的土壤有效钼平均值最高，为 1.24mg/kg；棕色石灰土的土壤有效钼含量平均值最低，为 0.15mg/kg。变异系数以淹育水稻土最大，为 190.32%；黄壤性土最小，为 50.00%（表 4-155）。

表 4-155　华南区主要土壤亚类耕地土壤有效钼含量（个，mg/kg，%）

亚类	采样点数	平均值	标准差	变异系数
典型砖红壤	838	0.27	0.30	111.11
黄色砖红壤	233	0.37	0.48	129.73
典型赤红壤	2 615	0.52	0.57	109.62
黄色赤红壤	629	0.97	0.60	61.86
赤红壤性土	60	0.98	0.59	60.20
典型红壤	1 195	0.87	0.62	71.26
黄红壤	878	0.94	0.61	64.89
山原红壤	7	1.24	0.66	53.23
红壤性土	25	1.02	0.63	61.76
典型黄壤	596	0.99	0.61	61.62
黄壤性土	14	1.04	0.52	50.00
暗黄棕壤	251	1	0.61	61.00
滨海风沙土	111	0.22	0.17	77.27
红色石灰土	73	0.69	0.60	86.96
黑色石灰土	109	0.77	0.64	83.12
棕色石灰土	159	0.15	0.11	73.33
黄色石灰土	203	0.97	0.61	62.89
酸性紫色土	268	0.71	0.65	91.55
中性紫色土	71	0.51	0.56	109.80
石灰性紫色土	16	0.16	0.11	68.75
典型潮土	1	0.08	—	—
灰潮土	326	0.19	0.14	73.68
潴育水稻土	7 821	0.42	0.62	147.62
淹育水稻土	1 930	0.31	0.59	190.32
渗育水稻土	2 392	0.2	0.24	120.00

（续）

亚类	采样点数	平均值	标准差	变异系数
潜育水稻土	1 048	0.26	0.38	146.15
漂洗水稻土	250	0.17	0.11	64.71
盐渍水稻土	221	0.58	0.65	112.07
咸酸水稻土	219	0.38	0.51	134.21

（二）地貌类型与土壤有效钼含量

华南区的地貌类型主要有盆地、平原、丘陵和山地。盆地的土壤有效钼平均值最高，为0.95mg/kg；其次是山地和平原，分别为0.33mg/kg、0.24mg/kg；丘陵的土壤有效钼平均值最低，均为0.22mg/kg。平原的土壤有效钼变异系数最大，为225.00%；盆地的变异系数最小，为64.21%（表4-156）。

表 4-156　华南区不同地貌类型耕地土壤有效钼含量（个，mg/kg，%）

地貌类型	采样点数	平均值	标准差	变异系数
盆地	7 251	0.95	0.61	64.21
平原	6 649	0.24	0.54	225.00
丘陵	6 484	0.22	0.29	131.82
山地	2 390	0.33	0.42	127.27

（三）成土母质与土壤有效钼含量

华南区不同成土母质发育的土壤中，土壤有效钼含量均值最高的是残坡积物和第四纪红土，均为0.61mg/kg；其次是火山堆积物，为0.35mg/kg；湖相沉积物的土壤有效钼均值最低，为0.17mg/kg；其余成土母质的土壤有效钼含量均值在0.21~0.33mg/kg之间。火山堆积物的土壤有效钼变异系数最大，为382.86%；湖相沉积物的变异系数最小，为58.82%（表4-157）。

表 4-157　华南区不同成土母质耕地土壤有效钼含量（个，mg/kg，%）

成土母质	采样点数	平均值	标准差	变异系数
残坡积物	9 323	0.61	0.61	100.00
第四纪红土	3 738	0.61	0.81	132.79
河流冲积物	2 664	0.21	0.29	138.10
洪冲积物	5 061	0.33	0.42	127.27
湖相沉积物	8	0.17	0.10	58.82
火山堆积物	60	0.35	1.34	382.86
江海相沉积物	1 920	0.28	0.47	167.86

（四）土壤质地与土壤有效钼含量

华南区不同土壤质地中，黏土的土壤有效钼平均值最高，为0.79mg/kg；其次是重壤、砂壤、砂土和轻壤，分别是 0.67mg/kg、0.42mg/kg、0.40mg/kg 和 0.36mg/kg；中壤的土壤有效钼平均值最低，为 0.20mg/kg。轻壤的土壤有效钼变异系数最大，为 158.33%；黏土的变异系数最小，为 82.28%（表 4-158）。

表 4-158　华南区不同土壤质地耕地土壤有效钼含量（个，mg/kg，%）

质地	采样点数	平均值	标准差	变异系数
黏土	3 141	0.79	0.65	82.28
轻壤	7 609	0.36	0.57	158.33
砂壤	4 022	0.42	0.55	130.95
砂土	492	0.40	0.48	120.00
中壤	3 031	0.20	0.31	155.00
重壤	4 479	0.67	0.64	95.52

三、土壤有效钼含量分级与变化情况

根据华南区土壤有效钼含量状况，参照第二次土壤普查及各省（自治区）分级标准，将土壤有效钼含量等级划分为 6 级。华南区耕地土壤有效钼含量各等级面积与比例见图 4-10。

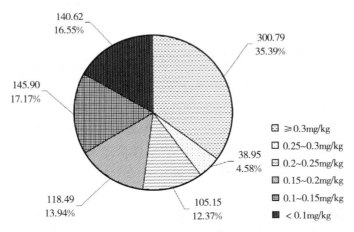

图 4-10　华南区耕地土壤有效钼含量各等级面积与比例（万 hm²）

土壤有效钼一级水平共计 300.79 万 hm²，占华南区耕地面积的 35.39%，其中福建评价区没有分布，广东评价区 29.15 万 hm²（占 3.43%），广西评价区 3.30 万 hm²（占 0.39%），海南评价区 1.08 万 hm²（占 0.13%），云南评价区 267.27 万 hm²（占 31.45%）。二级水平共计 38.95 万 hm²，占华南区耕地面积的 4.58%，其中福建评价区 0.68 万 hm²（占 0.08%），广东评价区 24.29 万 hm²（占 2.86%），广西评价区 6.72 万 hm²（占 0.79%），海南评价区 0.82 万 hm²（占 0.10%），云南评价区 6.45 万 hm²（占 0.76%）。三级水平共计 105.15 万 hm²，占华南区耕地面积的 12.37%，其中福建评价区 29.12 万 hm²（占 3.43%），广东评价区 49.53 万 hm²（占 5.83%），广西评价区 21.87 万 hm²（占 2.57%），海南评价区 1.24 万 hm²（占 0.15%），云南评价区 3.39 万 hm²（占 0.40%）。四

级水平共计 118.49 万 hm²，占华南区耕地面积的 13.94%，其中福建评价区 12.69 万 hm²（占 1.49%），广东评价区 56.14 万 hm²（占 6.61%），广西评价区 44.63 万 hm²（占 5.25%），海南评价区 4.95 万 hm²（占 0.58%），云南评价区 0.08 万 hm²（占 0.01%）。五级水平共计 145.90 万 hm²，占华南区耕地面积的 17.17%，其中福建评价区 1.53 万 hm²（占 0.18%），广东评价区 27.65 万 hm²（占 3.25%），广西评价区 94.67 万 hm²（占 11.14%），海南评价区 22.04 万 hm²（占 2.59%），云南评价区没有分布。六级水平共计 140.62 万 hm²，占华南区耕地面积的 16.55%，其中广东评价区 15.94 万 hm²（占 1.88%），广西评价区 82.53 万 hm²（占 9.71%），海南评价区 42.14 万 hm²（占 4.96%），福建和云南评价区没有分布（表 4-159）。

表 4-159　华南区评价区耕地土壤有效钼不同等级面积统计（万 hm²）

评价区	一级 ≥0.3mg/kg	二级 0.25~0.3mg/kg	三级 0.2~0.25mg/kg	四级 0.15~0.2mg/kg	五级 0.1~0.15mg/kg	六级 <0.1mg/kg
福建评价区		0.68	29.12	12.69	1.53	
广东评价区	29.15	24.29	49.53	56.14	27.65	15.94
广西评价区	3.30	6.72	21.87	44.63	94.67	82.53
海南评价区	1.08	0.82	1.24	4.95	22.04	42.14
云南评价区	267.27	6.45	3.39	0.08		
总计	300.79	38.95	105.15	118.49	145.90	140.62

二级农业区中，土壤有效钼一级水平共计 300.79 万 hm²，占华南区耕地面积的 35.39%，其中滇南农林区 267.27 万 hm²（占 31.45%），闽南粤中农林水产区 13.51 万 hm²（占 1.59%），琼雷及南海诸岛农林区 12.40 万 hm²（占 1.46%），粤西桂南农林区 7.62 万 hm²（占 0.90%）。二级水平共计 38.95 万 hm²，占华南区耕地面积的 4.58%，其中滇南农林区 6.45 万 hm²（占 0.76%），闽南粤中农林水产区 9.95 万 hm²（占 1.17%），琼雷及南海诸岛农林区 9.14 万 hm²（占 1.08%），粤西桂南农林区 13.40 万 hm²（占 1.58%）。三级水平共计 105.15 万 hm²，占华南区耕地面积的 12.37%，其中滇南农林区 3.39 万 hm²（占 0.40%），闽南粤中农林水产区 51.39 万 hm²（占 6.05%），琼雷及南海诸岛农林区 11.04 万 hm²（占 1.30%），粤西桂南农林区 39.34 万 hm²（占 4.63%）。四级水平共计 118.49 万 hm²，占华南区耕地面积的 13.94%，其中滇南农林区 0.08 万 hm²（占 0.01%），闽南粤中农林水产区 50.20 万 hm²（占 5.91%），琼雷及南海诸岛农林区 10.94 万 hm²（占 1.29%），粤西桂南农林区 57.27 万 hm²（占 6.74%）。五级水平共计 145.90 万 hm²，占华南区耕地面积的 17.17%，其中滇南农林区没有分布，闽南粤中农林水产区 21.70 万 hm²（占 2.55%），琼雷及南海诸岛农林区 22.06 万 hm²（占 2.60%），粤西桂南农林区 102.14 万 hm²（占 12.02%）。六级水平共计 140.62 万 hm²，占华南区耕地面积的 16.55%，其中滇南农林区没有分布，闽南粤中农林水产区 15.62 万 hm²（占 1.84%），琼雷及南海诸岛农林区 42.14 万 hm²（占 4.96%），粤西桂南农林区 82.85 万 hm²（占 9.75%）（表 4-160）。

表 4-160　华南区二级农业区耕地土壤有效钼不同等级面积统计（万 hm²）

二级农业区	一级 ≥0.3mg/kg	二级 0.25～ 0.3mg/kg	三级 0.2～ 0.25mg/kg	四级 0.15～ 0.2mg/kg	五级 0.1～ 0.15mg/kg	六级 <0.1mg/kg
闽南粤中农林水产区	13.51	9.95	51.39	50.20	21.70	15.62
粤西桂南农林区	7.62	13.40	39.34	57.27	102.14	82.85
滇南农林区	267.27	6.45	3.39	0.08		
琼雷及南海诸岛农林区	12.40	9.14	11.04	10.94	22.06	42.14
总计	300.79	38.95	105.15	118.49	145.90	140.62

按各评价区统计，福建评价区土壤有效钼一级和六级水平没有分布；二级水平共计 0.68 万 hm²，占评价区耕地面积的 1.55%；三级水平共计 29.12 万 hm²，占评价区耕地面积的 66.17%；四级水平共计 12.69 万 hm²，占评价区耕地面积的 28.83%；五级水平共计 1.53 万 hm²，占评价区耕地面积的 3.48%。广东评价区土壤有效钼一级水平共计 29.15 万 hm²，占评价区耕地面积的 14.38%；二级水平共计 24.29 万 hm²，占评价区耕地面积的 11.98%；三级水平共计 49.53 万 hm²，占评价区耕地面积的 24.44%；四级水平共计 56.14 万 hm²，占评价区耕地面积的 27.70%；五级水平共计 27.65 万 hm²，占评价区耕地面积的 13.64%；六级水平共计 15.94 万 hm²，占评价区耕地面积的 7.86%。广西评价区土壤有效钼一级水平共计 3.30 万 hm²，占评价区耕地面积的 1.30%；二级水平共计 6.72 万 hm²，占评价区耕地面积的 2.65%；三级水平共计 21.87 万 hm²，占评价区耕地面积的 8.62%；四级水平共计 44.63 万 hm²，占评价区耕地面积的 17.59%；五级水平共计 94.67 万 hm²，占评价区耕地面积的 37.31%；六级水平共计 82.53 万 hm²，占评价区耕地面积的 32.53%。海南评价区土壤有效钼一级水平共计 1.08 万 hm²，占评价区耕地面积的 1.49%；二级水平共计 0.82 万 hm²，占评价区耕地面积的 1.13%；三级水平共计 1.24 万 hm²，占评价区耕地面积的 1.72%；四级水平共计 4.95 万 hm²，占评价区耕地面积的 6.85%；五级水平共计 22.04 万 hm²，占评价区耕地面积的 30.50%；六级水平共计 42.14 万 hm²，占评价区耕地面积的 58.31%。云南评价区土壤有效钼一级水平共计 267.27 万 hm²，占评价区耕地面积的 96.42%；二级水平共计 6.45 万 hm²，占评价区耕地面积的 2.33%；三级水平共计 3.39 万 hm²，占评价区耕地面积的 1.22%；四级水平共计 0.08 万 hm²，占评价区耕地面积的 0.03%；五级和六级水平没有分布（表 4-159）。

按土壤类型统计，土壤有效钼一级水平共计 300.79 万 hm²，占华南区耕地面积的 35.39%，其中潮土 0.40 万 hm²（占 0.05%），赤红壤 67.24 万 hm²（占 7.91%），风沙土 0.37 万 hm²（占 0.04%），红壤 74.66 万 hm²（占 8.78%），黄壤 22.69 万 hm²（占 2.67%），黄棕壤 12.15 万 hm²（占 1.43%），石灰（岩）土 10.70 万 hm²（占 1.26%），水稻土 85.61 万 hm²（占 10.07%），砖红壤 14.31 万 hm²（占 1.68%），紫色土 8.30 万 hm²（占 0.98%）。土壤有效钼二级水平共计 38.95 万 hm²，占华南区耕地面积的 4.58%，其中潮土 0.80 万 hm²（占 0.09%），赤红壤 7.66 万 hm²（占 0.90%），红壤 2.70 万 hm²（占 0.32%），黄壤 0.58 万 hm²（占 0.07%），黄棕壤 0.09 万 hm²（占 0.01%），石灰（岩）土 0.29 万 hm²（占 0.03%），水稻土 19.44 万 hm²（占 2.29%），砖红壤 6.32 万 hm²（占 0.74%），紫色土 0.40 万 hm²（占 0.05%）。土壤有效钼三级水平共计 105.15 万 hm²，占

华南区耕地面积的 12.37%，其中潮土 2.15 万 hm² （占 0.25%），赤红壤 20.02 万 hm²（占 2.36%），风沙土 0.62 万 hm²（占 0.07%），红壤 2.12 万 hm²（占 0.25%），黄壤 0.31 万 hm²（占 0.04%），黄棕壤 0.26 万 hm²（占 0.03%），石灰（岩）土 2.84 万 hm²（占 0.33%），水稻土 65.92 万 hm²（占 7.76%），砖红壤 8.05 万 hm²（占 0.95%），紫色土 2.13 万 hm²（占 0.25%）。土壤有效钼四级水平共计 118.49 万 hm²，占华南区耕地面积的 13.94%，其中潮土 3.43 万 hm²（占 0.40%），赤红壤 30.96 万 hm²（占 3.64%），风沙土 0.76 万 hm²（占 0.09%），红壤 2.23 万 hm²（占 0.26%），黄壤 0.80 万 hm²（占 0.09%），黄棕壤 0.02 万 hm²（占 0.002%），石灰（岩）土 4.32 万 hm²（占 0.51%），水稻土 64.54 万 hm²（占 7.59%），砖红壤 5.99 万 hm²（占 0.70%），紫色土 3.62 万 hm²（占 0.43%）。土壤有效钼五级水平共计 145.90 万 hm²，占华南区耕地面积的 17.17%，其中潮土 3.00 万 hm²（占 0.35%），赤红壤 37.10 万 hm²（占 4.37%），风沙土 0.92 万 hm²（占 0.11%），红壤 2.18 万 hm²（占 0.26%），黄壤 0.01 万 hm²（占 0.001%），石灰（岩）土 15.16 万 hm²（占 1.78%），水稻土 71.33 万 hm²（占 8.39%），砖红壤 9.54 万 hm²（占 1.12%），紫色土 4.00 万 hm²（占 0.47%）。土壤有效钼六级水平共计 140.62 万 hm²，占华南区耕地面积的 16.55%，其中潮土 0.97 万 hm²（占 0.11%），赤红壤 25.78 万 hm²（占 3.03%），风沙土 1.10 万 hm²（占 0.13%），红壤 0.20 万 hm²（占 0.02%），黄壤 0.32 万 hm²（占 0.04%），石灰（岩）土 2.43 万 hm²（占 0.29%），水稻土 80.69 万 hm²（占 9.49%），砖红壤 14.79 万 hm²（占 1.74%），紫色土 9.23 万 hm²（占 1.09%）（表 4-161）。

表 4-161　华南区主要土壤类型耕地土壤有效钼不同等级面积统计（万 hm²）

土壤类型	一级 ≥30mg/kg	二级 20～30mg/kg	三级 15～20mg/kg	四级 10～15mg/kg	五级 6～10mg/kg	六级 <6mg/kg
砖红壤	14.31	6.32	8.05	5.99	9.54	14.79
赤红壤	67.24	7.66	20.02	30.96	37.10	25.78
红壤	74.66	2.70	2.12	2.23	2.18	0.20
黄壤	22.69	0.58	0.31	0.80	0.01	0.32
黄棕壤	12.15	0.09	0.26	0.02	0.00	0.00
风沙土	0.37	0.38	0.62	0.76	0.92	1.10
石灰（岩）土	10.70	0.29	2.84	4.32	15.16	2.43
紫色土	8.30	0.40	2.13	3.62	4.00	9.23
潮土	0.40	0.80	2.15	3.43	3.00	0.97
水稻土	85.61	19.44	65.92	64.54	71.33	80.69

四、土壤有效钼调控

钼可增强光合作用，促进碳水化合物的转移，促进植物体内有机含磷化合物的合成，促进繁殖器官的迅速发育，增强抗病能力。当土壤中有效钼含量 <0.15mg/kg 时，作物从土壤中吸收的钼不足。缺钼时作物叶片畸形、瘦长，螺旋状扭曲，生长不规则，老叶脉间淡绿发黄，有褐色斑点，变厚焦枯。土壤供钼过量，症状不易呈现，多表现为失绿，过量的钼会影响有效铁的吸收。钼与磷有相互促进的作用，磷能增强钼的效果。调控土壤有效钼一般用钼肥。

常用钼肥为钼酸铵与钼酸钠。可作基施、叶面喷施、浸种和拌种。作基肥每公顷施

0.750～2.255kg，可拌细土 150kg，撒施耕翻、条施或穴施。钼酸铵因价格昂贵，加之用量少，不易施用均匀等原因，通常不作基肥。钼肥叶面喷肥，浓度一般为 0.01%～0.1%。钼在作物中移动性差，以苗期、初花期各喷一次为好，还可在盛花期加喷一次。浸种：可用 0.05%～0.1%钼酸铵溶液浸种，玉米等禾本科作物可浸泡 20h 左右，浸后晾干即可播种。拌种：每千克种子用 2～5g 钼肥拌种，施用时先将钼肥用少量热水溶解，再用冷水稀释到所需要的浓度，边喷边搅拌种子，溶液不宜过多，以免种皮起皱，造成烂种。

第十一节　土壤有效硼

一、土壤有效硼含量及其空间差异

（一）土壤有效硼含量概况

华南区耕地土壤有效硼总体样点平均为 0.35mg/kg，其中，旱地土壤采样点占 40.46%，平均为 0.32mg/kg；水浇地土壤采样点占 2.97%，平均为 0.48mg/kg；水田土壤采样点占 56.57%，平均为 0.37mg/kg。各评价区土壤有效硼含量情况分述如下：

福建评价区耕地土壤有效硼总体样点平均为 5.17mg/kg，其中，旱地土壤采样点占 18.19%，平均为 5.22mg/kg；水浇地土壤采样点占 5.84%，平均为 4.77mg/kg；水田土壤采样点占 75.96%，平均为 5.19mg/kg。旱地有效硼的平均含量比水浇地高 0.45mg/kg，比水田高 0.03mg/kg；水浇地土壤有效硼含量的变异幅度比旱地大 4.61%，比水田大 4.33%（表 4-162）。

表 4-162　福建评价区耕地土壤有效硼含量（个，mg/kg，%）

耕地类型	采样点数	平均值	标准差	变异系数
旱地	137	5.22	0.81	15.52
水浇地	44	4.77	0.96	20.13
水田	572	5.19	0.82	15.80
总计	753	5.17	0.83	16.05

广东评价区耕地土壤有效硼总体样点平均为 4.92mg/kg，其中，旱地土壤采样点占 16.37%，平均为 4.93mg/kg；水浇地土壤采样点占 7.98%，平均为 4.73mg/kg；水田土壤采样点占 75.65%，平均为 4.94mg/kg。水田有效硼的平均含量比旱地高 0.01mg/kg，比水浇地高 0.21mg/kg；水浇地土壤有效硼含量的变异幅度比旱地大 3.76%，比水田大 2.79%（表 4-163）。

表 4-163　广东评价区耕地土壤有效硼含量（个，mg/kg，%）

耕地类型	采样点数	平均值	标准差	变异系数
旱地	1 246	4.93	0.94	19.07
水浇地	607	4.73	1.08	22.83
水田	5 758	4.94	0.99	20.04
总计	7 611	4.92	0.99	20.12

广西评价区耕地土壤有效硼总体样点平均为 5.18mg/kg，其中，旱地土壤采样点占 46.89%，平均为 5.27mg/kg；水浇地土壤采样点只有 1 个，占 0.03%，化验值为 5.00mg/kg；水田土壤采样点占 53.08%，平均为 5.10mg/kg。旱地有效硼的平均含量比水田高 0.17mg/kg；水田土壤有效硼含量的变异幅度比旱地大 5.43%（表 4-164）。

表 4-164 广西评价区耕地土壤有效硼含量（个，mg/kg，%）

耕地类型	采样点数	平均值	标准差	变异系数
旱地	1 766	5.27	0.84	15.94
水浇地	1	5.00	—	—
水田	1 999	5.10	1.09	21.37
总计	3 766	5.18	0.98	18.92

海南评价区耕地土壤有效硼总体样点平均为 5.08mg/kg，其中，旱地土壤采样点占 27.38%，平均为 5.05mg/kg；水浇地土壤采样点只有 1 个，占 0.04%，化验值为 5.00mg/kg；水田土壤采样点占 72.59%，平均为 5.10mg/kg。水田有效硼的平均含量比旱地高 0.05mg/kg；水田土壤有效硼含量的变异幅度比旱地大 0.48%（表 4-165）。

表 4-165 海南评价区耕地土壤有效硼含量（个，mg/kg，%）

耕地类型	采样点数	平均值	标准差	变异系数
旱地	771	5.05	0.55	10.89
水浇地	1	5.00	—	—
水田	2 044	5.10	0.58	11.37
总计	2 816	5.08	0.57	11.22

云南评价区耕地土壤有效硼总体样点平均为 5.19mg/kg，其中，旱地土壤采样点占 67.63%，平均为 5.18mg/kg；水浇地土壤采样点占 0.31%，平均为 5.38mg/kg；水田土壤采样点占 32.06%，平均为 5.19mg/kg。水浇地有效硼的平均含量比旱地高 0.20mg/kg，比水田高 0.19mg/kg；旱地土壤有效硼含量的变异幅度比水浇地大 1.38%，比水田大 0.21%（表 4-166）。

表 4-166 云南评价区耕地土壤有效硼含量（个，mg/kg，%）

耕地类型	采样点数	平均值	标准差	变异系数
旱地	5 294	5.18	0.63	12.16
水浇地	24	5.38	0.58	10.78
水田	2 510	5.19	0.62	11.95
总计	7 828	5.19	0.63	12.14

（二）土壤有效硼含量的区域分布

1. 不同二级农业区耕地土壤有效硼含量分布 华南区 4 个二级农业区中，闽南粤中农林水产区的土壤有效硼平均含量最高，滇南农林区的土壤有效硼平均含量最低，琼雷及南海诸岛农林区和粤西桂南农林区的土壤有效硼平均含量介于中间。闽南粤中农林水产区的土壤有效硼变异系数最大，滇南农林区的变异系数最小（表4-167）。

表 4-167 华南区不同二级农业区耕地土壤有效硼含量（个，mg/kg，%）

二级农业区	采样点数	平均值	标准差	变异系数
闽南粤中农林水产区	6 072	0.42	0.56	133.33
粤西桂南农林区	5 423	0.36	0.34	94.44
滇南农林区	7 828	0.30	0.18	60.00
琼雷及南海诸岛农林区	3 451	0.37	0.26	70.27
总计	22 774	0.35	0.37	105.71

2. 不同评价区耕地土壤有效硼含量分布 华南区不同评价区中，广东评价区的土壤有效硼平均含量最高，云南省的土壤有效硼平均含量最低，海南、广西和福建评价区的土壤有效硼平均含量介于中间。广东评价区的土壤有机质变异系数最大，海南评价区的变异系数最小（表4-168）。

表 4-168 华南区不同评价区耕地土壤有效硼含量（个，mg/kg，%）

评价区	采样点数	平均值	标准差	变异系数
福建评价区	753	0.32	0.27	84.38
广东评价区	7 611	0.44	0.53	120.45
广西评价区	3 766	0.33	0.35	106.06
海南评价区	2 816	0.34	0.17	50.00
云南评价区	7 828	0.30	0.18	60.00

3. 不同评价区地级市及省辖县耕地土壤有效硼含量分布 华南区不同评价区各地级市及省辖县中，广东评价区汕头市的土壤有效硼平均含量最高，为0.78mg/kg；广东评价区河源市的土壤有效硼平均含量最低，为0.12mg/kg；其余各地级市及省辖县介于0.16～0.76mg/kg之间。变异系数最大的是广东评价区清远市，为178.79%；最小的是广西评价区广西农垦（金光农场），为37.93%（表4-169）。

表 4-169 华南区不同评价区地级市及省辖县耕地土壤有效硼含量（个，mg/kg，%）

评价区	地级市/省辖县	采样点数	平均值	标准差	变异系数
福建评价区	福州市	81	0.24	0.22	91.67
	平潭综合实验区	19	0.36	0.28	77.78
	莆田市	144	0.35	0.35	100.00
	泉州市	190	0.33	0.29	87.88
	厦门市	42	0.29	0.26	89.66
	漳州市	277	0.32	0.22	68.75
广东评价区	潮州市	251	0.18	0.09	50.00
	东莞市	73	0.65	0.53	81.54
	佛山市	124	0.72	0.41	56.94

（续）

评价区	地级市/省辖县	采样点数	平均值	标准差	变异系数
广东评价区	广州市	370	0.53	0.35	66.04
	河源市	226	0.12	0.05	41.67
	惠州市	616	0.18	0.13	72.22
	江门市	622	0.76	0.56	73.68
	揭阳市	460	0.16	0.12	75.00
	茂名市	849	0.42	0.24	57.14
	梅州市	299	0.35	0.24	68.57
	清远市	483	0.66	1.18	178.79
	汕头市	285	0.78	1.25	160.26
	汕尾市	397	0.23	0.20	86.96
	韶关市	62	0.17	0.07	41.18
	阳江市	455	0.33	0.23	69.70
	云浮市	518	0.46	0.21	45.65
	湛江市	988	0.52	0.46	88.46
	肇庆市	342	0.33	0.23	69.70
	中山市	64	0.70	0.35	50.00
	珠海市	127	0.67	0.39	58.21
广西评价区	百色市	466	0.25	0.23	92.00
	北海市	176	0.45	0.25	55.56
	崇左市	771	0.28	0.27	96.43
	防城港市	132	0.17	0.09	52.94
	广西农垦	20	0.29	0.11	37.93
	贵港市	473	0.35	0.34	97.14
	南宁市	865	0.32	0.36	112.50
	钦州市	317	0.33	0.39	118.18
	梧州市	188	0.66	0.68	103.03
	玉林市	358	0.37	0.33	89.19
海南评价区	白沙黎族自治县	114	0.38	0.20	52.63
	保亭黎族苗族自治县	51	0.33	0.15	45.45
	昌江黎族自治县	124	0.36	0.14	38.89
	澄迈县	236	0.36	0.15	41.67
	儋州市	318	0.37	0.18	48.65
	定安县	197	0.35	0.17	48.57
	东方市	129	0.35	0.16	45.71
	海口市	276	0.33	0.16	48.48
	乐东黎族自治县	144	0.36	0.16	44.44

（续）

评价区	地级市/省辖县	采样点数	平均值	标准差	变异系数
海南评价区	临高县	202	0.35	0.17	48.57
	陵水县	120	0.29	0.14	48.28
	琼海市	122	0.30	0.19	63.33
	琼中黎族苗族自治县	45	0.35	0.18	51.43
	三亚市	149	0.30	0.17	56.67
	屯昌县	199	0.29	0.16	55.17
	万宁市	150	0.38	0.17	44.74
	文昌市	192	0.35	0.17	48.57
	五指山市	48	0.32	0.21	65.63
云南评价区	保山市	754	0.34	0.21	61.76
	德宏傣族景颇族自治州	583	0.38	0.29	76.32
	红河哈尼族彝族自治州	1 563	0.29	0.16	55.17
	临沧市	1 535	0.29	0.17	58.62
	普洱市	1 661	0.27	0.15	55.56
	文山壮族苗族自治州	1 035	0.28	0.15	53.57
	西双版纳傣族自治州	402	0.28	0.21	75.00
	玉溪市	295	0.29	0.17	58.62

二、土壤有效硼含量及其影响因素

（一）不同土壤类型土壤有效硼含量

在华南区主要土壤类型中，土壤有效硼含量以风沙土的土壤有效硼含量最高，平均值为 0.43mg/kg，在 0.02～6.25mg/kg 之间变动。石灰（岩）土的土壤有效硼含量最低，平均值为 0.26mg/kg，在 0.02～1.21mg/kg 之间变动。其余土类土壤有效硼含量平均值介于 0.29～0.38mg/kg 之间。水稻土采样点个数为 13 881 个，土壤有效硼含量平均值为 0.38mg/kg，在 0.01～8.72mg/kg 之间变动。在各主要土类中，风沙土的土壤有效硼变异系数最大，为 204.65%；潮土次之，为 127.03%；黄棕壤的变异系数最小，为 55.17%；其余土类的变异系数在 56.67%～112.50% 之间（表 4-170）。

表 4-170　华南区主要土壤类型耕地土壤有效硼含量（个，mg/kg，%）

土类	采样点数	平均值	标准差	变异系数
砖红壤	1 069	0.37	0.29	78.38
赤红壤	3 311	0.32	0.36	112.5
红壤	2 105	0.3	0.17	56.67
黄壤	611	0.32	0.19	59.38
黄棕壤	251	0.29	0.16	55.17
风沙土	111	0.43	0.88	204.65

（续）

土类	采样点数	平均值	标准差	变异系数
石灰（岩）土	544	0.26	0.17	65.38
紫色土	355	0.29	0.19	65.52
潮土	327	0.37	0.47	127.03
水稻土	13 881	0.38	0.4	105.26

在华南区主要土壤亚类中，盐渍水稻土的土壤有效硼平均值最高，为 0.57mg/kg；棕色石灰土的土壤有效硼含量平均值最低，为 0.14mg/kg。变异系数以滨海风沙土最大，为 204.65%；赤红壤性土最小，为 46.43%（表 4-171）。

表 4-171　华南区主要土壤亚类耕地土壤有效硼含量（个，mg/kg，%）

亚类	采样点数	平均值	标准差	变异系数
典型砖红壤	838	0.36	0.22	61.11
黄色砖红壤	233	0.39	0.47	120.51
典型赤红壤	2 615	0.34	0.40	117.65
黄色赤红壤	629	0.26	0.15	57.69
赤红壤性土	60	0.28	0.13	46.43
典型红壤	1 195	0.30	0.18	60.00
黄红壤	878	0.29	0.15	51.72
山原红壤	7	0.29	0.33	113.79
红壤性土	25	0.32	0.16	50.00
典型黄壤	596	0.32	0.19	59.38
黄壤性土	14	0.25	0.13	52.00
暗黄棕壤	251	0.29	0.16	55.17
滨海风沙土	111	0.43	0.88	204.65
红色石灰土	73	0.33	0.20	60.61
黑色石灰土	109	0.27	0.16	59.26
棕色石灰土	159	0.14	0.13	92.86
黄色石灰土	203	0.32	0.15	46.88
酸性紫色土	268	0.29	0.17	58.62
中性紫色土	71	0.31	0.26	83.87
石灰性紫色土	16	0.24	0.19	79.17
典型潮土	1	0.25	—	—
灰潮土	326	0.37	0.47	127.03
潴育水稻土	7 821	0.37	0.43	116.22
淹育水稻土	1 930	0.35	0.33	94.29
渗育水稻土	2 392	0.40	0.37	92.50

（续）

亚类	采样点数	平均值	标准差	变异系数
潜育水稻土	1 048	0.38	0.34	89.47
漂洗水稻土	250	0.36	0.43	119.44
盐渍水稻土	221	0.57	0.41	71.93
咸酸水稻土	219	0.48	0.43	89.58

（二）地貌类型与土壤有效硼含量

华南区的地貌类型主要有盆地、平原、丘陵和山地。平原的土壤有效硼平均值最高，为 0.40mg/kg；其次是丘陵和山地，分别为 0.39mg/kg、0.33mg/kg；盆地的土壤有效硼平均值最低，均为 0.29mg/kg。丘陵的土壤有效硼变异系数最大，为 112.82%；盆地的变异系数最小，为 62.07%（表 4-172）。

表 4-172　华南区不同地貌类型耕地土壤有效硼含量（个，mg/kg，%）

地貌类型	采样点数	平均值	标准差	变异系数
盆地	7 251	0.29	0.18	62.07
平原	6 649	0.40	0.42	105.00
丘陵	6 484	0.39	0.44	112.82
山地	2 390	0.33	0.35	106.06

（三）成土母质与土壤有效硼含量

华南区不同成土母质发育的土壤中，土壤有效硼含量均值最高的是湖相沉积物和江海相沉积物，均为 0.45mg/kg；其次是河流冲积物，为 0.42mg/kg；第四纪红土的土壤有效硼均值最低，为 0.31mg/kg；其余成土母质的土壤有效硼含量均值在 0.32～0.38mg/kg 之间。河流冲积物的土壤有效硼变异系数最大，为 126.19%；湖相沉积物的变异系数最小，为 24.44%（表 4-173）。

表 4-173　华南区不同成土母质耕地土壤有效硼含量（个，mg/kg，%）

成土母质	采样点数	平均值	标准差	变异系数
残坡积物	9 323	0.32	0.31	96.88
第四纪红土	3 738	0.31	0.22	70.97
河流冲积物	2 664	0.42	0.53	126.19
洪冲积物	5 061	0.38	0.40	105.26
湖相沉积物	8	0.45	0.11	24.44
火山堆积物	60	0.37	0.13	35.14
江海相沉积物	1 920	0.45	0.43	95.56

（四）土壤质地与土壤有效硼含量

华南区不同土壤质地中，轻壤的土壤有效硼平均值最高，为 0.39mg/kg；其次是砂壤、中壤、砂土和黏土，分别是 0.37mg/kg、0.37mg/kg、0.36mg/kg、0.32mg/kg；重壤的土壤有效硼平均值最低，为 0.29mg/kg。轻壤的土壤有效硼变异系数最大，为 115.38%；黏土的变异系数最小，为 75.00%（表 4-174）。

表 4-174　华南区不同土壤质地耕地土壤有效硼含量（个，mg/kg，%）

质地	采样点数	平均值	标准差	变异系数
黏土	3 141	0.32	0.24	75.00
轻壤	7 609	0.39	0.45	115.38
砂壤	4 022	0.37	0.39	105.41
砂土	492	0.36	0.34	94.44
中壤	3 031	0.37	0.39	105.41
重壤	4 479	0.29	0.22	75.86

三、土壤有效硼含量分级与变化情况

根据华南区土壤有效硼含量状况，参照第二次土壤普查及各省（自治区）分级标准，将土壤有效硼含量等级划分为 6 级。华南区耕地土壤有效硼含量各等级面积与比例见图 4-11。

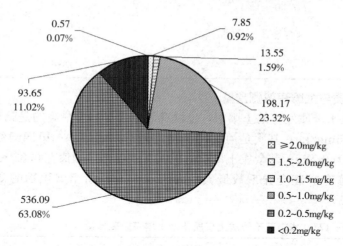

0.57
0.07%

7.85
0.92%

13.55
1.59%

93.65
11.02%

198.17
23.32%

536.09
63.08%

☒ ≥2.0mg/kg
☐ 1.5~2.0mg/kg
▨ 1.0~1.5mg/kg
▨ 0.5~1.0mg/kg
▥ 0.2~0.5mg/kg
■ <0.2mg/kg

图 4-11　华南区耕地土壤有效硼含量各等级面积与比例（万 hm²）

土壤有效硼一级水平共计 0.57 万 hm²，占华南区耕地面积的 0.07%，其中广东评价区 0.11 万 hm²（占 0.01%），广西评价区 0.46 万 hm²（占 0.05%），福建海南和云南评价区没有分布。二级水平共计 7.85 万 hm²，占华南区耕地面积的 0.92%，其中广东评价区 6.39 万 hm²（占 0.75%），广西评价区 1.46 万 hm²（占 0.17%），福建海南和云南评价区没有分布。三级水平共计 13.55 万 hm²，占华南区耕地面积的 1.59%，其中福建评价区 0.01 万 hm²（占 0.001%），广东评价区 9.56 万 hm²（占 1.12%），广西评价区 3.31 万 hm²（占 0.39%），云南评价区 0.67 万 hm²（占 0.08%），海南评价区没有分布。四级水平共计 198.17 万 hm²，占华南区耕地面积的 23.32%，其中福建评价区 4.72 万 hm²（占 0.56%），广东评价区 95.03 万 hm²（占 11.18%），广西评价区 59.10 万 hm²（占 6.95%），海南评价区 21.93 万 hm²（占 2.58%），云南评价区 17.40 万 hm²（占 2.05%）。五级水平共计 536.09 万 hm²，占华南区耕地面积的 63.08%，其中福建评价区 32.77 万 hm²（占 3.86%），广东评价区 75.05 万 hm²（占

8.83%），广西评价区 118.84 万 hm²（占 13.98%），海南评价区 50.32 万 hm²（占 5.92%），云南评价区 259.10 万 hm²（占 30.49%）。六级水平共计 93.65 万 hm²，占华南区耕地面积的 11.02%，其中福建评价区 6.52 万 hm²（占 0.77%），广东评价区 16.56 万 hm²（占 1.95%），广西评价区 70.55 万 hm²（占 8.30%），海南评价区 0.02 万 hm²（占 0.002%），云南评价区没有分布（表 4-175）。

表 4-175 华南区评价区耕地土壤有效硼不同等级面积统计（万 hm²）

评价区	一级 ≥2.0mg/kg	二级 1.5～2.0mg/kg	三级 1.0～1.5mg/kg	四级 0.5～1.0mg/kg	五级 0.2～0.5mg/kg	六级 <0.2mg/kg
福建评价区			0.01	4.72	32.77	6.52
广东评价区	0.11	6.39	9.56	95.03	75.05	16.56
广西评价区	0.46	1.46	3.31	59.10	118.84	70.55
海南评价区				21.93	50.32	0.02
云南评价区			0.67	17.40	259.10	
总计	0.57	7.85	13.55	198.17	536.09	93.65

二级农业区中，土壤有效硼一级水平共计 0.57 万 hm²，占华南区耕地面积的 0.07%，其中滇南农林区和琼雷及南海诸岛农林区没有分布，闽南粤中农林水产区 0.11 万 hm²（占 0.01%），粤西桂南农林区 0.46 万 hm²（占 0.05%）。二级水平共计 7.85 万 hm²，占华南区耕地面积的 0.92%，其中滇南农林区和琼雷及南海诸岛农林区没有分布，闽南粤中农林水产区 6.39 万 hm²（占 0.75%），粤西桂南农林区 1.46 万 hm²（占 0.17%）。三级水平共计 13.55 万 hm²，占华南区耕地面积的 1.59%，其中滇南农林区 0.67 万 hm²（占 0.08%），闽南粤中农林水产区 6.17 万 hm²（占 0.73%），琼雷及南海诸岛农林区 0.14 万 hm²（占 0.02%），粤西桂南农林区 6.57 万 hm²（占 0.77%）。四级水平共计 198.17 万 hm²，占华南区耕地面积的 23.32%，其中滇南农林区 17.40 万 hm²（占 2.05%），闽南粤中农林水产区 41.56 万 hm²（占 4.89%），琼雷及南海诸岛农林区 53.87 万 hm²（占 6.34%），粤西桂南农林区 85.34 万 hm²（占 10.04%）。五级水平共计 536.09 万 hm²，占华南区耕地面积的 63.08%，其中滇南农林区 259.10 万 hm²（占 30.49%），闽南粤中农林水产区 87.21 万 hm²（占 10.26%），琼雷及南海诸岛农林区 53.69 万 hm²（占 6.32%），粤西桂南农林区 136.09 万 hm²（占 16.01%）。六级水平共计 93.65 万 hm²，占华南区耕地面积的 11.02%，其中滇南农林区没有分布，闽南粤中农林水产区 20.93 万 hm²（占 2.46%），琼雷及南海诸岛农林区 0.02 万 hm²（占 0.002%），粤西桂南农林区 72.70 万 hm²（占 8.55%）（表 4-176）。

表 4-176 华南区二级农业区耕地土壤有效硼不同等级面积统计（万 hm²）

二级农业区	一级 ≥2.0mg/kg	二级 1.5～2.0mg/kg	三级 1.0～1.5mg/kg	四级 0.5～1.0mg/kg	五级 0.2～0.5mg/kg	六级 <0.2mg/kg
闽南粤中农林水产区	0.11	6.39	6.17	41.56	87.21	20.93
粤西桂南农林区	0.46	1.46	6.57	85.34	136.09	72.70
滇南农林区			0.67	17.40	259.10	
琼雷及南海诸岛农林区			0.14	53.87	53.69	0.02
总计	0.57	7.85	13.55	198.17	536.09	93.65

按不同评价区统计，福建评价区土壤有效硼一级和二级水平没有分布；三级水平共计 0.01 万 hm²，占评价区耕地面积的 0.02%；四级水平共计 4.72 万 hm²，占评价区耕地面积的 10.72%；五级水平共计 32.77 万 hm²，占评价区耕地面积的 74.46%；六级水平共计 6.52 万 hm²，占评价区耕地面积的 14.81%。广东评价区土壤有效硼一级水平共计 0.11 万 hm²，占评价区耕地面积的 0.05%；二级水平共计 6.39 万 hm²，占评价区耕地面积的 3.15%；三级水平共计 9.56 万 hm²，占评价区耕地面积的 4.72%；四级水平共计 95.03 万 hm²，占评价区耕地面积的 46.88%；五级水平共计 75.05 万 hm²，占评价区耕地面积的 37.03%；六级水平共计 16.56 万 hm²，占评价区耕地面积的 8.17%。广西评价区土壤有效硼一级水平共计 0.46 万 hm²，占评价区耕地面积的 0.18%；二级水平共计 1.46 万 hm²，占评价区耕地面积的 0.58%；三级水平共计 3.31 万 hm²，占评价区耕地面积的 1.30%；四级水平共计 59.10 万 hm²，占评价区耕地面积的 23.29%；五级水平共计 118.84 万 hm²，占评价区耕地面积的 46.84%；六级水平共计 70.55 万 hm²，占评价区耕地面积的 27.81%。海南评价区土壤有效硼一级、二级和三级水平没有分布；四级水平共计 21.93 万 hm²，占评价区耕地面积的 30.34%；五级水平共计 50.32 万 hm²，占评价区耕地面积的 69.63%；六级水平共计 0.02 万 hm²，占评价区耕地面积的 0.03%。云南评价区土壤有效硼一级、二级和六级水平没有分布；三级水平共计 0.67 万 hm²，占评价区耕地面积的 0.24%；四级水平共计 17.40 万 hm²，占评价区耕地面积的 6.28%；五级水平共计 259.10 万 hm²，占评价区耕地面积的 93.48%（表 4-175）。

按土壤类型统计，土壤有效硼一级水平共计 0.57 万 hm²，占华南区耕地面积的 0.07%，其中赤红壤 0.02 万 hm²（占 0.002%），红壤 0.08 万 hm²（占 0.01%），水稻土 0.48 万 hm²（占 0.06%）。土壤有效硼二级水平共计 7.85 万 hm²，占华南区耕地面积的 0.92%，其中潮土 0.08 万 hm²（占 0.01%），赤红壤 1.05 万 hm²（占 0.12%），风沙土 0.04 万 hm²（占 0.005%），水稻土 6.19 万 hm²（占 0.73%），紫色土 0.36 万 hm²（占 0.04%）。土壤有效硼三级水平共计 13.55 万 hm²，占华南区耕地面积的 1.59%，其中潮土 0.29 万 hm²（占 0.03%），赤红壤 2.26 万 hm²（占 0.27%），风沙土 0.02 万 hm²（占 0.002%），红壤 0.03 万 hm²（占 0.004%），黄壤 0.05 万 hm²（占 0.01%），石灰（岩）土 0.10 万 hm²（占 0.01%），水稻土 9.69 万 hm²（占 1.14%），砖红壤 0.69 万 hm²（占 0.08%），紫色土 0.41 万 hm²（占 0.05%）。土壤有效硼四级水平共计 198.17 万 hm²，占华南区耕地面积的 23.32%，其中潮土 4.44 万 hm²（占 0.52%），赤红壤 35.46 万 hm²（占 4.17%），风沙土 0.99 万 hm²（占 0.12%），红壤 5.77 万 hm²（占 0.68%），黄壤 3.77 万 hm²（占 0.44%），黄棕壤 0.95 万 hm²（占 0.11%），石灰（岩）土 2.36 万 hm²（占 0.28%）水稻土 106.41 万 hm²（占 12.52%），砖红壤 31.45 万 hm²（占 3.70%），紫色土 2.45 万 hm²（占 0.29%）。土壤有效硼五级水平共计 536.09 万 hm²，占华南区耕地面积的 63.08%，其中潮土 4.25 万 hm²（占 0.50%），赤红壤 129.35 万 hm²（占 15.22%），风沙土 2.95 万 hm²（占 0.35%），红壤 77.07 万 hm²（占 9.07%），黄壤 20.89 万 hm²（占 2.46%），黄棕壤 11.56 万 hm²（占 1.36%），石灰（岩）土 19.59 万 hm²（占 2.31%），水稻土 213.97 万 hm²（占 25.18%），砖红壤 26.47 万 hm²（占 3.11%），紫色土 20.82 万 hm²（占 2.45%）。土壤有效硼六级水平共计 93.65 万 hm²，占华南区耕地面积的 11.02%，其中潮土 1.68 万 hm²（占 0.20%），赤红壤 20.63 万 hm²（占 2.43%），风沙土 0.16 万

hm²（占 0.02%），红壤 1.14 万 hm²（占 0.13%），石灰（岩）土 13.70 万 hm²（占 1.61%），水稻土 50.79 万 hm²（占 5.98%），砖红壤 0.38 万 hm²（占 0.04%），紫色土 3.63 万 hm²（占 0.43%）（表 4-177）。

表 4-177　华南区主要土壤类型耕地土壤有效硼不同等级面积统计（万 hm²）

土壤类型	一级 ≥2.0mg/kg	二级 1.5～2.0mg/kg	三级 1.0～1.5mg/kg	四级 0.5～1.0mg/kg	五级 0.2～0.5mg/kg	六级 <0.2mg/kg
砖红壤	0.00	0.00	0.69	31.45	26.47	0.38
赤红壤	0.02	1.05	2.26	35.46	129.35	20.63
红壤	0.08	0.00	0.03	5.77	77.07	1.14
黄壤	0.00	0.00	0.05	3.77	20.89	0.00
黄棕壤	0.00	0.00	0.00	0.95	11.56	0.00
风沙土	0.00	0.04	0.02	0.99	2.95	0.16
石灰（岩）土	0.00	0.00	0.10	2.36	19.59	13.70
紫色土	0.00	0.36	0.41	2.45	20.82	3.63
潮土	0.00	0.08	0.29	4.44	4.25	1.68
水稻土	0.48	6.19	9.69	106.41	213.97	50.79

四、土壤有效硼调控

硼可促进作物分生组织生长和核酸代谢，有利于根系生长发育，促进碳水化合物运输和代谢，与生殖器官的建成和发育有关，可促进作物早熟、增强抗逆性。当土壤中有效硼含量 <0.5mg/kg 时，作物从土壤中吸收的硼不足。缺硼时作物根尖、茎尖的生长点停止生长，严重时生长点萎缩死亡，侧芽大量发生，植株生长畸形。开花结实不正常，花粉畸形，蕾、花和子房易脱落，果实种子不充实。叶片肥厚、粗糙，发皱卷曲，如油菜"花而不实"、花椰菜"褐心病"、萝卜"黑心病"等。硼在土壤中浓度稍高就会引起作物中毒，尤其是干旱土壤。硼过量导致缺钾。作物硼中毒的典型症状是"金边"，即叶缘最容易积累硼而出现失绿呈黄色，重者焦枯坏死。对硼高度敏感的作物有油菜、花椰菜、芹菜、葡萄、萝卜、甘蓝、莴苣等；中度敏感的作物有番茄、马铃薯、胡萝卜、花生、桃、板栗、茶等；敏感性差的作物有水稻、玉米、大豆、蚕豆、豌豆、黄瓜、洋葱、禾本科牧草等。调控土壤有效硼一般用硼肥。

硼肥的品种有硼砂、硼酸、硼镁肥等，硼砂、硼酸为常用硼肥。硼肥的施用方法有基施、浇施、叶面喷施和浸种伴种。基施每公顷施硼肥 7.5～11.25kg；浇施：在播种时将硼肥浇入播种穴内作为基肥；叶面喷施：硼肥浓度为 0.1%～0.3%。在华南地区，柑橘种植面积比较大，柑橘花前花后宜喷施 2～3 次硼肥，效果显著。浸种宜用 0.01%～0.03% 的硼砂，拌种时每千克种子用硼砂 0.2～0.5 克。油菜移栽时，用硼砂 7.5kg/hm² 与有机肥均匀混合后施入移栽穴或沟内，或在移栽后每公顷用硼砂 7.5kg 加水淋根，或在苗期、结荚期各喷一次浓度为 0.2% 的硼砂溶液，可防止"花而不实"。

华南区土壤酸化严重，硼活性加大，有效硼增加。当过量施硼肥时，可导致硼中毒。硼中毒后出现叶片提早脱落、枯梢等现象。如硼中毒严重，可视情况增施氮肥，也可采用撒石灰，提高土壤的 pH，能缓解硼的危害。华南区一般不存在硼过量的问题，有些种植户为了防止缺硼，多次施用和喷施硼肥，浓度用量高，特别是柑橘，造成硼肥害，梢尖变黄，花叶、叶绿褐色，叶背有泡状突起。出现硼害后，可增施氮、磷肥，促进生长。施适量钙肥，叶面喷施 1%～2%过磷酸钙浸出液和 0.5%尿素液，能减轻症状。

第十二节　土壤有效硅

一、土壤有效硅含量及其空间差异

（一）土壤有效硅含量概况

华南区耕地土壤有效硅总体样点平均为 117.03mg/kg，其中，旱地土壤采样点占 40.46%，平均为 153.95mg/kg；水浇地土壤采样点占 2.97%，平均为 49.40mg/kg；水田土壤采样点占 56.57%，平均为 94.18mg/kg。各评价区土壤有效硅含量情况分述如下：

福建评价区耕地土壤有效硅总体样点平均为 85.24mg/kg，其中，旱地土壤采样点占 18.19%，平均为 84.12mg/kg；水浇地土壤采样点占 5.84%，平均为 83.50mg/kg；水田土壤采样点占 75.96%，平均为 85.64mg/kg。水田有效硅的平均含量比旱地高 1.52mg/kg，比水浇地高 2.14mg/kg；水田土壤有效硅含量的变异幅度比旱地大 2.98%，比水浇地大 2.55%（表 4-178）。

表 4-178　福建评价区耕地土壤有效硅含量（个，mg/kg，%）

耕地类型	采样点数	平均值	标准差	变异系数
旱地	137	84.12	8.98	10.68
水浇地	44	83.50	9.28	11.11
水田	572	85.64	11.7	13.66
总计	753	85.24	11.13	13.06

广东评价区耕地土壤有效硅总体样点平均为 49.59mg/kg，其中，旱地土壤采样点占 16.37%，平均为 41.88mg/kg；水浇地土壤采样点占 7.98%，平均为 39.97mg/kg；水田土壤采样点占 75.65%，平均为 52.27mg/kg。水田有效硅的平均含量比旱地高 10.39mg/kg，比水浇地高 12.30mg/kg；旱地土壤有效硅含量的变异幅度比水浇地大 17.53%，比水田大 5.72%（表 4-179）。

表 4-179　广东评价区耕地土壤有效硅含量（个，mg/kg，%）

耕地类型	采样点数	平均值	标准差	变异系数
旱地	1 246	41.88	45.68	109.07
水浇地	607	39.97	36.59	91.54
水田	5 758	52.27	54.02	103.35
总计	7 611	49.59	51.75	104.36

广西评价区耕地土壤有效硅总体样点平均为 134.14mg/kg，其中，旱地土壤采样点占 46.89%，平均为 136.28mg/kg；水浇地土壤采样点只有 1 个，占 0.03%，化验值为

135.24mg/kg；水田土壤采样点占 53.08％，平均为 132.25mg/kg。旱地有效硅的平均含量比水田高 4.03mg/kg；水田土壤有效硅含量的变异幅度比旱地大 13.68％（表 4-180）。

表 4-180　广西评价区耕地土壤有效硅含量（个，mg/kg，％）

耕地类型	采样点数	平均值	标准差	变异系数
旱地	1 766	136.28	108.80	79.84
水浇地	1	135.24	—	—
水田	1 999	132.25	123.68	93.52
总计	3 766	134.14	116.92	87.16

海南评价区耕地土壤有效硅总体样点平均为 45.19mg/kg，其中，旱地土壤采样点占27.38％，平均为 44.49mg/kg；水浇地土壤采样点只有 1 个，占 0.04％，化验值为102.30mg/kg；水田土壤采样点占 72.59％，平均为 45.43mg/kg。水田有效硅的平均含量比旱地高 0.94mg/kg；水田土壤有效硅含量的变异幅度比旱地大 5.89％（表 4-181）。

表 4-181　海南评价区耕地土壤有效硅含量（个，mg/kg，％）

耕地类型	采样点数	平均值	标准差	变异系数
旱地	771	44.49	22.94	51.56
水浇地	1	102.30	—	—
水田	2 044	45.43	26.10	57.45
总计	2 816	45.19	25.29	55.96

云南评价区耕地土壤有效硅总体样点平均为 203.28mg/kg，其中，旱地土壤采样点占67.63％，平均为 203.98mg/kg；水浇地土壤采样点占 0.31％，平均为 219.64mg/kg；水田土壤采样点占 32.06％，平均为 201.64mg/kg。水浇地有效硅的平均含量比旱地高15.66mg/kg，比水田高 18.00mg/kg；旱地土壤有效硅含量的变异幅度比水浇地大 2.62％，比水田大 0.04％（表 4-182）。

表 4-182　云南评价区耕地土壤有效硅含量（个，mg/kg，％）

耕地类型	采样点数	平均值	标准差	变异系数
旱地	5 294	203.98	85.14	41.74
水浇地	24	219.64	85.93	39.12
水田	2 510	201.64	84.09	41.70
总计	7 828	203.28	84.81	41.72

（二）土壤有效硅含量的区域分布

1. 不同二级农业区耕地土壤有效硅含量分布　华南区 4 个二级农业区中，滇南农林区的土壤有效硅平均含量最高，琼雷及南海诸岛农林区的土壤有效硅平均含量最低，粤西桂南农林区和闽南粤中农林水产区的土壤有效硅平均含量介于中间。粤西桂南农林区的土壤有效硅变异系数最大，滇南农林区的变异系数最小（表 4-183）。

表 4-183　华南区不同二级农业区耕地土壤有效硅含量（个，mg/kg，%）

二级农业区	采样点数	平均值	标准差	变异系数
闽南粤中农林水产区	6 072	59.34	55.27	93.14
粤西桂南农林区	5 423	105.41	108	102.46
滇南农林区	7 828	203.28	84.81	41.72
琼雷及南海诸岛农林区	3 451	41.17	25.12	61.02
总计	22 774	117.03	102.51	87.59

2. 不同评价区耕地土壤有效硅含量分布　华南区不同评价区中，云南评价区的土壤有效硅平均含量最高，海南评价区的土壤有效硅平均含量最低，广西、福建和广东评价区的土壤有效硅平均含量介于中间。广东评价区的土壤有效硅变异系数最大，福建评价区的变异系数最小（表 4-184）。

表 4-184　华南区不同评价区耕地土壤有效硅含量（个，mg/kg，%）

评价区	采样点数	平均值	标准差	变异系数
福建评价区	753	85.24	11.13	13.06
广东评价区	7 611	49.59	51.75	104.36
广西评价区	3 766	134.14	116.92	87.16
海南评价区	2 816	45.19	25.29	55.96
云南评价区	7 828	203.28	84.81	41.72

3. 不同评价区地级市及省辖县耕地土壤有效硅含量分布　华南区不同评价区各地级市及省辖县中，以广西评价区玉林市的土壤有效硅平均含量最高，为 210.80mg/kg；广东评价区东莞市的土壤有效硅平均含量最低，为 0.44mg/kg；其余各地级市及省辖县介于 22.91~207.34mg/kg 之间。变异系数最大的是广西评价区百色市，为 87.20%；最小的是福建评价区平潭综合实验区，为 9.19%（表 4-185）。

表 4-185　华南区不同评价区地级市及省辖县耕地土壤有效硅含量（个，mg/kg，%）

评价区	地级市/省辖县	采样点数	平均值	标准差	变异系数
福建评价区	福州市	81	82.42	10.07	12.22
	平潭综合实验区	19	82.88	7.62	9.19
	莆田市	144	84.40	9.69	11.48
	泉州市	190	87.12	11.23	12.89
	厦门市	42	82.57	9.64	11.67
	漳州市	277	85.78	12.20	14.22
广东评价区	潮州市	251	39.90	20.78	52.08
	东莞市	73	0.44	0.21	47.73
	佛山市	124	43.33	21.00	48.47
	广州市	370	52.15	25.06	48.05

（续）

评价区	地级市/省辖县	采样点数	平均值	标准差	变异系数
广东评价区	河源市	226	54.14	42.06	77.69
	惠州市	616	29.83	21.67	72.64
	江门市	622	40.58	27.39	67.50
	揭阳市	460	33.28	21.03	63.19
	茂名市	849	36.15	19.73	54.58
	梅州市	299	50.43	11.55	22.90
	清远市	483	182.84	97.59	53.37
	汕头市	285	46.19	31.53	68.26
	汕尾市	397	45.25	38.35	84.75
	韶关市	62	24.28	8.59	35.38
	阳江市	455	61.40	43.89	71.48
	云浮市	518	60.33	43.67	72.39
	湛江市	988	22.91	13.72	59.89
	肇庆市	342	29.78	11.61	38.99
	中山市	64	60.41	37.26	61.68
	珠海市	127	70.31	39.55	56.25
广西评价区	百色市	466	113.92	99.34	87.20
	北海市	176	106.67	58.72	55.05
	崇左市	771	198.92	149.40	75.11
	防城港市	132	101.23	74.96	74.05
	广西农垦	20	72.56	45.83	63.16
	贵港市	473	117.85	71.63	60.78
	南宁市	865	107.61	87.92	81.70
	钦州市	317	74.60	47.74	63.99
	梧州市	188	91.45	62.88	68.76
	玉林市	358	210.80	164.60	78.08
海南评价区	白沙黎族自治县	114	37.35	14.19	37.99
	保亭黎族苗族自治县	51	59.71	34.45	57.70
	昌江黎族自治县	124	48.64	24.15	49.65
	澄迈县	236	43.16	20.49	47.47
	儋州市	318	47.55	29.29	61.60
	定安县	197	48.32	29.83	61.73
	东方市	129	41.40	17.69	42.73
	海口市	276	44.98	21.36	47.49
	乐东黎族自治县	144	39.98	19.20	48.02
	临高县	202	45.83	26.16	57.08

（续）

评价区	地级市/省辖县	采样点数	平均值	标准差	变异系数
海南评价区	陵水县	120	52.24	41.74	79.90
	琼海市	122	41.82	20.36	48.68
	琼中黎族苗族自治县	45	55.85	24.25	43.42
	三亚市	149	47.51	25.06	52.75
	屯昌县	199	42.17	21.52	51.03
	万宁市	150	43.89	24.78	56.46
	文昌市	192	42.45	24.19	56.98
	五指山市	48	46.61	24.16	51.83
云南评价区	保山市	754	201.84	82.00	40.63
	德宏傣族景颇族自治州	583	194.42	89.73	46.15
	红河哈尼族彝族自治州	1 563	200.46	83.73	41.77
	临沧市	1 535	207.34	83.89	40.46
	普洱市	1 661	204.08	86.02	42.15
	文山壮族苗族自治州	1 035	205.17	85.02	41.44
	西双版纳傣族自治州	402	203.77	85.6	42.01
	玉溪市	295	206.36	82.79	40.12

二、土壤有效硅含量及其影响因素

（一）不同土壤类型土壤有效硅含量

在华南区主要土壤类型中，土壤有效硅含量以黄棕壤的土壤有效硅含量最高，平均值为 206.15mg/kg，在 60.80～349.90mg/kg 之间变动。风沙土的土壤有效硅含量最低，为 42.55mg/kg，在 10.33～245.00mg/kg 之间变动。其余土类土壤有效硅含量平均值介于59.90～204.39mg/kg 之间。水稻土采样点个数为 13 881 个，土壤有效硅含量平均值为92.15mg/kg，在 0.18～550.00mg/kg 之间变动。在各主要土类中，潮土的土壤有效硅变异系数最大，为 117.99%；砖红壤次之，为 111.64%；黄棕壤的变异系数最小，为 41.91%；其余土类的变异系数在 43.01%～100.73% 之间（表 4-186）。

表 4-186　华南区主要土壤类型耕地土壤有效硅含量（个，mg/kg，%）

土类	采样点数	平均值	标准差	变异系数
砖红壤	1 069	59.90	66.87	111.64
赤红壤	3 311	152.96	100.46	65.68
红壤	2 105	196.78	87.88	44.66
黄壤	611	203.83	87.67	43.01
黄棕壤	251	206.15	86.4	41.91
风沙土	111	42.55	38.04	89.4
石灰（岩）土	544	204.39	115.65	56.58

（续）

土类	采样点数	平均值	标准差	变异系数
紫色土	355	170.35	103.9	60.99
潮土	327	82.87	97.78	117.99
水稻土	13 881	92.15	92.82	100.73

　　在华南区主要土壤亚类中，棕色石灰土的土壤有效硅平均值最高，为 248.02mg/kg；滨海风沙土的有效硅含量平均值最低，为 42.55mg/kg。变异系数以灰潮土最大，为 118.40%；山原红壤最小，为 25.98%（表 4-187）。

表 4-187　华南区主要土壤亚类耕地土壤有效硅含量（个，mg/kg，%）

亚类	采样点数	平均值	标准差	变异系数
典型砖红壤	838	55.00	62.24	113.16
黄色砖红壤	233	77.51	78.88	101.77
典型赤红壤	2 615	140.31	100.54	71.66
黄色赤红壤	629	203.74	83.12	40.80
赤红壤性土	60	184.92	87.21	47.16
典型红壤	1 195	190.58	89.00	46.70
黄红壤	878	203.72	86.16	42.29
山原红壤	7	240.84	62.57	25.98
红壤性土	25	236.56	69.26	29.28
典型黄壤	596	203.46	87.80	43.15
黄壤性土	14	231.21	70.71	30.58
暗黄棕壤	251	206.15	86.40	41.91
滨海风沙土	111	42.55	38.04	89.40
红色石灰土	73	174.62	95.33	54.59
黑色石灰土	109	174.41	94.73	54.31
棕色石灰土	159	248.02	153.05	61.71
黄色石灰土	203	197.03	85.05	43.17
酸性紫色土	268	161.96	95.57	59.01
中性紫色土	71	193.73	106.57	55.01
石灰性紫色土	16	207.28	184.09	88.81
典型潮土	1	240.85	—	—
灰潮土	326	82.38	97.54	118.40
潴育水稻土	7 821	102.68	99.40	96.81
淹育水稻土	1 930	94.13	100.84	107.13
渗育水稻土	2 392	61.24	51.93	84.80

（续）

亚类	采样点数	平均值	标准差	变异系数
潜育水稻土	1 048	95.49	102.35	107.18
漂洗水稻土	250	45.92	52.87	115.14
盐渍水稻土	221	83.34	40.35	48.42
咸酸水稻土	219	82.03	47.18	57.52

（二）地貌类型与土壤有效硅含量

华南区的地貌类型主要有盆地、平原、丘陵和山地。盆地的土壤有效硅平均值最高，为200.81mg/kg；其次是山地和丘陵，分别为126.56mg/kg、79.23mg/kg；平原的土壤有效硅平均值最低，均为59.10mg/kg。丘陵的土壤有效硅变异系数最大，为111.33%；盆地的变异系数最小，为42.96%（表4-188）。

表 4-188　华南区不同地貌类型耕地土壤有效硅含量（个，mg/kg，%）

地貌类型	采样点数	平均值	标准差	变异系数
盆地	7 251	200.81	86.27	42.96
平原	6 649	59.10	54.41	92.06
丘陵	6 484	79.23	88.21	111.33
山地	2 390	126.56	116.68	92.19

（三）成土母质与土壤有效硅含量

华南区不同成土母质发育的土壤中，土壤有效硅含量均值最高的是残坡积物，为153.79mg/kg；其次是第四纪红土，为149.84mg/kg；湖相沉积物的土壤有效硅均值最低，为49.39mg/kg；其余成土母质的土壤有效硅含量均值在51.77～80.39mg/kg之间。河流冲积物的土壤有效硅变异系数最大，为117.23%；湖相沉积物的变异系数最小，为30.98%（表4-189）。

表 4-189　华南区不同成土母质耕地土壤有效硅含量（个，mg/kg，%）

成土母质	采样点数	平均值	标准差	变异系数
残坡积物	9 323	153.79	107.99	70.22
第四纪红土	3 738	149.84	101.60	67.81
河流冲积物	2 664	60.48	70.90	117.23
洪冲积物	5 061	80.39	83.15	103.43
湖相沉积物	8	49.39	15.30	30.98
火山堆积物	60	60.10	42.32	70.42
江海相沉积物	1 920	51.77	40.76	78.73

（四）土壤质地与土壤有效硅含量

华南区不同土壤质地中，黏土的土壤有效硅平均值最高，为173.51mg/kg；其次是重壤、砂壤、砂土和中壤，分别是165.36mg/kg、106.59mg/kg、90.26mg/kg、86.32

mg/kg；轻壤的土壤有效硅平均值最低，为84.75mg/kg。轻壤的土壤有效硅变异系数最大，为108.57%；黏土的变异系数最小，为59.22%（表4-190）。

表4-190　华南区不同土壤质地耕地土壤有效硅含量（个，mg/kg，%）

质地	采样点数	平均值	标准差	变异系数
黏土	3 141	173.51	102.76	59.22
轻壤	7 609	84.75	92.01	108.57
砂壤	4 022	106.59	95.02	89.15
砂土	492	90.26	86.50	95.83
中壤	3 031	86.32	86.05	99.69
重壤	4 479	165.36	102.73	62.13

三、土壤有效硅含量分级与变化情况

根据华南区土壤有效硅含量状况，参照第二次土壤普查及各省（自治区）分级标准，将土壤有效硅含量等级划分为6级。华南区耕地土壤有效硅含量各等级面积与比例见图4-12。

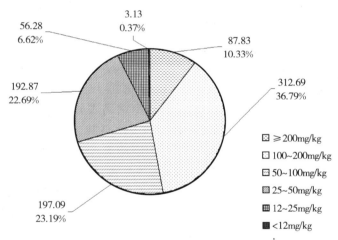

图 4-12　华南区耕地土壤有效硅含量各等级面积与比例（万 hm²）

土壤有效硅一级水平共计87.83万hm²，占华南区耕地面积的10.33%，其中福建和海南评价区没有分布，广东评价区7.35万hm²（占0.86%），广西评价区22.84万hm²（占2.69%），云南评价区57.65万hm²（占6.78%）。二级水平共计312.69万hm²，占华南区耕地面积的36.79%，其中福建和海南评价区没有分布，广东评价区5.40万hm²（占0.64%），广西评价区89.53万hm²（占10.53%），云南评价区217.76万hm²（占25.62%）。三级水平共计197.09万hm²，占华南区耕地面积的23.19%，其中福建评价区43.84万hm²（占5.16%），广东评价区24.73万hm²（占2.91%），广西评价区123.44万hm²（占14.52%），海南评价区3.31万hm²（占0.39%），云南评价区1.77万hm²（占0.21%）。四级水平共计192.87万hm²，占华南区耕地面积的22.69%，其中福建评价区0.17万hm²（占0.02%），广东评价区105.81万hm²（占12.45%），广西评价区17.92万

hm²（占 2.11%），海南评价区 68.97 万 hm²（占 8.12%），云南评价区没有分布。五级水平共计 56.28 万 hm²，占华南区耕地面积的 6.62%，全部分布在广东评价区。六级水平共计 3.13 万 hm²，占华南区耕地面积的 0.37%，全部分布在广东评价区（表 4-191）。

表 4-191　华南区评价区耕地土壤有效硅不同等级面积统计（万 hm²）

评价区	一级 ≥200mg/kg	二级 100～200mg/kg	三级 50～100mg/kg	四级 25～50mg/kg	五级 12～25mg/kg	六级 <12mg/kg
福建评价区			43.84	0.17		
广东评价区	7.35	5.40	24.73	105.81	56.28	3.13
广西评价区	22.84	89.53	123.44	17.92		
海南评价区			3.31	68.97		
云南评价区	57.65	217.76	1.77			
总计	87.83	312.69	197.09	192.87	56.28	3.13

二级农业区中，土壤有效硅一级水平共计 87.83 万 hm²，占华南区耕地面积的 10.33%，其中滇南农林区 57.65 万 hm²（占 6.78%），闽南粤中农林水产区 7.35 万 hm²（占 0.86%），粤西桂南农林区 22.84 万 hm²（占 2.69%），琼雷及南海诸岛农林区没有分布。二级水平共计 312.69 万 hm²，占华南区耕地面积的 36.79%，其中滇南农林区 217.76 万 hm²（占 25.62%），闽南粤中农林水产区 5.23 万 hm²（占 0.62%），粤西桂南农林区 89.70 万 hm²（占 10.55%），琼雷及南海诸岛农林区没有分布。三级水平共计 197.09 万 hm²，占华南区耕地面积的 23.19%，其中滇南农林区 1.77 万 hm²（占 0.21%），闽南粤中农林水产区 61.89 万 hm²（占 7.28%），琼雷及南海诸岛农林区 3.31 万 hm²（占 0.39%），粤西桂南农林区 130.12 万 hm²（占 15.31%）。四级水平共计 192.87 万 hm²，占华南区耕地面积的 22.69%，其中滇南农林区没有分布，闽南粤中农林水产区 73.32 万 hm²（占 8.63%），琼雷及南海诸岛农林区 72.24 万 hm²（占 8.50%），粤西桂南农林区 47.31 万 hm²（占 5.57%）。五级水平共计 56.28 万 hm²，占华南区耕地面积的 6.62%，其中滇南农林区没有分布，闽南粤中农林水产区 11.45 万 hm²（占 1.35%），琼雷及南海诸岛农林区 32.18 万 hm²（占 3.79%），粤西桂南农林区 12.65 万 hm²（占 1.49%）。六级水平共计 3.13 万 hm²，占华南区耕地面积的 0.37%，全部分布在闽南粤中农林水产区（表 4-192）。

表 4-192　华南区二级农业区耕地土壤有效硅不同等级面积统计（万 hm²）

二级农业区	一级 ≥200mg/kg	二级 100～200mg/kg	三级 50～100mg/kg	四级 25～50mg/kg	五级 12～25mg/kg	六级 <12mg/kg
闽南粤中农林水产区	7.35	5.23	61.89	73.32	11.45	3.13
粤西桂南农林区	22.84	89.70	130.12	47.31	12.65	
滇南农林区	57.65	217.76	1.77			
琼雷及南海诸岛农林区			3.31	72.24	32.18	
总计	87.83	312.69	197.09	192.87	56.28	3.13

按各评价区统计，福建评价区土壤有效硅一级、二级、五级和六级水平没有分布；三级

水平共计 43.84 万 hm²，占评价区耕地面积的 99.61％；四级水平共计 0.17 万 hm²，占评价区耕地面积的 0.39％。广东评价区土壤有效硅一级水平共计 7.35 万 hm²，占评价区耕地面积的 3.63％；二级水平共计 5.40 万 hm²，占评价区耕地面积的 2.66％；三级水平共计 24.73 万 hm²，占评价区耕地面积的 12.20％；四级水平共计 105.81 万 hm²，占评价区耕地面积的 52.20％；五级水平共计 56.28 万 hm²，占评价区耕地面积的 27.77％；六级水平共计 3.13 万 hm²，占评价区耕地面积的 1.54％。广西评价区土壤有效硅一级水平共计 22.84 万 hm²，占评价区耕地面积的 9.00％；二级水平共计 89.53 万 hm²，占评价区耕地面积的 35.29％；三级水平共计 123.44 万 hm²，占评价区耕地面积的 48.65％；四级水平共计 17.92 万 hm²，占评价区耕地面积的 7.06％；五级和六级水平没有分布。海南评价区土壤有效硅一级、二级、五级和六级水平没有分布；三级水平共计 3.31 万 hm²，占评价区耕地面积的 4.58％；四级水平共计 68.97 万 hm²，占评价区耕地面积的 95.42％。云南评价区土壤有效硅一级水平共计 57.65 万 hm²，占评价区耕地面积的 20.80％；二级水平共计 217.76 万 hm²，占评价区耕地面积的 78.56％；三级水平共计 1.77 万 hm²，占评价区耕地面积的 0.64％；四级、五级和六级水平没有分布（表 4-191）。

按土壤类型统计，土壤有效硅一级水平共计 87.83 万 hm²，占华南区耕地面积的 10.33％，其中潮土 1.17 万 hm²（占 0.14％），赤红壤 20.64 万 hm²（占 2.43％），红壤 17.38 万 hm²（占 2.04％），黄壤 4.57 万 hm²（占 0.54％），黄棕壤 3.18 万 hm²（占 0.37％），石灰（岩）土 8.39 万 hm²（占 0.99％），水稻土 28.18 万 hm²（占 3.32％），砖红壤 1.30 万 hm²（占 0.15％），紫色土 1.92 万 hm²（占 0.23％）。土壤有效硅二级水平共计 312.69 万 hm²，占华南区耕地面积的 36.79％，其中潮土 0.76 万 hm²（占 0.09％），赤红壤 88.87 万 hm²（占 10.46％），风沙土 0.07 万 hm²（占 0.01％），红壤 60.83 万 hm²（占 7.16％），黄壤 19.19 万 hm²（占 2.26％），黄棕壤 9.34 万 hm²（占 1.10％），石灰（岩）土 18.68 万 hm²（占 2.20％），水稻土 92.54 万 hm²（占 10.89％），砖红壤 5.30 万 hm²（占 0.62％），紫色土 13.48 万 hm²（占 1.59％）。土壤有效硅三级水平共计 197.09 万 hm²，占华南区耕地面积的 23.19％，其中潮土 2.31 万 hm²（占 0.27％），赤红壤 57.28 万 hm²（占 6.74％），风沙土 1.56 万 hm²（占 0.18％），红壤 4.62 万 hm²（占 0.54％），黄壤 0.05 万 hm²（占 0.01％），石灰（岩）土 6.43 万 hm²（占 0.76％），水稻土 112.68 万 hm²（占 13.26％），砖红壤 1.96 万 hm²（占 0.23％），紫色土 8.15 万 hm²（占 0.96％）。土壤有效硅四级水平共计 192.87 万 hm²，占华南区耕地面积的 22.69％，其中潮土 4.73 万 hm²（占 0.56％），赤红壤 19.10 万 hm²（占 2.25％），风沙土 1.91 万 hm²（占 0.22％），红壤 1.24 万 hm²（占 0.15％），黄壤 0.90 万 hm²（占 0.11％），石灰（岩）土 2.20 万 hm²（占 0.26％），水稻土 122.94 万 hm²（占 14.47％），砖红壤 28.71 万 hm²（占 3.38％），紫色土 4.12 万 hm²（占 0.48％）。土壤有效硅五级水平共计 56.28 万 hm²，占华南区耕地面积的 6.62％，其中潮土 1.34 万 hm²（占 0.16％），赤红壤 2.52 万 hm²（占 0.30％），风沙土 0.62 万 hm²（占 0.07％），红壤 0.01 万 hm²（占 0.001％），石灰（岩）土 0.05 万 hm²（占 0.01％），水稻土 28.85 万 hm²（占 3.39％），砖红壤 21.72 万 hm²（占 2.56％）。土壤有效硅六级水平共计 3.13 万 hm²，占华南区耕地面积的 0.37％，其中潮土 0.44 万 hm²（占 0.05％），赤红壤 0.35 万 hm²（占 0.04％），风沙土 0.0002 万 hm²（占 0.00002％），水稻土 2.34 万 hm²（占 0.28％）（表 4-193）。

表 4-193　华南区主要土壤类型耕地土壤有效硅不同等级面积统计（万 hm²）

土壤类型	一级 ≥200mg/kg	二级 100～200mg/kg	三级 50～100mg/kg	四级 25～50mg/kg	五级 12～25mg/kg	六级 <12mg/kg
砖红壤	1.30	5.30	1.96	28.71	21.72	0.00
赤红壤	20.64	88.87	57.28	19.10	2.52	0.35
红壤	17.38	60.83	4.62	1.24	0.01	0.00
黄壤	4.57	19.19	0.05	0.90	0.00	0.00
黄棕壤	3.18	9.34	0.00	0.00	0.00	0.00
风沙土	0.00	0.07	1.56	1.91	0.62	0.00
石灰（岩）土	8.39	18.68	6.43	2.20	0.05	0.00
紫色土	1.92	13.48	8.15	4.12	0.00	0.00
潮土	1.17	0.76	2.31	4.73	1.34	0.44
水稻土	28.18	92.54	112.68	122.94	28.85	2.34

四、土壤有效硅调控

硅对植物的生长有着至关重要的作用。硅有利于提高作物光合效率，提高叶绿素含量，促进作物根系发达，预防根系腐烂和早衰，增强作物的抗病、抗虫、抗旱、抗寒、抗逆等能力，抑制土壤病菌及减轻重金属污染，减轻各种元素的毒害，可改善果实品质。当土壤中有效硅含量<25mg/kg 时，作物从土壤中吸收的硅不足。缺硅时作物中部叶片弯曲肥厚，水稻缺硅时，生长受抑，成熟叶片焦枯或整株枯萎；甘蔗缺硅时，产量会剧降，成熟叶片出现典型的缺硅"叶雀斑症"。新生叶畸形，开花稀疏，授粉率差，严重时叶凋株枯。调控土壤有效硅一般用硅肥。

硅肥是一种很好的品质肥料、保健肥料和植物调节性肥料，是其他化学肥料无法比拟的一种新型多功能肥料。硅肥既可作肥料提供养分，又可用作土壤调理剂，改良土壤，还兼有防病、防虫和减毒的作用，是发展绿色生态农业的高效优质肥料。华南区的一些主要作物如水稻、玉米、甘蔗、香蕉、柑橘、荔枝、龙眼、芒果、石榴、杨梅、葡萄等都是喜硅作物，应根据土壤有效硅含量情况适当补硅。

硅肥有枸溶性硅肥、水溶性硅肥两大类。枸溶性硅肥多为炼钢厂的废钢渣、粉煤灰、矿石经高温煅烧工艺等加工而成，价格低，适合做基施，一般施用量每公顷 375～750kg；水溶性硅肥是指溶于水可以被植物直接吸收的硅肥，主要成分是硅酸钠，农作物对其吸收利用率较高，成本较高，用量小，每公顷约 75kg，一般作冲施和滴灌，具体用量可根据作物喜硅情况、当地土壤的缺硅情况以及硅肥的具体含量而定。硅肥应与有机肥配合施用，且注意氮、磷、钾、硅元素的科学搭配，但不能用硅肥代替氮磷钾肥。

第十三节　土壤有效硫

一、土壤有效硫含量及其空间差异

（一）土壤有效硫含量概况

华南区耕地土壤有效硫总体样点平均为 60.49mg/kg，其中，旱地土壤采样点占

40.46％，平均为 69.90mg/kg；水浇地土壤采样点占 2.97％，平均为 49.74mg/kg；水田土壤采样点占 56.57％，平均为 54.32mg/kg。各评价区土壤有效硫含量情况分述如下：

福建评价区耕地土壤有效硫总体样点平均为 37.66mg/kg，其中，旱地土壤采样点占 18.19％，平均为 32.95mg/kg；水浇地土壤采样点占 5.84％，平均为 19.32mg/kg；水田土壤采样点占 75.96％，平均为 40.20mg/kg。水田有效硫的平均含量比旱地高 7.25mg/kg，比水浇地高 20.88mg/kg；旱地土壤有效硫含量的变异幅度比水浇地大 37.12％，比水田大 8.45％（表 4-194）。

表 4-194　福建评价区耕地土壤有效硫含量（个，mg/kg，％）

耕地类型	采样点数	平均值	标准差	变异系数
旱地	137	32.95	44.02	133.60
水浇地	44	19.32	18.64	96.48
水田	572	40.20	50.31	125.15
总计	753	37.66	48.18	127.93

广东评价区耕地土壤有效硫总体样点平均为 39.31mg/kg，其中，旱地土壤采样点占 16.37％，平均为 37.15mg/kg；水浇地土壤采样点占 7.98％，平均为 49.15mg/kg；水田土壤采样点占 75.65％，平均为 38.73mg/kg。水浇地有效硫的平均含量比旱地高 12.00mg/kg，比水田高 10.42mg/kg；旱地土壤有效硫含量的变异幅度比水浇地大 12.18％，比水田大 19.10％（表 4-195）。

表 4-195　广东评价区耕地土壤有效硫含量（个，mg/kg，％）

耕地类型	采样点数	平均值	标准差	变异系数
旱地	1 246	37.15	47.23	127.13
水浇地	607	49.15	56.50	114.95
水田	5 758	38.73	41.84	108.03
总计	7 611	39.31	44.19	112.41

广西评价区耕地土壤有效硫总体样点平均为 43.75mg/kg，其中，旱地土壤采样点占 46.89％，平均为 40.61mg/kg；水浇地土壤采样点只有 1 个，占 0.03％，化验值为 22.86mg/kg；水田土壤采样点占 53.08％，平均为 46.54mg/kg。水田有效硫的平均含量比旱地高 5.93mg/kg；水田土壤有效硫含量的变异幅度比旱地大 1.46％（表 4-196）。

表 4-196　广西评价区耕地土壤有效硫含量（个，mg/kg，％）

耕地类型	采样点数	平均值	标准差	变异系数
旱地	1 766	40.61	30.41	74.88
水浇地	1	22.86	—	—
水田	1 999	46.54	35.53	76.34
总计	3 766	43.75	33.35	76.23

海南评价区耕地土壤有效硫总体样点平均为 49.66mg/kg，其中，旱地土壤采样点占

27.38%，平均为 52.85mg/kg；水浇地土壤采样点只有 1 个，占 0.04%，化验值为 75.90mg/kg；水田土壤采样点占 72.59%，平均为 48.45mg/kg。旱地有效硫的平均含量比水田高 4.40mg/kg；水田土壤有效硫含量的变异幅度比旱地大 1.12%（表 4-197）。

表 4-197　海南评价区耕地土壤有效硫含量（个，mg/kg，%）

耕地类型	采样点数	平均值	标准差	变异系数
旱地	771	52.85	64.53	122.10
水浇地	1	75.90	—	—
水田	2 044	48.45	59.70	123.22
总计	2 816	49.66	61.07	122.98

云南评价区耕地土壤有效硫总体样点平均为 95.23mg/kg，其中，旱地土壤采样点占 67.63%，平均为 90.82mg/kg；水浇地土壤采样点占 0.31%，平均为 120.30mg/kg；水田土壤采样点占 32.06%，平均为 104.29mg/kg。水浇地有效硫的平均含量比旱地高 29.48mg/kg，比水田高 16.01mg/kg；旱地土壤有效硫含量的变异幅度比水浇地大 9.82%，比水田大 11.89%（表 4-198）。

表 4-198　云南评价区耕地土壤有效硫含量（个，mg/kg，%）

耕地类型	采样点数	平均值	标准差	变异系数
旱地	5 294	90.82	113.18	124.62
水浇地	24	120.30	138.11	114.80
水田	2 510	104.29	117.57	112.73
总计	7 828	95.23	114.85	120.60

（二）土壤有效硫含量的区域分布

1. 不同二级农业区耕地土壤有效硫含量分布　华南区 4 个二级农业区中，滇南农林区的土壤有效硫平均含量最高，闽南粤中农林水产区的土壤有效硫平均含量最低，琼雷及南海诸岛农林区和粤西桂南农林区的土壤有效硫平均含量介于中间。琼雷及南海诸岛农林区的土壤有效硫变异系数最大，粤西桂南农林区的变异系数最小（表 4-199）。

表 4-199　华南区不同二级农业区耕地土壤有效硫含量（个，mg/kg，%）

二级农业区	采样点数	平均值	标准差	变异系数
闽南粤中农林水产区	6 072	41.47	46.53	112.20
粤西桂南农林区	5 423	42.02	36.04	85.77
滇南农林区	7 828	95.23	114.85	120.60
琼雷及南海诸岛农林区	3 451	44.16	57.31	129.78
总计	22 774	60.49	80.94	133.81

2. 不同评价区耕地土壤有效硫含量分布　华南区不同评价区中，云南评价区的土壤有效硫平均含量最高，福建评价区的土壤有效硫平均含量最低，海南、广西和广东评价区的土壤有效硫平均含量介于中间。福建评价区的土壤有效硫变异系数最大，广西评价区的变异系

数最小（表 4-200）。

表 4-200　华南区不同评价区耕地土壤有效硫含量（个，mg/kg，%）

评价区	采样点数	平均值	标准差	变异系数
福建评价区	753	37.66	48.18	127.93
广东评价区	7 611	39.31	44.19	112.41
广西评价区	3 766	43.75	33.35	76.23
海南评价区	2 816	49.66	61.07	122.98
云南评价区	7 828	95.23	114.85	120.60

3. 不同评价区地级市及省辖县耕地土壤有效硫含量分布　华南区不同评价区各地级市及省辖县中，以云南评价区保山市的土壤有效硫平均含量最高，为 158.51mg/kg；福建评价区平潭综合实验区的土壤有效硫平均含量最低，为 3.00mg/kg；其余各地级市及省辖县介于 9.98～150.35mg/kg 之间。变异系数最大的是云南评价区西双版纳傣族自治州，为 167.61%；最小的是福建评价区平潭综合实验区，为 0（表 4-201）。

表 4-201　华南区不同评价区地级市及省辖县耕地土壤有效硫含量（个，mg/kg，%）

评价区	地级市/省辖县	采样点数	平均值	标准差	变异系数
福建评价区	福州市	81	75.00	82.45	109.93
	平潭综合实验区	19	3.00	0	0
	莆田市	144	30.18	27.50	91.12
	泉州市	190	39.19	52.14	133.04
	厦门市	42	9.98	7.13	71.44
	漳州市	277	36.16	38.09	105.34
广东评价区	潮州市	251	31.97	36.96	115.61
	东莞市	73	70.36	75.29	107.01
	佛山市	124	67.13	56.90	84.76
	广州市	370	48.60	55.98	115.19
	河源市	226	25.53	30.14	118.06
	惠州市	616	34.26	23.04	67.25
	江门市	622	36.08	22.28	61.75
	揭阳市	460	49.79	52.31	105.06
	茂名市	849	58.35	45.97	78.78
	梅州市	299	68.69	91.36	133.00
	清远市	483	29.58	17.61	59.53
	汕头市	285	31.08	34.54	111.13
	汕尾市	397	40.98	61.63	150.39
	韶关市	62	14.55	5.03	34.57
	阳江市	455	18.08	16.26	89.93

（续）

评价区	地级市/省辖县	采样点数	平均值	标准差	变异系数
广东评价区	云浮市	518	49.28	33.54	68.06
	湛江市	988	18.14	23.98	132.19
	肇庆市	342	26.88	24.43	90.89
	中山市	64	82.60	60.45	73.18
	珠海市	127	85.99	51.62	60.03
广西评价区	百色市	466	29.54	23.59	79.86
	北海市	176	39.71	25.81	65.00
	崇左市	771	32.50	19.74	60.74
	防城港市	132	47.24	28.85	61.07
	广西农垦	20	43.04	29.10	67.61
	贵港市	473	42.66	29.05	68.10
	南宁市	865	56.37	42.80	75.93
	钦州市	317	55.50	36.04	64.94
	梧州市	188	48.68	34.44	70.75
	玉林市	358	45.19	33.09	73.22
海南评价区	白沙黎族自治县	114	42.04	45.48	108.18
	保亭黎族苗族自治县	51	63.98	68.98	107.81
	昌江黎族自治县	124	56.62	73.13	129.16
	澄迈县	236	57.26	66.34	115.86
	儋州市	318	53.31	63.43	118.98
	定安县	197	62.13	73.10	117.66
	东方市	129	43.82	59.26	135.24
	海口市	276	49.22	63.14	128.28
	乐东黎族自治县	144	44.60	60.73	136.17
	临高县	202	46.95	51.29	109.24
	陵水县	120	45.55	50.38	110.60
	琼海市	122	44.35	51.69	116.55
	琼中黎族苗族自治县	45	41.24	38.43	93.19
	三亚市	149	50.90	69.89	137.31
	屯昌县	199	37.80	50.05	132.41
	万宁市	150	47.22	49.30	104.40
	文昌市	192	50.54	64.98	128.57
	五指山市	48	47.84	67.44	140.97
云南评价区	保山市	754	158.51	118.87	74.99
	德宏傣族景颇族自治州	583	93.46	110.24	117.95
	红河哈尼族彝族自治州	1 563	150.35	130.65	86.90

（续）

评价区	地级市/省辖县	采样点数	平均值	标准差	变异系数
云南评价区	临沧市	1 535	53.08	87.89	165.58
	普洱市	1 661	62.39	89.59	143.60
	文山壮族苗族自治州	1 035	94.98	114.73	120.79
	西双版纳傣族自治州	402	54.93	92.07	167.61
	玉溪市	295	104.89	112.49	107.25

二、土壤有效硫含量及其影响因素

（一）不同土壤类型土壤有效硫含量

在华南区主要土壤类型中，土壤有效硫含量以黄壤的土壤有效硫含量最高，平均值为 100.64mg/kg，在 3.80～404.20mg/kg 之间变动。风沙土的土壤有效硫含量最低，平均值为 34.07mg/kg，在 2.50～173.00mg/kg 之间变动。其余土类土壤有效硫含量平均值介于 36.26～89.56mg/kg 之间。水稻土采样点个数为 13 881 个，土壤有效硫含量平均值为 53.52g/kg，在 0.10～489.80mg/kg 之间变动。在各主要土类中，石灰（岩）土的土壤有效硫变异系数最大，为 149.78%；砖红壤次之，为 148.77%；潮土的变异系数最小，均为 93.33%；其余土类的变异系数在 96.18%～137.32% 之间（表 4-202）。

表 4-202　华南区主要土壤类型耕地土壤有效硫含量（个，mg/kg，%）

土类	采样点数	平均值	标准差	变异系数
砖红壤	1 069	43.84	65.22	148.77
赤红壤	3 311	69.79	91.99	131.81
红壤	2 105	89.56	111.36	124.34
黄壤	611	100.64	116.35	115.61
黄棕壤	251	85.54	113.59	132.79
风沙土	111	34.07	32.77	96.18
石灰（岩）土	544	61.21	91.68	149.78
紫色土	355	71.92	98.76	137.32
潮土	327	36.26	33.84	93.33
水稻土	13 881	53.52	68.39	127.78

在华南区主要土壤亚类中，赤红壤性土的有效硫平均值最高，为 137.22mg/kg；石灰性紫色土的有效硫含量平均值最低，为 25.11mg/kg。变异系数以典型砖红壤最大，为 149.48%；石灰性紫色土最小，为 35.01%（表 4-203）。

表 4-203　华南区主要土壤亚类耕地土壤有效硫含量（个，mg/kg，%）

亚类	采样点数	平均值	标准差	变异系数
典型砖红壤	838	38.7	57.85	149.48
黄色砖红壤	233	62.41	84.06	134.69

（续）

亚类	采样点数	平均值	标准差	变异系数
典型赤红壤	2 615	62.01	82.94	133.75
黄色赤红壤	629	96.12	112.70	117.25
赤红壤性土	60	137.22	140.96	102.73
典型红壤	1 195	83.77	106.71	127.38
黄红壤	878	97.67	117.32	120.12
山原红壤	7	44.73	66.15	147.89
红壤性土	25	93.86	109.79	116.97
典型黄壤	596	100.73	116.51	115.67
黄壤性土	14	98.8	117.65	119.08
暗黄棕壤	251	85.54	113.59	132.79
滨海风沙土	111	34.07	32.77	96.18
红色石灰土	73	63.32	92.60	146.24
黑色石灰土	109	82.13	112.11	136.50
棕色石灰土	159	26.28	17.10	65.07
黄色石灰土	203	76.57	105.61	137.93
酸性紫色土	268	73.78	101.03	136.93
中性紫色土	71	75.47	99.24	131.50
石灰性紫色土	16	25.11	8.79	35.01
典型潮土	1	147.7	—	—
灰潮土	326	35.92	33.32	92.76
潴育水稻土	7 821	58.76	75.43	128.37
淹育水稻土	1 930	53.25	68.87	129.33
渗育水稻土	2 392	38.33	45.56	118.86
潜育水稻土	1 048	52.27	58.92	112.72
漂洗水稻土	250	38.28	36.80	96.13
盐渍水稻土	221	65.16	63.36	97.24
咸酸水稻土	219	46.14	52.40	113.57

（二）地貌类型与土壤有效硫含量

华南区的地貌类型主要有盆地、平原、丘陵和山地。盆地的土壤有效硫平均值最高，为 94.26mg/kg；其次是山地和平原，分别为 51.59mg/kg、44.13mg/kg；丘陵的土壤有效硫平均值最低，为 42.78mg/kg。山地的土壤有效硫变异系数最大，为 121.69%；丘陵的变异系数最小，为 112.16%（表 4-204）。

表 4-204 华南区不同地貌类型耕地土壤有效硫含量（个，mg/kg，%）

地貌类型	采样点数	平均值	标准差	变异系数
盆地	7 251	94.26	114.58	121.56
平原	6 649	44.13	51.13	115.86

（续）

地貌类型	采样点数	平均值	标准差	变异系数
丘陵	6 484	42.78	47.98	112.16
山地	2 390	51.59	62.78	121.69

（三）成土母质与土壤有效硫含量

华南区不同成土母质发育的土壤中，土壤有效硫含量均值最高的是第四纪红土，为78.76mg/kg；其次是残坡积物，为67.76mg/kg；湖相沉积物的土壤有效硫均值最低，为38.76mg/kg；其余成土母质的土壤有效硫含量均值在43.07～50.56mg/kg之间。残坡积物的土壤有效硫变异系数最大，为134.59%；湖相沉积物的变异系数最小，为74.56%（表4-205）。

表4-205　华南区不同成土母质耕地土壤有效硫含量（个，mg/kg，%）

成土母质	采样点数	平均值	标准差	变异系数
残坡积物	9 323	67.76	91.20	134.59
第四纪红土	3 738	78.76	97.80	124.17
河流冲积物	2 664	43.31	48.00	110.83
洪冲积物	5 061	49.41	64.32	130.18
湖相沉积物	8	38.76	28.90	74.56
火山堆积物	60	50.56	58.03	114.77
江海相沉积物	1 920	43.07	50.43	117.09

（四）土壤质地与土壤有效硫含量

华南区不同土壤质地中，黏土的土壤有效硫平均值最高，为83.14mg/kg；其次是重壤、砂土、砂壤和轻壤，分别是79.39mg/kg、62.03mg/kg、55.56mg/kg、48.87mg/kg；中壤的土壤有效硫平均值最低，为44.54mg/kg。砂土的土壤有效硫变异系数最大，为142.17%；中壤的变异系数最小，为111.14%（表4-206）。

表4-206　华南区不同土壤质地耕地土壤有效硫含量（个，mg/kg，%）

质地	采样点数	平均值	标准差	变异系数
黏土	3 141	83.14	105.68	127.11
轻壤	7 609	48.87	65.44	133.91
砂壤	4 022	55.56	71.72	129.09
砂土	492	62.03	88.19	142.17
中壤	3 031	44.54	49.5	111.14
重壤	4 479	79.39	99.68	125.56

三、土壤有效硫含量分级与变化情况

根据华南区土壤有效硫含量状况，参照第二次土壤普查及各省（自治区）分级标准，将土壤有效硫含量等级划分为6级。华南区耕地土壤有效硫含量各等级面积与比例见图4-13。

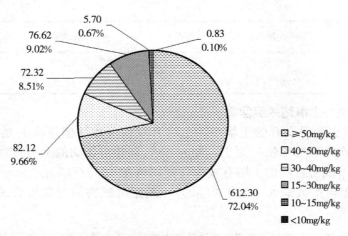

图 4-13 华南区耕地土壤有效硫含量各等级面积与比例（万 hm²）

土壤有效硫一级水平共计 612.30 万 hm²，占华南区耕地面积的 72.04%，其中福建评价区 21.12 万 hm²（占 2.49%），广东评价区 102.87 万 hm²（占 12.10%），广西评价区 223.22 万 hm²（占 26.26%），海南评价区 69.78 万 hm²（占 8.21%），云南评价区 195.30 万 hm²（占 22.98%）。二级水平共计 82.12 万 hm²，占华南区耕地面积的 9.66%，其中福建评价区 8.51 万 hm²（占 1.00%），广东评价区 18.86 万 hm²（占 2.22%），广西评价区 21.24 万 hm²（占 2.50%），海南评价区 2.45 万 hm²（占 0.29%），云南评价区 31.05 万 hm²（占 3.65%）。三级水平共计 72.32 万 hm²，占华南区耕地面积的 8.51%，其中福建评价区 6.85 万 hm²（占 0.81%），广东评价区 27.82 万 hm²（占 3.27%），广西评价区 8.79 万 hm²（占 1.03%），海南评价区 0.04 万 hm²（占 0.005%），云南评价区 28.82 万 hm²（占 3.39%）。四级水平共计 76.62 万 hm²，占华南区耕地面积的 9.02%，其中福建评价区 6.63 万 hm²（占 0.78%），广东评价区 48.94 万 hm²（占 5.76%），广西评价区 0.47 万 hm²（占 0.06%），海南评价区 0.003 万 hm²（占 0.0004%），云南评价区 20.58 万 hm²（占 2.42%）。五级水平共计 5.70 万 hm²，占华南区耕地面积的 0.67%，其中福建评价区 0.56 万 hm²（占 0.07%），广东评价区 3.71 万 hm²（占 0.44%），云南评价区 1.43 万 hm²（占 0.17%），广西和海南评价区没有分布。六级水平共计 0.83 万 hm²，占华南区耕地面积的 0.10%，其中福建评价区 0.33 万 hm²（占 0.04%），广东评价区万 0.51hm²（占 0.06%），广西、海南和云南评价区没有分布（表 4-207）。

表 4-207 华南区评价区耕地土壤有效硫不同等级面积统计（万 hm²）

| 评价区 | 一级 | 二级 | 三级 | 四级 | 五级 | 六级 |
	≥50mg/kg	40~50mg/kg	30~40mg/kg	15~30mg/kg	10~15mg/kg	<10mg/kg
福建评价区	21.12	8.51	6.85	6.63	0.56	0.33
广东评价区	102.87	18.86	27.82	48.94	3.71	0.51
广西评价区	223.22	21.24	8.79	0.47		
海南评价区	69.78	2.45	0.04	0.003		

（续）

评价区	一级 ≥50mg/kg	二级 40～50mg/kg	三级 30～40mg/kg	四级 15～30mg/kg	五级 10～15mg/kg	六级 <10mg/kg
云南评价区	195.30	31.05	28.82	20.58	1.43	
总计	612.30	82.12	72.32	76.62	5.70	0.83

　　二级农业区中，土壤有效硫一级水平共计 612.30 万 hm²，占华南区耕地面积的 72.04％，其中滇南农林区 195.30 万 hm²（占 22.98％），闽南粤中农林水产区 102.48 万 hm²（占 12.06％），琼雷及南海诸岛农林区 71.11 万 hm²（占 8.37％），粤西桂南农林区 243.40 万 hm²（占 28.64％）。二级水平共计 82.12 万 hm²，占华南区耕地面积的 9.66％，其中滇南农林区 31.05 万 hm²（占 3.65％），闽南粤中农林水产区 23.38 万 hm²（占 2.75％），琼雷及南海诸岛农林区 3.62 万 hm²（占 0.43％），粤西桂南农林区 24.07 万 hm²（占 2.83％）。三级水平共计 72.32 万 hm²，占华南区耕地面积的 8.51％，其中滇南农林区 28.82 万 hm²（占 3.39％），闽南粤中农林水产区 21.28 万 hm²（占 2.50％），琼雷及南海诸岛农林区 4.37 万 hm²（占 0.51％），粤西桂南农林区 17.84 万 hm²（占 2.10％）。四级水平共计 76.62 万 hm²，占华南区耕地面积的 9.02％，其中滇南农林区 20.58 万 hm²（占 2.42％），闽南粤中农林水产区 14.21 万 hm²（占 1.67％），琼雷及南海诸岛农林区 27.74 万 hm²（占 3.26％），粤西桂南农林区 14.10 万 hm²（占 1.66％）。五级水平共计 5.70 万 hm²，占华南区耕地面积的 0.67％，其中滇南农林区 1.43 万 hm²（占 0.17％），闽南粤中农林水产区 0.69 万 hm²（占 0.08％），琼雷及南海诸岛农林区 0.89 万 hm²（占 0.10％），粤西桂南农林区 2.70 万 hm²（占 0.32％）。六级水平共计 0.83 万 hm²，占华南区耕地面积的 0.10％，其中闽南粤中农林水产区 0.33 万 hm²（占 0.04％），粤西桂南农林区 0.51 万 hm²（占 0.06％），滇南农林区和琼雷及南海诸岛农林区没有分布（表 4-208）。

表 4-208　华南区二级农业区耕地土壤有效硫不同等级面积统计（万 hm²）

二级农业区	一级 ≥50mg/kg	二级 40～50mg/kg	三级 30～40mg/kg	四级 15～30mg/kg	五级 10～15mg/kg	六级 <10mg/kg
闽南粤中农林水产区	102.48	23.38	21.28	14.21	0.69	0.33
粤西桂南农林区	243.40	24.07	17.84	14.10	2.70	0.51
滇南农林区	195.30	31.05	28.82	20.58	1.43	
琼雷及南海诸岛农林区	71.11	3.62	4.37	27.74	0.89	
总计	612.30	82.12	72.32	76.62	5.70	0.83

　　按各评价区统计，福建评价区土壤有效硫一级水平共计 21.12 万 hm²，占评价区耕地面积的 47.99％；二级水平共计 8.51 万 hm²，占评价区耕地面积的 19.34％；三级水平共计 6.85 万 hm²，占评价区耕地面积的 15.56％；四级水平共计 6.63 万 hm²，占评价区耕地面积的 15.06％；五级水平共计 0.56 万 hm²，占评价区耕地面积的 1.27％；六级水平共计 0.33 万 hm²，占评价区耕地面积的 0.75％。广东评价区土壤有效硫一级水平共计 102.87 万 hm²，占评价区耕地面积的 50.75％；二级水平共计 18.86 万 hm²，占评价区耕地面积的 9.30％；三级水平共计 27.82 万 hm²，占评价区耕地面积的 13.72％；四级水平共计 48.94 万 hm²，占评价区耕地面积的 24.14％；五级水平共计 3.71 万 hm²，占评价

区耕地面积的 1.83%；六级水平共计 0.51 万 hm²，占评价区耕地面积的 0.25%。广西评价区土壤有效硫一级水平共计 223.22 万 hm²，占评价区耕地面积的 87.98%；二级水平共计 21.24 万 hm²，占评价区耕地面积的 8.37%；三级水平共计 8.79 万 hm²，占评价区耕地面积的 3.46%；四级水平共计 0.47 万 hm²，占评价区耕地面积的 0.19%；五级和六级水平没有分布。海南评价区土壤有效硫一级水平共计 69.78 万 hm²，占评价区耕地面积的 96.55%；二级水平共计 2.45 万 hm²，占评价区耕地面积的 3.39%；三级水平共计 0.04 万 hm²，占评价区耕地面积的 0.06%；四级水平共计 0.003 万 hm²，占评价区耕地面积的 0.004%；五级和六级水平没有分布。云南评价区土壤有效硫一级水平共计 195.30 万 hm²，占评价区耕地面积的 70.46%；二级水平共计 31.05 万 hm²，占评价区耕地面积的 11.20%；三级水平共计 28.82 万 hm²，占评价区耕地面积的 10.40%；四级水平共计 20.58 万 hm²，占评价区耕地面积的 7.42%；五级水平共计 1.43 万 hm²，占评价区耕地面积的 0.52%；六级水平没有分布（表 4-207）。

按土壤类型统计，土壤有效硫一级水平共计 612.30 万 hm²，占华南区耕地面积的 72.04%，其中潮土 7.08 万 hm²（占 0.83%），赤红壤 146.50 万 hm²（占 17.24%），风沙土 2.36 万 hm²（占 0.28%），红壤 61.00 万 hm²（占 7.18%），黄壤 17.12 万 hm²（占 2.01%），黄棕壤 8.41 万 hm²（占 0.99%），石灰（岩）土 21.71 万 hm²（占 2.55%），水稻土 280.43 万 hm²（占 33.00%），砖红壤 30.80 万 hm²（占 3.62%），紫色土 24.92 万 hm²（占 2.93%）。土壤有效硫二级水平共计 82.12 万 hm²，占华南区耕地面积的 9.66%，其中潮土 1.09 万 hm²（占 0.13%），赤红壤 19.38 万 hm²（占 2.28%），风沙土 0.49 万 hm²（占 0.06%），红壤 10.03 万 hm²（占 1.18%），黄壤 1.81 万 hm²（占 0.21%），黄棕壤 1.43 万 hm²（占 0.17%），石灰（岩）土 7.54 万 hm²（占 0.89%），水稻土 35.60 万 hm²（占 4.19%），砖红壤 2.34 万 hm²（占 0.28%），紫色土 1.69 万 hm²（占 0.20%）。土壤有效硫三级水平共计 72.32 万 hm²，占华南区耕地面积的 8.51%，其中潮土 1.76 万 hm²（占 0.21%），赤红壤 14.20 万 hm²（占 1.67%），风沙土 0.67 万 hm²（占 0.08%），红壤 7.09 万 hm²（占 0.83%），黄壤 2.33 万 hm²（占 0.27%），黄棕壤 1.54 万 hm²（占 0.18%），石灰（岩）土 5.52 万 hm²（占 0.65%），水稻土 34.43 万 hm²（占 4.05%），砖红壤 3.25 万 hm²（占 0.38%），紫色土 0.47 万 hm²（占 0.06%）。土壤有效硫四级水平共计 76.62 万 hm²，占华南区耕地面积的 9.02%，其中潮土 0.58 万 hm²（占 0.07%），赤红壤 8.13 万 hm²（占 0.96%），风沙土 0.45 万 hm²（占 0.05%），红壤 5.67 万 hm²（占 0.67%），黄壤 3.21 万 hm²（占 0.38%），黄棕壤 1.07 万 hm²（占 0.13%），石灰（岩）土 0.97 万 hm²（占 0.11%），水稻土 33.90 万 hm²（占 3.99%），砖红壤 20.89 万 hm²（占 2.46%），紫色土 0.58 万 hm²（占 0.07%）。土壤有效硫五级水平共计 5.70 万 hm²，占华南区耕地面积的 0.67%，其中潮土 0.22 万 hm²（占 0.03%），赤红壤 0.38 万 hm²（占 0.04%），风沙土 0.06 万 hm²（占 0.01%），红壤 0.30 万 hm²（占 0.04%），黄壤 0.23 万 hm²（占 0.03%），黄棕壤 0.07 万 hm²（占 0.01%），水稻土 2.70 万 hm²（占 0.32%），砖红壤 1.66 万 hm²（占 0.20%），紫色土 0.01 万 hm²（占 0.001%）。土壤有效硫六级水平共计 0.83 万 hm²，占华南区耕地面积的 0.10%，其中潮土 0.01 万 hm²（占 0.001%），赤红壤 0.17 万 hm²（占 0.02%），风沙土 0.13 万 hm²（占 0.02%），水稻土 0.46 万 hm²（占 0.05%），砖红壤 0.04 万 hm²（占 0.005%）（表 4-209）。

表 4-209 华南区主要土壤类型耕地土壤有效硫不同等级面积统计（万 hm²）

土壤类型	一级 ≥50mg/kg	二级 40～50mg/kg	三级 30～40mg/kg	四级 15～30mg/kg	五级 10～15mg/kg	六级 <10mg/kg
砖红壤	30.80	2.34	3.25	20.89	1.66	0.04
赤红壤	146.50	19.38	14.20	8.13	0.38	0.17
红壤	61.00	10.03	7.09	5.67	0.30	0.00
黄壤	17.12	1.81	2.33	3.21	0.23	0.00
黄棕壤	8.41	1.43	1.54	1.07	0.07	0.00
风沙土	2.36	0.49	0.67	0.45	0.06	0.13
石灰（岩）土	21.71	7.54	5.52	0.97	0.00	0.00
紫色土	24.92	1.69	0.47	0.58	0.01	0.00
潮土	7.08	1.09	1.76	0.58	0.22	0.01
水稻土	280.43	35.60	34.43	33.90	2.70	0.46

四、土壤有效硫调控

有效硫是指土壤中能被植物直接吸收利用的硫，通常包括易溶硫、吸附性硫和部分有机硫。有效硫主要是无机硫酸根，它以溶解状态存在于土壤溶液中，或被吸附在土壤胶体上，在浓度较大的土壤中则因过饱和而沉淀为硫酸盐固体，这些形态的硫酸盐大多是水溶性的、酸溶性的或代换性的，易于被植物吸收。其他无机形态的硫，如元素硫、硫化物等只有氧化成 SOT 以后，才能被植物利用。土壤有机硫每年有 $1\%～3\%$ 经矿化作用转化为无机硫酸盐。在通气不良的水田，硫过剩可发生水稻根系中毒、发黑。

植物缺硫一般表现为幼叶褪绿或黄化，茎细，分蘖或分枝少。蔬菜缺硫，全株叶片淡（黄）绿，幼枝症状明显，叶片细小向上卷，叶片硬脆提早脱落，花果延迟结荚少；果树作物严重缺硫时产生枯梢，果实小而畸形，皮厚、汁少。

第五章 其他指标

第一节 土壤 pH

土壤酸碱性是土壤的重要性质，是土壤一系列化学性状，特别是盐基状况的综合反映，对土壤微生物的活性、元素的溶解及其存在形态等均具有显著影响，制约着土壤矿质元素的释放、固定、迁移及其有效性等，对土壤肥力、植物养分吸收及其生长发育均具有显著影响。

一、土壤 pH 的空间分布

（一）不同二级农业区耕地土壤 pH 分布

华南区 22 774 个耕地土壤样本 pH 变化范围为 3.4～8.8，均值为 5.6，变异系数为 15.11%。可见华南区耕地土壤 pH 总体处于酸性，空间差异介于明显与不明显的临界点。如表 5-1 所示，4 个二级农业区中，琼雷及南海诸岛农林区的土壤 pH 变化于 3.9～6.9 之间，耕地土壤整体偏酸性，土壤 pH 平均值最低，变异系数为 11.54%，样点空间差异性不甚明显；而滇南农林区的土壤 pH 变化于 4.0～8.6 之间，平均值最高，达 5.8，变异系数为 15.54%，样点空间差异性介于明显与不明显的临界点。粤西桂南农林区和闽南粤中农林水产区的土壤 pH 变化范围较大，平均值略高于琼雷及南海诸岛农林区，是由于其所处辖区范围内分布有滨海盐土等土类，土壤 pH 高于 7.0，变异系数均在 20% 之上，土壤 pH 空间差异性较大。

表 5-1　华南区不同二级农业区土壤 pH 分布

二级农业区	样点数（个）	范围	平均值	标准差	变异系数（%）
闽南粤中农林水产区	6 072	3.4～8.8	5.3	1.2	22.64
粤西桂南农林区	6 058	3.4～8.7	5.4	1.1	20.37
滇南农林区	7 828	4.0～8.6	5.8	0.9	15.52
琼雷及南海诸岛农林区	2 816	3.9～6.9	5.2	0.6	11.54
合计	22 774	3.4～8.8	5.6	0.8	15.11

（二）不同耕地利用类型土壤 pH 分布

如表 5-2，华南区不同耕地类型 pH 平均值顺序为：水浇地＝旱地＞水田。水浇地 pH 平均值 5.70 略高于华南区耕地土壤 pH 平均值 5.56，变化范围在 3.5～8.8 之间，空间差异性较大。旱地平均值 5.7，略高于华南区耕地土壤 pH 平均值 5.6，变化范围在 3.5～8.7 之间，空间分布无显著差异。水田 pH 在 3.4～8.7 之间变动，空间变异性不大，平均值为 5.5，低于华南区平均值，说明水田因淹水还原作用导致其 H^+ 浓度程度高于旱地和水浇地。

表 5-2　华南区不同耕地利用类型土壤 pH 分布

耕地利用类型	样点数（个）	范围	平均值	标准差	变异系数（%）
旱地	9 214	3.5～8.7	5.7	0.89	15.70
水浇地	677	3.5～8.8	5.7	0.79	13.86
水田	12 883	3.4～8.7	5.5	0.79	14.42

（三）不同评价区地级市及省辖县耕地土壤 pH 分布

根据不同评价区耕地土壤 pH 统计分析，如表 5-3 所示，云南省 pH 平均值 5.8 最高，福建省和广西壮族自治区平均值相当，3 省（自治区）均略高于华南区的平均值 5.6；海南省与广东省平均值相同，为 5.2，都低于华南区的平均值。从样点空间差异性来看，海南省样点空间变异性不明显；云南省、福建省和广西壮族自治区变异系数依次增大，略高于 15%，存在着一定的空间差异性；而广东省 pH 空间差异性最大，达 23.08%。

在各地级市中，以福建省平潭综合实验区的土壤 pH 平均值最高，为 6.8；其次是广西壮族自治区百色市，为 6.5；土壤 pH 平均值高于 6 的地级市还有福建省厦门市、广西壮族自治区百色市、云南省保山市、红河哈尼族彝族自治州和文山壮族苗族自治州；广东省湛江市的 pH 平均值最低，为 4.7，低于 5 的还有广东省江门市、广西壮族自治区钦州市；其余各市（包括海南省省直辖县）介于 5～6 之间。从 pH 分级情况来看，pH 平均值处于中性水平（6.5～7.5）的有福建省平潭综合实验区、广西壮族自治区百色市；处于微酸性水平（5.5～6.5）的有福建省福州市、莆田市、泉州市、厦门市，广东省潮州市、东莞市、揭阳市、梅州市，广西壮族自治区南宁市、百色市、崇左市、贵港市，云南省保山市、德宏傣族景颇族自治州、红河哈尼族彝族自治州、临沧市、普洱市、文山壮族苗族自治州、玉溪市等地市，其他县市均处于酸性水平（4.5～5.5）。

从土壤 pH 空间差异性来看，空间变异系数达 15% 以上，表明样点值空间差异显著，可见珠海市耕地土壤空间差异性最大，变异系数达 42%；东莞市、佛山市、清远市、中山市等耕地土壤 pH 变异系数达 30% 以上，样点 pH 有显著的空间差异性；广东省仅潮州市、茂名市、韶关市 3 个地市耕地土壤 pH 变异系数小于 15%，其他市均高于 15% 的显著水平，因此广东省的整体 pH 变异系数也较高。福建省平潭综合实验区、莆田市、泉州市三地市 pH 变异系数略高于 15%，其他地市土壤 pH 空间差异不明显；广西壮族自治区百色市、崇左市两市 pH 变异系数略高于 15%，其他地级市土壤 pH 空间差异不明显；云南省保山市、德宏傣族景颇族自治州、红河哈尼族彝族自治州三地市土壤 pH 变异系数略高于 15%，其他地级市土壤 pH 空间差异不明显；海南省所有地级市土壤 pH 变异系数低于 13.5%，空间差异不明显。

表 5-3　华南区不同评价区地级市及省辖县耕地土壤 pH 分布

评价区	样点数（个）	范围	平均值	标准差	变异系数（%）
福建评价区	753	3.4～8.8	5.6	0.9	16.07
福州市	81	4.7～7.5	5.9	0.6	10.17
平潭综合实验区	19	5.4～8.7	6.8	1.1	16.18
莆田市	144	4.1～8.8	5.9	1.0	16.95
泉州市	190	3.4～8.4	5.6	1.0	17.86
厦门市	42	4.6～7.4	6.0	0.7	11.67

（续）

评价区	样点数（个）	范围	平均值	标准差	变异系数（%）
漳州市	277	3.6~8.6	5.3	0.7	13.21
广东评价区	7 611	3.4~8.6	5.2	1.2	23.08
广州市	370	3.4~7.5	5.2	1.4	26.92
潮州市	251	3.4~7.1	5.6	0.7	12.50
东莞市	73	3.4~7.7	5.6	1.7	30.36
佛山市	124	3.4~7.9	5.1	1.6	31.37
河源市	226	3.4~6.8	5.3	0.9	16.98
惠州市	616	3.4~7.3	5.3	1.2	22.64
江门市	622	3.4~7.3	4.9	1.0	20.41
揭阳市	460	3.4~7.2	5.5	0.9	16.36
茂名市	849	3.4~7.1	5.4	0.7	12.96
梅州市	299	3.4~7.5	5.6	1.4	25.00
清远市	483	3.4~8.5	5.2	1.7	32.69
汕头市	285	3.4~7.6	5.4	1.1	20.37
汕尾市	397	3.4~6.8	5.2	0.8	15.38
韶关市	62	4.5~7.7	5.3	0.5	9.43
阳江市	455	3.4~8.0	5.1	1.4	27.45
云浮市	518	3.4~8.6	5.2	1.2	23.08
湛江市	988	3.4~8.4	4.7	1.3	27.66
肇庆市	342	3.4~7.2	5.0	1.2	24.00
中山市	64	3.4~7.1	5.1	1.7	33.33
珠海市	127	3.4~7.7	5.0	2.1	42.00
广西评价区	3 766	3.5~8.7	5.6	1.0	17.86
南宁市	865	3.7~8.3	5.6	0.8	14.29
百色市	466	4.0~8.6	6.5	1.1	16.92
北海市	176	3.8~8.3	5.2	0.7	13.46
崇左市	771	4.0~8.7	5.9	1.1	18.64
防城港市	132	3.8~7.6	5.1	0.7	13.73
广西农垦	20	4.5~6.8	5.4	0.7	12.96
贵港市	473	3.5~8.4	5.5	0.8	14.55
钦州市	317	3.5~8.0	4.9	0.5	10.20
梧州市	188	4.0~8.0	5.2	0.6	11.54
玉林市	358	4.0~8.0	5.3	0.6	11.32
海南评价区	2 816	3.9~6.9	5.2	0.6	11.54
海口市	276	3.9~6.8	5.3	0.6	11.32
白沙黎族自治县	114	4.2~6.5	5.3	0.5	9.43

（续）

评价区	样点数（个）	范围	平均值	标准差	变异系数（%）
保亭黎族苗族自治县	51	4.2～6.4	5.1	0.5	9.80
昌江黎族自治县	124	4.0～6.9	5.3	0.6	11.32
澄迈县	236	3.9～6.8	5.2	0.6	11.54
儋州市	318	3.9～6.9	5.3	0.6	11.32
定安县	197	4.2～6.6	5.3	0.6	11.32
东方市	129	4.0～6.9	5.4	0.6	11.11
乐东黎族自治县	144	3.9～6.7	5.3	0.6	11.32
临高县	202	3.7～6.8	5.2	0.6	11.54
陵水县	120	4.1～6.9	5.3	0.7	13.21
琼海市	122	4.0～6.6	5.1	0.6	11.76
琼中黎族苗族自治县	45	4.1～6.9	5.1	0.6	11.76
三亚市	149	4.3～6.8	5.4	0.5	9.26
屯昌县	199	3.9～6.9	5.1	0.5	9.80
万宁市	150	3.9～6.4	5.3	0.5	9.43
文昌市	192	4.3～6.8	5.1	0.5	9.80
五指山市	48	4.2～6.7	5.3	0.5	9.43
云南评价区	7 828	4.0～8.6	5.8	0.9	15.52
保山市	754	4.1～8.4	6.2	1.1	17.74
德宏傣族景颇族自治州	583	4.0～8.4	5.5	0.9	16.36
红河哈尼族彝族自治州	1 563	4.0～8.5	6.0	1.0	16.67
临沧市	1 535	4.1～8.3	5.6	0.8	14.29
普洱市	1 661	4.1～8.6	5.5	0.7	12.73
文山壮族苗族自治州	1 035	4.2～8.3	6.3	0.8	12.70
西双版纳傣族自治州	402	4.4～8.1	5.4	0.5	9.26
玉溪市	295	4.3～8.2	5.6	0.8	14.29

二、土壤 pH 分级情况与区域空间分布

（一）不同评价区土壤 pH 分级情况

华南区土壤 pH 小于 4.5 的强酸性耕地面积共 2.15 万 hm²，占华南区耕地面积的 0.25%，其中 78.60% 的强酸性耕地分布在福建省。如表 5-4 所示，福建评价区强酸性耕地面积共计 1.69 万 hm²，占该评价区耕地面积的 3.84%；广东评价区强酸性耕地面积共有 0.34 万 hm²，占该评价区耕地面积的 0.17%；广西评价区强酸性耕地面积共有 0.12 万 hm²，占该评价区耕地面积的 0.05%；海南评价区和云南评价区没有强酸性耕地。

华南区土壤 pH 呈酸性（4.5～5.5）的耕地面积共 411.72 万 hm²，占华南区耕地面积的 48.44%，主要分布在广东评价区、广西评价区和云南评价区，合计面积 331.68hm²，占华南区酸性耕地面积的 80.56%。其中，福建评价区酸性耕地面积共有 20.77 万 hm²，占该

评价区耕地面积的 47.19%；广东评价区酸性耕地面积共有 118.40 万 hm²，占该评价区耕地面积的 58.41%；广西评价区酸性耕地面积共有 117.71 万 hm²，占该评价区耕地面积的 46.39%；海南评价区酸性耕地面积共有 59.27 万 hm²，占该评价区耕地面积的 82.01%；云南评价区酸性耕地面积共有 95.57 万 hm²，占该评价区耕地面积的 34.48%。

表 5-4　华南区不同评价区土壤 pH 分级面积

评价区	土壤 pH 分级面积（万 hm²）				
	微碱性（7.5～8.5）	中性（6.5～7.5）	微酸性（5.5～6.5）	酸性（4.5～5.5）	强酸性（<4.5）
福建评价区	—	3.03	18.52	20.77	1.69
广东评价区	—	2.72	81.25	118.40	0.34
广西评价区	2.08	26.23	107.59	117.71	0.12
海南评价区	—	—	13.00	59.27	—
云南评价区	0.20	31.63	149.78	95.57	—
合计	2.28	63.61	370.14	411.72	2.15

华南区土壤 pH 呈微酸性（5.5～6.5）的耕地面积共 370.14 万 hm²，占华南区耕地面积的 43.55%，主要分布于广东评价区、广西评价区、云南评价区等，合计面积 338.62 万 hm²，占华南区微酸性耕地面积的 91.48%。其中，福建评价区微酸性耕地面积共有 18.52 万 hm²，占该评价区耕地面积的 42.07%；广东评价区微酸性耕地面积为 81.25 万 hm²，占该评价区耕地面积的 40.08%；广西评价区微酸性耕地面积共计 107.59 万 hm²，占该评价区耕地面积的 42.40%；海南评价区微酸性耕地面积 13.00 万 hm²，占该评价区耕地面积的 17.99%；云南评价区微酸性耕地面积达 149.78 万 hm²，占该评价区耕地面积的 54.04%。

华南区土壤 pH 呈中性（6.5～7.5）的耕地面积共 63.61 万 hm²，占华南区耕地面积的 7.48%，主要分布在广西评价区、云南评价区两个区域，合计面积 57.86 万 hm²，占华南区中性耕地面积的 90.96%。其中，福建评价区 3.03 万 hm²，占该评价区耕地面积的 6.88%；广东评价区 2.72 万 hm²，占该评价区耕地面积的 1.34%；广西评价区 26.23 万 hm²，占该评价区耕地面积的 10.34%；云南评价区 31.63 万 hm²，占该评价区耕地面积的 11.41%；海南评价区不存在土壤 pH 呈中性的耕地。

华南区土壤 pH 呈微碱性（7.5～8.5）的耕地面积共 2.28 万 hm²，占华南区耕地面积的 0.27%，主要分布在广西评价区，面积 2.08hm²，占华南区微碱性耕地面积的 91.23%。其中，福建评价区、广东评价区和海南评价区都没有微碱性的耕地；广西评价区 2.08 万 hm²，占该评价区耕地面积的 0.82%，云南评价区 0.20 万 hm²，占该评价区耕地面积的 0.07%。

（二）不同二级农业区土壤 pH 分级的空间分布

如表 5-5 所示，华南区耕地土壤 pH 分级值主要集中在酸性（4.5～5.5）和微酸性（5.5～6.5）之间，其面积有 781.85 万 hm²，占评价区耕地总面积的 91.99%。其中，闽南粤中农林水产区和粤西桂南农林区 90% 以上耕地土壤 pH 分级值处于酸性（4.5～5.5）和微酸性（5.5～6.5）区间，合计面积分别为 154.59 万 hm² 和 274.19 万 hm²；滇南农林区 88% 以上耕地土壤 pH 分级值处于酸性（4.5～5.5）和微酸性（5.5～6.5），合计面积为 245.35 万 hm²；琼雷及南海诸岛农林区 86.53% 的耕地土壤 pH 分级值处于酸性（4.5～

5.5）水平。滇南农林区没有处于强酸性（<4.5）的耕地土壤，但是存有 11.41%pH 呈中性（6.5～7.5）的耕地土壤，还有小部分 pH 呈微碱性（7.5～8.5）的耕地土壤；闽南粤中农林水产区只有少部分 pH 呈中性（6.5～7.5）和强酸性（<4.5）的耕地土壤，琼雷及南海诸岛农林区仅有 pH 呈酸性（4.5～5.5）和微酸性（5.5～6.5）的耕地土壤，而粤西桂南农林区则有 0.12 万 hm²pH 呈强酸性（<4.5）的耕地土壤，2.08 万 hm²pH 呈微碱性（7.5～8.5）的耕地土壤，以及占其区域范围内耕地总面积 8.67%pH 呈中性（6.5～7.5）的耕地土壤。

表 5-5　华南区不同二级农业区土壤 pH 分级面积

| 二级农业区 | 土壤 pH 分级面积（万 hm²） | | | | |
	微碱性（7.5～8.5）	中性（6.5～7.5）	微酸性（5.5～6.5）	酸性（4.5～5.5）	强酸性（<4.5）
闽南粤中农林水产区	—	5.75	82.86	71.73	2.03
粤西桂南农林区	2.08	26.23	122.98	151.21	0.12
滇南农林区	0.20	31.63	149.78	95.57	—
琼雷及南海诸岛农林区	—	—	14.51	93.21	—
合计	2.28	63.61	370.14	411.72	2.15

（三）不同耕地利用类型土壤 pH 分级的空间分布

从华南区耕地利用现状的土壤 pH 分级面积（表 5-6）来看，华南区耕地利用类型以旱地和水田为主，合计面积为 835.98 万 hm²，占华南区耕地总面积的 98.36%。而旱地和水田 90.44% 的土壤 pH 分级值处于酸性（4.5～5.5）和微酸性（5.5～6.5）水平，合计面积 768.67 万 hm²。

旱地分布面积最大，为 457.29 万 hm²，占华南区耕地总面积的 53.81%。旱地土壤以酸性（4.5～5.5）和微酸性（5.5～6.5）为主，合计面积 410.83 万 hm²，占旱地面积的 89.84%。此外，还分布有 0.07% 的强酸性旱地土壤和 0.24% 的微碱性旱地土壤，以及 9.85% 的中性的旱地土壤。水田分布面积其次，占华南区耕地总面积的 44.56%。水田土壤也以酸性（4.5～5.5）和微酸性（5.5～6.5）为主，合计面积 357.84 万 hm²，占水田面积的 94.49%。华南区还分布有 0.25% 的强酸性水田土壤和 0.27% 的微碱性水田土壤，pH 呈中性的水田土壤也有 7.48% 的零星分布。水浇地分布面积最小，仅有 13.90 万 hm²，占华南区耕地总面积的 1.64%。水浇地土壤以微酸性（5.5～6.5）的占绝对优势，占水浇地面积的 67.48%，其次呈酸性（4.5～5.5）的水浇地土壤，占水浇地面积的 26.98%，其余 pH 呈中性和微碱性的水浇地土壤，合计面积 0.72 万 hm²，占水浇地面积的 5.18%。

表 5-6　华南区不同耕地利用类型土壤 pH 分级面积

| 耕地利用类型 | 土壤 pH 分级面积（万 hm²） | | | | |
	微碱性（7.5～8.5）	中性（6.5～7.5）	微酸性（5.5～6.5）	酸性（4.5～5.5）	强酸性（<4.5）
旱地	1.11	45.05	221.35	189.48	0.30
水浇地	0.04	0.68	9.43	3.75	—
水田	1.13	17.87	139.35	218.49	1.85

（四）不同评价区地级市及省辖县耕地土壤 pH 分级的空间分布

由表 5-7 所知，福建评价区耕地面积为 44.01 万 hm²，占华南区耕地总面积的 5.18%，主要分布于莆田市、泉州市、漳州市平原区域，合计面积为 36.30 万 hm²，占福建评价区耕地面积的 82.48%。其中，耕地以土壤 pH 呈酸性（4.5～5.5）和微酸性（5.5～6.5）为主，合计面积为 39.29 万 hm²，占福建评价区耕地面积的 89.28%。福建评价区土壤 pH 呈微酸性（5.5～6.5）的耕地主要分布在福州市、泉州市、漳州市三大平原区，合计面积 13.84 万 hm²，占福建评价区微酸性耕地面积的 74.73%；土壤 pH 呈酸性（4.5～5.5）的耕地主要分布在漳州市，面积为 13.18 万 hm²，占福建评价区酸性耕地面积的 74.73%；土壤 pH 呈中性（6.5～7.5）的耕地主要分布在平潭综合实验区、莆田市等沿海区域，合计面积为 1.87 万 hm²，占福建评价区中性耕地面积的 74.73%；福建评价区还有部分强酸性耕地，主要分布在泉州市和漳州市丘陵山区，合计面积为 1.69 万 hm²，占福建评价区强酸性耕地面积的 100%。

广东评价区耕地面积为 202.71 万 hm²，占华南区耕地总面积的 23.85%，主要分布于惠州市、江门市、茂名市、清远市、阳江市、云浮市、湛江市 7 个地级市，合计面积为 140.76 万 hm²，占广东评价区耕地面积的 69.44%。其中，耕地以土壤 pH 呈酸性（4.5～5.5）和微酸性（5.5～6.5）为主，合计面积为 199.65 万 hm²，占广东评价区耕地面积的 98.49%。广东评价区土壤 pH 呈微酸性（5.5～6.5）的耕地主要分布在惠州市、揭阳市、茂名市、梅州市、清远市、阳江市等，合计面积 50.88 万 hm²，占广东评价区微酸性耕地面积的 62.62%；土壤 pH 呈酸性（4.5～5.5）的耕地主要分布在江门市、茂名市、湛江市等，合计面积为 73.85 万 hm²，占广东评价区酸性耕地面积的 62.37%；土壤 pH 呈中性（6.5～7.5）的耕地主要分布在清远市，合计面积为 2.33 万 hm²，占广东评价区中性耕地面积的 85.66%；广东评价区还少部分强酸性耕地，全部分布在肇庆市，面积为 0.34 万 hm²。

广西评价区耕地面积为 253.73 万 hm²，占华南区耕地总面积的 29.85%，主要分布于南宁市、百色市、崇左市、贵港市 4 个地级市，合计面积为 174.24 万 hm²，占广西评价区耕地面积的 68.67%。其中，耕地以土壤 pH 呈酸性（4.5～5.5）和微酸性（5.5～6.5）为主，合计面积为 225.30 万 hm²，占广西评价区耕地面积的 88.80%。广西评价区土壤 pH 呈微酸性（5.5～6.5）的耕地主要分布在南宁市和崇左市，合计面积 68.08 万 hm²，占广西评价区微酸性耕地面积的 63.28%；土壤 pH 呈酸性（4.5～5.5）的耕地主要分布在南宁市、贵港市、钦州市和玉林市 4 个地级市，面积为 75.32 万 hm²，占广西评价区酸性耕地面积的 63.99%；土壤 pH 呈中性（6.5～7.5）的耕地主要分布在百色市和崇左市，合计面积为 24.14 万 hm²，占广西评价区中性耕地面积的 92.03%；土壤 pH 呈微碱性（7.5～8.5）的耕地主要分布在百色市和崇左市，合计面积为 2.08 万 hm²，占广西评价区微碱性耕地面积的 100%；广西评价区还分布着少部分强酸性耕地，集中分布在防城港市和钦州市，合计面积为 0.12 万 hm²。

海南评价区耕地面积为 72.27 万 hm²，占华南区耕地总面积的 8.50%，主要分布于海口市、澄迈县、儋州市、定安县、东方市、乐东黎族自治县、临高县和文昌市等地，合计面积为 48.86 万 hm²，占海南评价区耕地面积的 67.61%。其中，耕地土壤 pH 全部处于酸性（4.5～5.5）和微酸性（5.5～6.5）水平。海南评价区土壤 pH 呈微酸性（5.5～6.5）的耕地主要分布在海口市、昌江黎族自治县、儋州市和东方市 4 个地级市，合计面积 7.41 万

hm²，占海南评价区微酸性耕地面积的 57.00％；土壤 pH 呈酸性（4.5～5.5）的耕地主要分布在海口市、澄迈县、儋州市、定安县、临高县和文昌市 6 个地级市，面积为 34.49 万 hm²，占海南评价区酸性耕地面积的 58.19％。

云南评价区耕地面积为 277.18 万 hm²，占华南区耕地总面积的 32.61％，主要分布于红河哈尼族彝族自治州、临沧市、普洱市、文山壮族苗族自治州区域，合计面积为 205.19 万 hm²，占云南评价区耕地面积的 74.03％。其中，耕地以土壤 pH 呈酸性（4.5～5.5）和微酸性（5.5～6.5）为主，合计面积为 245.35 万 hm²，占云南评价区耕地面积的 88.52％。云南评价区土壤 pH 呈微酸性（5.5～6.5）的耕地主要分布在红河哈尼族彝族自治州、临沧市、普洱市和文山壮族苗族自治州等，合计面积 116.03 万 hm²，占云南评价区微酸性耕地面积的 77.47％；土壤 pH 呈酸性（4.5～5.5）的耕地主要分布在临沧市和普洱市，合计面积为 57.56 万 hm²，占云南评价区酸性耕地面积的 60.23％；土壤 pH 呈中性（6.5～7.5）的耕地主要分布在保山市、红河哈尼族彝族自治州、文山壮族苗族自治州等区域，合计面积为 28.86 万 hm²，占云南评价区中性耕地面积的 91.24％；云南评价区还分布土壤 pH 呈微碱性（7.5～8.5）的耕地，主要分布在红河哈尼族彝族自治州区域，合计面积为 0.15 万 hm²，占云南评价区微碱性耕地面积的 75.00％。

表 5-7　华南区不同评价区地级市及省辖县土壤 pH 分级面积

评价区	土壤 pH 分级面积（万 hm²）				
	微碱性（7.5～8.5）	中性（6.5～7.5）	微酸性（5.5～6.5）	酸性（4.5～5.5）	强酸性（<4.5）
福建评价区	—	3.03	18.52	20.77	1.69
福州市	—	0.55	4.41	0.10	—
平潭综合实验区	—	0.70	0.09	—	—
莆田市	—	1.17	2.80	3.41	—
泉州市	—	0.59	5.12	4.03	1.26
厦门市	—	0.01	1.78	0.05	—
漳州市	—	—	4.31	13.18	0.43
广东评价区	2.72		81.25	118.40	0.34
广州市	—	—	5.27	2.83	—
潮州市	—	—	2.56	0.98	—
东莞市	—	0.10	1.22	—	—
佛山市	—	—	2.58	1.09	—
河源市	—	—	3.54	2.57	—
惠州市	—	—	7.56	6.40	—
江门市	—	—	1.03	14.60	—
揭阳市	—	—	7.14	1.58	—
茂名市	—	—	8.15	14.56	—
梅州市	—	—	6.24	0.08	—
清远市	—	2.33	9.77	4.47	—
汕头市	—	—	2.49	1.23	—

（续）

评价区	土壤 pH 分级面积（万 hm²）				
	微碱性（7.5～8.5）	中性（6.5～7.5）	微酸性（5.5～6.5）	酸性（4.5～5.5）	强酸性（<4.5）
汕尾市	—	—	4.79	4.92	—
韶关市	—	—	0.62	1.00	—
深圳市	—	0.03	0.35	—	—
阳江市	—	—	6.75	8.19	—
云浮市	—	0.26	4.30	5.69	—
湛江市	—	—	2.01	44.69	—
肇庆市	—	—	2.69	2.77	0.34
中山市	—	—	0.88	0.29	—
珠海市	—	—	1.30	0.47	—
广西评价区	2.08	26.23	107.59	117.71	0.12
南宁市	—	1.27	36.66	20.93	—
百色市	1.14	17.46	11.99	0.70	—
北海市	—	—	1.01	11.42	—
崇左市	0.94	6.68	31.42	12.94	—
防城港市	—	—	1.79	7.29	0.07
广西农垦	—	—	—	—	—
贵港市	—	0.81	15.80	15.50	—
钦州市	—	—	0.58	20.63	0.04
梧州市	—	—	2.53	10.03	—
玉林市	—	—	5.82	18.26	—
海南评价区	—	—	13.00	59.27	—
海口市	—	—	1.26	5.59	—
白沙黎族自治县	—	—	0.80	1.62	—
保亭黎族苗族自治县	—	—	0.02	0.81	—
昌江黎族自治县	—	—	1.46	2.27	—
澄迈县	—	—	0.60	5.99	—
儋州市	—	—	1.87	8.64	—
定安县	—	—	0.41	4.68	—
东方市	—	—	2.82	1.94	—
乐东黎族自治县	—	—	0.86	3.92	—
临高县	—	—	0.62	4.11	—
陵水县	—	—	0.70	1.83	—
琼海市	—	—	0.03	3.74	—

（续）

评价区	土壤 pH 分级面积（万 hm²）				
	微碱性（7.5~8.5）	中性（6.5~7.5）	微酸性（5.5~6.5）	酸性（4.5~5.5）	强酸性（<4.5）
琼中黎族苗族自治县	—	—	—	1.12	—
三亚市	—	—	0.68	1.66	—
屯昌县	—	—	0.10	3.23	—
万宁市	—	—	0.70	2.24	—
文昌市	—	—	0.07	5.48	—
五指山市	—	—	0.01	0.42	—
云南评价区	0.20	31.63	149.78	95.57	—
保山市	0.05	9.39	12.20	3.86	—
德宏傣族景颇族自治州	—	0.43	8.40	10.70	—
红河哈尼族彝族自治州	0.15	10.99	27.80	9.41	—
临沧市	—	1.27	27.29	25.71	—
普洱市	—	0.92	33.96	31.85	—
文山壮族苗族自治州	—	8.48	26.98	0.38	—
西双版纳傣族自治州	—	—	8.49	9.79	—
玉溪市	—	0.15	4.67	3.87	—

（五）主要土壤类型土壤 pH 分级的空间分布

如表 5-8，华南区耕地土壤类型以水稻土和赤红壤为主，合计面积为 576.28 万 hm²，占华南区耕地面积的 67.81%。其中，水稻土分布最广，面积为 387.52 万 hm²，占华南区耕地面积的 45.60%，其 pH 分级值以酸性（4.5~5.5）和微酸性（5.5~6.5）水平为主，合计面积 366.53 万 hm²，占华南区水稻土面积的 94.58%。第二大面积分布的土壤类型是赤红壤，面积为 188.76 万 hm²，占华南区耕地面积的 22.21%，其 pH 分级值以酸性（4.5~5.5）和微酸性（5.5~6.5）水平为主，合计面积 178.31 万 hm²，占华南区赤红壤面积的 94.46%。红壤为第三大面积分布的土壤类型，面积为 84.08 万 hm²，占华南区耕地面积的 9.89%，其 pH 分级值以酸性（4.5~5.5）和微酸性（5.5~6.5）水平为主，合计面积 69.85 万 hm²，占华南区红壤面积的 83.08%。砖红壤为第四大面积分布的土壤类型，面积为 58.98 万 hm²，占华南区耕地面积的 6.94%，其 pH 分级值以酸性（4.5~5.5）和微酸性（5.5~6.5）水平为主，合计面积 58.93 万 hm²，占华南区红壤面积的 99.92%。

从土壤 pH 分级情况来看，pH 小于 4.5 的强酸性耕地土壤类型主要有水稻土，面积为 1.85 万 hm²，占强酸性耕地土壤面积的 86.05%。pH 呈酸性（4.5~5.5）的耕地土壤类型主要有赤红壤、红壤、水稻土和砖红壤等，合计面积 364.59 万 hm²，占酸性耕地土壤面积的 88.55%。pH 呈微酸性（5.5~6.5）的耕地土壤类型主要有赤红壤、红壤和水稻土等，合计面积 296.81 万 hm²，占微酸性耕地土壤面积的 80.20%。pH 呈中性（6.5~7.5）的耕地土壤类型主要有赤红壤、红壤、水稻土和砖红壤等，合计面积 57.22 万 hm²，占中性耕地土壤面积的 89.98%。pH 呈微碱性（7.5~8.5）的耕地土壤类型主要有石灰（岩）土和水稻土等，合计面积 2.15 万 hm²，占微酸性耕地土壤面积的 94.30%。

表 5-8　华南区主要土壤类型土壤 pH 分级面积

土类	土壤 pH 分级面积（万 hm²）				
	微碱性（7.5～8.5）	中性（6.5～7.5）	微酸性（5.5～6.5）	酸性（4.5～5.5）	强酸性（<4.5）
砖红壤	—	0.05	12.22	46.71	—
赤红壤	—	10.45	103.11	75.2	—
红壤	0.13	13.98	48.06	21.79	0.12
黄壤	—	1.88	11.91	10.91	0.01
黄棕壤	—	0.86	6.63	5.03	—
风沙土	—	0.22	2.07	1.86	—
石灰（岩）土	1.02	14.78	17.22	0.88	—
紫色土	—	0.92	11.28	15.44	0.05
潮土	—	0.9	4.62	5.23	—
水稻土	1.13	18.01	145.64	220.89	1.85

三、不同耕地质量等级土壤 pH 分级面积

如表 5-9，华南区高产（一、二、三等地为高产耕地，下文同）耕地合计面积 212.10 万 hm²，占华南区耕地面积的 24.96%，其 pH 分级值以酸性（4.5～5.5）和微酸性（5.5～6.5）水平为主，合计面积 196.93 万 hm²，占华南区高产耕地面积的 92.85%。华南区中产（四、五、六等地为中产耕地，下文同）耕地合计面积 334.76 万 hm²，占华南区耕地面积的 39.39%，其 pH 分级值以酸性（4.5～5.5）和微酸性（5.5～6.5）水平为主，合计面积 301.59 万 hm²，占华南区中产耕地面积的 90.09%。华南区低产（七、八、九、十等地为低产耕地，下文同）耕地合计面积 303.04 万 hm²，占华南区耕地面积的 35.66%，其 pH 分级值以酸性（4.5～5.5）和微酸性（5.5～6.5）水平为主，合计面积 283.34 万 hm²，占华南区低产耕地面积的 93.50%。

从 10 个等级的耕地 pH 分级值面积分布情况来看，华南区一等地 pH 分级值以酸性（4.5～5.5）和微酸性（5.5～6.5）水平为主，合计面积 50.06 万 hm²，占华南区一等地面积的 88.59%。其中，pH 分级值呈微酸性（5.5～6.5）的一等地分布面积最大，占华南区一等地面积的 62.56%；pH 分级值呈微碱性（7.5～8.5）、中性（6.5～7.5）和酸性（4.5～5.5）的一等地占华南区一等地面积比例依次为 0.05%、11.36% 和 26.03%。

华南区二等地 pH 分级值以酸性（4.5～5.5）和微酸性（5.5～6.5）水平为主，合计面积 70.27 万 hm²，占华南区二等地面积的 92.70%；其中，pH 分级值呈微酸性（5.5～6.5）的二等地分布面积最大，占华南区二等地面积的 47.60%；pH 分级值呈微碱性（7.5～8.5）、中性（6.5～7.5）和酸性（4.5～5.5）的二等地占华南区二等地面积比例依次为 0.29%、7.01% 和 45.11%。

华南区三等地 pH 分级值以酸性（4.5～5.5）和微酸性（5.5～6.5）水平为主，合计面积 76.60 万 hm²，占华南区三等地面积的 96.00%。其中，pH 分级值呈酸性（4.5～5.5）的三等地分布面积最大，占华南区三等地面积的 58.01%；pH 分级值呈微碱性（7.5～8.5）、中性（6.5～7.5）、微酸性（5.5～6.5）和强酸性（<4.5）的三等地占华南区三等地面积比例依次为 0.41%、3.55%、37.99% 和 0.04%。

华南区四等地 pH 分级值以酸性（4.5～5.5）和微酸性（5.5～6.5）水平为主，合计面积 85.64 万 hm²，占华南区四等地面积的 93.25%。其中，pH 分级值呈酸性（4.5～5.5）的四等地分布面积最大，占华南区四等地面积的 52.48%；pH 分级值呈微碱性（7.5～8.5）、中性（6.5～7.5）和微酸性（5.5～6.5）的四等地占华南区四等地面积比例依次为 0.74%、6.01% 和 40.77%。

华南区五等地 pH 分级值以酸性（4.5～5.5）和微酸性（5.5～6.5）水平为主，合计面积 102.41 万 hm²，占华南区五等地面积的 88.28%。其中，pH 分级值呈微酸性（5.5～6.5）的五等地分布面积最大，占华南区五等地面积的 46.06%；pH 分级值呈微碱性（7.5～8.5）、中性（6.5～7.5）、酸性（4.5～5.5）和强酸性（<4.5）的五等地占华南区五等地面积比例依次为 0.33%、6.01%、42.22% 和 0.01%。

华南区六等地 pH 分级值以酸性（4.5～5.5）和微酸性（5.5～6.5）水平为主，合计面积 113.54 万 hm²，占华南区六等地面积的 89.46%。其中，pH 分级值呈酸性（4.5～5.5）的六等地分布面积最大，占华南区六等地面积的 48.99%；pH 分级值呈微碱性（7.5～8.5）、中性（6.5～7.5）、微酸性（5.5～6.5）和强酸性（<4.5）的六等地占华南区六等地面积比例依次为 0.29%、10.16%、40.48% 和 0.09%。

华南区七等地 pH 分级值以酸性（4.5～5.5）和微酸性（5.5～6.5）水平为主，合计面积 108.73 万 hm²，占华南区七等地面积的 89.23%。其中，pH 分级值呈酸性（4.5～5.5）的七等地分布面积最大，占华南区七等地面积的 46.38%；pH 分级值呈微碱性（7.5～8.5）、中性（6.5～7.5）、微酸性（5.5～6.5）和强酸性（<4.5）的七等地占华南区七等地面积比例依次为 0.12%、10.51%、42.86% 和 0.13%。

华南区八等地 pH 分级值以酸性（4.5～5.5）和微酸性（5.5～6.5）水平为主，合计面积 86.39 万 hm²，占华南区八等地面积的 96.89%。其中，pH 分级值呈酸性（4.5～5.5）的八等地分布面积最大，占华南区八等地面积的 50.63%；pH 分级值呈微碱性（7.5～8.5）、中性（6.5～7.5）、微酸性（5.5～6.5）和强酸性（<4.5）的八等地占华南区八等地面积比例依次为 0.13%、2.75%、46.27% 和 0.22%。

华南区九等地 pH 分级值以酸性（4.5～5.5）和微酸性（5.5～6.5）水平为主，合计面积 46.50 万 hm²，占华南区九等地面积的 96.57%。其中，pH 分级值呈酸性（4.5～5.5）的九等地分布面积最大，占华南区九等地面积的 59.96%；pH 分级值呈中性（6.5～7.5）、微酸性（5.5～6.5）和强酸性（<4.5）的九等地占华南区九等地面积比例依次为 2.43%、36.61% 和 1.00%。

华南区十等地 pH 分级值以酸性（4.5～5.5）和微酸性（5.5～6.5）水平为主，合计面积 41.72 万 hm²，占华南区十等地面积的 95.08%。其中，pH 分级值呈酸性（4.5～5.5）的十等地分布面积最大，占华南区十等地面积的 60.78%；pH 分级值呈中性（6.5～7.5）、微酸性（5.5～6.5）和强酸性（<4.5）的十等地占华南区十等地面积比例依次为 2.28%、34.30% 和 2.64%。

根据表 5-9，华南区 pH 分级值呈强酸性（<4.5）的耕地面积分布，随耕地质量的降低而依次增大，十等地强酸性耕地面积最大，为 1.16 万 hm²，占华南区强酸性（<4.5）耕地面积的 53.95%。pH 分级值呈酸性（4.5～5.5）的耕地集中在三等地至八等地之间，六等地酸性耕地面积最大，为 62.17 万 hm²，占华南区酸性（4.5～5.5）耕地面积的 15.10%。

pH 分级值呈微酸性（5.5～6.5）的耕地集中在四等地至八等地之间，五等地微酸性耕地面积最大，为 53.43 万 hm²，占华南区微酸性（5.5～6.5）耕地面积的 14.44%。pH 分级值呈中性（6.5～7.5）的耕地集中在五等地至七等地之间，五等地中性耕地面积最大，为 13.21 万 hm²，占华南区中性（6.5～7.5）耕地面积的 20.77%。pH 分级值呈微碱性（7.5～8.5）的耕地集中在四等地至六等地之间，四等地微碱性耕地面积最大，为 0.68 万 hm²，占华南区微碱性（7.5～8.5）耕地面积的 29.82%。

表 5-9　华南区不同耕地质量等级土壤 pH 分级面积

耕地质量等级	土壤 pH 分级面积（万 hm²）				
	微碱性（7.5～8.5）	中性（6.5～7.5）	微酸性（5.5～6.5）	酸性（4.5～5.5）	强酸性（<4.5）
一等地	0.03	6.42	35.35	14.71	—
二等地	0.22	5.31	36.08	34.19	—
三等地	0.33	2.83	30.31	46.29	0.03
四等地	0.68	5.52	37.44	48.20	—
五等地	0.38	13.21	53.43	48.98	0.01
六等地	0.37	12.89	51.37	62.17	0.11
七等地	0.15	12.81	52.22	56.51	0.16
八等地	0.12	2.45	41.25	45.14	0.20
九等地	—	1.17	17.63	28.87	0.48
十等地	—	1.00	15.05	26.67	1.16

四、酸性土壤改良

华南区地处亚热带气候区，高温多雨的气候条件导致成土过程脱硅富铝化作用强烈，土壤整体呈酸性反应。但由于长期大量偏施化肥（尤其是酸性过磷酸钙和生理酸性肥料），耕地土壤呈较明显的酸化趋势，已成为影响农作物产量和品质提高的主要障碍因素之一。土壤酸性强弱主要取决于土壤胶体吸附的交换性氢离子和铝离子的数量（即潜性酸量），主要受大气酸沉降作用以及长期施用化肥的影响，故今后可采取以下技术措施，减缓耕地土壤酸化的趋势，调控土壤酸性状况：①继续加强大气环境污染治理，进一步减少 SO_2 和 NO_x 的排放，减缓酸雨导致耕地土壤持续酸化；②大力提倡冬种紫云英，推广秸秆腐熟回田，施用有机无机复混肥、商品有机肥或生物有机肥，持续增加耕地有机物质的投入，提高土壤有机质含量，增强土壤的缓冲性能；③科学施用化肥，合理选择化肥品种，控制化肥施用量，适度减施酸性过磷酸钙和生理酸性肥料，推广施用碱性钙镁磷肥、中性或生理碱性化肥；④采取科学合理的酸性土壤改良技术措施，如通过测定土壤潜性酸量，科学计算石灰、白云石粉等改良剂用量，合理调控耕地土壤酸性；⑤推广施用碱性生物炭调理剂，既可改良土壤酸性，又可增加土壤碳和无机矿质养分的输入，达到改良土壤酸性、改善土壤结构、平衡土壤矿质养分供给，以及促进土壤微生物繁殖等多重目的。

第二节　灌排能力

灌排能力包括灌溉能力和排涝能力，涉及灌排设施、灌排技术和灌排方式等。灌排能力直接影响农作物的长势和产量，对于在时间和空间降雨分布差异大的华南区耕地影响尤其明显。在降水量极少的干旱、半干旱地区，有些农业需要完全依靠灌溉才能存在；而在降水量大或者雨水过于集中的地区，健全田间排水系统则显得尤为重要。

一、灌排能力分布情况

华南区灌溉能力和排水能力充分满足的耕地面积分别有 303.29 万 hm²、788.71 万 hm²，满足的耕地面积分别有 44.86 万 hm²、52.20 万 hm²，基本满足的耕地面积分别有 44.66hm²、6.11 万 hm²，不满足的耕地面积有分别有 457.08 万 hm²、2.87 万 hm²。

（一）不同二级农业区耕地灌排能力

灌溉能力最强（充分满足灌溉）的耕地主要分布在粤西桂南农林区，其面积为 112.83 万 hm²，灌溉能力最差（不满足灌溉）的主要分布在滇南农林区，其面积为 207.59 万 hm²；排水能力最强（充分满足排水）的主要分布在滇南农林区，其面积为 277.18 万 hm²，排水能力最差（不满足排水）的主要分布在闽南粤中农林水产区，其面积为 2.02 万 hm²。华南区各农业区灌排能力差异较大（表 5-10）。

表 5-10　华南区不同二级农业区耕地灌排能力面积分布

二级农业区	灌溉能力面积（万 hm²）				排水能力面积（万 hm²）			
	充分满足	满足	基本满足	不满足	充分满足	满足	基本满足	不满足
闽南粤中农林水产区	76.95	24.09	22.13	39.21	149.51	8.01	2.83	2.02
粤西桂南农林区	112.83	14.89	18.19	156.71	256.60	43.22	2.25	0.53
滇南农林区	68.88	0.71	—	207.59	277.18	—	—	—
琼雷及南海诸岛农林区	44.63	5.16	4.35	53.58	105.43	0.96	1.02	0.32
合计	303.29	44.86	44.66	457.10	788.71	52.20	6.11	2.87

从各地区来看，滇南农林区灌溉能力和排水能力充分满足的耕地面积分别为 68.88 万 hm²、277.18 万 hm²，分别占华南区该等级的 22.71%、35.14%；灌溉能力满足的耕地面积有 0.71 万 hm²，占华南区该等级的 1.58%；灌溉能力不满足的耕地面积为 207.59 万 hm²，占华南区该等级的 45.42%。滇南农林区耕地灌溉能力不足，但排水能力很强。

闽南粤中农林水产区灌溉和排水能力充分满足的耕地面积分别为 76.95 万 hm²、149.51 万 hm²，分别占华南区该等级的 25.37%、18.96%；灌溉和排水能力满足的耕地面积分别为 24.09 万 hm²、8.01 万 hm²，分别占华南区该等级的 53.71%、15.34%；灌溉和排水能力基本满足的耕地面积分别为 22.13 万 hm²、2.83 万 hm²，分别占华南区该等级的 49.55%、46.32%；灌溉和排水能力不满足的耕地面积分别为 39.21 万 hm²、2.02 万 hm²，分别占华南区该等级的 8.58%、70.38%。闽南粤中农林水产区耕地灌溉能力基本能满足，而该区耕地的排水能力略显不足。

琼雷及南海诸岛农林区灌溉和排水能力充分满足的耕地面积分别为 44.63 万 hm²、105.43 万 hm²，分别占华南区该等级的 14.72%、13.37%；灌溉和排水能力满足的耕地面积分别为 5.16 万 hm²、0.96 万 hm²，分别占华南区该等级的 11.51%、1.84%；灌溉和排水能力基本满足的耕地面积分别为 4.35 万 hm²、1.02 万 hm²，分别占华南区该等级的 9.74%、16.69%；灌溉和排水能力不满足的耕地面积分别为 53.58 万 hm²、0.32 万 hm²，分别占华南区该等级的 11.72%、11.15%。琼雷及南海诸岛农林区耕地灌溉和排水能力较平均。

粤西桂南农林区灌溉和排水能力充分满足的耕地面积分别为 112.83 万 hm²、256.60 万 hm²，分别占华南区该等级的 37.20%、32.53%；灌溉和排水能力满足的耕地面积分别为 14.89 万 hm²、43.22 万 hm²，分别占华南区该等级的 33.19%、82.81%；灌溉和排水能力基本满足的耕地面积分别为 18.19 万 hm²、2.25 万 hm²，分别占华南区该等级的 40.72%、36.88%；灌溉和排水能力不满足的耕地面积分别为 156.71 万 hm²、0.53 万 hm²，分别占华南区该等级的 34.28%、18.65%。粤西桂南农林区耕地灌溉能力不满足灌溉的面积较大，而该区大部分耕地的排水能力较好。

综上所述，华南区不同二级农业区的灌溉和排水水平差异较大，有较大面积耕地无法满足灌溉，大部分耕地排水水平较好。

（二）不同评价区耕地灌排能力

1. 不同评价区耕地灌溉能力　　华南区灌溉能力充分满足的耕地面积共 303.29 万 hm²，占华南区耕地面积的 35.66%，主要分布在广东评价区、广西评价区和云南评价区，合计面积 255.42 万 hm²，占华南区灌溉能力充分满足耕地面积的 84.22%。如表 5-11，福建评价区灌溉能力充分满足的耕地面积共有 12.57 万 hm²，占该评价区耕地面积的 28.56%；广东评价区灌溉能力充分满足的耕地面积共有 98.39 万 hm²，占该评价区耕地面积的 48.54%；广西评价区灌溉能力充分满足的耕地面积共有 88.15 万 hm²，占该评价区耕地面积的 34.74%；海南评价区灌溉能力充分满足的耕地面积共有 35.30 万 hm²，占该评价区耕地面积的 48.84%；云南评价区灌溉能力充分满足的耕地面积共有 68.88 万 hm²，占该评价区耕地面积的 24.85%。

华南区灌溉能力满足的耕地面积共 44.86 万 hm²，占华南区耕地面积的 5.28%，主要分布在广东评价区和福建评价区，合计面积 30.74 万 hm²，占华南区灌溉能力满足耕地面积的 68.52%。福建评价区灌溉能力满足的耕地面积共有 12.95 万 hm²，占该评价区耕地面积的 29.43%；广东评价区灌溉能力满足的耕地面积共有 17.79 万 hm²，占该评价区耕地面积的 8.78%；广西评价区灌溉能力满足的耕地面积共有 9.04 万 hm²，占该评价区耕地面积的 3.56%；海南评价区灌溉能力满足的耕地面积共有 4.37 万 hm²，占该评价区耕地面积的 6.05%；云南评价区灌溉能力满足的耕地面积共有 0.71 万 hm²，占该评价区耕地面积的 0.26%。

华南区灌溉能力基本满足的耕地面积共 44.66 万 hm²，占华南区耕地面积的 5.25%，主要分布在广东评价区、广西评价区，合计面积 34.89 万 hm²，占华南区灌溉能力基本满足耕地面积的 78.12%。福建评价区灌溉能力基本满足的耕地面积共有 7.99 万 hm²，占该评价区耕地面积的 18.15%；广东评价区灌溉能力基本满足的耕地面积共有 20.17 万 hm²，占该评价区耕地面积的 9.95%；广西评价区灌溉能力基本满足的耕地面积共有 14.72 万 hm²，占该评价区耕地面积的 5.80%；海南评价区灌溉能力基本满足的耕地面积共有 1.78 万 hm²，占该评价区耕地面积的 2.46%。

华南区灌溉能力不满足的耕地面积共 457.10 万 hm²，占华南区耕地面积的 53.78%，主要分布在广东评价区、广西评价区和云南评价区，合计面积 415.77 万 hm²，占华南区灌溉能力不满足耕地面积的 90.96%，可见，华南区耕地灌溉条件较差，农田基础设施较为薄弱。福建评价区灌溉能力不满足的耕地面积共有 10.50 万 hm²，占该评价区耕地面积的 23.86%；广东评价区灌溉能力不满足的耕地面积共有 66.36 万 hm²，占该评价区耕地面积的 32.74%；广西评价区灌溉能力不满足的耕地面积共有 141.82 万 hm²，占该评价区耕地面积的 55.89%；海南评价区灌溉能力不满足的耕地面积共有 30.83 万 hm²，占该评价区耕地面积的 42.65%；云南评价区灌溉能力不满足的耕地面积共有 207.59 万 hm²，占该评价区耕地面积的 74.89%。

2. 不同评价区耕地排水能力　华南区排水能力充分满足的耕地面积共 788.17 万 hm²，占华南区耕地面积的 92.80%，主要分布在广东评价区、广西评价区和云南评价区，合计面积 676.35 万 hm²，占华南区排水能力充分满足耕地面积的 85.75%，表明华南区绝大多数的耕地排水条件较好，土壤渗水性和通透性较好。如表 5-11，福建评价区排水能力充分满足的耕地面积共有 40.09 万 hm²，占该评价区耕地面积的 91.09%；广东评价区排水能力充分满足的耕地面积共有 188.55 万 hm²，占该评价区耕地面积的 93.01%；广西评价区排水能力充分满足的耕地面积共有 210.62 万 hm²，占该评价区耕地面积的 83.01%；海南评价区排水能力充分满足的耕地面积共有 72.27 万 hm²，占该评价区耕地面积的 100%；云南评价区排水能力充分满足的耕地面积共有 277.18 万 hm²，占该评价区耕地面积的 100%。

华南区排水能力满足的耕地面积共 52.20 万 hm²，占华南区耕地面积的 6.14%，主要分布在广西评价区，合计面积 41.49 万 hm²，占华南区排水能力满足耕地面积的 79.48%。福建评价区排水能力满足的耕地面积共有 2.93 万 hm²，占该评价区耕地面积的 6.66%；广东评价区排水能力满足的耕地面积共有 7.78 万 hm²，占该评价区耕地面积的 3.84%；广西评价区排水能力满足的耕地面积共有 41.49 万 hm²，占该评价区耕地面积的 16.35%；海南评价区和云南评价区没有排水能力满足的耕地分布。

华南区排水能力基本满足的耕地面积共 6.11 万 hm²，占华南区耕地面积的 0.72%，主要分布在广东评价区，合计面积 4.04 万 hm²，占华南区排水能力基本满足耕地面积的 66.12%。福建评价区排水能力基本满足的耕地面积共有 0.06 万 hm²，占该评价区耕地面积的 1.36%；广东评价区排水能力基本满足的耕地面积共有 4.04 万 hm²，占该评价区耕地面积的 1.99%；广西评价区排水能力基本满足的耕地面积共有 1.47 万 hm²，占该评价区耕地面积的 0.58%；海南评价区和云南评价区没有排水能力处于基本满足水平的耕地分布。

华南区排水能力不满足的耕地面积共 2.87 万 hm²，占华南区耕地面积的 0.34%，主要分布在广东评价区，合计面积 2.34 万 hm²，占华南区排水能力不满足耕地面积的 81.53%。福建评价区排水能力不满足的耕地面积共有 0.40 万 hm²，占该评价区耕地面积的 0.91%；广东评价区排水能力不满足的耕地面积共有 2.34 万 hm²，占该评价区耕地面积的 1.15%；广西评价区排水能力不满足的耕地面积共有 0.13 万 hm²，占该评价区耕地面积的 0.05%；海南评价区和云南评价区没有排水能力处于不满足水平的耕地分布。

（三）不同市县耕地灌排能力

1. 不同市县耕地灌溉能力　福建评价区耕地灌溉能力充分满足、满足、基本满足和不满足的面积比例比较接近，满足的耕地面积最大，比例达 29.43%，基本满足的耕地面积比例最小，为 18.15%。灌溉能力处于充分满足的耕地中，漳州市所占面积最大，其面积为 8.28 万 hm²，其次是泉州市，面积为 2.01 万 hm²，合计面积 10.29 万 hm²，占该评价区充分满足耕地面积的 81.86%；灌溉能力处于满足的福建耕地中，泉州市所占面积最大，其面积为 5.53 万 hm²，其次是漳州市，面积为 3.63 万 hm²，合计面积 9.16 万 hm²，占该评价区满足耕地面积的 70.73%；灌溉能力处于基本满足的福建耕地中，漳州市所占面积最大，其面积为 5.16 万 hm²，其次是莆田市，面积为 1.76 万 hm²，合计面积 6.92 万 hm²，占该评价区基本满足耕地面积的 86.61%；灌溉能力处于不满足的福建耕地中，泉州市所占面积最大，其面积为 3.05 万 hm²，其次是莆田市，面积为 2.75 万 hm²，第三为福州市，合计面积 8.01 万 hm²，占该评价区不满足耕地面积的 76.29%。从各灌溉能力占该市区耕地面积比例最大值而言，漳州市 46.21% 的耕地灌溉能力处于充分满足，泉州市 50.27% 的耕地灌溉能力处于满足，厦门市 35.33% 的耕地灌溉能力处于基本满足，平潭综合试验区 98.73% 的耕地灌溉能力处于不满足，此外，福州市、厦门市耕地灌溉能力处于不满足的面积比例也分别达到 43.59% 和 46.20%。

广东评价区耕地灌溉能力充分满足的面积最大，比例达 48.54%，其次为不满足的耕地面积比例为 32.74%。灌溉能力处于充分满足的耕地主要分布在广州市、惠州市、江门市、揭阳市、茂名市、清远市、汕尾市、阳江市、湛江市等，合计面积 77.84 万 hm²，占该评价区充分满足耕地面积的 79.11%，其中湛江市面积最大，其面积为 16.50 万 hm²，其次是江门市，面积为 11.82 万 hm²。灌溉能力处于满足的耕地主要分布在茂名市、梅州市、清远市、云浮市等，合计面积 11.70 万 hm²，占该评价区满足耕地面积的 65.77%，其中茂名市面积最大，其面积为 5.12 万 hm²，其次是清远市，面积为 2.63 万 hm²。灌溉能力处于基本满足的耕地主要分布在广州市、河源市、惠州市、江门市、揭阳市、茂名市、梅州市、清远市、云浮市、湛江市等，合计面积 14.05 万 hm²，占该评价区基本满足耕地面积的 69.66%，其中湛江市面积最大，其面积为 2.75 万 hm²，其次是茂名市，面积为 2.34 万 hm²。灌溉能力处于不满足的耕地主要分布在惠州市、茂名市、清远市、阳江市、云浮市、湛江市等，合计面积 51.82 万 hm²，占该评价区不满足耕地面积的 78.09%，其中湛江市面积最大，其面积为 26.44 万 hm²，其次是茂名市，面积为 6.44 万 hm²。从各灌溉能力占该市区耕地面积比例而言，灌溉能力处于充分满足的耕地面积比例超过 45% 的地级市有广州市、潮州市、东莞市、佛山市、惠州市、江门市、揭阳市、汕头市、汕尾市、深圳市、阳江市、肇庆市、中山市、珠海市等；灌溉能力处于满足的耕地面积比例超过 13% 的地级市有茂名市、梅州市、清远市、深圳市、云浮市、肇庆市等；灌溉能力处于基本满足的耕地面积比例超过 13% 的地级市有广州市、潮州市、东莞市、河源市、韶关市、云浮市、肇庆市等；灌溉能力处于不满足的耕地面积比例超过 28% 的地级市有惠州市、茂名市、清远市、韶关市、阳江市、云浮市、湛江市等。

广西评价区耕地灌溉能力不满足的面积最大，比例达 55.89%，其次为充分满足的耕地面积比例为 34.74%。灌溉能力处于充分满足的耕地主要分布在南宁市、贵港市、钦州市、玉林市等，合计面积 60.66 万 hm²，占该评价区充分满足耕地面积的 68.81%，其中玉林市面积最大，其面积 17.40 万 hm²，其次是南宁市，面积为 16.82 万 hm²。灌溉能力处于满足的耕地主要分布在百色市、崇左市、贵港市等，合计面积 6.64 万 hm²，占该评价区满足耕地面积的 73.45%，其中崇左市面积最大，其面积为 2.80 万 hm²，其次是百色市，面积为 2.20 万 hm²。灌溉能力处于基本满足的耕地主要分布在南宁市、崇左市、梧州市、玉林市等，合计面积 10.02 万 hm²，占该评价区基本满足耕地面积的 68.07%，其中玉林市面积最大，其面积为 2.81 万 hm²，其次是崇左市，面积为 2.69 万 hm²。灌溉能力处于不满足的耕地主要分布在南宁市、百色市、崇左市、贵港市等，合计面积 114.62 万 hm²，占该评价区不满足耕地面积的 78.09％，其中南宁市面积最大，其面积为 38.42 万 hm²，其次是百色市，面积为 21.24 万 hm²。从各灌溉能力占该市区耕地面积比例而言，灌溉能力处于充分满足的耕地面积比例超过 40％的地级市有防城港市、贵港市、钦州市、梧州市、玉林市等；灌溉能力处于满足的耕地面积比例超过 5％的地级市有百色市、崇左市等；灌溉能力处于基本满足的耕地面积比例超过 11％的地级市有梧州市、玉林市等；灌溉能力处于不满足的耕地面积比例超过 40％的地级市有南宁市、百色市、北海市、崇左市、防城港市、贵港市等。

　　海南评价区耕地灌溉能力充分满足的面积最大，比例达 48.84％，其次为不满足的耕地面积比例为 42.65％。灌溉能力处于充分满足的耕地主要分布在海口市、澄迈县、儋州市、乐东黎族自治县、临高县、琼海市、万宁市、文昌市等，合计面积 45.90 万 hm²，占该评价区充分满足耕地面积的 66.64％，其中文昌市面积最大，其面积 4.73 万 hm²，其次是海口市，面积为 3.37 万 hm²。灌溉能力处于满足的耕地主要分布儋州市，面积最大，其面积为 2.39 万 hm²，占该评价区满足耕地面积的 54.69％。灌溉能力处于基本满足的耕地主要分布在屯昌县和儋州市，屯昌县面积最大，其面积为 0.53 万 hm²，其次是儋州市，面积为 0.43 万 hm²，合计面积 0.96 万 hm²，占该评价区基本满足耕地面积的 53.93％。灌溉能力处于不满足的耕地主要分布在海口市、昌江黎族自治县、澄迈县、儋州市、定安县、东方市、临高县等，合计面积 21.79 万 hm²，占该评价区不满足耕地面积的 70.68％，其中儋州市面积最大，其面积为 4.34 万 hm²，其次是澄迈县，面积为 3.48 万 hm²。从各灌溉能力占该市区耕地面积比例而言，灌溉能力处于充分满足的耕地面积比例超过 45％的地级市有海口市、保亭黎族苗族自治县、乐东黎族自治县、临高县、陵水县、琼海市、琼中黎族苗族自治县、三亚市、屯昌县、万宁市、文昌市等，其中文昌市最高，为 85.23％；灌溉能力处于满足的耕地面积比例超过 22％的地级市有儋州市、五指山市等；灌溉能力处于基本满足的耕地面积比例超过 15％的地级市有琼中黎族苗族自治县、屯昌县等；灌溉能力处于不满足的耕地面积比例超过 40％的地级市有海口市、白沙黎族自治县、昌江黎族自治县、澄迈县、儋州市、定安县、东方市、临高县等。

　　云南评价区耕地灌溉能力不满足的面积最大，比例达 74.89％，其次为充分满足的耕地面积比例为 24.85％，没有灌溉能力处于基本满足的耕地。灌溉能力处于充分满足的耕地主要分布在德宏傣族景颇族自治州、红河哈尼族彝族自治州、临沧市、普洱市等，合计面积 45.90 万 hm²，占该评价区充分满足耕地面积的 66.64％，其中红河哈尼族彝族自治州面积最大，其面积 14.67 万 hm²，其次是普洱市，面积为 10.51 万 hm²。灌溉能力处于满足的耕地主要分布在文山壮族苗族自治州和红河哈尼族彝族自治州，文山壮族苗族自治州面积最大，其面积 0.38 万 hm²，其次是红河哈尼族彝族自治州，面积为 0.32 万 hm²，合计面积 0.70 万 hm²，占该评价区满足耕地面积的 98.59％。灌溉能力处于不满足的耕地主要分布在红河哈尼族彝族自治州、临沧市、普洱市、文山壮族苗族自治州等，合计面积 162.79 万 hm²，占该评价区不满足耕地面积的 78.42％，其中普洱市面积最大，其面积 56.23 万 hm²，其次是临沧市，面积为 43.76 万 hm²。从各灌溉能力占该市区耕地面积比例而言，灌溉能力处于充分满足的耕地面积比例超过 30％的地级市有德宏傣族景颇族自治州、红河哈尼族彝族自治州、西双版纳傣族自治州等；灌溉能力处于不满足的耕地面积比例超过 60％的地级市有保山市、红河哈尼族彝族自治州、临沧市、普洱市、文山壮族苗族自治州、西双版纳傣族自治州、玉溪市等。

2. 不同市县耕地排水能力　福建评价区耕地排水能力充分满足、满足、基本满足和不满足的面积比例分别为 91.09%、6.66%、1.36%、0.91%，其中，充分满足的耕地面积最大，不满足的耕地面积比例最小。该区排水能力处于充分满足的耕地中，漳州市所占面积最大，其面积为 16.54 万 hm²，其次是泉州市，面积为 10.51 万 hm²，合计面积 27.05 万 hm²，占该评价区充分满足耕地面积的 67.47%。排水能力处于满足的耕地中，漳州市所占面积最大，其面积为 1.03 万 hm²，其次是福州市和泉州市，合计面积 2.59 万 hm²，占该评价区满足耕地面积的 88.40%。排水能力处于基本满足的福建耕地中，莆田市所占面积最大，其面积为 0.26 万 hm²，其次是漳州市，面积为 0.17 万 hm²，合计面积 0.43 万 hm²，占该评价区基本满足耕地面积的 71.67%。排水能力处于不满足的耕地中，漳州市所占面积最大，其面积为 0.18 万 hm²，其次是泉州市，面积为 0.17 万 hm²，合计面积 0.35 万 hm²，占该评价区不满足耕地面积的 87.50%。从各排水能力占该市区耕地面积比例最大值而言，福建省所有地级市耕地排水能力处于充分满足的比例均达到 80%，其中，厦门市最高为 97.28%，福州市最低为 82.64%。仅平潭综合试验区耕地排水能力处于满足的面积比例超过 10%，其他地级市均小于 10%。

　广东评价区耕地排水能力充分满足、满足、基本满足和不满足的面积比例分别为 93.01%、3.84%、1.99%、1.15%，其中排水能力充分满足的面积最大，其次为满足的耕地面积。该区排水能力处于充分满足的耕地主要分布在惠州市、江门市、茂名市、清远市、阳江市、湛江市等，合计面积 122.66 万 hm²，占该评价区充分满足耕地面积的 65.05%，其中湛江市面积最大，其面积为 43.77 万 hm²，其次是茂名市，面积为 21.65 万 hm²。排水能力处于满足的耕地主要分布在广州市、江门市、阳江市、湛江市、珠海市等，合计面积 4.76 万 hm²，占该评价区满足耕地面积的 61.18%，其中湛江市面积最大，其面积为 1.34 万 hm²，其次是阳江市，面积为 0.98 万 hm²。排水能力处于基本满足的耕地主要分布在广州市、茂名市、湛江市等，合计面积 2.59 万 hm²，占该评价区基本满足耕地面积的 64.11%，其中湛江市面积最大，其面积为 1.19 万 hm²，其次是广州市，面积为 0.84 万 hm²。排水能力处于不满足的耕地主要分布在清远市、云浮市、湛江市等，合计面积 1.04 万 hm²，占该评价区不满足耕地面积的 44.44%，其中清远市面积最大，其面积为 0.42 万 hm²，其次是湛江市，面积为 0.40 万 hm²。从各排水能力占该市区耕地面积比例而言，除珠海市外，广东评价区其他地级市耕地排水能力处于充分满足的面积比例均超过 78%，80% 的地级市耕地排水能力处于充分满足的面积比例超过 90%；排水能力处于满足的耕地面积比例超过 10% 的地级市有广州市、东莞市、中山市和珠海市等；排水能力处于基本满足的耕地面积比例超过 10% 的地级市仅有广州市；所有的地级市排水能力处于不满足的耕地面积比例均小于 5%。

　广西评价区耕地排水能力充分满足、满足、基本满足和不满足的面积比例分别为 83.01%、16.35%、0.58%、0.05%，排水能力为充分满足的面积最大，其次为满足的耕地面积，不满足的耕地面积分布极少。该区排水能力处于充分满足的耕地主要分布在南宁市、百色市、崇左市、贵港市等，合计面积 155.73 万 hm²，占该评价区充分满足耕地面积的 73.94%，其中南宁市面积最大，其面积 50.78 万 hm²，其次是崇左市，面积为 48.89 万 hm²。排水能力处于满足的耕地主要分布在南宁市、贵港市、钦州市、梧州市、玉林市等，合计面积 32.59 万 hm²，占该评价区满足耕地面积的 78.55%，其中玉林市面积最大，其面积为 8.45 万 hm²，其次是南宁市，面积为 8.03 万 hm²。排水能力处于基本满足的耕地主要分布在北海市、防城港市、钦州市等，合计面积 1.23 万 hm²，占该评价区基本满足耕地面积的 83.67%，其中防城港市面积最大，其面积为 0.45 万 hm²，其次是钦州市，面积为 0.43 万 hm²。排水能力处于不满足的耕地主要分布在防城港市、玉林市等，合计面积 0.10 万 hm²，占该评价区不满足耕地面积的 76.92%，其中玉林市面积最大，其面积为 0.06 万 hm²，其次是防城港市，面积为 0.04 万 hm²。从各排水能力占该市区耕地面积比例而言，广西评价区所有地级市耕地排水能力处于充分满足的面积比例均超过 64%，其中崇左市最高为 94.04%，玉林市最低为 64.58%；排水能力处于满足的耕地面积比例超过 20% 的地级市有防城港市、钦州市、梧州市、玉林市等；所有地级市排水能力处于基本满足的耕地面积比例均低于 5%，排水能力处于不满足的耕地面积比例低于 1%。

海南评价区耕地 100% 处于排水能力充分满足，主要分布在海口市、澄迈县、儋州市、定安县、东方市、乐东黎族自治县、临高县、文昌市等，合计面积 48.84 万 hm²，占该评价区充分满足耕地面积的 67.58%，其中儋州市面积最大，其面积 10.50 万 hm²，其次是海口市，面积为 6.85 万 hm²。

云南评价区 100% 耕地排水能力处于充分满足，主要分布在红河哈尼族彝族自治州、临沧市、普洱市、文山壮族苗族自治州等，合计面积 205.17 万 hm²，占该评价区充分满足耕地面积的 74.02%，其中普洱市面积最大，其面积 66.73 万 hm²，其次是临沧市，面积为 54.26 万 hm²（表 5-11）。

表 5-11　华南区不同市县耕地灌排能力面积分布

评价区	灌溉能力面积（万 hm²）				排水能力面积（万 hm²）			
	充分满足	满足	基本满足	不满足	充分满足	满足	基本满足	不满足
福建评价区	12.57	12.95	7.99	10.50	40.09	2.93	0.60	0.40
福州市	1.11	1.74	0.01	2.21	4.19	0.83	0.04	—
平潭综合实验区	—	0.01	—	0.78	0.71	0.08	—	—
莆田市	1.01	1.86	1.76	2.75	6.35	0.73	0.26	0.04
泉州市	2.01	5.53	0.41	3.05	10.51	0.20	0.13	0.17
厦门市	0.16	0.18	0.65	0.85	1.79	0.05	—	—
漳州市	8.28	3.63	5.16	0.85	16.54	1.03	0.17	0.18
广东评价区	98.39	17.79	20.17	66.36	188.55	7.78	4.04	2.34
广州市	5.91	0.52	1.49	0.18	6.37	0.81	0.84	0.07
潮州市	1.98	0.24	0.47	0.84	3.44	0.08	0.02	—
东莞市	0.92	0.08	—	0.14	1.08	0.23	0.01	—
佛山市	2.80	0.21	0.15	0.51	3.42	0.02	0.08	0.16
河源市	2.22	0.48	2.17	1.25	5.50	0.21	0.24	0.16
惠州市	7.37	0.93	1.17	4.49	13.23	0.49	0.06	0.18
江门市	11.82	0.69	0.40	2.72	14.39	0.75	0.34	0.14
揭阳市	6.43	0.13	0.26	1.90	8.14	0.31	0.18	0.08
茂名市	8.81	5.12	2.34	6.44	21.65	0.37	0.56	0.13

（续）

评价区	灌溉能力面积（万 hm²）				排水能力面积（万 hm²）			
	充分满足	满足	基本满足	不满足	充分满足	满足	基本满足	不满足
梅州市	1.28	1.83	1.69	1.53	6.33	—	—	—
清远市	6.07	2.63	1.61	6.25	15.91	0.18	0.06	0.42
汕头市	2.93	0.06	0.28	0.46	3.37	0.32	0.03	—
汕尾市	6.23	0.24	0.67	2.57	9.14	0.39	0.12	0.05
韶关市	0.24	0.13	0.51	0.74	1.62	—	—	0.01
深圳市	0.30	0.05	0.02	0.01	0.38	—	—	—
阳江市	8.70	0.53	0.95	4.76	13.71	0.98	0.05	0.19
云浮市	2.68	2.12	2.00	3.44	9.91	0.05	0.06	0.22
湛江市	16.50	1.00	2.75	26.44	43.77	1.34	1.19	0.40
肇庆市	2.72	0.79	1.05	1.23	5.45	0.12	0.13	0.10
中山市	1.13	0.02	—	0.03	0.92	0.26	0.00	—
珠海市	1.35	—	0.02	0.41	0.83	0.88	0.06	0.01
广西评价区	88.15	9.04	14.72	141.82	210.62	41.49	1.47	0.13
南宁市	16.82	1.15	2.48	38.42	50.78	8.03	0.05	—
百色市	6.29	2.20	1.56	21.24	29.39	1.90	—	—
北海市	4.57	0.00	0.27	7.59	10.18	1.90	0.35	—
崇左市	5.83	2.80	2.69	40.67	48.89	2.93	0.17	—
防城港市	3.73	0.08	0.40	4.94	6.50	2.17	0.45	0.04
贵港市	14.47	1.64	1.70	14.29	26.67	5.44	—	—
钦州市	11.97	0.15	0.76	8.36	13.83	6.96	0.43	0.02
梧州市	7.07	0.60	2.04	2.85	8.84	3.71	—	0.02
玉林市	17.40	0.42	2.81	3.45	15.55	8.45	0.02	0.06
海南评价区	35.30	4.37	1.78	30.83	72.27	—	—	—
海口市	3.37	0.21	0.01	3.27	6.85	—	—	—
白沙黎族自治县	0.63	0.19	0.11	1.50	2.43	—	—	—
保亭黎族苗族自治县	0.59	0.15	0.03	0.06	0.83	—	—	—
昌江黎族自治县	1.26	0.06	0.02	2.39	3.73	—	—	—
澄迈县	2.65	0.31	0.15	3.48	6.59	—	—	—
儋州市	3.35	2.39	0.43	4.34	10.50	—	—	—
定安县	1.85	0.07	0.06	3.10	5.09	—	—	—
东方市	1.85	0.06	0.02	2.83	4.75	—	—	—
乐东黎族自治县	2.84	0.04	0.06	1.85	4.78	—	—	—
临高县	2.23	0.05	0.07	2.38	4.73	—	—	—
陵水黎族自治县	1.77	0.05	0.01	0.69	2.52	—	—	—
琼海市	2.36	0.10	0.02	1.30	3.77	—	—	—

（续）

评价区	灌溉能力面积（万 hm²）				排水能力面积（万 hm²）			
	充分满足	满足	基本满足	不满足	充分满足	满足	基本满足	不满足
琼中黎族苗族自治县	0.52	0.21	0.18	0.21	1.12	—	—	—
三亚市	1.44	0.07	0.02	0.81	2.33	—	—	—
屯昌县	1.68	0.03	0.53	1.09	3.33	—	—	—
万宁市	2.03	0.06	0.01	0.84	2.94	—	—	—
文昌市	4.73	0.15	0.03	0.64	5.55	—	—	—
五指山市	0.14	0.19	0.04	0.06	0.43	—	—	—
云南评价区	68.88	0.71	—	207.59	277.18	—	—	—
保山市	7.32	—	—	18.18	25.51	—	—	—
德宏傣族景颇族自治州	10.21	0.01	—	9.30	19.53	—	—	—
红河哈尼族彝族自治州	14.67	0.32	—	33.35	48.34	—	—	—
临沧市	10.51	—	—	43.76	54.26	—	—	—
普洱市	10.51	0.00	—	56.22	66.73	—	—	—
文山壮族苗族自治州	6.01	0.38	—	29.46	35.84	—	—	—
西双版纳傣族自治州	7.24	—	—	11.04	18.28	—	—	—
玉溪市	2.42	—	—	6.27	8.68	—	—	—

二、耕地主要土壤类型灌排能力

华南区耕地土壤土类主要有赤红壤、砖红壤、水稻土、红壤等，合计面积 719.35 万 hm²，占华南区耕地面积的 84.64%。根据表 5-12 可以得到，华南区灌溉能力处于充分满足水平的耕地全部为水稻土，占水稻土面积的 78.26%，表明水稻土灌溉条件较好。灌溉能力处于满足水平的耕地多数为水稻土，面积为 41.20 万 hm²，占水稻土面积的 10.63%；另外占自身比例 0.51% 的赤红壤、0.24% 的风沙土、0.49% 的红壤、0.06% 的石灰（岩）土、2.97% 的砖红壤、0.25% 的紫色土灌溉能力处于满足水平。灌溉能力处于基本满足水平的耕地多数为水稻土，面积为 42.18 万 hm²，占水稻土面积的 10.88%；另外还有部分土类灌溉能力处于基本满足水平，如潮土、赤红壤、风沙土、红壤、砖红壤、紫色土等，分别占各自土类面积的 3.53%、0.50%、2.16%、0.02%、1.14%、0.04%。灌溉能力处于不满足水平的耕地除水稻土外，其他土类 93% 以上的耕地灌溉能力都处于不满足状态，主要有赤红壤、红壤、石灰（岩）土、砖红壤等，合计面积 360.75 万 hm²，占灌溉能力不满足状态的耕地面积为 78.92%。

华南区排水能力处于充分满足水平的耕地除水稻土外，其他土类全部耕地都处于充分满足状态，但在排水能力为充分满足的耕地土类中，水稻土所占面积最大，面积为 326.85 万 hm²，其次为砖红壤，面积为 188.76 万 hm²；其中，84.34% 的水稻土排水能力处于充分满足状态，表明华南区耕地土壤排水条件较好，土壤透水性好。排水能力处于满足水平的耕地只有水稻土和滨海盐土两个土类，多数为水稻土，面积为 51.70 万 hm²，占水稻土面积的 13.34%。排水能力处于基本满足水平的耕地全部为水稻土，占水稻土面积的 1.58%。排水能力处于不满足水平的耕地全部为水稻土，占水稻土面积的 0.74%。

表 5-12　华南区耕地主要土壤类型灌排能力面积分布

土类	不同灌溉能力面积（万 hm²）				不同排水能力面积（万 hm²）			
	充分满足	满足	基本满足	不满足	充分满足	满足	基本满足	不满足
砖红壤	—	1.75	0.67	56.56	58.99	—	—	—
赤红壤	—	0.97	0.94	186.86	188.76	—	—	—
红壤	—	0.41	0.02	83.65	84.08	—	—	—
黄壤	—	—	—	24.71	24.71	—	—	—
黄棕壤	—	—	—	12.51	12.51	—	—	—
风沙土	—	0.01	0.09	4.06	4.16	—	—	—
石灰（岩）土	—	0.23	—	33.68	33.91	—	—	—
紫色土	—	0.07	0.01	27.60	27.68	—	—	—
潮土	—	—	0.38	10.37	10.75	—	—	—
水稻土	303.29	41.20	42.18	0.85	326.85	51.70	6.11	2.87

三、不同耕地利用类型灌排能力

华南区耕地利用类型以旱地和水田为主，合计面积 835.99 万 hm²，占华南区耕地面积的 98.37%；旱地面积最大，占华南区耕地面积的 53.81%，其次为水田，占华南区耕地面积的 44.56%，水浇地最小。其中，旱地灌溉能力处于不满足的耕地分布最广，面积为 453.97 万 hm²，占旱地面积的 99.27%；旱地中灌溉能力处于基本满足和满足的面积分别为 0.39 万 hm² 和 2.94 万 hm²，分别占旱地面积的 0.09% 和 0.64%。水浇地充分满足的耕地面积最大，为 7.92 万 hm²，基本满足的面积为 2.65 万 hm²，满足的面积为 1.06 万 hm²，不满足的面积为 2.26 万 hm²，分别占水浇地面积的 57.02%、7.63%、19.08% 和 16.27%。水田灌溉能力处于充分满足的耕地面积最大，为 295.37 万 hm²，占水田面积的 78.00%；基本满足的面积为 41.62 万 hm²，满足的面积为 40.85 万 hm²，不满足的面积为 0.85 万 hm²。由此可见，华南区耕地中，88% 以上的水田灌溉条件较好，灌溉能力处于充分满足和满足；几乎全部的旱地灌溉条件较差，灌溉能力处于不满足；半数以上的水浇地灌溉条件较好，灌溉能力处于充分满足和满足。

排水能力处于充分满足的耕地以水田和旱地为主，合计面积为 777.00 万 hm²，占华南区排水能力处于充分满足耕地面积的 98.51%，其中旱地占充分满足耕地的 57.95%，水田为 40.55%。排水能力处于充分满足的旱地面积为 457.06 万 hm²，占旱地面积的 99.95%，排水能力处于满足的旱地面积为 0.24 万 hm²，面积比例仅为 0.05%。水浇地中排水能力为充分满足的面积为 11.72 万 hm²，满足的面积为 1.09 万 hm²，基本满足的面积为 0.90 万 hm²，不满足的面积为 0.19 万 hm²，分别占水浇地面积的 84.38%、7.85%、6.48% 和 1.37%。水田充分满足的面积为 319.94 万 hm²，满足的面积为 50.86 万 hm²，基本满足的面积为 5.20 万 hm²，不满足的面积为 2.68 万 hm²，分别占水田面积的 84.49%、13.43%、1.37% 和 0.71%。由此可见，华南区绝大多数的耕地排水条件好，其中，旱地排水条件最好，94% 以上的水田和水浇地排水能力也较好（表 5-13）。

表 5-13 华南区不同耕地利用类型灌排能力面积分布

耕地利用类型	不同灌溉能力面积（万 hm²）				不同排水能力面积（万 hm²）			
	充分满足	满足	基本满足	不满足	充分满足	满足	基本满足	不满足
旱地	—	2.94	0.39	453.97	457.06	0.24	—	—
水浇地	7.92	1.06	2.65	2.26	11.72	1.09	0.90	0.19
水田	295.37	40.85	41.62	0.85	319.94	50.86	5.20	2.68

四、不同地貌类型灌排能力

从耕地所处地貌类型来看，华南区 60.49% 的耕地分布在平原和盆地，合计面积 514.06 万 hm²，说明华南区耕地半数以上分布于低海拔的平原地区和盆地区域，耕作条件相对理想。其中，29.79% 的耕地分布在平原地区，合计面积 253.17 万 hm²；16.01% 的耕地分布在丘陵地区，合计面积 136.09 万 hm²；23.50% 的耕地分布在山地地区，合计面积 199.74 万 hm²；30.70% 的耕地分布在盆地地区，合计面积 260.89 万 hm²。

从耕地灌溉能力的满足程度来看，灌溉能力处于充分满足的耕地主要分布在平原和盆地区，合计面积 262.94 万 hm²，占充分满足灌溉能力耕地面积的 86.70%；灌溉能力处于满足的耕地主要分布在丘陵和盆地区，合计面积 28.65 万 hm²，占满足灌溉能力耕地面积的 63.88%；灌溉能力处于基本满足的耕地主要分布在丘陵和山地区，合计面积 41.05 万 hm²，占基本满足灌溉能力耕地面积的 91.92%；灌溉能力处于不满足的耕地主要分布在平原、山地和盆地区，合计面积 390.14 万 hm²，占不满足灌溉能力耕地面积的 85.35%。从地貌类型上看，平原区耕地灌溉能力主要处于充分满足和不满足，合计面积 245.26 万 hm²，占该区耕地面积的 96.88%，其中灌溉能力处于充分满足、满足、基本满足、不满足耕地面积占该区面积比例分别为 55.31%、2.58%、0.54%、41.57%；丘陵区耕地灌溉能力主要处于充分满足和不满足，合计面积 97.33 万 hm²，占该区耕地面积的 71.52%，其中灌溉能力处于充分满足、满足、基本满足、不满足耕地面积占该区面积比例分别为 22.32%、9.79%、18.69%、49.20%；山地区耕地灌溉能力主要处于不满足，合计面积 164.50 万 hm²，占该区耕地面积的 82.36%，其中灌溉能力处于充分满足、满足、基本满足、不满足耕地面积占该区面积比例分别为 4.99%、4.84%、7.82%、82.36%；盆地区耕地灌溉能力主要处于充分满足和不满足，合计面积 243.32 万 hm²，占该区耕地面积的 93.27%，其中灌溉能力处于充分满足、满足、基本满足、不满足耕地面积占该区面积比例分别为 47.12%、5.88%、0.86%、46.15%。

从耕地排水能力的满足程度来看，排水能力处于充分满足的耕地主要分布在平原和盆地区，合计面积 458.82 万 hm²，占充分满足灌溉能力耕地面积的 58.17%；排水能力处于满足的耕地主要分布在平原和盆地区，合计面积 49.51 万 hm²，占满足灌溉能力耕地面积的 94.86%；排水能力处于基本满足的耕地主要分布在丘陵和平原区，合计面积 4.61 万 hm²，占基本满足灌溉能力耕地面积的 75.33%；排水能力处于不满足的耕地主要分布在平原、丘陵和盆地区，合计面积 2.56 万 hm²，占不满足灌溉能力耕地面积的 89.51%。从地貌类型上看，87.20% 平原区、96.69% 丘陵区、99.28% 山地区和 91.25% 盆地区耕地排水能力均处于充分满足。平原区排水能力处于充分满足、满足、基本满足、不满足耕地面积占该区面积比例分别为 87.20%、11.32%、1.16%、0.31%；丘陵区排水能力处于充分满足、满足、基本满足、不满足耕地面积占该区面积比例分别为96.69%、1.44%、1.23%、0.65%；山地区排水能力处于充分满足、满足、基本满足、不满足耕地面积占该区面积比例分别为99.28%、0.36%、0.21%、0.15%；盆地区排水能力处于充分满足、满足、基本满足、不满足耕地面积占该区面积比例分别为91.25%、8.00%、0.42%、0.34%（表5-14）。

表5-14 华南区不同地貌类型灌排能力面积分布

地貌类型	灌溉能力面积（万hm²）				排水能力面积（万hm²）			
	充分满足	满足	基本满足	不满足	充分满足	满足	基本满足	不满足
平原	140.02	6.54	1.37	105.24	220.77	28.65	2.94	0.79
丘陵	30.38	13.32	25.44	66.95	131.58	1.96	1.67	0.88
山地	9.97	9.66	15.61	164.50	198.31	0.72	0.41	0.30
盆地	122.92	15.33	2.24	120.40	238.05	20.86	1.10	0.89

五、不同耕地质量等级灌排能力

（一）不同耕地质量等级灌溉能力

如表5-15，华南区高产（一、二、三等地）耕地灌溉能力主要处于充分满足，合计面积200.23万hm²，占华南区高产耕地面积的94.40%，灌溉能力处于满足、基本满足、不满足耕地占高产耕地面积比例分别为3.29%、0.31%、2.00%。华南区中产（四、五、六等地）耕地灌溉能力主要处于充分满足和不满足，合计面积276.84万hm²，占华南区中产耕地面积的82.70%，灌溉能力处于充分满足、满足、基本满足、不满足耕地占中产耕地面积比例分别为27.94%、8.89%、8.41%、54.76%。华南区低产（七、八、九、十等地）耕地灌溉能力主要处于不满足，合计面积269.54万hm²，占华南区低产耕地面积的88.94%，灌溉能力处于充分满足、满足、基本满足耕地占低产耕地面积比例分别为3.14%、2.68%、5.24%。由此可见，华南区耕地质量等级较高的耕地灌溉条件较好，而低产耕地则绝大多数靠天降雨得以灌溉，灌溉基础设施差。

从灌溉保障情况而言，灌溉能力主要处于充分满足的耕地质量为一等地到五等地，合计面积282.54万hm²，占华南区充分满足灌溉能力耕地面积的93.16%；灌溉能力主要处于满足的耕地质量为三等地到六等地，合计面积35.02万hm²，占华南区满足灌溉能力耕地面积的78.07%；灌溉能力主要处于基本满足的耕地质量为五等地到七等地，合计面积35.51万hm²，占华南区基本满足灌溉能力耕地面积的79.51%；灌溉能力主要处于不满足的耕地质量为五等地到八等地，合计面积345.82万hm²，占华南区不满足灌溉能力耕地面积的75.66%。

从10个等级的耕地灌溉保障情况来看，华南区一等地灌溉能力主要处于充分满足，合计面积56.41万hm²，占华南区一等地面积的99.84%，其中灌溉能力处于充分满足、满足、基本满足的耕地占华南区一等地面积比例依次为99.84%、0.14%、0.02%。华南区二等地灌溉能力主要处于充分满足，合计面积73.19万hm²，占华南区二等地面积的96.54%，其中灌溉能力处于充分满足、满足、基本满足、不满足的耕地占华南区二等地面积比例依次为96.54%、2.16%、0.30%、0.99%。华南区三等地灌溉能力主要处于充分满足，合计面积70.63万hm²，占华南区三等地面积的88.52%，其中灌溉能力处于充分满足、满足、基本满足、不满足的耕地占华南区三等地面积比例依次为 88.52%、6.58%、0.51%、4.39%。华南区四等地灌溉能力主要处于充分满足和不满足，合计面积 73.15 万 hm²，占华南区四等地面积的 79.65%，其中灌溉能力处于充分满足、满足、基本满足、不满足的耕地占华南区四等地面积比例依次为 54.88%、17.36%、2.99%、24.77%。华南区五等地灌溉能力主要处于充分满足和不满足，合计面积 98.36 万 hm²，占华南区五等地面积的 84.79%，其中灌溉能力处于充分满足、满足、基本满足、不满足的耕地占华南区五等地面积比例依次为 27.51%、7.23%、7.98%、57.28%。华南区六等地灌溉能力主要处于不满足，合计面积 94.10 万 hm²，占华南区六等地面积的 74.15%，其中灌溉能力处于充分满足、满足、基本满足、不满足的耕地占华南区六等地面积比例依次为 8.85%、4.29%、12.71%、74.15%。华南区七等地灌溉能力主要处于不满足，合计面积 104.06 万 hm²，占华南区七等地面积的 85.39%，其中灌溉能力处于充分满足、满足、基本满足、不满足的耕地占华南区七等地面积比例依次为 3.76%、2.54%、8.30%、85.39%。华南区八等地灌溉能力主要处于不满足，合计面积 81.21 万 hm²，占华南区八等地面积的 91.08%，其中灌溉能力处于充分满足、满足、基本满足、不满足的耕地占华南区八等地面积比例依次为 3.42%、2.03%、3.47%、91.08%。华南区九等地灌溉能力主要处于不满足，合计面积 43.84 万 hm²，占华南区九等地面积的 91.03%，其中灌溉能力处于充分满足、满足、基本满足、不满足的耕地占华南区九等地面积比例依次为 2.66%、3.63%、2.68%、91.03%。华南区十等地灌溉能力主要处于不满足，合计面积 40.43 万 hm²，占华南区十等地面积的 92.16%，其中灌溉能力处于充分满足、满足、基本满足、不满足的耕地占华南区十等地面积比例依次为 1.39%、3.33%、3.12%、92.16%。

表 5-15　华南区不同耕地质量等级灌排能力面积分布

耕地质量等级	灌溉能力面积（万 hm²）				排水能力面积（万 hm²）			
	充分满足	满足	基本满足	不满足	充分满足	满足	基本满足	不满足
一等地	56.41	0.08	0.01	—	53.32	3.17	—	—
二等地	73.19	1.64	0.23	0.75	64.74	11.07	—	—
三等地	70.63	5.25	0.41	3.50	68.36	11.22	0.21	—
四等地	50.40	15.94	2.75	22.75	77.28	14.10	0.46	—
五等地	31.91	8.39	9.26	66.45	106.67	7.41	1.87	0.07
六等地	11.23	5.44	16.13	94.10	123.40	2.41	0.92	0.18
七等地	4.58	3.10	10.12	104.06	118.91	1.49	0.89	0.57
八等地	3.05	1.81	3.09	81.21	86.60	0.67	1.32	0.57
九等地	1.28	1.75	1.29	43.84	46.91	0.34	0.27	0.63
十等地	0.61	1.46	1.37	40.43	42.52	0.32	0.18	0.86

（二）不同耕地质量等级排水能力

如表 5-15，华南区高产（一、二、三等地）耕地排水能力主要处于充分满足，合计面积 186.42 万 hm²，占华南区高产耕地面积的 87.90%，排水能力处于充分满足、满足、基本满足的耕地占高产耕地面积比例分别为 87.89%、12.00%、0.10%。华南区中产（四、五、六等地）耕地排水能力主要处于充分满足，合计面积 307.35 万 hm²，占华南区中产耕地面积的 91.81%，排水能力处于满足、基本满足、不满足的耕地占中产耕地面积比例分别为 7.15%、0.97%、0.07%。华南区低产（七、八、九、十等地）耕地排水能力主要处于充分满足，合计面积 294.94 万 hm²，占华南区低产耕地面积的 97.32%，排水能力处于满足、基本满足、不满足的耕地占低产耕地面积比例分别为 0.93%、0.88%、0.87%。由此可见，华南区耕地质量等级无论好坏，耕地排水条件均较好，土壤通透性较高。

从灌溉保障情况而言，排水能力主要处于充分满足的耕地质量等级分布范较广，为二等地到八等地，合计面积 645.96 万 hm²，占华南区充分满足排水能力耕地面积的 81.90%；排水能力主要处于满足的耕地质量为二等地到五等地，合计面积 43.80 万 hm²，占华南区满足排水能力耕地面积的 83.91%；排水能力主要处于基本满足的耕地质量为五等地到八等地，合计面积 5.00 万 hm²，占华南区基本满足排水能力耕地面积的 81.70%；排水能力主要处于不满足的耕地质量为七等地到十等地，合计面积 2.63 万 hm²，占华南区不满足排水能力耕地面积的 91.32%。

从 10 个等级的耕地灌溉保障情况来看，华南区一等地排水能力主要处于充分满足，合计面积 53.32 万 hm²，占华南区一等地面积的 94.39%，其中排水能力处于充分满足、满足的耕地占华南区一等地面积比例依次为 94.39%、5.61%。华南区二等地排水能力主要处于充分满足，合计面积 64.74 万 hm²，占华南区二等地面积的 85.40%，其中排水能力处于充分满足、满足的耕地占华南区二等地面积比例依次为 85.40%、14.60%。华南区三等地排水能力主要处于充分满足，合计面积 68.36 万 hm²，占华南区三等地面积的 85.67%，其中排水能力处于充分满足、满足、基本满足的耕地占华南区三等地面积比例依次为 85.67%、14.06%、0.26%。华南区四等地排水能力主要处于充分满足，合计面积 77.28 万 hm²，占华南区四等地面积的 84.15%，其中排水能力处于充分满足、满足、基本满足的耕地占华南区四等地面积比例依次为 84.15%、15.35%、0.50%。华南区五等地排水能力主要处于充分满足，合计面积 106.67 万 hm²，占华南区五等地面积的 91.94%，其中排水能力处于充分满足、满足、基本满足、不满足的耕地占华南区五等地面积比例依次为 91.94%、6.39%、1.61%、0.06%。华南区六等地排水能力主要处于充分满足，合计面积 123.40 万 hm²，占华南区六等地面积的 97.23%，其中排水能力处于充分满足、满足、基本满足、不满足的耕地占华南区六等地面积比例依次为 97.23%、1.90%、0.72%、0.14%。华南区七等地排水能力主要处于充分满足，合计面积 118.91 万 hm²，占华南区七等地面积的 97.58%，其中排水能力处于充分满足、满足、基本满足、不满足的耕地占华南区七等地面积比例依次为 97.58%、1.22%、0.73%、0.47%。华南区八等地排水能力主要处于充分满足，合计面积 86.60 万 hm²，占华南区八等地面积的 97.13%，其中排水能力处于充分满足、满足、基本满足、不满足的耕地占华南区八等地面积比例依次为 97.13%、0.75%、1.48%、0.64%。华南区九等地排水能力主要处于充分满足，合计面积 46.91 万 hm²，占华南区九等地面积的 97.42%，其中排水能力处于充分满足、满足、基本满足、不满足的耕地占华南区九等地面积比例依次为 97.42%、0.71%、0.56%、1.31%。华南区十等地排水能力主要处于充分满足，合计面积 42.52 万 hm²，占华南区十等地面积的 96.90%，其中排水能力处于充分满足、满足、基本满足、不满足的耕地占华南区十等地面积比例依次为 96.90%、0.73%、0.41%、1.96%。

第三节 耕层厚度

耕层厚度在农业生产中有着重要的作用，影响土壤水分、养分库的容量和农作物根系的伸长，对作物生长发育、水分和养分吸收、产量和品质等均具有显著影响。土壤耕层厚度取决于有效土层厚度和人为耕作施肥，在有效土层厚度许可的情况下，主要受人为耕作施肥的影响。因此，耕地耕层厚度的调控主要通过人为耕作施肥措施来实现。

一、耕层厚度分布情况

（一）不同二级农业区耕地耕层厚度分布

华南区耕地耕层厚度均值为 17.93cm，范围变化为 8～45cm，变异系数为 21.25％，空间差异性较大。4 个二级农业区中（表 5-16），琼雷及南海诸岛农林区的耕层厚度均值为 21cm，在 4 个二级农业区中最厚，远高于华南区均值，有 2 816 个样点数，占华南区的比例为 12.3％，变异系数为 19.05％，样点空间差异性较大；滇南农林区的耕层厚度均值与华南区持平，为 18cm，有 7 828 个样点数，占华南区的比例为 34.4％，变异系数为 16.67％；闽南粤中农林水产区和粤西桂南农林区的耕层厚度略薄于华南区均值，有 12 130 个样点数，占华南区的比例为 53.3％，变异系数分别为 11.76％和 23.53％。琼雷及南海诸岛农林区和粤西桂南农林区的耕层厚度标准差最大，闽南粤中农林水产区的标准差最小；粤西桂南农林区耕地耕层厚度空间差异大，而闽南粤中农林水产区耕地耕层厚度空间差异最小。

表 5-16 华南区不同二级农业区耕地耕层厚度分布状况

二级农业区	样点数（个）	耕层厚度范围（cm）	平均值（cm）	标准差（cm）
闽南粤中农林水产区	6 072	11～30	17	2
粤西桂南农林区	6 058	8～45	17	4
滇南农林区	7 828	10～34	18	3
琼雷及南海诸岛农林区	2 816	12～30	21	4
合计	22 774	8～45	18	4

（二）不同评价区耕地耕层厚度分布

华南区不同评价区中，海南评价区的耕层厚度平均值最厚，达 21cm，共有 2 816 个样点数，变化范围介于 12～30cm，占华南区的比例为 12.36％，变异系数为 19.05％，样本有一定空间差异性；广东评价区有 7 611 个样点数，变化范围介于 10～30cm，占华南区的比例为 33.42％，其耕层厚度最薄，平均值仅 16cm，变异系数为 18.75％，空间分布有一定的差异性；广西评价区、福建评价区、云南评价区的耕层厚度介于中间，广西评价区样本数为 3 766 个，占华南区总数的 16.54％，耕层厚度值变化范围最广，介于 8～45cm，空间变异系数最高，达 27.78％；福建评价区样本数最少，为 753 个，占华南区总数的 3.31％，耕层厚度值变化范围最小，介于 13～21cm，空间变异系数最小，仅 11.76％；云南评价区样本数最多，为 7 828 个，占华南区总数的 34.37％，耕层厚度值变化范围介于 10～34cm，空间变异系数为 16.67％，样本空间差异性超过标准值155％，空间差异较明显。由此可见，海南评价区的耕层厚度最厚，广东评价区耕层厚度最薄；广西评价区的耕层厚度变化范围最大，标准差最大，变异系数最高；福建评价区标准差最小，变异系数最小（表 5-17）。

表 5-17　华南区不同评价区耕地耕层厚度分布状况

评价区	样点数（个）	耕层厚度范围（cm）	平均值（cm）	标准差（cm）
福建评价区	753	13～21	17	2
广东评价区	7 611	10～30	16	3
广西评价区	3 766	8～45	18	5
海南评价区	2 816	12～30	21	4
云南评价区	7 828	10～34	18	3

（三）不同评价区地级市耕地耕层厚度分布

从表 5-18 可以看出，广西农垦 20 个样点，因样点数少不具代表性外，不同地级市以海南评价区保亭黎族苗族自治县、乐东黎族自治县、屯昌县的耕层厚度最厚，耕层厚度均值为 24cm；福建评价区平潭综合实验区，广东评价区潮州市、河源市、惠州市、江门市、茂名市、梅州市、清远市、汕尾市、韶关市、阳江市、云浮市、湛江市、珠海市，广西评价区百色市、防城港市，海南评价区临高县耕层厚度最薄，耕层厚度均值为 16cm；海南评价区屯昌县的耕层厚度标准差最大，为 6cm；广西评价区广西农垦的耕层厚度标准差最小，为 0cm。福建评价区所有的地级市耕地耕层厚度均值均低于华南区均值（17.93cm）；广东评价区揭阳市、中山市耕层厚度均值略高于华南区均值，其他地级市耕地耕层厚度均值也低于华南区均值；广西评价区崇左市、广西农垦、贵港市、钦州市、玉林市耕地耕层厚度均值高于华南区均值，其他县市耕地耕层厚度均值也低于华南区均值；海南评价区除临高县外，其他地级市均高出华南区均值的 1～6cm；云南评价区所有的地级市耕地耕层厚度均值略高于华南区均值。

从耕地耕层厚度值空间差异性来看，空间变异系数达 15% 以上，则说明样点值空间差异显著。根据表 5-18 计算可知，福建评价区所有的地级市耕地耕层厚度值变异系数均小于 15%，空间差异性较小；广东评价区揭阳市、清远市、韶关市、湛江市、肇庆市、珠海市等耕地土壤耕层厚度值变异系数略高于 15%，样点耕层厚度值有较为明显的空间差异性，其他地级市耕地土壤耕层厚度值变异系数小于 15% 的显著水平；广西评价区除广西农垦外，其他地级市耕地耕层厚度值变异系数均高于 15%，多数地级市变异系数达 22% 以上，耕层厚度值空间差异显著；云南评价区所有的地级市耕地耕层厚度值变异系数均高于 15%，耕层厚度值空间差异明显；海南评价区儋州市、临高县、屯昌县、万宁市、五指山市等地级市土壤耕层厚度值变异系数高于 15%，空间差异较明显，以临高县最高，差异最为显著，其余地级市空间差异不明显。

表 5-18　华南区不同评价区地级市及省辖县耕地耕层厚度分布状况

评价区	样点数（个）	耕层厚度范围（cm）	平均值（cm）	标准差（cm）
福建评价区	753	13～21	17	2
福州市	81	13～20	17	2
平潭综合实验区	19	14～18	16	1
莆田市	144	13～21	17	2

（续）

评价区	样点数（个）	耕层厚度范围（cm）	平均值（cm）	标准差（cm）
泉州市	190	13～21	17	2
厦门市	42	14～20	17	2
漳州市	277	13～21	17	2
广东评价区	7 611	10～30	16	3
潮州市	251	13～22	16	2
东莞市	73	13～22	17	2
佛山市	124	13～24	17	3
广州市	370	12～24	17	2
河源市	226	11～25	16	2
惠州市	616	13～30	16	2
江门市	622	13～25	16	2
揭阳市	460	12～30	18	3
茂名市	849	10～24	16	2
梅州市	299	13～22	16	1
清远市	483	12～30	16	3
汕头市	285	13～24	17	2
汕尾市	397	12～30	16	2
韶关市	62	13～30	16	3
阳江市	455	12～25	16	2
云浮市	518	11～24	16	2
湛江市	988	10～30	16	3
肇庆市	342	13～30	17	3
中山市	64	14～22	18	2
珠海市	127	14～24	16	3
广西评价区	3 766	8～45	18	5
百色市	466	9～35	16	4
北海市	176	14～30	17	3
崇左市	771	8～38	19	5
防城港市	132	10～30	16	4
广西农垦	20	45～45	45	0
贵港市	473	10～32	19	3
南宁市	865	8～45	17	5
钦州市	317	12～45	21	5
梧州市	188	11～30	17	3
玉林市	358	10～34	18	4
海南评价区	2 816	12～30	21	4

（续）

评价区	样点数（个）	耕层厚度范围（cm）	平均值（cm）	标准差（cm）
白沙黎族自治县	114	15~25	22	3
保亭黎族苗族自治县	51	20~25	24	2
昌江黎族自治县	124	20~25	21	2
澄迈县	236	20~30	23	2
儋州市	318	12~29	20	4
定安县	197	13~23	18	2
东方市	129	20~25	20	1
海口市	276	20~25	22	2
乐东黎族自治县	144	14~25	24	2
临高县	202	12~29	16	5
陵水县	120	19~29	21	2
琼海市	122	12~28	22	3
琼中黎族苗族自治县	45	16~25	19	2
三亚市	149	20~25	23	2
屯昌县	199	13~30	24	6
万宁市	150	13~26	20	4
文昌市	192	15~25	21	2
五指山市	48	15~25	19	3
云南评价区	7 828	10~34	18	3
保山市	754	12~29	19	3
德宏傣族景颇族自治州	583	11~22	19	3
红河哈尼族彝族自治州	1 563	10~34	19	4
临沧市	1 535	10~34	18	3
普洱市	1 661	10~34	18	3
文山壮族苗族自治州	1 035	11~29	19	3
西双版纳傣族自治州	402	10~34	19	3
玉溪市	295	12~29	19	4

二、耕地主要土壤类型耕层厚度

从表 5-19 可以看出，不同土类中以潮土的耕层厚度最厚，耕层厚度均值为 21cm；黄棕壤的耕层厚度最薄，耕层厚度均值为 17cm；潮土、赤红壤、风沙土、红壤、黄壤、石灰（岩）土、水稻土、砖红壤、紫色土等土类耕层厚度均值高于华南区平均水平。

表 5-19　华南区耕地主要土壤类型耕层厚度分布状况

土类	样点数（个）	耕层厚度范围（cm）	平均值（cm）	标准差（cm）
砖红壤	1 069	10~34	20	5

（续）

土类	样点数（个）	耕层厚度范围（cm）	平均值（cm）	标准差（cm）
赤红壤	3 311	8～45	18	4
红壤	2 105	9～45	18	4
黄壤	611	11～34	19	3
黄棕壤	251	10～34	17	3
风沙土	91	17～30	20	2
石灰（岩）土	516	9～34	18	3
潮土	327	10～36	21	4
紫色土	355	11～35	18	4
水稻土	13 881	10～45	18	4

由表 5-19，从耕地样点数来看，水稻土的样本数最大，达 13 881 个，占华南区样本数的 60.95%，耕层厚度均值为 18cm，变异系数为 22.22%，样本值空间差异性较为明显。赤红壤的样本数量居第二，为 3 311 个，占华南区样本数的 14.54%，耕层厚度均值为 18cm，变异系数为 22.22%，样本值空间差异性较为明显。红壤的样本数量居第三，为 2 105 个，占华南区样本数的 9.24%，耕层厚度均值为 18cm，变异系数为 22.22%，样本值空间差异性较为明显。砖红壤的样本数量居第四，为 1 069 个，占华南区样本数的 4.69%，耕层厚度均值为 20cm，高于华南区平均水平，变异系数为 25.00%，样本值空间差异性较为明显。

三、不同利用类型耕层厚度

由表 5-20 可知，水田的样本数最大，达 12 883 个，占华南区样本数的 56.57%，耕层厚度值变化范围介于 9～45cm，均值为 18cm，变异系数为 22.22%，样本值空间差异性较为明显。旱地的样本数量居第二，为 9 214 个，占华南区样本数的 40.46%，耕层厚度值变化范围介于 8～45cm，均值为 18cm，变异系数为 22.22%，样本值空间差异性较为明显。水浇地的样本数量最少，为 677 个，占华南区样本数的 2.97%，耕层厚度值变化范围介于 10～45cm，均值为 17cm，变异系数为 17.65%，样本值空间差异性较为明显。

表 5-20　华南区耕地不同利用类型耕层厚度分布状况

地貌类型	样点数（个）	耕层厚度范围（cm）	平均值（cm）	标准差（cm）
旱地	9 214	8～45	18	4
水浇地	677	10～45	17	3
水田	12 883	9～45	18	4

四、不同地貌类型耕层厚度

从表 5-21 可以出看，盆地样本数最大，达 7 251 个，占华南区样本数的 31.84%，耕层厚度值变化范围介于 10～34cm，均值为 18cm，变异系数为 16.67%，略高于标准值 15.00%，样本值存在一定的空间差异性。平原区的样本数量居第二，为 6 649 个，占华南区样本数的 29.20%，耕层厚度值变化范围介于 10～35cm，均值为 18cm，变异系数为 22.22%，样本值空间差异性较为明显。丘陵区的样本数量处于第三，为 6 484 个，占华南区样本数的 28.47%，耕层厚度值变化范围介于 8～45cm，均值为 18cm，变异系数为 22.22%，样本值空间差异性较为明显。山地区的样本数量最少，为 2 390 个，占华南区样本数的 10.49%，耕层厚度值变化范围介于 8～35cm，均值为 17cm，变异系数为 17.65%，样本值空间差异性较为明显。

可见，不同地貌类型中以山地的耕层厚度最薄，耕层厚度均值为 17cm；盆地、平原、丘陵的耕层厚度一样，耕层厚度均值为 18cm；平原、丘陵的耕层厚度标准差大，盆地、山地的耕层厚度标准差小。

表 5-21　华南区耕地不同地貌类型耕层厚度分布状况

地貌类型	样点数（个）	耕层厚度范围（cm）	平均值（cm）	标准差（cm）
盆地	7 251	10～34	18	3
平原	6 649	10～35	18	4
丘陵	6 484	8～45	18	4
山地	2 390	8～35	17	3

第四节　剖面质地构型

一、剖面质地构型分布情况

（一）不同二级农业区耕地剖面质地构型分布

华南区剖面质地构型分为 7 种，面积分布见表 5-22。薄层型的面积全区共 11.61 万 hm²，占华南区耕地面积的 1.37%，其中，滇南农林区占 0.30%，闽南粤中农林水产区占 10.90%，琼雷及南海诸岛农林区占 20.30%，粤西桂南农林区占 68.50%。海绵型的面积全区共 45.34 万 hm²，占华南区耕地面积的 5.33%，其中，闽南粤中农林水产区占 63.90%，琼雷及南海诸岛农林区占 13.70%，粤西桂南农林区占 22.40%。夹层型的面积全区共 16.18 万 hm²，占华南区耕地面积的 1.90%，其中，滇南农林区占 0.60%，闽南粤中农林水产区占 12.60%，琼雷及南海诸岛农林区占 20.40%，粤西桂南农林区占 66.40%。紧实型的面积全区共 42.77 万 hm²，占华南区耕地面积的 5.03%，其中，滇南农林区占 7.40%，闽南粤中农林水产区占 58.40%，琼雷及南海诸岛农林区占 11.50%，粤西桂南农林区占 22.70%。上紧下松型的面积全区共 16.77 万 hm²，占华南区耕地面积的 1.97%，其中，滇南农林区占 1.50%，闽南粤中农林水产区占 50.80%，琼雷及南海诸岛农林区占 17.30%，粤西桂南农林区占 30.40%。上松下紧型的面积全区共 711.44 万 hm²，占华南区耕地面积的 83.71%，其中，滇南农林区占 38.40%，闽南粤中农林水产区占 13.20%，琼雷及南海诸岛农林区占 12.10%，粤西桂南农林区占 36.30%。松散型的面积全区共 5.76 万 hm²，占华南区耕地面积的 0.68%，其中，闽南粤中农林水产区占 47.20%，琼雷及南海诸岛农林区占 37.20%，粤西桂南农林区占 15.60%。

表 5-22　华南区不同二级农业区耕地剖面质地构型面积分布

二级农业区	不同剖面质地构型面积（万 hm²）						
	薄层型	海绵型	夹层型	紧实型	上紧下松型	上松下紧型	松散型
闽南粤中农林水产区	1.26	28.97	2.03	24.97	8.51	93.90	2.72
粤西桂南农林区	7.96	10.16	10.75	9.69	5.10	258.06	0.90
滇南农林区	0.04	—	0.10	3.17	0.25	273.61	—
琼雷及南海诸岛农林区	2.35	6.21	3.30	4.94	2.91	85.87	2.14
合计	11.61	45.34	16.18	42.77	16.77	711.44	5.76

　　从二级农业区的剖面质地构型来看，滇南农林区耕地剖面质地构型以上松下紧型为主，合计面积 273.61 万 hm²，占滇南农林区耕地面积的 98.72%；闽南粤中农林水产区耕地剖面质地构型以海绵型、紧实型和上松下紧型为主，合计面积 147.84 万 hm²，占闽南粤中农林水产区耕地面积的 91.06%；琼雷及南海诸岛农林区耕地剖面质地构型以上松下紧型为主，合计面积 85.87 万 hm²，占琼雷及南海诸岛农林区耕地面积的 79.72%；粤西桂南农林区耕地剖面质地构型以上松下紧型为主，合计面积 258.06 万 hm²，占粤西桂南农林区耕地面积的 85.26%。由此可见，华南区耕地剖面质地构型以上松下紧型为主，土壤透水通气性和保肥性能较好。

（二）不同评价区耕地剖面质地构型分布

　　从表 5-23 可以看出，薄层型的面积全区共 11.61 万 hm²，其中，广东评价区占 29.7%，广西评价区占 49.7%，海南评价区占 20.3%，云南评价区占 0.3%。海绵型的面积全区共 45.34 万 hm²，其中，福建评价区占 5.4%，广东评价区占 84.6%，广西评价区占 3.7%，海南评价区占 6.3%。夹层型的面积全区共 16.18 万 hm²，其中，广东评价区占 22.6%，广西评价区占 64.1%，海南评价区占 9.7%，云南评价区占 0.6%。紧实型的面积全区共 42.77 万 hm²，其中，福建评价区占 33.9%，广东评价区占 38.8%，广西评价区占 11.9%，海南评价区占 8.0%，云南评价区占 7.4%。上紧下松型的面积全区共 16.77 万 hm²，其中，福建评价区占 0.8%，广东评价区占 79.8%，广西评价区占 1.9%，海南评价区占 16.0%，云南评价区占 1.5%。上松下紧型的面积全区共 711.45 万 hm²，其中，福建评价区占 3.6%，广东评价区占 17.5%，广西评价区占 32.4%，海南评价区占 8.1%，云南评价区占 38.4%。松散型的面积全区共 5.76 万 hm²，其中，福建评价区占 28.1%，广东评价区占 36.8%，广西评价区占 5.0%，海南评价区占 30.1%。

表 5-23　华南区不同评价区耕地剖面质地构型面积分布

评价区	不同剖面质地构型面积（万 hm²）						
	薄层型	海绵型	夹层型	紧实型	上紧下松型	上松下紧型	松散型
福建评价区	—	2.46	—	14.49	0.14	25.30	1.62
广东评价区	3.44	38.38	4.14	16.59	13.39	124.65	2.12
广西评价区	5.77	1.66	10.37	5.10	0.31	230.22	0.28
海南评价区	2.35	2.84	1.57	3.43	2.68	57.67	1.74
云南评价区	0.04	—	0.10	3.17	0.25	273.61	—

从评价区的剖面质地构型来看，福建评价区耕地剖面质地构型以上松下紧型和紧实型为主，合计面积 39.79 万 hm²，占福建评价区耕地面积的 90.41%；广东评价区耕地剖面质地构型以海绵型和上松下紧型为主，合计面积 163.03 万 hm²，占广东评价区耕地面积的 80.43%；广西评价区耕地剖面质地构型以上松下紧型为主，合计面积 230.22 万 hm²，占广西评价区耕地面积的 90.74%；海南评价区耕地剖面质地构型以上松下紧型为主，合计面积 57.67 万 hm²，占海南评价区耕地面积的 79.79%；云南评价区耕地剖面质地构型以上松下紧型为主，合计面积 273.61 万 hm²，占云南评价区耕地面积的 98.72%。由此可见，华南区 83.71% 的耕地剖面质地构型以上松下紧型为主，土壤透水通气性好。

（三）不同评价区地级市及省辖县耕地剖面质地构型分布

从表 5-24 可以看出，耕地剖面质地构型为薄层型的耕地主要分布在广东评价区的茂名市、湛江市，广西评价区的北海市，海南评价区的海口市等沿海城市，合计面积 9.18 万 hm²，占薄层型耕地面积的 79.14%，其中北海市的薄层型面积最多，面积为 5.75 万 hm²，占薄层型的比例为 49.5%。耕地剖面质地构型为海绵型的耕地主要分布在广东评价区的广州市、惠州市、江门市、茂名市、清远市、汕尾市、阳江市、湛江市等，合计面积 27.71 万 hm²，占海绵型耕地面积的 61.12%，其中湛江市的海绵型面积最多，面积为 5.45 万 hm²，占海绵型的比例为 12.0%。耕地剖面质地构型为夹层型的耕地主要分布在广东评价区的湛江市，广西评价区的北海市、南宁市等，合计面积 9.49 万 hm²，占夹层型耕地面积的 58.65%，其中南宁市的夹层型耕地分布最多，面积为 4.61 万 hm²，占夹层型的比例为 28.5%。耕地剖面质地构型为紧实型的耕地主要分布在福建评价区的福州市、莆田市、泉州市、漳州市，广东评价区的茂名市、清远市、云浮市、湛江市，广西评价区的南宁市，海南评价区的东方市、乐东黎族自治县等，合计面积 27.61 万 hm²，占紧实型耕地面积的 64.54%，其中漳州市的紧实型面积最多，面积为 5.50 万 hm²，占紧实型的比例为 12.9%。耕地剖面质地构型为上紧下松型的耕地主要分布在广东评价区的江门市、茂名市、清远市、阳江市、湛江市等，合计面积 8.88 万 hm²，占上紧下松型耕地面积的 52.95%，其中江门市的上紧下松型面积最多，面积为 2.51 万 hm²，占上紧下松型的比例为 15.0%。耕地剖面质地构型为上松下紧型的耕地主要分布在广东评价区的湛江市，广西评价区的百色市、崇左市、贵港市、南宁市、玉林市，云南评价区的保山市、红河哈尼族彝族自治州、临沧市、普洱市、文山壮族苗族自治州等，合计面积 447.00 万 hm²，占上松下紧型耕地面积的 62.83%，其中普洱市的上松下紧型面积最多，面积为 66.05 万 hm²，占上松下紧型的比例为 9.3%。耕地剖面质地构型为松散型的耕地主要分布在福建评价区的泉州市、漳州市，广东评价区的揭阳市、汕头市、阳江市、湛江市，海南评价区的临高县、万宁市等，合计面积 2.83 万 hm²，占松散型耕地面积的 49.13%，其中漳州市的松散型面积最多，面积为 0.59 万 hm²，占松散型的比例为 10.1%。

表 5-24　华南区不同评价区地级市及省辖县耕地剖面质地构型面积分布

评价区	不同剖面质地构型面积（万 hm²）						
	薄层型	海绵型	夹层型	紧实型	上紧下松型	上松下紧型	松散型
福建省	—	2.46	—	14.49	0.14	25.30	1.62
福州市	—	0.15	—	2.36		2.29	0.26

（续）

评价区	不同剖面质地构型面积（万 hm²）						
	薄层型	海绵型	夹层型	紧实型	上紧下松型	上松下紧型	松散型
平潭综合实验区	—	—	—	0.20	—	0.38	0.20
莆田市	—	0.54	—	2.75	0.08	3.83	0.18
泉州市	—	0.5	—	2.91	0.03	7.18	0.39
厦门市	—	0.23	—	0.76	—	0.84	—
漳州市	—	1.03	—	5.50	0.03	10.77	0.59
广东省	3.44	38.38	4.14	16.59	13.39	124.65	2.12
潮州市	—	1.12	0.04	0.55	0.27	1.40	0.16
东莞市	—	0.23	0.07	0.35	—	0.66	—
佛山市	—	0.59	0.02	0.24	0.09	2.72	—
广州市	—	2.41	0.25	0.27	0.26	4.91	—
河源市	—	1.08	0.09	0.56	0.86	3.53	—
惠州市	—	4.53	0.45	0.83	0.43	7.72	—
江门市	—	2.91	0.66	1.02	2.51	8.48	0.04
揭阳市	—	1.54	0.14	0.16	0.53	6.08	0.28
茂名市	1.04	3.58	0.13	4.02	1.90	11.86	0.18
梅州市	0.76	0.89	—	0.57	0.20	3.90	—
清远市	0.15	3.83	0.14	1.56	1.36	9.51	—
汕头市	—	1.26	—	0.32	0.22	1.65	0.27
汕尾市	—	2.16	0.09	0.52	0.44	6.31	0.19
韶关市	0.09	0.07	—	0.07	0.27	1.11	—
深圳市	—	—	—	0.05	0.12	0.21	—
阳江市	—	2.83	0.20	0.44	1.12	10.04	0.31
云浮市	—	1.79	0.04	1.87	0.43	6.11	—
湛江市	1.14	5.46	1.77	1.65	1.99	34.14	0.54
肇庆市	0.26	1.64	0.02	0.58	0.37	2.93	—
中山市	—	0.2	—	0.15	—	0.83	—
珠海市	—	0.24	0.03	0.81	0.01	0.52	0.16
广西壮族自治区	5.77	1.66	10.37	5.10	0.31	230.22	0.28
百色市	—	—	0.75	1.08	—	29.45	—
北海市	5.75	1.64	0.20	0.90	—	3.80	0.14
崇左市	—	—	3.1	—	0.02	48.83	0.05
防城港市	—	—	—	0.16	—	9.00	—
贵港市	—	—	0.62	0.05	—	31.41	0.03
南宁市	—	—	4.62	2.20	—	52.04	—
钦州市	0.02	—	0.63	0.49	0.21	19.84	0.07

（续）

评价区	不同剖面质地构型面积（万 hm²）						
	薄层型	海绵型	夹层型	紧实型	上紧下松型	上松下紧型	松散型
梧州市	—	—	0.43	—	—	12.14	—
玉林市	—	0.02	0.03	0.22	0.09	23.72	—
海南省	2.35	2.84	1.57	3.43	2.68	57.67	1.74
白沙黎族自治县	—	0.03	—	0.02	0.25	2.11	0.02
保亭黎族苗族自治县	—	—	—	0.01	0.02	0.80	—
昌江黎族自治县	—	0.03	0.30	0.12	0.03	3.17	0.07
澄迈县	0.01	0.02	0.13	0.02	0.26	6.07	0.08
儋州市	0.29	0.04	0.35	0.08	0.75	8.78	0.21
定安县	0.75	—	—	0.09	0.14	4.08	0.01
东方市	0.05	0.95	0.12	1.65	0.02	1.77	0.19
海口市	1.25	0.09	0.04	—	0.18	5.10	0.20
乐东黎族自治县	—	1.02	0.02	1.14	0.01	2.41	0.18
临高县	—	0.01	0.17	—	0.15	4.18	0.22
陵水黎族自治县	—	0.03	0.01	0.02	0.06	2.40	0.01
琼海市	—	0.10	—	0.12	0.05	3.39	0.10
琼中黎族苗族自治县	—	—	—	0.01	—	1.01	0.01
三亚市	—	—	0.06	0.08	—	2.01	0.09
屯昌县	—	0.02	—	—	0.20	3.12	—
万宁市	—	—	0.06	0.02	0.04	2.59	0.23
文昌市	—	0.46	0.30	0.01	0.18	4.50	0.10
五指山市	—	0.04	—	0.03	0.18	0.16	0.01
云南省	0.04	—	0.10	3.17	0.25	273.61	—
保山市	—	—	0.01	0.90	—	24.60	—
德宏傣族景颇族自治州	—	—	—	—	—	19.52	—
红河哈尼族彝族自治州	0.01	—	—	0.39	0.09	47.87	—
临沧市	—	—	—	0.99	—	53.27	—
普洱市	—	—	0.01	0.67	—	66.05	—
文山壮族苗族自治州	0.03	—	0.05	0.11	0.04	35.62	—
西双版纳傣族自治州	—	—	—	0.09	—	18.15	—
玉溪市	0.01	—	0.03	0.02	0.09	8.54	—

二、耕地主要土壤类型剖面质地构型

从表 5-25 可以看出，耕地剖面质地构型为薄层型的耕地土类主要有赤红壤、砖红壤，合计面积 7.95 万 hm²，占薄层型耕地面积的 89.93%，其中赤红壤的薄层型面积最多，面积为 5.77 万 hm²，占薄层型的比例为 65.27%。耕地剖面质地构型为海绵型的耕地土类主要有水稻土、潮土等，合计面积 44.95 万 hm²，占海绵型耕地面积的 99.16%，其中水稻土的海绵型面积最多，面积为 37.03 万 hm²，占海绵型的比例为 81.69%。耕地剖面质地构型为夹层型的耕地土类主要有赤红壤、水稻土等，合计面积 11.29 万 hm²，其中赤红壤的夹层型面积最多，为 7.12 万 hm²。耕地剖面质地构型为紧实型的耕地土类主要有水稻土、赤红壤，合计面积 35.01 万 hm²，其中水稻土的紧实型面积最多，为 28.42 万 hm²。耕地剖面质地构型为上紧下松型的耕地土类主要有水稻土，面积为 16.52 万 hm²。耕地剖面质地构型为上松下紧型的耕地土类主要有水稻土、赤红壤、红壤、砖红壤，合计面积 606.66 万 hm²，其中水稻土的上松下紧型面积最多，为 300.75 万 hm²。耕地剖面质地构型为松散型的耕地土类主要有风沙土，面积为 3.75 万 hm²。

从耕地不同土类剖面质地构型来看，潮土剖面质地构型以海绵型和上松下紧型为主，合计面积 10.51 万 hm²，占该土类耕地面积的 97.77%；赤红壤剖面质地构型以上松下紧型为主，合计面积 168.78 万 hm²，占该土类耕地面积的 89.24%；风沙土以松散型为主，合计面积 3.75 万 hm²，占该土类耕地面积的 90.14%；红壤、黄壤、黄棕壤、石灰（岩）土、砖红壤、紫色土等土类均以上松下紧型为主，合计面积分别为 82.62 万 hm²、23.38 万 hm²、12.19 万 hm²、33.55 万 hm²、54.51 万 hm²、27.60 万 hm²，各自占各自土类耕地面积的 98.26%、94.66%、97.44%、98.97%、92.42%、99.71%；水稻土剖面质地构型以海绵型和上松下紧型为主，合计面积 337.78 万 hm²，占该土类耕地面积的 87.16%。

表 5-25　华南区耕地主要土壤类型剖面质地构型面积分布

土类	不同剖面质地构型面积（万 hm²）						
	薄层型	海绵型	夹层型	紧实型	上紧下松型	上松下紧型	松散型
砖红壤	2.18	—	—	1.94	—	54.51	0.35
赤红壤	5.77	0.34	7.12	6.59	0.05	168.78	0.11
红壤	0.78	—	—	0.48	0.20	82.62	—
黄壤	—	0.01	—	1.31	—	23.38	—
黄棕壤	—	—	—	0.32	—	12.19	—
风沙土	—	—	0.41	—	—	—	3.75
石灰（岩）土	0.09	—	0.05	0.21	—	33.55	—
紫色土	0.02	—	0.03	0.03	—	27.60	—
潮土	—	7.92	—	0.14	—	2.59	0.10
水稻土	—	37.03	4.17	28.42	16.52	300.75	0.64

三、耕地利用类型剖面质地构型

从表 5-26 可以看出，薄层型的面积全区共 11.60 万 hm²，旱地占 99.0%，水浇地占 1.0%，薄层型旱地占绝对优势。海绵型的面积全区共 45.34 万 hm²，旱地占 17.1%，水浇地占 5.8%，水田占 77.1%，海绵型水田分布面积较广。夹层型的面积全区共 16.18 万 hm²，旱地占 72.1%，水浇地占 3.5%，水田占 24.4%，夹层型旱地面积较大。紧实型的面积全区共 42.77 万 hm²，旱地占 30.7%，水浇地占 5.0%，水田占 64.3%，紧实型旱地和水田皆有分布，但水田面积大于旱地面积。上紧下松型的面积全区共 16.77 万 hm²，旱地占

1.0%，水浇地占 4.2%，水田占 94.8%，上紧下松型水田占绝对优势。上松下紧型的面积全区共 711.45 万 hm²，旱地占 57.4%，水浇地占 1.0%，水田占 41.6%，上松下紧型旱地和水田皆有分布，但旱地面积大于水田面积。松散型的面积全区共 5.76 万 hm²，旱地占 82.6%，水浇地占 6.4%，水田占 11.0%，松散型旱地面积比例较大。

从耕地利用类型剖面质地构型来看，旱地剖面质地构型以上松下紧型为主，合计面积 408.32 万 hm²，占该地类耕地面积的 89.29%；水浇地剖面质地构型以海绵型、紧实型和上松下紧型为主，合计面积 12.15 万 hm²，占该地类耕地面积的 87.47%；水田剖面质地构型以上松下紧型为主，合计面积 295.74 万 hm²，占该地类耕地面积的 78.10%。

表 5-26 华南区不同耕地利用类型剖面质地构型面积分布

地类	不同剖面质地构型面积（万 hm²）						
	薄层型	海绵型	夹层型	紧实型	上紧下松型	上松下紧型	松散型
旱地	11.49	7.75	11.67	13.14	0.17	408.32	4.76
水浇地	0.11	2.65	0.56	2.11	0.7	7.39	0.37
水田	—	34.94	3.95	27.52	15.9	295.74	0.64

四、剖面质地构型与耕地质量等级

从表 5-27 可以看出不同土壤类型剖面质地构型在不同耕地质量等级中的分布情况。薄层型耕地的面积全区共 11.61 万 hm²，其中质量等级为九等地和十地等的合计面积 9.72 万 hm²，占该类型耕地面积的 83.76%；三等地占 0.06%，四等地占 0.08%，五等地占 0.08%，七等地占 1.50%，八等地占 14.52%，九等地占 41.72%，十等地占 42.04%。海绵型耕地的面积全区共 45.34 万 hm²，其质量等级为二等地到六等地的合计面积 34.80 万 hm²，占该类型耕地面积的 76.74%；其中，一等地占 5.77%，二等地占 17.13%，三等地占 19.67%，四等地占 16.81%，五等地占 12.16%，六等地占 10.97%，七等地占 7.61%，八等地占 5.60%，九等地占 2.93%，十等地占 1.34%。夹层型耕地的面积全区共 16.18 万 hm²，其质量等级为五等地到八等地的合计面积 13.91 万 hm²，占该类型耕地面积的 86.00%；其中，一等地占 0.63%，二等地占 0.13%，三等地占 0.41%，四等地占 2.42%，五等地占 16.01%，六等地占 33.64%，七等地占 22.91%，八等地占 13.44%，九等地占 10.00%，十等地占 0.41%。紧实型耕地的面积全区共 42.77 万 hm²，其质量等级为四等地到十等地的合计面积 39.83 万 hm²，占该类型耕地面积的 93.10%；其中，一等地占 0.04%，二等地占 1.01%，三等地占 5.85%，四等地占 19.10%，五等地占 16.17%，六等地占 10.51%，七等地占 13.94%，八等地占 11.31%，九等地占 10.47%，十等地占 11.60%。上紧下松型耕地的面积全区共 16.77 万 hm²，其质量等级为三等地到七等地的合计面积 12.72 万 hm²，占该类型耕地面积的 75.84%；其中，一等地占 0.68%，二等地占 2.85%，三等地占 15.02%，四等地占 21.78%，五等地占 14.03%，六等地占 13.10%，七等地占 11.91%，八等地占 5.76%，九等地占 6.52%，十等地占 8.36%。上松下紧型耕地的面积全区共 711.45 万 hm²，其质量等级为一等地到八等地的合计面积 649.25 万 hm²，占该类型耕地面积的 91.24%；其中，一等地占 7.54%，二等地占 9.43%，三等地占 9.24%，四等地占 10.12%，五等地占 13.86%，六等地占 15.40.%，七等地占 14.94%，八等地占

10.71%，九等地占 4.74%，十等地占 4.01%。松散型耕地的面积全区共 5.76 万 hm²，其质量等级为九等地和十等地的合计面积 4.54 万 hm²，占该类型耕地面积的 78.75%；其中，三等地占 0.04%，四等地占 0.21%，五等地占 0.34%，六等地占 3.62%，七等地占 4.37%，八等地占 12.66%，九等地占 19.12%，十等地占 59.63%。由此可见，上松下紧型耕地质量等级较高，各质量等级中，78% 以上的耕地剖面质地构型均以上松下紧型为主，而薄层型和松散型耕地质量等级较低。

表 5-27　华南区耕地不同土壤类型剖面质地构型面积分布

耕地质量等级	不同剖面质地构型面积（万 hm²）						
	薄层型	海绵型	夹层型	紧实型	上紧下松型	上松下紧型	松散型
一等地	—	2.62	0.10	0.02	0.11	53.64	—
二等地	—	7.77	0.02	0.43	0.48	67.11	—
三等地	0.01	8.92	0.07	2.50	2.52	65.77	0.00
四等地	0.01	7.62	0.39	8.17	3.65	71.99	0.01
五等地	0.01	5.51	2.59	6.92	2.35	98.61	0.02
六等地	—	4.98	5.44	4.50	2.20	109.58	0.21
七等地	0.17	3.45	3.71	5.96	2.00	106.32	0.25
八等地	1.69	2.54	2.17	4.84	0.97	76.23	0.73
九等地	4.84	1.33	1.62	4.48	1.09	33.69	1.10
十等地	4.88	0.61	0.07	4.96	1.40	28.52	3.44

第五节　障碍因素

一、障碍因素分布情况

根据华南区不同二级农业区耕地障碍因素面积分布（表 5-28），制约华南区耕地质量的障碍因素有瘠薄、潜育化、酸化、盐渍化、障碍层次等，合计面积为 42.75 万 hm²，占华南区耕地总面积的 5.03%。障碍因素为瘠薄、潜育化、酸化、盐渍化、障碍层次的耕地面积依次为 1.15 万 hm²、15.72 万 hm²、2.09 万 hm²、11.70 万 hm² 和 12.09 万 hm²，占华南区障碍因素耕地面积的 2.69%、36.77%、4.89%、27.37%、28.28%。由此可见，华南区耕地分布面积较大的主要障碍因素为潜育化、盐渍化和障碍层次，合计面积 39.51 万 hm²，占存在障碍因素耕地面积的 92.42%。

从障碍因素的空间分布而言，障碍因素为瘠薄的耕地全部位于闽南粤中农林水产区，占华南区耕地面积的 0.14%；障碍因素为潜育化的耕地面积占华南区耕地面积的 1.85%，主要分布于闽南粤中农林水产区、琼雷及南海诸岛农林区、粤西桂南农林区等，合计面积 10.19 万 hm²，占华南区该障碍因素耕地面积的 64.82%；障碍因素为酸化的耕地面积占华南区耕地面积的 0.25%，主要分布于闽南粤中农林水产区，合计面积 1.97 万 hm²，占华南区该障碍因素耕地面积的 94.26%；障碍因素为盐渍化的耕地面积占华南区耕地面积的 1.38%，主要分布于闽南粤中农林水产区，合计面积 8.61 万 hm²，占华南区该障碍因素耕地面积的 73.59%；障碍因素为障碍层次的耕地面积占华南区耕地面积的 1.42%，主要分布于滇南农林区、闽南粤中农林水产区、琼雷及南海诸岛农林区等，合计面积 11.02 万 hm²，占华南区该障碍因素耕地面积的 91.15%。

不同二级农业区中，影响的主要障碍因素也不一样。滇南农林区耕地主要障碍因素是障碍层次和潜育化，合计面积 8.22 万 hm²，占该区耕地面积的 2.97%，障碍层次和潜育化耕地面积分别占该区障碍因素耕地面积的 69.46% 和 30.54%。闽南粤中农林水产区耕地主要障碍因素是盐渍化和潜育化，以及部分的瘠薄、酸化、障碍层次等，合计面积 20.15 万 hm²，占该区耕地面积的 12.41%，瘠薄、潜育化、酸化、盐渍化、障碍层次的耕地面积分别占该区障碍因素耕地面积的 5.71%、31.07%、9.78%、42.73%、10.72%。琼雷及南海诸岛农林区耕地主要障碍因素是潜育化、盐渍化、障碍层次等，合计面积 8.99 万 hm²，占该区耕地面积的 8.34%，潜育化、盐渍化、障碍层次的耕地面积分别占该区障碍因素耕地面积的 43.72%、21.25%、35.04%。粤西桂南农林区耕地主要障碍因素是潜育化和盐渍化，以及部分的酸化、障碍层次等，合计面积 5.39 万 hm²，占该区耕地面积的 1.78%，潜育化、酸化、盐渍化、障碍层次的耕地面积分别占该区障碍因素耕地面积的 56.03%、2.23%、21.89%、19.85%。

表 5-28　华南区不同二级农业区耕地障碍因素面积分布

二级农业区	不同障碍因素面积（万 hm²）				
	瘠薄	潜育化	酸化	盐渍化	障碍层次
闽南粤中农林水产区	1.15	6.26	1.97	8.61	2.16
粤西桂南农林区	—	3.02	0.12	1.18	1.07
滇南农林区	—	2.51	—	—	5.71
琼雷及南海诸岛农林区	—	3.93	—	1.91	3.15
合计	1.15	15.72	2.09	11.70	12.09

二、障碍因素分类

根据华南区不同评价区耕地障碍因素面积分布（表 5-29），福建评价区耕地主要障碍因素是盐渍化和酸化，以及部分的瘠薄、潜育化、障碍层次等，合计面积 7.01 万 hm²，占该区耕地面积的 15.92%，瘠薄、潜育化、酸化、盐渍化、障碍层次的耕地面积分别占该区障碍因素耕地面积的 16.41%、5.71%、23.25%、52.64%、2.00%。广东评价区耕地主要障碍因素是盐渍化和潜育化，以及部分的酸化、障碍层次等，合计面积 18.72 万 hm²，占该区耕地面积的 9.24%，潜育化、酸化、盐渍化、障碍层次的耕地面积分别占该区障碍因素耕地面积的 46.74%、1.82%、33.12%、18.32%。广西评价区耕地主要障碍因素是潜育化，以及部分的酸化、障碍层次和盐渍化等，合计面积 2.29 万 hm²，占该区耕地面积的 0.90%，潜育化、酸化、盐渍化、障碍层次的耕地面积分别占该区障碍因素耕地面积的 64.63%、5.24%、13.10%、17.03%。海南评价区耕地主要障碍因素是潜育化、盐渍化、障碍层次等，合计面积 6.51 万 hm²，占该区耕地面积的 9.01%，潜育化、盐渍化、障碍层次的耕地面积分别占该区障碍因素耕地面积的 39.78%、23.20%、37.02%。云南评价区耕地主要障碍因素是障碍层次和潜育化，合计面积 8.22 万 hm²，占该区耕地面积的 2.97%，障碍层次和潜育化耕地面积分别占该区障碍因素耕地面积的 69.46% 和 30.54%。

　　从障碍因素的空间分布而言，障碍因素为瘠薄的耕地全部位于福建评价区，主要分布于福州市、平潭综合实验区、莆田市等地市，合计面积 1.01 万 hm²，占华南区该障碍因素耕地面积的 87.83%；其中，平潭综合实验区瘠薄障碍耕地最多，面积为 0.47 万 hm²，占该障碍因素耕地面积比例为 40.87%。障碍因素为潜育化的耕地主要分布于广东评价区的广州市、河源市、江门市、茂名市、汕尾市、湛江市，云南评价区的德宏傣族景颇族自治州等地市，合计面积 8.30 万 hm²，占华南区该障碍因素耕地面积的 52.77%；其中，云南评价区的德宏傣族景颇族自治州潜育化障碍耕地最多，面积为 2.45 万 hm²，占该障碍因素耕地面积比例为 15.58%。障碍因素为酸化的耕地主要分布于福建评价区的泉州市和漳州市，合计面积 1.63 万 hm²，占华南区该障碍因素耕地面积的 77.99%；其中，泉州市酸化障碍耕地最多，面积为 1.20 万 hm²，占该障碍因素耕地面积比例为 57.42%。障碍因素为盐渍化的耕地主要分布于福建评价区的福州市、漳州市，广东评价区的江门市、阳江市、珠海市，海南评价区的儋州市等，合计面积 6.97 万 hm²，占华南区该障碍因素耕地面积的 59.57%；其中，广东评价区的江门市盐渍化障碍耕地最多，面积为 2.20 万 hm²，占该障碍因素耕地面积比例为 18.80%。障碍因素为障碍层次的耕地主要分布于广东评价区的湛江市，海南评价区的儋州市，云南评价区的红河哈尼族彝族自治州、临沧市、普洱市、玉溪市等，合计面积 6.00 万 hm²，占华南区该障碍因素耕地面积的 49.67%；其中，云南评价区的临沧市障碍层次耕地最多，面积为 1.33 万 hm²，占该障碍因素耕地面积比例为 11.01%。

表 5-29　华南区不同评价区地级市及省辖县耕地障碍因素面积分布

评价区	不同障碍因素面积（万 hm²）				
	瘠薄	潜育化	酸化	盐渍化	障碍层次
福建评价区	1.15	0.40	1.63	3.69	0.14
福州市	0.24	—	—	1.18	—
平潭综合实验区	0.47	—	—	0.09	—
莆田市	0.30	0.04	—	0.65	0.08
泉州市	—	0.17	1.20	0.42	0.03
厦门市	—	—	—	0.11	—
漳州市	0.14	0.18	0.43	1.23	0.03
广东评价区	—	8.75	0.34	6.20	3.43
潮州市	—	0.03	—	0.12	0.28
东莞市	—	0.01	—	0.20	0.07
佛山市	—	0.28	—	—	0.02
广州市	—	1.48	—	0.08	0.34
河源市	—	0.57	—	—	0.09
惠州市	—	0.34	—	0.02	0.47
江门市	—	0.55	—	2.20	0.03
揭阳市	—	0.48	—	0.19	0.32
茂名市	—	0.77	—	0.06	0.26
梅州市	—	—	—	—	—

（续）

评价区	不同障碍因素面积（万 hm²）				
	瘠薄	潜育化	酸化	盐渍化	障碍层次
清远市	—	0.59	—	—	0.15
汕头市	—	0.05	—	0.43	0.01
汕尾市	—	0.63	—	0.56	0.13
韶关市	—	0.01	—	—	—
深圳市	—	—	—	—	—
阳江市	—	0.26	—	0.76	0.34
云浮市	—	0.28	—	—	0.05
湛江市	—	1.85	—	0.46	0.81
肇庆市	—	0.49	0.34	—	0.04
中山市	—	—	—	0.24	—
珠海市	—	0.07	—	0.88	0.03
广西评价区	—	1.48	0.12	0.30	0.39
百色市	—	—	—	—	—
北海市	—	0.25	—	—	0.14
崇左市	—	0.23	—	—	—
防城港市	—	0.16	0.07	0.07	—
贵港市	—	0.06	—	—	—
南宁市	—	0.15	—	—	0.25
钦州市	—	0.32	0.04	0.23	—
梧州市	—	0.14	—	—	—
玉林市	—	0.17	—	—	—
海南评价区	—	2.59	—	1.51	2.41
白沙黎族自治县	—	0.07	—	—	0.07
保亭黎族苗族自治县	—	0.12	—	0.01	—
昌江黎族自治县	—	0.01	—	—	0.07
澄迈县	—	0.47	—	0.03	0.34
儋州市	—	0.35	—	0.72	0.80
定安县	—	0.10	—	0.02	0.16
东方市	—	0.05	—	0.19	0.04
海口市	—	0.44	—	0.12	0.17
乐东黎族自治县	—	0.01	—	—	—
临高县	—	0.11	—	0.35	0.16
陵水黎族自治县	—	0.18	—	0.05	0.06
琼海市	—	0.33	—	—	0.04
琼中黎族苗族自治县	—	—	—	—	0.01

（续）

评价区	不同障碍因素面积（万 hm²）				
	瘠薄	潜育化	酸化	盐渍化	障碍层次
三亚市	—	0.11	—	0.02	0.06
屯昌县	—	0.11	—		0.11
万宁市	—	0.10	—		0.06
文昌市	—	0.01	—		0.18
五指山市	—	—	—		0.08
云南评价区	—	2.51	—		5.71
保山市	—	0.03	—		0.72
德宏傣族景颇族自治州	—	2.45	—		0.13
红河哈尼族彝族自治州	—	0.03	—		0.99
临沧市	—	—	—		1.33
普洱市	—	—	—		1.24
文山壮族苗族自治州	—	—	—		0.05
西双版纳傣族自治州	—	—	—		0.43
玉溪市	—	—	—		0.83

三、耕地主要土壤类型障碍因素

从表 5-30 可知，障碍因素为瘠薄的耕地土类主要有赤红壤、风沙土等，合计面积 0.97 万 hm²，占该障碍因素耕地面积的 84.35%，其中赤红壤的瘠薄面积最多，为 0.73 万 hm²，占该障碍因素耕地比例为 63.48%。障碍因素为潜育化的耕地土类全部为水稻土，合计面积 15.72 万 hm²。障碍因素为酸化的耕地土类主要是水稻土，合计面积 1.79 万 hm²，占该障碍因素耕地面积的 85.65%。障碍因素为盐渍化的耕地土类主要是水稻土，合计面积 10.67 万 hm²，占该障碍因素耕地面积的 91.27%。障碍因素为障碍层次的耕地土类主要是赤红壤和水稻土，合计面积 5.93 万 hm²，占该障碍因素耕地面积的 65.73%；其中水稻土的障碍层次面积最多，为 5.93 万 hm²，占该障碍因素耕地比例为 49.09%。

从耕地不同土类障碍因素来看，潮土、粗骨土、黄棕壤、磷质石灰土、砂姜黑土、石质土、酸性硫酸盐土等耕地土壤类型不存在障碍因素。存在障碍因素的耕地有 80.15% 是水稻土，其次 6.41% 是赤红壤，3.19% 是砖红壤。滨海盐土障碍因素全部为盐渍化，面积 1.02 万 hm²，占该土类耕地面积的 100%；赤红壤障碍因素主要为瘠薄和障碍层次，合计面积 2.74 万 hm²，占该土类耕地面积的 2.74%；风沙土障碍因素全部为瘠薄，合计面积 0.24 万 hm²，占该土类耕地面积的 5.77%；红壤障碍因素主要为障碍层次，以及部分瘠薄、酸化，合计面积 0.92 万 hm²，占该土类耕地面积的 1.09%；黄壤障碍因素主要为酸化以及少量的障碍层次，合计面积 0.26 万 hm²，占该土类耕地面积的 1.05%；火山灰土障碍因素全部为障碍层次，合计面积 0.14 万 hm²，占该土类耕地面积的 5.79%；石灰（岩）土障碍因素全部为障碍层次，合计面积 1.02 万 hm²，占该土类耕地面积的 3.01%；水稻土障碍因素主要为潜育化、盐渍化和障碍层次，以及部分瘠薄、酸化，合计面积 34.25 万 hm²，占该土类耕地面积的 8.84%；新积土、燥红土、砖红壤、棕壤障碍因素全部为障碍层次，各自面积依次为 0.28 万 hm²、0.28 万 hm²、1.34 万 hm²、0.07 万 hm²，各自占各自土类耕地面积的 24.78％、5.80％、2.27％、28.00％；紫色土障碍因素全部为酸化，合计面积 0.05 万 hm²，占该土类耕地面积的 0.18％。

表 5-30 华南区耕地主要土壤类型障碍因素面积分布

土类	不同障碍因素面积（万 hm²）				
	瘠薄	潜育化	酸化	盐渍化	障碍层次
砖红壤	—	—	—	—	1.34
赤红壤	0.73	—	—	—	2.01
红壤	0.04	—	0.12	—	0.76
黄壤	—	—	0.01	—	0.25
黄棕壤	—	—	—	—	—
棕壤	—	—	—	—	0.07
燥红土	—	—	—	—	0.28
新积土	—	—	—	—	0.28
风沙土	0.24	—	—	—	—
石灰（岩）土	—	—	0.12	—	1.02
火山灰土	—	—	—	—	0.14
紫色土	—	—	0.05	—	—
磷质石灰土	—	—	—	—	—
粗骨土	—	—	—	—	—
石质土	—	—	—	—	—
潮土	—	—	—	—	—
砂姜黑土	—	—	—	—	—
滨海盐土	—	—	—	1.02	—
酸性硫酸盐土	—	—	—	—	—
水稻土	0.14	15.72	1.79	10.67	5.93

四、耕地利用类型障碍因素

从华南区不同耕地利用类型障碍因素面积分布来看（表 5-31），旱地存在障碍因素的面积为 8.04 万 hm²，占障碍因素耕地面积的 18.81％，占该耕地利用类型耕地面积的 1.76％；旱地主要障碍因素是障碍层次，面积为 6.12 万 hm²，占该耕地利用类型存在障碍因素耕地面积的 76.12％；瘠薄、酸化、盐渍化、障碍层次旱地面积分别占该耕地利用类型障碍因素耕地面积的 11.82％、3.73％、8.33％、76.12％。水浇地存在障碍因素的面积为 2.27 万 hm²，占障碍因素耕地面积的 5.31％，占该耕地利用类型耕地面积的 16.34％；水浇地主要障碍因素是潜育化和盐渍化，面积为 1.94 万 hm²，占该耕地利用类型存在障碍因素耕地面积的 85.46％；瘠薄、潜育化、盐渍化、障碍层次水浇地面积分别占该耕地利用类型障碍因素耕地面积的 2.64%、48.46%、37.00%、11.89%。水田存在障碍因素的面积为 32.43 万 hm²，占障碍因素耕地面积的 75.88%，占该耕地利用类型耕地面积的 8.56%；水田主要障碍因素是潜育化、盐渍化和障碍层次，面积为 30.50 万 hm²，占该耕地利用类型存在障碍因素耕地面积的 94.05%；瘠薄、潜育化、酸化、盐渍化、障碍层次水田面积分别占该耕地利用类型障碍因素耕地面积的 0.43%、45.08%、5.52%、31.39%、17.58%。

表 5-31　华南区不同耕地利用类型障碍因素面积分布

耕地利用类型	不同障碍因素面积（万 hm²）				
	瘠薄	潜育化	酸化	盐渍化	障碍层次
旱地	0.95	—	0.30	0.67	6.12
水浇地	0.06	1.10	—	0.84	0.27
水田	0.14	14.62	1.79	10.18	5.70

从表 5-31 可以看出，障碍因素为瘠薄的耕地主要是旱地，面积 0.95 万 hm²，占该障碍因素耕地面积的 82.61%。障碍因素为潜育化、酸化和盐渍化的耕地皆为水田，面积依次为 14.62 万 hm²、1.79 万 hm² 和 10.18 万 hm²，分别占各自障碍因素耕地面积的 93.00%、85.65%、87.08%。障碍因素为障碍层次的耕地主要是旱地和水田，合计面积 11.82 万 hm²，占该障碍因素耕地面积的 97.77%；其中旱地的障碍层次面积略高于水田。

五、障碍因素与地貌类型

从耕地所处地貌类型来看（表 5-32），华南区存在障碍因素的耕地有 46.43% 分布在平原区，20.71% 分布于丘陵区，17.27% 分布于盆地区，15.59% 分布于山地区。山地区障碍因素耕地面积合计为 6.66 万 hm²，占该区耕地面积的 3.33%，主要障碍因素是酸化和障碍层次，合计面积 5.99 万 hm²，占该区耕地面积的 89.94%；其中，瘠薄、潜育化、酸化、盐渍化、障碍层次耕地面积分别占该区障碍因素耕地面积的 1.05%、8.86%、22.67%、0.15%、67.27%。丘陵区障碍因素耕地面积合计为 8.85 万 hm²，占该区耕地面积的 6.50%，主要障碍因素是潜育化和障碍层次，合计面积 7.15 万 hm²，占该区耕地面积的 80.79%；其中，瘠薄、潜育化、酸化、盐渍化、障碍层次耕地面积分别占该区障碍因素耕地面积的 5.86%、46.10%、5.99%、7.34%、34.69%。盆地区障碍因素耕地面积合计为 7.38 万 hm²，占该区耕地面积的 2.83%，主要障碍因素是潜育化和障碍层次，合计面积 6.53 万 hm²，占该区耕地面积的 88.48%；其中，瘠薄、潜育化、酸化、盐渍化、障碍层次耕地面积分别占该区障碍因素耕地面积的 57.99%、0.41%、11.11%、30.49%。平原区障碍因素耕地面积合计为 19.84 万 hm²，占该区耕地面积的 7.84%，主要障碍因素是潜育化和盐渍化，合计面积 16.97 万 hm²，占该区耕地面积的 85.53%；其中，瘠薄、潜育化、酸化、盐渍化、障碍层次耕地面积分别占该区障碍因素耕地面积的 2.87%、34.07%、0.05%、51.46%、11.54%。

从表 5-32 可以看出，障碍因素为瘠薄的耕地主要分布在平原区和丘陵区，合计面积 1.09 万 hm²，占该障碍因素耕地面积的 93.97%，以平原区的瘠薄面积略多于丘陵区。障碍因素为潜育化的耕地主要分布在平原区、盆地区和丘陵区，合计面积 15.12 万 hm²，占该障碍因素耕地面积的 96.24%，以平原区的潜育化面积最多。障碍因素为酸化的耕地主要分布在山地区和丘陵区，合计面积 2.04 万 hm²，占该障碍因素耕地面积的 98.08%，以山地区的酸化面积最多。障碍因素为盐渍化的耕地主要分布在平原区，面积 10.21 万 hm²，占该障碍因素耕地面积的 87.34%。障碍因素为障碍层次的耕地主要分布在山地区、盆地区和丘陵区，合计面积 9.84 万 hm²，占该障碍因素耕地面积的 81.39%，以山地区的障碍层次面积最多。

表 5-32　华南区不同地貌类型耕地障碍因素面积分布

地貌类型	不同障碍因素面积（万 hm²）				
	瘠薄	潜育化	酸化	盐渍化	障碍层次
山地	0.07	0.59	1.51	0.01	4.48
丘陵	0.52	4.08	0.53	0.65	3.07
盆地	—	4.28	0.03	0.82	2.25
平原	0.57	6.76	0.01	10.21	2.29

六、障碍因素与耕地质量等级

如表 5-33，华南区高产（一、二、三等地）耕地存在障碍因素的面积合计为 3.08 万 hm²，占华南区高产耕地面积的 1.45%，占存在障碍因素耕地面积的 7.02%；其主要障碍因素为潜育化和盐渍化，合计面积 2.96 万 hm²，占该等级存有障碍因素耕地面积的 98.70%；其中，潜育化、酸化、盐渍化、障碍层次耕地面积分别占存有障碍因素高产耕地面积的 34.74%、0.97%、63.96%、0.32%。华南区中产（四、五、六等地）耕地存在障碍因素的面积合计为 19.53 万 hm²，占华南区中产耕地面积的 5.83%，占存在障碍因素耕地面积的 44.51%；其主要障碍因素为潜育化和盐渍化，合计面积 16.48 万 hm²，占该等级存有障碍因素耕地面积的 81.46%；其中，瘠薄、潜育化、酸化、盐渍化、障碍层次耕地面积分别占存有障碍因素中产耕地面积的 0.41%、42.55%、0.61%、38.91%、17.51%。华南区低产（七、八、九、十等地）耕地存在障碍因素的面积合计为 20.15 万 hm²，占华南区低产耕地面积的 6.65%，占存在障碍因素耕地面积的 45.92%；其主要障碍因素为潜育化和障碍层次，合计面积 15.10 万 hm²，占该等级存有障碍因素耕地面积的 74.44%；其中，瘠薄、潜育化、酸化、盐渍化、障碍层次耕地面积分别占存有障碍因素低产耕地面积的 5.31%、31.41%、9.63%、10.62%、43.03%。由此可见，华南区质量中、低等的耕地存在着较大面积的障碍因素，中低产改造潜力大。

由表 5-33 可知，障碍因素为瘠薄的耕地主要处于九等地到十等地，合计面积 0.85 万 hm²，占华南区该障碍因素耕地面积的 73.91%，十等地瘠薄面积最大。障碍因素为潜育化的耕地主要处于四等地到八等地，合计面积 12.58 万 hm²，占华南区该障碍因素耕地面积的 80.08%，五等地潜育化面积最大。障碍因素为酸化的耕地主要处于九等地到十等地，合计面积 1.58 万 hm²，占华南区该障碍因素耕地面积的 75.60%，十等地酸化面积最大。障碍因素为盐渍化的耕地主要处于三等地到六等地，合计面积 9.03 万 hm²，占华南区该障碍因素耕地面积的 77.11%，五等地盐渍化面积最大。障碍因素为障碍层次的耕地主要处于五等地到十等地，合计面积 11.41 万 hm²，占华南区该障碍因素耕地面积的 94.30%，十等地障碍层次面积最大。

表 5-33　华南区不同耕地质量等级障碍因素面积分布

耕地质量等级	不同障碍因素面积（万 hm²）				
	瘠薄	潜育化	酸化	盐渍化	障碍层次
一等地	—	—	—	—	—
二等地	—	0.08	—	0.54	—
三等地	—	0.99	0.03	1.43	0.01
四等地	—	2.93	0.00	2.93	0.68
五等地	—	3.57	0.01	3.63	1.13
六等地	0.08	1.81	0.11	1.04	1.61
七等地	0.15	2.07	0.16	0.59	1.11
八等地	0.07	2.20	0.20	0.43	1.22
九等地	0.23	1.06	0.48	0.55	1.71
十等地	0.62	1.00	1.10	0.57	4.63

从 10 个等级的耕地障碍因素分布情况来看，华南区一等地没有障碍因素。华南区二等地存在障碍因素的面积合计为 0.62 万 hm²，占华南区该等级耕地面积的 0.82%，占存在障碍因素耕地面积的 1.45%；其主要障碍因素为盐渍化，合计面积 0.54 万 hm²，占该等级存有障碍因素耕地面积的 87.10%；其中，潜育化、盐渍化耕地面积分别占该等级存有障碍因素耕地面积的 12.90%、87.10%。华南区三等地存在障碍因素的面积合计为 2.46 万 hm²，占华南区该等级耕地面积的 3.08%，占存在障碍因素耕地面积的 5.75%；其主要障碍因素为潜育化和盐渍化，合计面积 0.54 万 hm²，占该等级存有障碍因素耕地面积的 98.37%；其中，潜育化、酸化、盐渍化、障碍层次耕地面积分别占该等级存有障碍因素耕地面积的 40.24%、1.22%、58.13%、0.41%。华南区四等地存在障碍因素的面积合计为 6.54 万 hm²，占华南区该等级耕地面积的 7.12%，占存在障碍因素耕地面积的 15.29%；其主要障碍因素为潜育化和盐渍化，合计面积 5.86 万 hm²，占该等级存有障碍因素耕地面积的 89.60%；其中，潜育化、盐渍化、障碍层次耕地面积分别占该等级存有障碍因素耕地面积的 44.80%、44.80%、10.40%。华南区五等地存在障碍因素的面积合计为 8.34 万 hm²，占华南区该等级耕地面积的 7.19%，占存在障碍因素耕地面积的 19.50%；其主要障碍因素为潜育化和盐渍化，合计面积 7.20 万 hm²，占该等级存有障碍因素耕地面积的 86.33%；其中，潜育化、酸化、盐渍化、障碍层次耕地面积分别占该等级存有障碍因素耕地面积的 42.81%、0.12%、43.53%、13.55%。华南区六等地存在障碍因素的面积合计为 4.65 万 hm²，占华南区该等级耕地面积的 3.66%，占存在障碍因素耕地面积的 10.87%；其主要障碍因素为障碍层次、潜育化和盐渍化，合计面积 3.42 万 hm²，占该等级存有障碍因素耕地面积的 95.91%；其中，瘠薄、潜育化、酸化、盐渍化、障碍层次耕地面积分别占该等级存有障碍因素耕地面积的 1.72%、38.92%、2.37%、22.37%、34.62%。华南区七等地存在障碍因素的面积合计为 4.08 万 hm²，占华南区该等级耕地面积的 3.35%，占存在障碍因素耕地面积的 9.54%；其主要障碍因素为潜育化和障碍层次，合计面积 3.18 万 hm²，占该等级存有障碍因素耕地面积的 77.94%；其中，瘠薄、潜育化、酸化、盐渍化、障碍层次耕地

面积分别占该等级存有障碍因素耕地面积的 3.68%、50.74%、3.92%、14.46%、27.21%。华南区八等地存在障碍因素的面积合计为 4.12 万 hm²，占华南区该等级耕地面积的 4.62%，占存在障碍因素耕地面积的 9.64%；其主要障碍因素为潜育化和障碍层次，合计面积 3.42 万 hm²，占该等级存有障碍因素耕地面积的 83.01%；其中，瘠薄、潜育化、酸化、盐渍化、障碍层次耕地面积分别占该等级存有障碍因素耕地面积的 1.70%、53.40%、4.85%、10.44%、29.61%。华南区九等地存在障碍因素的面积合计为 4.03 万 hm²，占华南区该等级耕地面积的 8.37%，占存在障碍因素耕地面积的 9.42%；其主要障碍因素为潜育化和障碍层次，合计面积 2.77 万 hm²，占该等级存有障碍因素耕地面积的 68.73%；其中，瘠薄、潜育化、酸化、盐渍化、障碍层次耕地面积分别占该等级存有障碍因素耕地面积的 5.71%、26.30%、11.91%、13.65%、42.43%。华南区十等地存在障碍因素的面积合计为 7.92 万 hm²，占华南区该等级耕地面积的 18.05%，占存在障碍因素耕地面积的 18.52%；其主要障碍因素为潜育化、酸化和障碍层次，合计面积 5.73 万 hm²，占该等级存有障碍因素耕地面积的 84.98%；其中，瘠薄、潜育化、酸化、盐渍化、障碍层次耕地面积分别占该等级存有障碍因素耕地面积的 7.83%、12.63%、13.89%、7.20%、58.46%。

第六章　蔬菜地耕地质量主要性状专题分析

蔬菜是人们日常生活中必不可少的食物，是人体必需的维生素、纤维素、矿物质等营养的重要来源，其卫生品质、营养品质直接影响人们的身心健康和社会稳定。近年来，蔬菜产业发展在推进农业产业结构调整、保障市场均衡供应、增加农民收入、丰富城乡居民"菜篮子"、扩大城乡居民就业等方面发挥了重要作用。随着我国经济的高速发展，人民生活水平的不断提高，对蔬菜消费已从数量满足型向营养、卫生、新鲜型转变，发展无公害、营养高、口感好的蔬菜是市场需求的总趋势。华南区气候得天独厚，光温充足，雨量充沛。自20世纪80年代以来，通过对农业产业结构的调整，在稳定粮食生产的基础上，大力发展冬季瓜菜生产，建立了一大批全国冬季瓜菜和"菜篮子"基地，华南地区已成为我国"南菜北运"的主要区域，同时也是重要的蔬菜出口基地。另一方面，随着社会经济的高速发展，华南不少地区蔬菜生产面临着环境污染严重、地力持续下降和地力偏耗突出、蔬菜品质低劣等问题，因蔬菜品质低劣造成滞销和经济效益下降的现象十分普遍。开展耕地质量调查，有助于掌握华南地区蔬菜地耕地质量现状变化的情况及影响因素，为耕地质量的可持续发展及耕地质量保护政策的制定提供依据。

第一节　蔬菜生产现状

一、蔬菜生产状况

据统计，2010年以来，华南各省（自治区）蔬菜种植面积迅速扩大（图6-1）。2010年，福建、广东、广西、海南、云南5省（自治区）的蔬菜种植面积共计380.2万 hm²，2017年上升为497.4万 hm²，占全国蔬菜种植总面积的比重由22.85%上升到24.90%，各省（自治区）种植面积呈上升趋势。以广东省为例，2017年广东蔬菜播种面积145.9万 hm²，比2010年增加27.93万 hm²，增长23.67%。

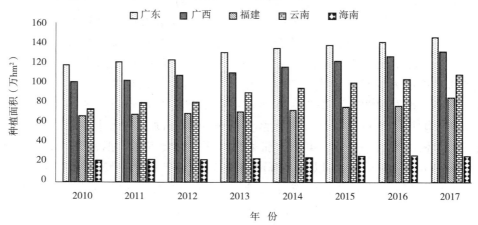

图 6-1　华南各省（自治区）蔬菜种植面积

蔬菜种植呈现以下特点：

1. 种植区域从平原地区向山区转移，设施菜地面积大量增加　2015 年，珠江三角洲蔬菜播种面积和产量分别占全省的 36.9％和 36.7％，比 2010 年下降了 3.4 个和 3.3 个百分点；而山区蔬菜播种面积和产量分别占全省的 26.5％和 25.2％，比 2010 年提高了 2.5 个和 2.8 个百分点；西翼和东翼蔬菜播种面积和产量占全省比重略有提高。分地市看，2015 年珠江三角洲地区的广州、深圳、珠海、佛山、东莞、中山、江门 7 个地级以上市蔬菜播种面积占全省蔬菜播种面积比重比 2010 年都有不同程度的降低，其中广州和佛山下降最多，分别下降了 1.2 个和 1.6 个百分点。广西蔬菜则受地理位置及交通状况影响，已初步形成了桂东南、右江河谷、高速公路沿线冬菜商品生产基地，桂北、桂西高山冷凉地区夏秋反季节蔬菜商品生产基地，南宁、柳州等中心城市城郊型蔬菜商品生产基地等。受气候因素影响，福建省近年来大力发展冬季大棚种植茄果类蔬菜，福州市的长乐、福清，莆田市的仙游、荔城、城厢、涵江、秀屿，泉州市的泉港、洛江、晋江、惠安、南安，漳州市的芗城、龙海、漳浦、云霄、诏安、平和、南靖等大部分低海拔区域设施菜地面积不断扩大，形成明显的地区特点。云南是我国重要的商品蔬菜主产区，也是全国南菜北运基地之一。2009 年蔬菜播种面积达到 70 万 hm²，产量 1 440 万 t，产值 195 亿元，分别比 2002 年的 44.67 万 hm²、800 万 t、70 亿元增加 57％、80％、178％。蔬菜产业对农业的贡献率为 11.8％，占种植业的比重在 20％以上。蔬菜产业成为继烟草之后的第二大农业主导产业。云南省蔬菜外销量占生产量的 53.8％，已成为我国冬春和夏秋两个反季节外销蔬菜生产基地。目前云南省供港澳蔬菜数量和基地备案面积均为全国第一，供港澳蔬菜量占港澳市场总量的 1/3，成为中国重要蔬菜出口基地。海南省是我国"南菜北运"的主产区，从实施"菜篮子"工程至今发展迅速。2010 年海南省蔬菜播种总面积为 21.5 万 hm²，2017 年增长至 26.4 万 hm²，年均增长 3.3％。2010 年海南省蔬菜产量 390.2 万 t，2017 年增长至 532.1 万 t，年均增长 5.1％。

2. 蔬菜品种繁多，地区特色明显　广东省主要以叶菜为主，2015 年全省叶菜类播种面积达 68.99 万 hm²，占蔬菜总面积的 49.9％；叶菜类产量 1 670.40 万 t，占蔬菜总产量的 48.6％。其次是瓜菜类，2015 年播种面积和产量分别为 16.88 万 hm² 和 478.69 万 t，分别占 12.2％和 13.9％。其余茄果菜类、块根块茎类、菜用豆类、葱蒜类、水生菜类和其他蔬菜的播种面积和产量占比均在一成以下。广西主要以瓜果蔬菜品种为主，蔬菜生产已初步形成了桂东南、右江河谷、高速公路沿线冬菜商品生产基地，桂北、桂西高山冷凉地区夏秋反季节蔬菜商品生产基地，南宁、柳州等中心城市城郊型蔬菜商品生产基地等。福建省播种面积最大的是叶菜类，其次是根茎类，再次是白菜类、瓜类、茄果类、甘蓝类、菜用豆类，小面积的有葱蒜类和水生蔬菜。茄果类是福建省大棚蔬菜主栽品种，也是优势品种，填补了冬春季长江以南地区大部分市场空缺。云南主要蔬菜品种包括：番茄、辣椒、洋葱、菜豆、豇豆、黄瓜、茄子、蒜薹、鲜食玉米、西葫芦、菜豌豆等种类，约占云南外销蔬菜总量的 50％以上。海南省蔬菜的生产品种主要有瓜菜（冬瓜、青瓜、苦瓜、丝瓜）、豆菜（长豆角、四季豆）、椒菜（黄皮尖椒、青皮尖椒、红尖椒、圆椒、彩椒）和长茄。2017 年，瓜菜所占比重为 37％，豆菜所占比重为 16％，长茄所占比重为 7％，其他类型蔬菜所占比重均有所下降。

二、蔬菜产业发展的制约因素

2010 年以来，华南各省（自治区）蔬菜种植面积迅速扩大，成为我国"南菜北运"的主产区和港澳蔬菜出口基地。但产业发展仍受以下因素制约：

1. 现代化水平较低，季节性和结构性供应不稳，价格波动大　蔬菜生产普遍存在着现代化水平较低，季节性和结构性供应不稳，价格波动大的问题。目前，广东、广西、海南等地蔬菜仍以传统的露天生产为主，处于靠天吃饭的被动局面。2015 年，广东省设施农业中蔬菜播种面积和产量分别为 1.02 万 hm² 和 31.15 万 t，只占全省蔬菜播种面积和产量的 0.7% 和 0.9%。同时，全省叶菜产量占蔬菜产量近 5 成，受季节、气候等因素影响较为明显，蔬菜的稳定、均衡供应难以保障，容易引起蔬菜价格的大幅波动。此外，蔬菜生产虽然已经成为一项规模大、产出高的产业，但生产的基本设施仍然较差，主要表现在：蔬菜基地基本建设差，尤其是近年发展起来的外销蔬菜基地，大多缺乏科学的土壤改良、排灌系统、田间道路等建设；设施栽培落后，多数菜农的设施栽培都是简易的竹架大棚，设计和建设都不规范、不科学，保温和降温能力较差，抗灾能力更差。

2. 蔬菜良种繁育体系不健全　蔬菜良种繁育体系还没有得到健全和完善，主要问题有：一是投入不足，基础设施薄弱，特别缺少专业化、规模化蔬菜繁种基地和蔬菜种子配套加工、精选包装服务体系，造成了蔬菜品种乱引、乱调，品种布局多、乱、杂的不利局面，蔬菜种子的供应，70%～80% 靠省外大批量调进，少部分为菜农自留、自繁解决。由于蔬菜种子分散经营，难以集中管理，种子质量难以保证。二是与蔬菜规模化、专业化生产相配套的科技服务支撑体系不健全。三是没有很好的地方品种繁育基地，优良地方品种种性退化严重。

3. 经营主体分散，蔬菜质量安全存在隐患　目前，蔬菜生产仍以个体独立分散经营为主，菜农安全使用农药意识薄弱，部分地区仍存在违规销售、违禁使用农药等现象，以及过量使用化肥，人为缩短蔬菜生长期等生产问题。同时，各地基层监管队伍和执法力量仍相对薄弱，蔬菜质量安全问题依然存在诸多隐患。如 2010 年初海南省被查出的有国家禁用剧毒农药（水胺硫磷、甲胺磷等高毒农药）残留的豇豆，是由于农民私自使用违禁农药。因此，需要进一步提高菜农组织化程度，统一品种布局，合理安排茬口，编写并采用规范栽培技术规程。

第二节　样点的遴选

一、遴选原则

蔬菜地耕地质量评价是华南区耕地质量评价中的一个专题和延伸，由于缺乏蔬菜地分布空间数据，本次评价采取的是点位评价。蔬菜地参评样点选取必须满足 3 个基本要求：一是种植制度当中必须有蔬菜，二是蔬菜地的种植作物必须是当地的主导品种，三是在当地必须具有充分的代表性。符合上述要求的样点基本能够反映华南区蔬菜地质量状况。

二、样点分布

样点分布具体情况见表 6-1。

表 6-1　蔬菜地参评样点分布情况

项目		样点数（个）	比例（%）
评价区	福建评价区	367	19.4
	广东评价区	796	42.1
	广西评价区	87	4.6
	海南评价区	565	29.9
	云南评价区	76	4.0
总计		1 891	100.0
二级农业区	闽南粤中农林水产区	987	52.2
	粤西桂南农林区	195	10.3
	琼雷及南海诸岛农林区	633	33.5
	滇南农林区	76	4.0
总计		1 891	100.0

由表 6-1 可以看出，从省级层面看，广东评价区的样点数最多，占华南区蔬菜地参评样点总数的 42.1%，其次是海南和福建评价区，分别占 29.9% 和 19.4%，广西和云南评价区样点总数之和，仅占华南区参评样点总数的 8.6%；从二级农业分区来看，闽南粤中农林水产区的样点达 987 个，占华南区蔬菜地参评样点总数的 52.2%，其次是琼雷及南海诸岛农林区，占 33.5%，滇南农林区样点数最少，仅占华南区蔬菜地参评样点总数的 4.0%。

第三节　蔬菜地土壤有机质及主要营养元素

土壤中的营养元素是作物生长发育所必需的物质基础，根据植物体内含量的多少可划分为大量、中量和微量元素。土壤中养分含量的高低会直接影响作物的生长发育。虽然土壤中各种营养元素的含量很丰富，但绝大部分对植物却是无效的，因此土壤有效养分与植物生长的相关性更高。农业生产中常以耕层土壤养分含量作为衡量土壤肥力的主要依据，通过对华南区蔬菜地耕地土壤养分状况分析测定评价，以期为区域蔬菜科学施肥制度的建立、高产高效及生态环境安全，为实现可持续发展提供技术支撑。土壤的主要属性包括有机质、全氮、碱解氮、全磷、有效磷、全钾、速效钾、缓效钾、有效钙、有效镁、有效硫、有效锌、有效硼、有效铜、有效铁、有效锰、有效硅、pH 等指标，为了有效地反映蔬菜生长需求特征，选用土壤有机质、全氮、有效磷、速效钾 4 个指标，参照华南区分级标准，土壤养分指标分级列于表 6-2。

表 6-2　土壤养分指标分级标准

项目	分级标准					
	一级	二级	三级	四级	五级	六级
有机质（g/kg）	≥30	20~30	15~20	10~15	6~10	<6
全氮（g/kg）	≥1.5	1.25~1.5	1.0~1.25	0.75~1.0	0.5~0.75	<0.5

（续）

项目	分级标准					
	一级	二级	三级	四级	五级	六级
有效磷（mg/kg）	≥40	30～40	20～30	10～20	5～10	<5
速效钾（mg/kg）	≥200	150～200	100～150	50～100	30～50	<30

一、土壤有机质

土壤有机质含量的多少是土壤肥力高低的一个重要指标，而且对于蔬菜地结构的形成、熟化，改善土壤物理性质，调节水肥气热状况也起着重要的作用，是评价菜地质量的重要指标。

（一）土壤有机质含量空间变异

1. 不同二级农业区土壤有机质含量　华南区不同二级农业区蔬菜地土壤有机质含量结果见表 6-3。滇南农林区土壤有机质平均含量为 33.44g/kg，粤西桂南农林区土壤有机质平均含量为 24.92g/kg，闽南粤中农林水产区土壤有机质平均含量为 21.79g/kg，琼雷及南海诸岛农林区土壤有机质平均含量为 20.22g/kg，总体大小排序为滇南农林区＞粤西桂南农林区＞闽南粤中农林水产区＞琼雷及南海诸岛农林区。

表 6-3　华南区不同二级农业区蔬菜地土壤有机质含量（个，g/kg，%）

二级农业区	样点数	最小值	最大值	平均值	变异系数
闽南粤中农林水产区	987	3.60	61.40	21.79	39.78
粤西桂南农林区	195	7.70	60.70	24.92	41.06
滇南农林区	76	6.40	74.50	33.44	44.54
琼雷及南海诸岛农林区	633	4.80	58.00	20.22	43.88

2. 不同评价区土壤有机质含量　华南区不同评价区蔬菜地土壤有机质含量见表 6-4。从表中可以看出，云南评价区土壤有机质含量最高，平均为 33.44g/kg，其次是广西和广东评价区，分别为 26.71g/kg 和 22.50g/kg，福建评价区土壤有机质平均含量为 20.77g/kg，土壤有机质平均含量最小的是海南评价区，平均含量仅为 20.01g/kg；广西评价区的变异系数最大，广东评价区最小。评价区之间的差异可能与耕作制度密切相关，海南和广东评价区的耕作制度相似，云南评价区耕地土壤休闲的时间稍长，这也是土壤有机质含量较高的原因之一。

表 6-4　华南区不同评价区蔬菜地土壤有机质含量（个，g/kg，%）

评价区	样点数	最小值	最大值	平均值	变异系数
福建评价区	367	5.50	48.90	20.77	40.46
广东评价区	796	3.60	61.40	22.50	38.62
广西评价区	87	8.50	60.70	26.71	47.60

（续）

评价区	样点数	最小值	最大值	平均值	变异系数
海南评价区	565	5.20	58.00	20.01	43.71
云南评价区	76	6.40	74.50	33.44	44.54

（二）土壤有机质含量及其影响因素

1. 成土母质与土壤有机质含量 华南区蔬菜地主要成土母质土壤有机质含量情况见表6-5。土壤有机质平均含量高低顺序依次为：第四纪红土＞洪冲积物＞残坡积物＞河流冲积物＞江海相沉积物＞火山堆积物。其中第四纪红土发育的土壤有机质平均含量最高，平均为25.56g/kg，其次是洪冲积物，为23.06g/kg，平均含量最小的是火山堆积物，仅为20.03g/kg。

表6-5 华南区不同成土母质蔬菜地土壤有机质含量（个，g/kg，%）

成土母质	样点数	最小值	最大值	平均值	变异系数
残坡积物	475	5.50	71.40	22.77	46.19
江海相沉积物	427	3.60	50.00	20.82	43.78
河流冲积物	447	4.60	52.90	20.91	38.60
洪冲积物	399	5.90	50.80	23.06	36.83
火山堆积物	37	5.90	55.10	20.03	54.28
第四纪红土	106	6.00	74.50	25.56	55.66

2. 地貌类型与土壤有机质含量 华南区蔬菜地主要地貌类型土壤有机质含量情况见表6-6。土壤有机质平均含量高低顺序依次为：盆地＞山地＞丘陵＞平原。其中盆地土壤有机质平均含量最高，平均为30.61g/kg，其次是山地和丘陵，分别为24.27g/kg和22.49g/kg，平均含量最小的是平原，仅为20.85g/kg。

表6-6 华南区不同地貌类型蔬菜地土壤有机质含量（个，g/kg，%）

地貌类型	样点数	最小值	最大值	平均值	变异系数
丘陵	487	4.60	61.40	22.49	41.71
山地	78	7.80	48.50	24.27	38.47
平原	1 202	3.60	58.00	20.85	41.48
盆地	124	6.40	74.50	30.61	45.45

3. 土壤类型与土壤有机质含量 华南区蔬菜地主要土壤类型土壤有机质含量情况见表6-7。黄壤有机质平均含量最高，平均为39.50g/kg，其次是红壤和紫色土，分别为32.06g/kg和29.92g/kg，平均含量最小的是滨海盐土，仅为14.55g/kg。平均含量高低顺序依次为：黄壤＞红壤＞紫色土＞砖红壤＞赤红壤＞水稻土＞燥红土＞潮土＞新积土＞粗骨土＞风沙土＞滨海盐土。

表 6-7 华南区不同土壤类型蔬菜地土壤有机质含量（个，g/kg，%）

土类名称	样点数	最小值	最大值	平均值	变异系数
砖红壤	107	4.8	58.00	22.68	46.68
赤红壤	143	5.6	61.4	22.03	49.48
红壤	28	5.5	74.5	32.06	50.31
黄壤	7	6.4	71.4	39.50	61.75
燥红土	2	17.1	26.6	21.85	30.74
新积土	26	6.3	52.9	19.36	54.45
风沙土	28	3.6	37.2	15.99	46.37
紫色土	13	17.5	47.3	29.92	29.19
粗骨土	7	12.7	25.3	18.64	22.38
潮土	29	7.9	51.5	20.48	48.97
滨海盐土	17	7.1	24.3	14.55	35.34
水稻土	1 478	3.9	66.8	22.02	40.67

4. 土壤质地与土壤有机质含量 华南区蔬菜地主要土壤质地土壤有机质含量情况见表 6-8。黏土有机质含量最高，平均为 25.21g/kg，其次是重壤和轻壤，分别为 24.32g/kg 和 21.77g/kg，平均含量最小的是砂土，仅为 19.93g/kg。平均含量高低顺序依次为：黏土＞重壤＞轻壤＞砂壤＞中壤＞砂土。变异系数最大的是砂壤，最小的是重壤。

表 6-8 华南区不同土壤质地蔬菜地土壤有机质含量（个，g/kg，%）

耕层质地	样点数	最小值	最大值	平均值	变异系数
中壤	459	3.90	52.90	21.19	40.37
砂土	49	6.90	45.80	19.93	47.69
砂壤	440	3.60	61.40	21.33	49.27
轻壤	566	4.60	71.40	21.77	41.02
重壤	233	7.00	66.80	24.32	39.79
黏土	144	6.00	74.50	25.21	44.28

（三）土壤有机质含量的分级

根据华南区蔬菜地土壤有机质含量现状，运用华南区养分分级标准，将土壤有机质含量等级划分为 6 级，如图 6-2 所示。蔬菜地土壤有机质含量等级主要为 1～3 级，共占参评样点总数的 77.26%，其中以 2 级最多，占参评样点总数的 36.59%。3 级样点 443 个，占参评样点总数的 23.43%。

根据华南区二级农业区的划分，得到不同二级农业区土壤有机质含量等级分布状况，如表 6-9 所示。由于闽南粤中农林水产区参评的样点最多，经统计分析可知，各等级样点数均主要分布在闽南粤中农林水产区。

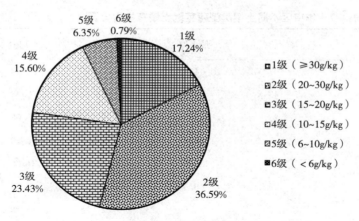

图 6-2　土壤有机质含量等级分布

表 6-9　华南区不同二级农业区蔬菜地土壤有机质分级（个，%）

分级	闽南粤中农林水产区		粤西桂南农林区		滇南农林区		琼雷及南海诸岛农林区	
	样点数	百分比	样点数	百分比	样点数	百分比	样点数	百分比
1	159	8.41	62	3.28	9	0.48	96	5.08
2	394	20.84	86	4.55	14	0.74	198	10.47
3	242	12.8	27	1.43	18	0.95	156	8.25
4	141	7.46	12	0.63	19	1	123	6.5
5	44	2.33	7	0.37	14	0.74	55	2.91
6	7	0.37	1	0.05	2	0.11	5	0.26

　　华南区不同评价区土壤有机质分级如表 6-10 所示。1 级土壤有机质主要集中分布在广东评价区和福建评价区，2 级和 3 级土壤有机质主要集中分布在广东评价区、福建评价区和海南评价区，4 级土壤有机质主要集中分布在广东评价区和海南评价区，5 级和 6 级土壤有机质主要集中分布在福建评价区。

表 6-10　华南区不同评价区蔬菜地土壤有机质分级（个，%）

分级	福建评价区		广东评价区		广西评价区		海南评价区		云南评价区	
	样点数	百分比	样点数	百分比	样点数	百分比	样点数	百分比	样点数	百分比
1	47	2.49	141	7.46	28	1.48	71	3.75	39	2.06
2	133	7.03	327	17.29	30	1.59	176	9.31	26	1.37
3	99	5.24	175	9.25	11	0.58	151	7.99	7	0.37
4	58	3.07	113	5.98	16	0.85	106	5.61	2	0.11
5	26	1.37	33	1.75	2	0.11	57	3.01	2	0.11
6	4	0.21	7	0.37	1	0.11	4	0.21	0	0.00

（四）土壤有机质的调控

1. 推广秸秆还田　华南区蔬菜品种繁多，作物复种指数高，秸秆资源较为丰富。将秸秆归还土壤，有利于提高土壤有机质、氮、磷、钾和微量元素含量，还能改善土壤物理性状，改良土壤结构、蓄水保墒、培肥地力。由于秸秆 C/N 大，施入土壤后易发生微生物与作物幼苗争速效养分的状况，尤其是争氮，应配施适量氮肥或氮磷肥，或施用秸秆腐熟剂，提高还田率，从而培肥土壤。

2. 增施农家肥和有机肥 蔬菜生产需要较多的有机肥，应积极利用畜禽粪便和商品有机肥，促进农业资源的循环利用。施用时，应沟施或穴施，减少撒施，以提高肥效。

二、土壤全氮

氮素是构成一切生命体的重要元素。蔬菜对氮的需求量大，土壤供氮不足是引起蔬菜产量下降和品质降低的主要限制因子。

（一）土壤全氮含量空间变异

1. 不同二级农业区土壤全氮含量 华南区不同二级农业区蔬菜地土壤全氮含量结果见表 6-11。滇南农林区土壤全氮平均含量为 1.92g/kg，粤西桂南农林区土壤全氮平均含量为 1.36g/kg，闽南粤中农林水产区土壤全氮平均含量为 1.22g/kg，琼雷及南海诸岛农林区土壤全氮平均含量为 0.92g/kg，大小排序为滇南农林区＞粤西桂南农林区＞闽南粤中农林水产区＞琼雷及南海诸岛农林区。

表 6-11 华南区不同二级农业区蔬菜地土壤全氮含量（个，g/kg，%）

二级农业区	样点数	最小值	最大值	平均值	变异系数
闽南粤中农林水产区	987	0.20	2.32	1.22	28.16
粤西桂南农林区	195	0.60	3.20	1.36	32.67
滇南农林区	76	0.73	4.39	1.92	46.03
琼雷及南海诸岛农林区	633	0.30	3.20	0.92	36.82

2. 不同评价区土壤全氮含量 华南区不同评价区蔬菜地土壤全氮含量见表 6-12。云南评价区含量最高，平均为 1.92g/kg，其次是广西和广东评价区，分别为 1.47g/kg 和 1.28g/kg，福建评价区平均为 1.10g/kg，土壤全氮含量最小的是海南评价区，平均含量仅为 0.89g/kg；云南评价区的变异系数最大，广东评价区最小。

表 6-12 华南区不同评价区蔬菜地土壤全氮含量（个，g/kg，%）

评价区	样点数	最小值	最大值	平均值	变异系数
福建评价区	367	0.20	2.32	1.10	39.55
广东评价区	796	0.67	2.23	1.28	18.43
广西评价区	87	0.60	3.20	1.47	42.29
海南评价区	565	0.30	3.20	0.89	38.62
云南评价区	76	0.73	4.39	1.92	46.03

（二）土壤全氮含量及其影响因素

1. 成土母质与土壤全氮含量 华南区蔬菜地主要成土母质土壤全氮含量情况见表 6-13。平均含量高低顺序依次为：第四纪红土＞洪冲积物＞残坡积物＞河流冲积物＞江海相沉积物＞火山堆积物。其中第四纪红土和洪冲积物全氮平均含量最高，分别为 1.37g/kg 和 1.25g/kg，其次是残坡积物和河流冲积物，分别为 1.17g/kg 和 1.12g/kg，平均含量最小的是火山堆积物，仅为 0.93g/kg。

表 6-13　华南区不同成土母质蔬菜地土壤全氮含量（个，g/kg，%）

成土母质	样点数	最小值	最大值	平均值	变异系数
残坡积物	475	0.28	4.39	1.17	10.97
江海相沉积物	427	0.20	3.20	1.10	40.40
河流冲积物	447	0.21	2.90	1.12	31.97
洪冲积物	399	0.27	3.13	1.25	25.10
火山堆积物	37	0.30	2.10	0.93	44.10
第四纪红土	106	0.30	4.17	1.37	60.61

2. 地貌类型与土壤全氮含量　华南区蔬菜地主要地貌类型土壤全氮含量情况见表 6-14。平均含量高低顺序依次为：盆地＞山地＞丘陵＞平原。其中盆地全氮含量最高，平均为 1.70g/kg，其次是山地和丘陵，分别为 1.35g/kg 和 1.19g/kg，平均含量最小的是平原，仅为 1.09g/kg。

表 6-14　华南区不同地貌类型蔬菜地土壤全氮含量（个，g/kg，%）

地貌类型	样点数	最小值	最大值	平均值	变异系数
丘陵	487	0.21	2.80	1.19	27.31
山地	78	0.93	2.90	1.35	19.80
平原	1 202	0.20	3.20	1.09	37.31
盆地	124	0.48	4.39	1.70	47.26

3. 土壤类型与土壤全氮含量　华南区蔬菜地主要土壤类型土壤全氮含量情况见表 6-15。黄壤全氮含量最高，平均含量为 1.88g/kg，其次是红壤和紫色土，分别为 1.80g/kg 和 1.34g/kg，平均含量最小的是燥红土，仅为 0.80g/kg。含量高低顺序依次为：黄壤＞红壤＞紫色土＞粗骨土＞潮土＞赤红壤＞水稻土＞砖红壤＞风沙土＞新积土＞滨海盐土＞燥红土。

表 6-15　华南区不同土壤类型蔬菜地土壤全氮含量（个，g/kg，%）

土壤类型	样点数	最小值	最大值	平均值	变异系数
砖红壤	107	0.4	3.2	1.11	37.25
赤红壤	143	0.28	4.39	1.21	42.70
红壤	28	0.59	4.13	1.80	53.28
黄壤	7	0.73	3.17	1.88	52.96
燥红土	2	0.7	0.9	0.80	17.68
新积土	26	0.4	1.8	0.88	38.85
风沙土	28	0.7	1.3	0.94	15.91
紫色土	13	1.1	1.98	1.34	20.51
粗骨土	7	1.16	1.48	1.24	8.91
潮土	29	0.55	2.9	1.23	42.37
滨海盐土	17	0.45	1.22	0.81	29.44
水稻土	1 478	0.21	4.17	1.16	35.86

4. 土壤质地与土壤全氮含量　华南区蔬菜地不同质地土壤全氮含量情况见表6-16，其中黏土土壤全氮含量最高，平均含量为1.31g/kg，其次是重壤和轻壤，分别为1.27g/kg和1.19g/kg，平均含量最小的是砂土，仅为0.83g/kg。平均含量高低顺序依次为：黏土＞重壤＞轻壤＞中壤＞砂壤＞砂土。变异系数最大的是黏土，最小的是轻壤。

表6-16　华南区不同土壤质地蔬菜地土壤全氮含量（个，g/kg，%）

耕层质地	样点数	最小值	最大值	平均值	变异系数
中壤	459	0.14	2.80	1.13	36.22
砂土	49	0.15	2.90	0.83	44.54
砂壤	440	0.16	4.39	1.05	43.57
轻壤	566	0.30	3.17	1.19	26.87
重壤	233	0.30	4.17	1.27	44.26
黏土	144	0.21	4.13	1.31	47.12

（三）土壤全氮含量的分级

根据华南区蔬菜地土壤全氮含量现状，运用华南区养分分级标准，将土壤全氮含量等级划分为6级，如图6-3所示。蔬菜地土壤全氮含量等级主要为1～3级，共占参评样点总数的67.1%，其中以3级最多，占参评样点总数的28.50%，1级样点302个，占参评样点总数的16.02%，2级样点427个，占参评样点总数的22.58%。

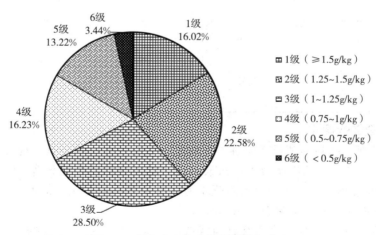

图6-3　蔬菜地土壤全氮含量等级分布

根据华南区二级农业区的划分。得到不同二级农业区土壤全氮等级分布状况，如表6-17所示。由于闽南粤中农林水产区参评的样点最多，经统计分析可知，各等级样点均主要分布在闽南粤中农林水产区。滇南农林区样点主要集中在1级分布，闽南粤中农林水产区则集中在2级和3级分布，琼雷及南海诸岛集中在3～5级分布，粤西桂南则集中在1～3级分布。

表6-17 华南区不同二级农业区蔬菜地土壤全氮分级（个，%）

分级	闽南粤中农林水产区		粤西桂南农林区		滇南农林区		琼雷及南海诸岛农林区	
	样点数	百分比	样点数	百分比	样点数	百分比	样点数	百分比
1	167	8.83	57	3.01	45	2.38	34	1.8
2	306	16.18	53	2.8	13	0.69	55	2.91
3	302	15.97	56	2.96	9	0.48	172	9.1
4	125	6.61	22	1.16	8	0.42	152	8.04
5	63	3.33	7	0.37	1	0.05	179	9.47
6	24	1.27	0	0	0	0	41	2.17

华南区不同评价区土壤全氮分级如表6-18。1级土壤全氮主要分布在广东评价区和福建评价区，2级和3级主要集中在广东评价区，4级主要集中在福建评价区和海南评价区，5级主要集中在海南评价区，6级则集中在海南评价区。从评价区来看，福建评价区土壤全氮分布最多的等级是3级，占比为4.18%，其次是4级和1级，分别占4.12%和3.70%；广东评价区土壤全氮分布最多的等级是3级，占比为16.39%，其次是2级和1级，分别占16.08%和5.98%；广西评价区土壤全氮分布最多的等级是1级，占比为2.22%；海南评价区土壤全氮分布最多的等级是5级，占比为9.47%，其次是4级和3级，分别占7.67%和6.56%；云南评价区土壤全氮分布最多的等级是1级，占比为2.38%。

表6-18 华南区不同评价区蔬菜地土壤全氮分级（个，%）

分级	福建		广东		广西		海南		云南	
	样点数	百分比	样点数	百分比	样点数	百分比	样点数	百分比	样点数	百分比
1	70	3.70	113	5.98	42	2.22	33	1.75	45	2.38
2	59	3.12	304	16.08	8	0.42	43	2.27	13	0.69
3	79	4.18	310	16.39	17	0.90	124	6.56	9	0.48
4	78	4.12	63	3.33	13	0.69	145	7.67	8	0.42
5	57	3.01	6	0.32	7	0.37	179	9.47	1	0.05
6	24	1.27	0	0.00	0	0.00	41	2.17	0	0.00

（四）土壤全氮的调控

1. 增施有机肥　土壤有机质含量在一定程度上能够反映土壤全氮状况，两者呈正相关，可以利用有机物质碳氮比值来调节土壤氮素状况。随着有机物质的分解，C/N值从大于30下降到小于15的过程中，土壤中氮素变化由亏缺到平稳再到盈余，因此，有机肥施用可调控土壤氮素，从而使作物的氮素营养得到改善。

2. 合理施用化肥　针对叶菜类喜氮的特点，合理施用氮肥，能够减少氮素损失，提高氮肥利用率。要做到合理施用，必须根据土壤条件、作物营养条件、氮素本身性质、氮肥与其他肥料配施等来考虑氮肥的分配和施用。条件合适的话，建议施用新型肥料，如缓释肥、控释肥，并合理运筹氮肥用量、氮肥施用时期等。

三、土壤有效磷

磷是蔬菜生长发育不可缺少的营养元素之一，它既是植物体内许多有机化合物的组分，同时又以多种方式参与植物体内各种代谢过程。土壤有效磷是磷素养分供应水平高低的指标，土壤磷素含量高低在一定程度上反映了土壤中磷素的贮量和供应能力。

（一）土壤有效磷含量空间变异

1. 不同二级农业区土壤有效磷含量　华南区不同二级农业区蔬菜地土壤有效磷含量结果见表 6-19。粤西桂南农林区土壤有效磷平均含量最大，为 48.17mg/kg，其次是闽南粤中农林水产区，土壤有效磷平均含量为 45.29mg/kg，滇南农林区土壤有效磷平均含量为 32.41mg/kg，琼雷及南海诸岛农林区土壤有效磷平均含量最小，仅为 25.03mg/kg，总体排序为粤西桂南农林区＞闽南粤中农林水产区＞滇南农林区＞琼雷及南海诸岛农林区。

表 6-19　华南区不同二级农业区蔬菜地土壤有效磷含量（个，mg/kg，%）

二级农业区	样点数	最小值	最大值	平均值	变异系数
闽南粤中农林水产区	987	3.60	310.90	45.29	78.76
粤西桂南农林区	195	3.30	158.30	48.17	67.41
滇南农林区	76	5.50	115.20	32.41	79.19
琼雷及南海诸岛农林区	633	3.50	282.80	25.03	153.40

2. 不同评价区土壤有效磷含量　华南区不同评价区蔬菜地土壤有效磷含量见表 6-20。广东评价区含量最高，平均为 50.72mg/kg，其次是广西评价区和福建评价区，分别为 42.06mg/kg 和 37.0mg/kg，云南评价区平均含量为 32.41mg/kg，土壤有效磷含量最小的是海南评价区，平均含量仅为 19.43mg/kg。海南评价区的变异系数最大，广西评价区最小。评价区之间的差异可能与耕作制度密切相关，海南评价区的耕地复种指数较高，化肥施用量大，土壤有效磷含量相对较高。同样，海南评价区耕地复种指数较高，化肥施用量也很大，但是由于雨水较多，淋溶作用强烈，造成土壤当中的有效磷含量略有偏低。

表 6-20　华南区不同评价区蔬菜地土壤有效磷含量（个，mg/kg，%）

评价区	样点数	最小值	最大值	平均值	变异系数
福建评价区	367	5.00	137.00	37.00	71.27
广东评价区	796	3.30	310.90	50.72	84.03
广西评价区	87	3.90	80.00	42.06	58.30
海南评价区	565	3.50	221.50	19.43	143.60
云南评价区	76	5.50	115.20	32.41	71.27

（二）土壤有效磷含量及其影响因素

1. 成土母质与土壤有效磷含量　华南区蔬菜地主要成土母质土壤有效磷含量情况见表 6-21。平均含量高低顺序依次为：洪冲积物＞江海相沉积物＞河流冲积物＞残坡积物＞火山堆积物＞第四纪红土。其中洪冲积物发育的菜地有效磷平均含量最高，平均为 42.33mg/kg，其次江海相沉积物为 41.80mg/kg，平均含量最小的是第四纪红土，仅为 26.75mg/kg。

表 6-21　华南区不同成土母质蔬菜地土壤有效磷含量（个，mg/kg，%）

成土母质	样点数	最小值	最大值	平均值	变异系数
残坡积物	475	3.60	282.80	35.31	98.16
江海相沉积物	427	3.50	310.90	41.80	111.37
河流冲积物	447	4.00	149.10	38.10	80.80
洪冲积物	399	3.30	289.00	42.33	86.40
火山堆积物	37	4.10	179.80	27.59	149.77
第四纪红土	106	3.90	134.70	26.75	101.69

2. 地貌类型与土壤有效磷含量　华南区蔬菜地主要地貌类型土壤有效磷含量情况见表 6-22。平均含量高低顺序依次为：丘陵＞盆地＞平原＞山地。其中丘陵有效磷含量最高，平均为 42.38mg/kg，其次是盆地和平原，分别为 39.64mg/kg 和 35.92mg/kg，平均含量最小的是山地，仅为 31.56mg/kg。

表 6-22　华南区不同地貌类型蔬菜地土壤有效磷含量（个，mg/kg，%）

地貌类型	样点数	最小值	最大值	平均值	变异系数
丘陵	487	3.30	282.80	42.38	96.50
山地	78	5.00	109.30	31.56	68.72
平原	1 202	3.50	310.90	35.92	100.77
盆地	124	5.00	137.00	39.64	73.03

3. 土壤类型与土壤有效磷含量　华南区蔬菜地主要土壤类型土壤有效磷含量情况见表 6-23。燥红土有效磷含量最高，平均为 107.15mg/kg，其次是粗骨土和潮土，分别为 63.09mg/kg 和 49.72mg/kg，平均含量最小的是新积土，仅为 15.92mg/kg。平均含量高低顺序依次为：燥红土＞粗骨土＞潮土＞赤红壤＞水稻土＞红壤＞砖红壤＞风沙土＞紫色土＞黄壤＞滨海盐土＞新积土。

表 6-23　华南区不同土壤类型蔬菜地土壤有效磷含量（个，mg/kg，%）

土壤类型	样点数	最小值	最大值	平均值	变异系数
砖红壤	107	3.6	282.8	32.45	146.95
赤红壤	143	3.9	154.4	40.69	82.40
红壤	28	6.3	103	33.28	70.10
黄壤	7	7.8	36	18.08	64.74
燥红土	2	73.9	140.4	107.15	43.88
新积土	26	6.2	98	15.92	119.78
风沙土	28	3.5	82.8	31.66	76.60
紫色土	13	16.6	44.7	29.38	33.75
粗骨土	7	8.9	142.7	63.09	74.75
潮土	29	8.7	121.1	49.72	61.14

（续）

土壤类型	样点数	最小值	最大值	平均值	变异系数
滨海盐土	17	5	98	17.06	132.94
水稻土	1 478	3.3	310.9	39.12	95.76

4. 土壤质地与土壤有效磷含量　华南区蔬菜地不同土壤质地土壤有效磷含量情况见表6-24。轻壤土壤有效磷含量最高，平均为44.10mg/kg，其次是中壤和黏土，分别为38.68mg/kg和34.43mg/kg，平均含量最小的是砂土，仅为29.06mg/kg。平均含量高低顺序依次为：轻壤＞中壤＞黏土＞重壤＞砂壤＞砂土。变异系数最大的是黏土，最小的是重壤。

表 6-24　华南区不同土壤质地蔬菜地土壤有效磷含量（个，mg/kg，%）

耕层质地	样点数	最小值	最大值	平均值	变异系数
中壤	459	3.30	310.90	38.68	92.74
砂土	49	3.50	140.80	29.06	107.90
砂壤	440	3.50	289.00	33.16	105.09
轻壤	566	3.60	269.10	44.10	93.17
重壤	233	3.90	133.00	34.12	86.57
黏土	144	3.60	282.80	34.43	109.95

（三）土壤有效磷含量的分级

根据华南区蔬菜地土壤有效磷含量现状，运用华南区养分分级标准，将土壤有效磷含量等级划分为6级，如图6-4所示。蔬菜地土壤有效磷1级、5级和4级是样点最多的等级，分别为参评样点总数的34.80%、21.21%和16.18%，其中1级样点最多，有658个，6级样点最少，仅45个，占比为2.38%。

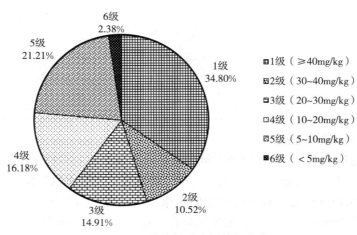

图 6-4　土壤有效磷含量等级分布

根据华南区二级农业区的划分，得到不同二级农业区土壤有效磷等级分布状况，如表6-25所示。经统计分析可知，土壤有效磷1～4级在闽南粤中农林水产区的样点数占绝对优势，5 级和 6 级则主要集中在琼雷及南海诸岛农林区。

表 6-25　华南区不同二级农业区蔬菜地土壤有效磷分级（个，%）

分级	闽南粤中农林水产区		粤西桂南农林区		滇南农林区		琼雷及南海诸岛农林区	
	样点数	百分比	样点数	百分比	样点数	百分比	样点数	百分比
1	432	22.85	102	5.39	19	1	105	5.55
2	134	7.09	25	1.32	13	0.69	27	1.43
3	184	9.73	31	1.64	16	0.85	51	2.7
4	166	8.78	21	1.11	13	0.69	106	5.61
5	66	3.49	14	0.74	15	0.79	306	16.18
6	5	0.26	2	0.11	0	0	38	2.01

华南区不同评价区土壤有效磷分级见表 6-26。1 级样点主要分布在广东评价区和福建评价区，2 级和 3 级主要集中在福建评价区和广东评价区，4 级主要集中在广东评价区、福建评价区和海南评价区，5 级主要集中在海南评价区，6 级则集中在海南评价区。从评价区来看，福建评价区土壤有效磷含量达到 1 级的样点分布最多，占比为 7.77%，其次是 3 级和 4 级，分别为 4.12% 和 3.38%；广东评价区土壤有效磷含量 1 级的样点分布最多，占比为 20.25%，其次是 3 级和 4 级，分别为 6.98% 和 6.35%；广西评价区分布最多的等级是 1 级，占比为 2.22%；海南评价区分布最多的等级是 5 级，占比为 15.97%，其次是 4 级和 1 级，分别为 5.29% 和 3.54%；云南评价区耕地土壤有效磷分布较均匀，但是 6 级没有分布。

表 6-26　华南区不同评价区蔬菜地土壤有效磷分级（个，%）

分级	福建评价区		广东评价区		广西评价区		海南评价区		云南评价区	
	样点数	百分比	样点数	百分比	样点数	百分比	样点数	百分比	样点数	百分比
1	147	7.77	383	20.25	42	2.22	67	3.54	19	1.00
2	50	2.64	103	5.45	15	0.79	18	0.95	13	0.69
3	78	4.12	132	6.98	13	0.69	43	2.27	16	0.85
4	64	3.38	120	6.35	9	0.48	100	5.29	13	0.69
5	28	1.48	49	2.59	7	0.37	302	15.97	15	0.79
6	0	0.00	9	0.48	1	0.05	35	1.85	0	0.00

（四）土壤有效磷的调控

1. 调节土壤 pH　调节土壤环境条件可尽量减弱土壤中的固磷机制，在酸性土壤上施用石灰，降低酸度，以减少土壤中活性 Al^{3+}、Fe^{3+} 的数量，降低固磷作用。

2. 因土、因作物施磷肥　根据磷素守恒定律因土、因作物施用磷肥，同时要考虑不同土壤条件和不同作物种类，选择适宜的磷肥品种。如酸性土壤上施用磷矿粉，有利于提高磷矿粉的有效性。

3. 集中施磷肥　磷肥集中施用可以减少或避免与土壤的接触面，施用在根系附近效果较好。磷肥一般作为基肥施用。

四、土壤速效钾

钾是植物生长发育所必需的营养元素，许多植物需钾量都很大，钾在蔬菜中的含量仅次于氮。速效钾与蔬菜生长相关性较高，土壤速效钾是反映土壤肥力高低的重要指标之一。

（一）土壤速效钾含量空间变异

1. 不同二级农业区土壤速效钾含量　华南区不同二级农业区蔬菜地土壤速效钾含量结果见表 6-27。滇南农林区土壤速效钾平均含量最大，为 157.12mg/kg，其次是闽南粤中农林水产区，土壤速效钾平均含量为 111.54mg/kg，粤西桂南农林区土壤速效钾平均含量为 62.75mg/kg，琼雷及南海诸岛农林区土壤速效钾平均含量最小，仅为 46.36mg/kg，总体排序为滇南农林区＞闽南粤中农林水产区＞粤西桂南农林区＞琼雷及南海诸岛农林区。

表 6-27　华南区不同二级农业区蔬菜地土壤速效钾含量（个，mg/kg，%）

二级农业区	样点数	最小值	最大值	平均值	变异系数
闽南粤中农林水产区	987	10.00	580.00	111.54	90.54
粤西桂南农林区	195	12.00	250.00	62.75	80.11
滇南农林区	76	32.00	552.00	157.12	68.22
琼雷及南海诸岛农林区	633	10.00	322.00	46.36	101.83

2. 不同评价区土壤速效钾含量　华南区不同评价区蔬菜地土壤速效钾含量见表 6-28。云南评价区含量最高，平均为 157.12mg/kg，其次是福建评价区和广东评价区，分别为 121.50mg/kg 和 94.48mg/kg，广西评价区含量平均为 81.60mg/kg，土壤速效钾含量最小的是海南评价区，平均含量仅为 40.19mg/kg。福建评价区的变异系数最大，云南评价区最小。影响土壤速效钾含量的因素有三：一是与成土母质关系密切；二是气候因素影响较大；三是与耕作施肥措施关系密切。云南评价区蔬菜地主要成土母质有第四纪红土、残坡积物和冲积物，导致土壤钾素含量高，而海南评价区耕地复种指数较高，虽然化肥施用量也很大，但是由于雨水较多，淋溶作用强烈，造成土壤中的速效钾含量偏低。

表 6-28　华南区不同评价区蔬菜地土壤速效钾含量（个，mg/kg，%）

评价区	样点数	最小值	最大值	平均值	变异系数
云南评价区	76	32.00	552.00	157.12	68.22
广东评价区	796	11.00	580.00	94.48	82.21
广西评价区	87	16.00	250.00	81.60	72.36
海南评价区	565	10.00	295.00	40.19	97.41
福建评价区	367	10.00	495.00	121.50	98.09

（二）土壤速效钾含量及其影响因素

1. 成土母质与土壤速效钾含量　华南区蔬菜地主要成土母质土壤速效钾含量情况见表 6-29。平均含量高低顺序依次为：第四纪红土＞残坡积物＞洪冲积物＞江海相沉积物＞河流冲积物＞火山堆积物。其中第四纪红土和残坡积物土壤速效钾含量最高，分别为 100.40mg/kg 和 92.23mg/kg，其次是洪冲积物和江海相沉积物，分别为 88.64mg/kg 和

86.93mg/kg，平均含量最小的是火山堆积物，仅为 43.11mg/kg。

表 6-29　华南区不同成土母质蔬菜地土壤速效钾含量（个，mg/kg，%）

成土母质	样点数	最小值	最大值	平均值	变异系数
残坡积物	475	10.00	552.00	92.23	107.58
江海相沉积物	427	10.00	580.00	86.93	113.88
河流冲积物	447	10.00	465.00	82.54	97.53
洪冲积物	399	10.00	421.00	88.64	90.54
火山堆积物	37	12.00	266.00	43.11	110.75
第四纪红土	106	10.00	486.00	100.40	91.25

2. 地貌类型与土壤速效钾含量　华南区蔬菜地主要地貌类型土壤速效钾含量情况见表 6-30。平均含量高低顺序依次为：盆地＞平原＞丘陵＞山地。其中盆地速效钾含量最高，平均为 143.33mg/kg，其次是平原和丘陵，分别为 87.57mg/kg 和 82.02mg/kg，平均含量最小的是山地，仅为 79.11mg/kg。

表 6-30　华南区不同地貌类型蔬菜地土壤速效钾含量（个，mg/kg，%）

地貌类型	样点数	最小值	最大值	平均值	变异系数
丘陵	487	10.00	451.00	82.02	90.99
山地	78	12.00	463.00	79.11	52.79
平原	1 202	10.00	580.00	87.57	110.08
盆地	124	12.00	552.00	143.33	78.04

3. 土壤类型与土壤速效钾含量　华南区蔬菜地主要土壤类型土壤速效钾含量情况见表 6-31。滨海盐土速效钾含量最高，平均为 203.06mg/kg，其次是粗骨土和黄壤，分别为 144.57mg/kg 和 142.67mg/kg，平均含量最小的是新积土，仅为 32.46mg/kg。平均含量高低顺序依次为：滨海盐土＞粗骨土＞黄壤＞潮土＞红壤＞赤红壤＞紫色土＞水稻土＞砖红壤＞风沙土＞燥红土＞新积土。

表 6-31　华南区不同土壤类型蔬菜地土壤速效钾含量（个，mg/kg，%）

土壤类型	样点数	最小值	最大值	平均值
砖红壤	107	10	322	64.96
赤红壤	143	10	495	119.48
红壤	28	23	354	124
黄壤	7	81	276	142.67
燥红土	2	40	47	43.5
新积土	26	10	119	32.46
风沙土	28	18	168	58.14
紫色土	13	16	552	103.62
粗骨土	7	22	287	144.57

（续）

土壤类型	样点数	最小值	最大值	平均值
潮土	29	27	326	133.38
滨海盐土	17	21	441	203.06
水稻土	1 478	10	580	84.08

4. 土壤质地与土壤速效钾含量　华南区蔬菜地不同土壤质地土壤速效钾含量情况见表 6-32。重壤土壤速效钾含量最高，平均为 106.32mg/kg，其次是中壤和黏土，分别为 96.73mg/kg 和 86.63mg/kg，平均含量最小的是轻壤，仅为 81.97mg/kg。平均含量高低顺序依次为：重壤＞中壤＞黏土＞砂土＞砂壤＞轻壤。变异系数最大的是砂土，最小的是轻壤。

表 6-32　华南区不同土壤质地蔬菜地土壤速效钾含量（个，mg/kg，％）

耕层质地	样点数	最小值	最大值	平均值	变异系数
中壤	459	10.00	532.00	96.73	110.02
砂土	49	10.00	479.00	82.52	117.28
砂壤	440	10.00	495.00	82.04	108.25
轻壤	566	10.00	580.00	81.99	91.50
重壤	233	11.00	486.00	106.32	94.97
黏土	144	10.00	434.00	86.63	99.30

（三）土壤速效钾含量的分级

根据华南区蔬菜地土壤速效钾含量现状，运用华南区养分分级标准，将土壤速效钾含量等级划分为 6 级，如图 6-5 所示。蔬菜地土壤速效钾 4 级、6 级和 5 级是样点最多的等级，分别为参评样点总数的 27.13％、22.90％和 22.16％，其中 4 级样点最多，有 513 个，2 级样点最少，仅 120 个，占比为 6.35％。

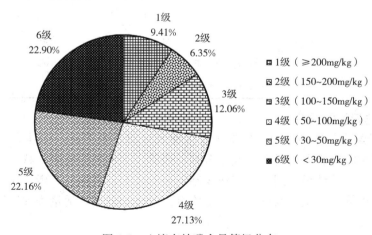

图 6-5　土壤有效磷含量等级分布

根据华南区二级农业区的划分，得到不同二级农业区土壤速效钾等级分布状况，如表

6-33 所示。经统计分析可知，土壤速效钾含量 1～5 级水平的样点在闽南粤中农林水产区的分布占绝对优势，6 级则主要集中在琼雷及南海诸岛农林区。

表 6-33　华南区不同二级农业区蔬菜地土壤速效钾分级（个，%）

分级	闽南粤中农林水产区		粤西桂南农林区		滇南农林区		琼雷及南海诸岛农林区	
	样点数	百分比	样点数	百分比	样点数	百分比	样点数	百分比
1	134	7.09	7	0.37	22	1.16	15	0.79
2	93	4.92	7	0.37	8	0.42	12	0.63
3	150	7.93	21	1.11	22	1.16	35	1.85
4	319	16.87	51	2.7	16	0.85	127	6.72
5	193	10.21	61	3.23	8	0.42	157	8.3
6	98	5.18	48	2.54	0	0	287	15.18

华南区不同评价区土壤速效钾含量各分级样点数见表 6-34。1 级土壤速效钾主要分布在福建评价区和广东评价区，2 级和 3 级主要集中在广东评价区，4 级主要集中在广东评价区、福建评价区和海南评价区，5 级主要集中在广东评价区和海南评价区，6 级则集中在海南评价区。从不同评价区来看，福建评价区土壤速效钾 4 级分布最多，占比为 4.81%，其次是 1 级和 5 级，分别为 4.28% 和 3.91%；广东评价区土壤速效钾分布最广的等级是 4 级，占比为 14.70%，其次是 5 级和 3 级，分别为 8.67% 和 6.93%；广西评价区分布最多的等级是 4 级和 5 级，分别为 1.37% 和 1.32%；海南评价区分布最多的等级是 6 级，占比为 14.70%；云南评价区 6 级没有分布，分布最多的等级是 1 级，有 22 个样点，占比为 1.16%。

表 6-34　华南区不同评价区蔬菜地土壤速效钾分级（个，%）

分级	福建评价区		广东评价区		广西评价区		海南评价区		云南评价区	
	样点数	百分比	样点数	百分比	样点数	百分比	样点数	百分比	样点数	百分比
1	81	4.28	62	3.28	6	0.32	7	0.37	22	1.16
2	28	1.48	71	3.75	6	0.32	7	0.37	8	0.42
3	39	2.06	131	6.93	13	0.69	23	1.22	22	1.16
4	91	4.81	278	14.70	26	1.37	102	5.39	16	0.85
5	74	3.91	164	8.67	25	1.32	148	7.83	8	0.42
6	54	2.86	90	4.76	11	0.58	278	14.70	0	0.00

（四）土壤速效钾的调控

1. 优化施肥配方，增施钾肥　华南区土壤钾素亏缺现象普遍，加强农户对钾肥施用的重视程度，合理配施钾肥尤为重要。改变多氮、磷肥，少钾肥的施肥现状，充分利用各地耕地质量监测和试验示范结果，因土壤因作物制定施肥方案，协调氮、磷、钾，有机肥与无机肥之间的比例。根据不同土壤及作物，在增施有机肥的基础上，适量增加钾肥用量，逐步扭转钾素亏缺的局面。

2. 增施有机肥　我国秸秆资源丰富，秸秆中存在大量的钾素，秸秆还田对增加土壤钾素尤为明显。

第四节　蔬菜地样点其他指标

一、土壤 pH

土壤 pH 即土壤酸碱度。土壤酸碱度受母质、生物、气候以及人为作用等多重因素的共同影响，其对土壤肥力和植物生长影响较大。我国西北和北方土壤 pH 高，南方红壤 pH 低，因此需要根据土壤 pH 种植相适应的作物。土壤酸碱度对养分的有效性影响很大，如中性土壤中磷的有效性高，碱性土壤中微量元素（锰、铜、锌等）的有效性低。在农业生产中应积极采取措施调节土壤酸碱度。

（一）土壤 pH 空间变异

1. 不同二级农业区土壤 pH　华南区不同二级农业区蔬菜地土壤 pH 分析结果见表 6-35。滇南农林区土壤 pH 平均值最高，为 6.13，其次是闽南粤中农林水产区，平均值为 5.64，粤西桂南农林区，平均值为 5.49，琼雷及南海诸岛农林区平均值最小，仅为 5.23，总体排序为：滇南农林区＞闽南粤中农林水产区＞粤西桂南农林区＞琼雷及南海诸岛农林区。

表 6-35　华南区不同二级农业区蔬菜地土壤 pH（个，%）

二级农业区	样点数	最小值	最大值	平均值	变异系数
闽南粤中农林水产区	987	3.70	8.80	5.64	13.47
粤西桂南农林区	195	4.30	8.30	5.49	12.09
滇南农林区	76	4.10	8.40	6.13	19.68
琼雷及南海诸岛农林区	633	3.90	8.10	5.23	11.39

2. 不同评价区土壤 pH　华南区不同评价区蔬菜地土壤 pH 见表 6-36。云南评价区土壤 pH 平均值最高，为 6.13，其次是福建和广东评价区，分别为 5.75 和 5.64，广西评价区平均值为 5.59，最小的是海南评价区，仅为 5.26。云南评价区的变异系数最大，海南评价区最小。

表 6-36　华南区不同评价区蔬菜地土壤 pH（个，%）

评价区	样点数	最小值	最大值	平均值	变异系数
福建评价区	367	3.90	8.80	5.76	14.13
广东评价区	796	3.80	8.60	5.64	13.08
广西评价区	87	3.70	8.30	5.59	15.05
海南评价区	565	3.90	6.90	5.26	10.78
云南评价区	76	4.10	8.40	6.13	19.68

（二）土壤 pH 及其影响因素

1. 成土母质与土壤 pH　华南区蔬菜地主要成土母质土壤 pH 见表 6-37。土壤 pH 平均值高低顺序依次为：第四纪红土＞残坡积物＞洪冲积物＞河流冲积物＞江海相沉积物火山堆积物。其中第四纪红土和残坡积物土壤 pH 平均值最高，分别为 5.63 和 5.51，其次是洪冲积物和河流冲积物，分别为 5.56 和 5.55，最小的是火山堆积物，仅为 5.34。

表 6-37　华南区不同成土母质蔬菜地土壤 pH（个，%）

成土母质	样点数	最小值	最大值	平均值	变异系数
残坡积物	475	3.70	8.30	5.61	13.93
江海相沉积物	427	3.70	8.80	5.53	14.43
河流冲积物	447	4.10	8.60	5.55	12.84
洪冲积物	399	3.90	7.80	5.56	13.12
火山堆积物	37	4.20	6.20	5.34	8.42
第四纪红土	106	3.90	8.40	5.63	18.14

2. 地貌类型与土壤 pH　华南区蔬菜地主要地貌类型土壤 pH 见表 6-38，平均值高低顺序依次为：盆地＞平原＞丘陵＞山地。其中盆地最高，平均值为 5.77，其次是平原和丘陵，分别为 5.62 和 5.50，平均值最小的是山地，仅为 5.32。

表 6-38　华南区不同地貌类型蔬菜地土壤 pH（个，%）

地貌类型	样点数	最小值	最大值	平均值	变异系数
丘陵	487	3.70	8.60	5.50	12.62
山地	78	3.80	8.40	5.32	14.35
平原	1 202	3.70	8.80	5.62	13.66
盆地	124	4.10	8.00	5.77	18.04

3. 土壤类型与土壤 pH　华南区蔬菜地主要土壤类型土壤 pH 见表 6-39。滨海盐土土壤 pH 平均值最高，为 7.24，其次是黄综壤和赤红壤，分别为 6.80 和 5.99，平均值最小的是紫色土，仅为 5.15。平均含量高低顺序依次为：滨海盐土＞赤红壤＞潮土＞红壤＞粗骨土＞水稻土＞燥红土＞风沙土＞新积土＞砖红壤＞黄壤＞紫色土。

表 6-39　华南区不同土壤类型蔬菜地土壤 pH（个，%）

土壤类型	样点数	最小值	最大值	平均值	变异系数
砖红壤	107	4	7.5	5.36	12.70
赤红壤	143	4	7.7	5.99	14.10
红壤	28	4.2	8	5.94	16.62
黄壤	7	4.1	7.9	5.33	25.40
燥红土	2	4.8	6.1	5.45	16.87
新积土	26	4.3	6.9	5.42	13.32
风沙土	28	4.4	6.5	5.44	12.06
紫色土	13	3.8	6.3	5.15	13.94
粗骨土	7	4.9	7.2	5.89	16.16
潮土	29	4.5	8.1	5.98	15.51
滨海盐土	17	5.8	8.8	7.24	10.85
水稻土	1 478	3.7	8.6	5.50	13.03

4. 土壤质地与土壤 pH　华南区蔬菜地不同土壤质地土壤 pH 见表 6-40。砂土土壤 pH 平均值最高，平均为 5.86，其次是黏土和中壤，分别为 5.66 和 5.59，平均值最小的是重壤，仅为 5.47。平均值高低顺序依次为：砂土＞黏土＞中壤＞砂壤＞轻壤＞重壤。变异系数最大的是砂土，最小的是中壤。

表 6-40　华南区不同土壤质地蔬菜地土壤 pH（个，％）

耕层质地	样点数	最小值	最大值	平均值	变异系数
中壤	459	3.80	8.70	5.59	12.90
砂土	49	4.10	8.80	5.86	19.33
砂壤	440	3.70	8.50	5.58	13.71
轻壤	566	3.90	8.60	5.56	13.40
重壤	233	3.80	8.40	5.47	14.79
黏土	144	3.90	8.30	5.66	14.76

（三）土壤 pH 的分级

根据华南区蔬菜地土壤 pH 现状，运用华南区 pH 分级标准，将土壤酸碱程度（pH）划分为 6 级，如图 6-6 所示。微酸性和酸性占据了绝大多数的样点，百分比合计超过了 82％，分别为 37.97％ 和 44.74％，其中酸性样点数最多，为 846 个，样点数最少的是碱性，仅有 3 个，占比为 0.19％。

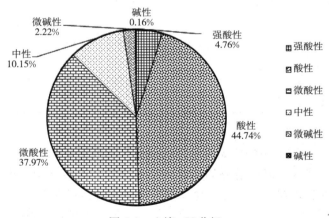

图 6-6　土壤 pH 分级

华南区不同二级农业区土壤 pH 分级见表 6-41。经统计分析可知，滇南农林区微酸性和酸性的样点数之和为 43 个，是最主要的 pH 分布等级，其他 3 个二级农业区的规律均与滇南农林区类似；闽南粤中农林水产区微酸性的样点数最多，为 492 个，占样点总数的 23.44％；琼雷及南海诸岛农林区酸性的样点数最多，为 378 个，占样点总数的 18.01％，粤西桂南农林区酸性和微酸性的样点数相差仅有 1 个样点。

表 6-41 华南区不同二级农业区蔬菜地土壤 pH 分级（个，%）

分级	闽南粤中农林水产区		粤西桂南农林区		滇南农林区		琼雷及南海诸岛农林区	
	样点数	百分比	样点数	百分比	样点数	百分比	样点数	百分比
微酸性	492	23.44	88	4.19	21	1	187	8.91
酸性	433	20.63	89	4.24	22	1.05	378	18.01
中性	194	9.24	9	0.43	11	0.52	20	0.95
强酸性	49	2.33	6	0.29	4	0.19	46	2.19
微碱性	23	1.1	3	0.14	18	0.86	2	0.1
碱性	4	0.19	0	0	0	0	0	0

华南区不同评价区土壤 pH 平均值情况如表 6-42。微酸性的样点主要分布在广东评价区和福建评价区，分别为 328 和 156 个；酸性的样点也同样集中在广东评价区和福建评价区；强酸性的样点则主要集中在海南评价区，总数达 36 个。从评价区来看，福建评价区微酸性样点的比例最高，占比为 8.25%，其次是酸性和中性，分别为 6.77% 和 3.12%；广东评价区也是微酸性的样点数最多，占比为 17.35%，其次是酸性样点，有 325 个，占总样点数的 17.19%；广西评价区分布最广的也是微酸性样点，占比为 1.81%；海南评价区分布最广的酸性样点，有 338 个，占比为 17.87%；云南评价区微酸性样点和酸性样点数量差异很小，仅有 1 个样点。

表 6-42 华南区不同评价区蔬菜地土壤 pH 分级（个，%）

分级	福建评价区		广东评价区		广西评价区		海南评价区		云南评价区	
	样点数	百分比	样点数	百分比	样点数	百分比	样点数	百分比	样点数	百分比
强酸性	14	0.74	30	1.59	6	0.32	36	1.90	4	0.21
酸性	128	6.77	325	17.19	33	1.75	338	17.87	22	1.16
微酸性	156	8.25	328	17.35	38	2.01	175	9.25	21	1.11
中性	59	3.12	99	5.24	7	0.37	16	0.85	11	0.58
微碱性	8	0.42	13	0.69	3	0.16	0	0.00	18	0.95
碱性	2	0.11	1	0.05	0	0.00	0	0.00	0	0.00

（四）土壤酸化的改良

1. 酸雨的控制 我国酸雨的主要成分是硫酸盐。酸雨主要分布在长江以南的四川盆地、贵州、湖南、湖北、江西，以及沿海的福建、广东等省，占我国国土面积的 30%。酸雨对土壤环境的影响主要表现在土壤酸化、盐基离子大量流失、有毒金属离子活化和土壤酶活性受到抑制等方面，可以通过适当的措施来减少外源酸的进入量，以减缓土壤的酸化进程，如脱硫技术。

2. 改良剂的运用 在所有调查点中，酸性土壤的比例高于 82%，其中海南、广东、云南的强酸性土壤比例显著高于福建，这与这 3 个地区的母质类型及气候条件密切相关。这 3 个地区高温高湿的环境导致土壤养分循环较快，供肥保肥能力较差。可以通过施用化学改良剂，如施用石灰、草木灰、火烧土等改良土壤酸性。但是，施用石灰可能会引起土壤板结、钾钙镁失衡等危害。此外，一些矿物和工业副产物，如白云石、磷石膏、磷矿粉等，也能改良土壤酸性。还可通过生物技术，主要是利用绿肥及土壤中的一些动物改良土壤酸性。

3. 科学施肥　蔬菜地肥料施用量大，肥料利用率低，是我国蔬菜栽培面临的主要问题。不合理施肥是土壤酸化的一个重要因素，应全面巩固测土配方施肥技术的推广和应用，改变传统的施肥观念，倡导科学合理施肥，减少氮肥的施入，以控制土壤持续酸化。应合理选择氮肥品种，控制氮肥施用深度，加强水肥管理和秸秆还田等，可改善土壤理化性状，减缓土壤酸化。

二、土壤有效硫

植物含硫量为 0.1%～0.5%，其变幅受植物种类、品种、器官和生育期的影响较大。十字花科植物需硫量最多，豆科、百合科次之，禾本科较少。硫在植物开花前集中分布在叶片中，成熟时逐渐向其他器官转移。植物中的硫有无机硫酸盐和有机硫化合物两种形态，硫供应充足时，植物体内含硫氨基酸中的硫约占植物全硫量的 90%，硫供应不足时，植物体内大部分为有机态硫。油菜是需硫量较多的植物，硫是油菜体内含硫氨基酸的组成成分，与蛋白质、辅酶、硫代葡萄糖甙、叶绿素等关系密切，因而油菜中的硫营养状况会对油菜营养生长、生殖生长和品质产生影响。硫肥的施用可提高油菜产量，提高抗逆性，改善品质。地壳中的硫含量大约为 0.6g/kg，土壤中硫主要来自母质、灌溉水、大气干湿沉降以及施肥等，矿质土壤中硫含量一般在 0.01%～0.05% 之间，植物对硫的需求和矿质土壤中的硫含量与磷较为相似，但土壤缺硫并不是很普遍。土壤中的硫可分为无机态硫和有机态硫两类，无机态硫包括难溶态硫、水溶态硫和吸附态硫；有机态硫主要存在于动植物残体和腐殖质中，以及一些经微生物分解形成的简单有机化合物中。我国耕地土壤硫含量以黑土最高，水稻土和北方旱地土壤次之，南方红壤最低。

（一）土壤有效硫含量空间变异

1. 不同二级农业区土壤有效硫含量　华南区不同二级农业区蔬菜地土壤有效硫含量结果如表 6-43，滇南农林区土壤有效硫平均含量最大，为 145.11mg/kg，其次是琼雷及南海诸岛农林区，平均含量为 48.36mg/kg，粤西桂南农林区平均含量为 42.42mg/kg，是平均含量最小的区，闽南粤中农林水产区平均含量为 45.12mg/kg。总体表现为：滇南农林区＞闽南粤中农林水产区＞粤西桂南农林区＞琼雷及南海诸岛农林区。

表 6-43　华南区不同二级农业区蔬菜地土壤有效硫含量（个，mg/kg，%）

二级农业区	样点数	最小值	最大值	平均值	变异系数
闽南粤中农林水产区	987	0.60	386.00	45.12	85.22
粤西桂南农林区	195	0.70	225.00	42.42	125.28
滇南农林区	76	4.80	390.70	145.11	90.39
琼雷及南海诸岛农林区	633	1.80	477.60	48.36	108.16

2. 不同评价区土壤有效硫含量　华南区不同评价区蔬菜地土壤有效硫含量见表 6-44。云南评价区平均含量最高，为 145.11mg/kg，其次是海南评价区和广西评价区，分别为 50.78mg/kg 和 49.67mg/kg，广东评价区平均含量为 48.85mg/kg，土壤有效硫平均含量最小的是福建评价区，平均含量仅为 36.34mg/kg。云南评价区的变异系数最大，广西评价区的最小。

表 6-44　华南区不同评价区蔬菜地土壤有效硫含量（个，mg/kg，%）

评价区	样点数	最小值	最大值	平均值	变异系数
云南评价区	76	4.80	390.70	145.11	85.22
广东评价区	796	0.60	383.00	48.85	105.31
广西评价区	87	9.00	160.00	49.67	76.25
海南评价区	565	3.26	477.60	50.78	123.61
福建评价区	367	3.00	386.00	36.34	118.91

（二）土壤有效硫含量及其影响因素

1. 成土母质与土壤有效硫含量　华南区蔬菜地主要成土母质土壤有效硫含量情况见表6-45。平均含量高低顺序依次为：第四纪红土＞残坡积物＞江海相沉积物＞河流冲积物＞洪冲积物＞火山堆积物。其中第四纪红土和坡积物土壤有效硫含量最高，分别为 80.11mg/kg和 51.62mg/kg，其次是江海相沉积物和河流冲积物，分别为 50.55mg/kg 和 49.38mg/kg，平均含量最小的是火山堆积物，仅为 42.53mg/kg。

表 6-45　华南区不同成土母质蔬菜地土壤有效硫含量（个，mg/kg，%）

成土母质	样点数	最小值	最大值	平均值	变异系数
残坡积物	475	0.70	477.60	51.62	125.34
江海相沉积物	427	1.80	383.00	50.55	101.75
河流冲积物	447	1.80	445.24	49.38	120.26
洪冲积物	399	0.60	374.80	48.80	113.18
火山堆积物	37	8.56	256.78	42.53	121.98
第四纪红土	106	4.90	387.90	80.11	125.73

2. 地貌类型与土壤有效硫含量　华南区蔬菜地主要地貌类型土壤有效硫含量情况见表6-46。平均含量高低顺序依次为：盆地＞平原＞丘陵＞山地。其中盆地有效硫含量最高，平均为 98.09mg/kg，其次是平原和丘陵，分别为 48.48mg/kg 和 42.82mg/kg，平均含量最小的是山地，仅为 39.27mg/kg。

表 6-46　华南区不同地貌类型蔬菜地土壤有效硫含量（个，mg/kg，%）

地貌类型	样点数	最小值	最大值	平均值	变异系数
丘陵	487	0.60	386.00	42.82	103.00
山地	78	1.80	370.10	39.27	120.60
平原	1 202	0.70	477.60	48.48	116.45
盆地	124	3.00	390.70	98.09	111.34

3. 土壤类型与土壤有效硫含量　华南区蔬菜地主要土壤类型土壤有效硫含量情况见表6-47。红壤有效硫含量最高，平均为 113.16mg/kg，其次是黄壤和紫色土，分别为96.00mg/kg 和 67.78mg/kg，平均含量最小的是粗骨土，仅为 10.87mg/kg，其他各类土壤有效硫含量介于 31.46～58.88mg/kg 之间。平均含量高低顺序依次为：红壤＞黄壤＞紫色

土＞砖红壤＞燥红土＞风沙土＞水稻土＞新积土＞潮土＞赤红壤＞滨海盐土＞粗骨土。

表 6-47　华南区不同土壤类型蔬菜地土壤有效硫含量（个，mg/kg，％）

土壤类型	样点数	最小值	最大值	平均值	变异系数
砖红壤	107	2.5	477.6	58.88	143.90
赤红壤	143	2.5	368	42.3	130.38
红壤	28	4.9	390.7	113.16	100.82
黄壤	7	5	220.5	96	95.73
燥红土	2	51.6	64.4	58	15.61
新积土	26	10.86	178.54	46.92	86.05
风沙土	28	2.5	173	50.63	93.24
紫色土	13	12.4	285.8	67.78	109.17
粗骨土	7	0.7	20.9	10.87	77.70
潮土	29	3.9	216	45.5	107.24
滨海盐土	17	3	90	31.46	73.42
水稻土	1 478	0.6	445.24	48.65	113.59

4. 土壤质地与土壤有效硫含量　华南区蔬菜地不同土壤质地土壤有效硫含量情况见表 6-48。黏土有效硫含量最高，平均为 71.51mg/kg，其次是重壤和轻壤，分别为70.14mg/kg 和 46.66mg/kg，平均含量最小的是砂土，仅为 31.42mg/kg。平均含量高低顺序依次为：黏土＞重壤＞轻壤＞砂壤＞中壤＞砂土。变异系数最大的是黏土，最小的是砂土。

表 6-48　华南区不同土壤质地蔬菜地土壤有效硫含量（个，mg/kg，％）

耕层质地	样点数	最小值	最大值	平均值	变异系数
中壤	459	2.50	386.00	43.69	110.88
砂土	49	3.00	223.00	31.42	102.12
砂壤	440	1.80	477.60	44.96	113.23
轻壤	566	0.60	316.20	46.66	110.12
重壤	233	3.00	445.24	70.14	120.45
黏土	144	3.00	435.37	71.51	122.37

（三）土壤有效硫含量的分级

根据华南区蔬菜地土壤有效硫含量现状，运用华南区养分分级标准，将土壤有效硫含量等级划分为 6 级，如图 6-7 所示。土壤有效硫 1 级和 4 级是样点最多的等级，其中以 1 级最多，占参评样点总数的 31.36％。样点数最少的是 5 级，为 145 个，占比为 7.67％。

根据华南区二级农业区的划分，得到不同二级农业区土壤有效硫等级分布状况，如表 6-49 所示。经统计分析可知，土壤有效硫 1 级样点分布在闽南粤中农林水产区的占绝对优势，2 级样点主要分布在琼雷及南海诸岛农林区，3 级和 6 级样点则主要集中在闽南粤中农林区。滇南农林区 1 级样点分布占据了绝对优势。

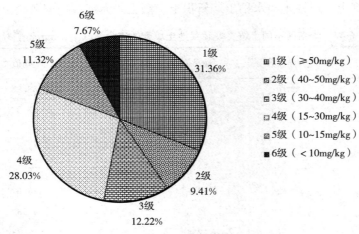

图 6-7　土壤有效硫含量分级

表 6-49　华南区不同二级农业区蔬菜地土壤有效硫分级（个，%）

分级	滇南农林区		闽南粤中农林水产区		琼雷及南海诸岛农林区		粤西桂南农林区	
	样点数	百分比	样点数	百分比	样点数	百分比	样点数	百分比
1	50	2.64	317	16.76	171	9.04	55	2.91
2	2	0.11	99	5.24	51	2.70	26	1.37
3	8	0.42	110	5.82	92	4.87	21	1.11
4	6	0.32	243	12.85	230	12.16	51	2.70
5	2	0.11	133	7.03	62	3.28	17	0.90
6	8	0.42	85	4.49	27	1.43	25	1.32

　　华南区不同评价区土壤有效硫分级如表 6-50。土壤有效硫 1 级样点主要集中在广东评价区，2 级样点集中在广东评价区和海南评价区，3 级、4 级和 6 级样点主要集中在广东评价区。从评价区来看，福建评价区土壤有效硫 1 级分布有绝对优势，占比为 5.27%；广东评价区样点数分布最多的 1 级和 4 级有绝对优势，占比分别为 13.43% 和 11.21%；广西评价区分布最广的是 1 级，占比为 1.59%；海南评价区分布最广的是 4 级，占比为 11.00%，其次是 1 级，占比为 8.46%；云南评价区耕地土壤有效硫各个等级均有分布，样点数最多的是 1 级，有 99 个点，占比为 5.24%。

表 6-50　华南区不同评价区蔬菜地土壤有效硫分级（个，%）

分级	福建评价区		广东评价区		广西评价区		海南评价区		云南评价区	
	样点数	百分比	样点数	百分比	样点数	百分比	样点数	百分比	样点数	百分比
1	99	5.24	254	13.43	30	1.59	160	8.46	50	2.64
2	27	1.43	87	4.60	14	0.74	48	2.54	2	0.11
3	38	2.01	87	4.60	10	0.53	88	4.65	8	0.42
4	78	4.12	212	11.21	26	1.37	208	11.00	6	0.32
5	83	4.39	71	3.75	5	0.26	53	2.80	2	0.11
6	42	2.22	85	4.49	2	0.11	8	0.42	8	0.42

（四）土壤有效硫的调控

1. 控制硫肥用量与时期　一般作物而言，土壤有效硫低于 16mg/kg 时，施硫才会有增产效果，若有效硫大于 20mg/kg，除喜硫作物外，施硫一般无增产效果。在不缺硫土壤上施用硫肥不仅不会增产，甚至会导致土壤酸化和减产。十字花科、豆科作物以及葱蒜、韭菜等都是需硫较多的作物，对施肥反应敏感。而谷类作物则比较耐缺硫的胁迫。硫肥用量的确定除了要考虑土壤、作物硫供需状况外，还要考虑到各元素间营养平衡的问题，尤其是氢、硫的平衡。硫肥的施用时间也直接影响到硫肥效果的好坏。硫肥一般可以作基肥，于播种或移栽前施入，通过耕耙使之与土壤混合。根外喷施硫肥，仅可作为补硫的辅助措施。

2. 选择适宜硫肥品种　硫酸铵、硫酸钾及金属微量元素硫酸盐中的硫酸根，都是易于被作物吸收利用的硫形态。普通过磷酸钙中的石膏肥效要慢些。施用硫酸盐肥料的同时不应忽视由此带入的其他元素的平衡问题。施用硫磺虽然元素单纯，但须经微生物转化后才能有效，其肥效与土壤环境条件及肥料本身的细度有密切关系，而且其后效也比硫酸盐肥料大得多，甚至可以隔年施用。

三、土壤容重

土壤容重是一定容积的土壤烘干后的重量与同溶剂水重的比值。土壤容重多介于 1.0～1.5g/cm³ 范围内，自然沉实后的表土约为 1.25～1.35g/cm³，刚翻耕过的农田表层和泡水软糊的水田耕层的容重可降至 1.0g/cm³ 以下。土壤容重受土壤质地、结构、有机质含量，以及各种自然因素和人工管理措施的影响。凡是造成土壤疏松多孔或有大量大孔隙的，容重值小；反之，造成土壤紧实少孔的，则容重大。一般表层土壤容重较小，而心土层和底土层的容重较大，尤其是沉积层容重更大。同样是表层土壤，随着有机质含量的增加及结构性的改善，容重值相应减少。

（一）土壤容重分布情况

1. 不同二级农业区土壤容重　华南区不同二级农业区蔬菜地土壤容重结果见表 6-51。闽南粤中农林水产区土壤平均容重最大，为 1.27g/cm³，其次是粤西桂南农林区，平均为 1.26g/cm³，琼雷及南海诸岛农林区平均为 1.23g/cm³，滇南农林区平均为 1.20g/cm³，是 4 个二级农业区中最小的。总体表现为：闽南粤中农林水产区＞粤西桂南农林区＞琼雷及南海诸岛农林区＞滇南农林区。

表 6-51　华南区不同二级农业区蔬菜地土壤容重（个，g/cm³，％）

二级农业区	样点数	最小值	最大值	平均值	变异系数
闽南粤中农林水产区	987	1.02	1.66	1.26	7.18
粤西桂南农林区	195	0.95	1.50	1.26	7.35
滇南农林区	76	1.10	1.51	1.20	9.94
琼雷及南海诸岛农林区	633	0.63	1.50	1.23	5.99

2. 不同评价区土壤容重　华南区不同评价区蔬菜地土壤容重见表 6-52。广东评价区土壤容重最高，为 1.27g/cm³，其次是福建和海南评价区，分别为 1.26g/cm³ 和 1.23g/cm³，广西评价区平均为 1.21g/cm³，土壤容重最小的是云南评价区，平均仅为 1.20g/cm³。

表 6-52　华南区不同评价区蔬菜地土壤容重（个，g/cm³，%）

省名	样点数	最小值	最大值	平均值	变异系数
云南评价区	76	1.10	1.51	1.20	9.94
广东评价区	796	1.02	1.66	1.27	8.22
广西评价区	87	0.95	1.35	1.21	7.16
海南评价区	565	0.63	1.38	1.23	5.25
福建评价区	367	1.09	1.37	1.26	4.18

（二）土壤容重及其影响因素

1. 成土母质与土壤容重　华南区蔬菜地主要成土母质土壤容重情况见表 6-53。残坡积物和河流冲积物土壤容重最大，分别为 1.28g/cm³ 和 1.24g/cm³，其次是洪冲积物和火山堆积物，均为 1.23g/cm³，容重最小的是第四纪红土，仅为 1.20g/cm³，其他成土母质发育的土壤容重介于 0.94~1.19g/cm³ 之间。土壤容重高低顺序依次为：残坡积物＞河流冲积物＞洪冲积物＞火山堆积物＞江海相沉积物＞第四纪红土。

表 6-53　华南区不同成土母质蔬菜地土壤容重（个，g/cm³，%）

成土母质	样点数	最小值	最大值	平均值	变异系数
残坡积物	475	1.07	1.66	1.28	6.48
江海相沉积物	427	0.95	1.50	1.22	8.35
河流冲积物	447	1.03	1.38	1.24	5.57
洪冲积物	399	1.03	1.40	1.23	7.44
火山堆积物	37	1.16	1.38	1.23	4.31
第四纪红土	106	1.03	1.35	1.20	5.25

2. 地貌类型与土壤容重　华南区蔬菜地主要地貌类型土壤容重情况见表 6-54。平均大小顺序依次为：丘陵＞平原＞山地＞盆地。其中丘陵容重最大，平均值为 1.26g/cm³，其次是平原和山地，分别为 1.24g/cm³ 和 1.22g/cm³，盆地土壤容重最小，仅为 1.21g/cm³。

表 6-54　华南区不同地貌类型蔬菜地土壤容重（个，g/cm³，%）

地貌类型	样点数	最小值	最大值	平均值	变异系数
丘陵	487	1.03	1.51	1.26	7.31
山地	78	1.05	1.66	1.22	10.71
平原	1 202	0.95	1.66	1.24	6.58
盆地	124	1.03	1.51	1.21	8.05

3. 土壤类型与土壤容重　华南区蔬菜地主要土壤类型土壤容重情况见表 6-55。风沙土土壤容重最大，平均值为 1.44g/cm³，其次是燥红土和砖红壤，分别为 1.38g/cm³ 和 1.32g/cm³，平均值最小的是粗骨土，仅为 1.11g/cm³，其他各类土壤容重介于 1.11~1.29 g/cm³ 之间。大小顺序依次为：风沙土＞燥红土＞砖红壤＞紫色土＞赤红壤＞滨海盐土＞新积土＞潮土＞水稻土＞红壤＞黄壤。

表 6-55　华南区不同土壤类型蔬菜地土壤容重（个，g/cm³，%）

土壤类型	样点数	最小值	最大值	平均值	变异系数
砖红壤	107	1.21	1.4	1.32	3.40
赤红壤	143	1.07	1.47	1.31	5.73
红壤	28	1.1	1.51	1.19	9.31
黄壤	7	1.1	1.38	1.18	9.25
燥红土	2	1.38	1.38	1.38	1.67
新积土	26	1.28	1.28	1.28	2.74
风沙土	28	1.24	1.5	1.44	7.52
紫色土	13	1.3	1.38	1.31	1.76
粗骨土	7	1.11	1.11	1.11	4.68
潮土	29	1.05	1.33	1.27	5.65
滨海盐土	17	1.23	1.36	1.29	2.73
水稻土	1 478	0.95	1.66	1.23	6.60

4. 土壤质地与土壤容重　华南区蔬菜地不同土壤质地土壤容重情况见表 6-56。砂土容重最高，为 1.27g/cm³，其次是砂壤和中壤，分别为 1.26g/cm³ 和 1.24g/cm³，土壤容重最小的是重壤，仅为 1.22g/cm³。大小顺序依次为：砂土＞砂壤＞中壤＞黏土＞轻壤＞重壤。变异系数最大的是砂壤。

表 6-56　华南区不同土壤质地蔬菜地土壤容重（个，g/cm³，%）

耕层质地	样点数	最小值	最大值	平均值	变异系数
中壤	459	1.02	1.40	1.24	6.21
砂土	49	1.05	1.40	1.27	5.83
砂壤	440	0.95	1.66	1.26	8.07
轻壤	566	1.03	1.50	1.24	7.71
重壤	233	1.03	1.51	1.22	4.55
黏土	144	1.10	1.47	1.24	6.84

第五节　蔬菜地主要障碍因素与改良措施

一、蔬菜地主要障碍因素

就蔬菜种植环节而言，华南区各蔬菜产区均存在过量施用化肥、土壤环境污染、养分不平衡、地力下降、农业面源污染、蔬菜品质不高等问题，具体表现在以下几个方面：

1. 过量施肥　华南区蔬菜种植过程中，普遍存在大量施用肥料的现象。云南滇池流域主要蔬菜地施肥情况调查发现，蔬菜地施氮（N）量为 1 200～1 600kg/hm²，施磷（P₂O₅）量为 640～750kg/hm²，施钾（K₂O）量为 600～675kg/hm²，是一般大田的 5～8 倍，是作物需求量的 8～10 倍，有机肥的施用量也高达 45 000～60 000kg/hm²。福州市郊 11 片蔬菜基地的施肥现状调查发现，每茬蔬菜的施氮（N）量在 493～1 212kg/hm² 之间，而各轮作蔬菜施氮（N）总量介于 2 002～3 455kg/hm²，氮磷钾比例（平均 1：0.77：0.75）不协调。海南省使用化肥（实物量）135 万 t，蔬菜化肥平均每 667m² 的用量为全国的 1.6 倍。蔬菜地肥料过量使用，导致生产成本上升，增产效果下降，土壤养分失衡，次生盐渍化频发，尤其是设施蔬菜地，土壤变得板结，形成水体富营养化。

2. 蔬菜连茬导致土传病害 华南区蔬菜地复种指数较高（最高的可以达到 1 年 10 茬），农业生产活动频繁，加上有些地区种植品种更新慢、种植结构调整小，常常带来一些连茬的问题，如土壤微生物失衡，土传病害频发，进而引发农产品品质下降，经济效益低下。

3. 过量施用农药 华南区光温水条件优越，常年无冬，不仅是热带农作物的天堂，同时也是不少病虫害暴发的集中区域。因此，华南区蔬菜生产中农药每 667m² 平均施用量远高过内陆地区。农药的过量施用带来的危害主要表现在以下几个方面：一是农药残留超标，污染土壤，影响耕地质量；二是破坏土壤微生物环境和居群结构，土壤生物多样性失衡，土壤缓冲性能下降；二是破坏生态环境，危害人类食物链，对人体健康产生不良影响。

受立地条件、设施水平、田间管理、施肥技术等因素影响，华南区部分蔬菜地产量不高，存在着酸化、瘠薄、潜育化、潜育化和障碍层次 5 种障碍类型。其中酸化、盐碱和渍潜样点数较多，分别为 115 个、109 个和 102 个；瘠薄和障碍层次样点数相对较小，分别为 93 个和 38 个。分布情况如下：

（1）瘠薄 瘠薄样点主要分布在广东评价区，其次是福建评价区。从二级农业区来看，主要分布在闽南粤中农林水产区，其次是琼雷及南海诸岛农林区。

（2）渍潜 渍潜样点主要分布在福建评价区，其次是广东评价区；海南和云南评价区蔬菜地样点未出现渍潜情况。从二级农业区来看，主要分布在闽南粤中农林水产区，样点数为 83 个；其次是粤西桂南农林区，为 15 个；琼雷及南海诸岛农林区 4 个，且均分布在雷州半岛；滇南农林区未出现渍潜情况。

（3）酸化 华南地处热带、亚热带地区，土壤中的硅和盐基遭受淋失，黏粒和次生矿物不断形成，铁铝氧化物明显聚积；农业生产中长期施用化肥，尤其是酸性或生理酸性肥料以及受环境污染等因素的影响，华南区耕地土壤普遍偏酸，特别是海南评价区和广东评价区。从二级农业区来看，酸化样点主要分布在琼雷及南海诸岛农林区，其次是闽南粤中农林水产区。

（4）盐碱 从评价区来看，盐碱样点主要分布在福建评价区，其次是海南评价区，第三是广东评价区；广西和云南评价区蔬菜地样点未出现盐碱情况。从二级农业区来看，主要分布在闽南粤中农林水产区，样点数为 68 个；其次是琼雷及南海诸岛农林区，样点数为 41 个；粤西桂南与滇南农林区均未出现盐碱情况。

（5）障碍层次 障碍层次问题主要发生在海南评价区，其次是福建评价区和广东评价区；广西评价区和云南评价区蔬菜地样点中发生障碍层次的样点数分别为 2 个和 1 个。从二级农业区来看，主要分布闽南粤中农林水产区，样点数为 18 个；其次是琼雷及南海诸岛农林区，样点数为 17 个；粤西桂南与滇南农林区分别为 2 个和 1 个（表 6-57、表 6-58）。

表 6-57 华南区不同评价区蔬菜地存在障碍因素的样点情况（个）

评价区	瘠薄	渍潜	酸化	盐碱	障碍层次	小计
福建评价区	27	58	10	52	9	156
广东评价区	39	36	27	16	9	127
广西评价区	1	8	6	0	2	17
海南评价区	24	0	68	41	17	150
云南评价区	2	0	4	0	1	7
小计	93	102	115	109	38	457

表 6-58 华南区不同二级农业区蔬菜地存在障碍因素的样点情况（个）

二级农业区	瘠薄	渍潜	酸化	盐碱	障碍层次	小计
闽南粤中农林水产区	61	83	28	68	18	258
粤西桂南农林区	4	15	6	0	2	27
滇南农林区	2	0	4	0	1	7
琼雷及南海诸岛农林区	26	4	77	41	17	165
小计	93	102	115	109	38	457

二、蔬菜地改良利用措施

蔬菜地是重要的农业资源，是实现乡村振兴中"产业兴旺"、"生活富裕"的基本保障。在蔬菜地高强度利用的现实下，应综合应用各种措施，改善耕种条件，促进土壤养分平衡，实现耕地资源用而不竭。

1. 科学规划，合理布局，搞好标准化的无公害蔬菜生产基地建设 根据市场需求和本地实际，按照国家、行业和地方现行有关的产品标准，认真搞好无公害蔬菜生产发展规划。科学选择、确定和组织一批标准化的农业生产示范基地建设，建设好高标准、高质量的标准化生产核心示范区，做到示范点、片、户相结合，充分发挥示范区（点）的辐射带动作用。

2. 建立蔬菜无公害生产标准体系，提高无公害蔬菜生产的科技创新能力 近 20 年来，华南区蔬菜生产标准体系建设有了较大的发展，珠江三角洲不少县级农业部门根据当地实际，组织编制了《蔬菜标准化生产技术规程》，用于指导生产实践，并开展了农业标准化生产技术培训和宣传。今后要进一步完善蔬菜无公害生产标准体系，做到品种、生产、包装、保鲜等质量安全标准基本配套，使主要蔬菜产品生产、加工和经营的各个环节都有标准可依，逐步实现标准化的生产与管理。同时，要积极做好蔬菜新品种、新技术的引进、开发、推广和技术服务工作，抓好无公害标准化生产技术的培训和推广，示范区和生产基地严格按照无公害和标准化的要求实施，努力提高科技含量。

3. 科学施肥，促进蔬菜地地力常用常新 目前华南区蔬菜种植以化肥为主，养分投入氮、磷多，钾不足，微肥施用甚少，造成蔬菜地土壤有效磷含量丰富，而速效钾普遍偏低。针对蔬菜施肥量大的特点，应开展测土配方施肥。一是根据土壤养分状况和蔬菜品种，减少氮、磷肥用量，加大钾肥的施用量；应根据中微量元素缺乏类型、程度和分布，有针对性地施用中微量元素肥料，如施用硅钙肥、硼肥和钼肥。二是使用生理碱性肥料（如钙镁磷肥）